ΣBEST シグマベスト

シグマ基本問題集

物理

文英堂編集部 編

PHYSICS

文英堂

特色と使用法

◎『**シグマ基本問題集 物理**』は，問題を解くことによって教科書の内容を基本からしっかりと理解していくことをねらった**日常学習用問題集**である。編集にあたっては，次の点に気を配り，これらを本書の特色とした。

学習内容を細分し，重要ポイントを明示

学校の授業にあった学習をしやすいように，「物理」の内容を30の項目に分けた。また，テストに出る重要ポイントでは，その項目での重要度が非常に高く，必ずテストに出そうなポイントだけをまとめた。必ず目を通すこと。

「基本問題」と「応用問題」の2段階編集

基本問題は教科書の内容を理解するための問題で，**応用問題**は教科書の知識を応用して解く発展的な問題である。どちらも小問ごとに◦できたらチェック欄を設けてあるので，できたかどうかをチェックし，弱点の発見に役立ててほしい。また，解けない問題はガイドなどを参考にして，できるだけ自分で考えよう。

特に重要な問題は例題研究》として取り上げ，着眼と解き方をつけてくわしく解説している。

定期テスト対策も万全

基本問題のなかで定期テストで必ず問われる問題にはテスト必出マークをつけ，**応用問題**のなかで定期テストに出やすい応用的な問題には差がつくマークをつけた。テスト直前には，これらの問題をもう一度解き直そう。

くわしい解説つきの別冊正解答集

解答は答え合わせをしやすいように別冊とし，**問題の解き方が完璧（かんぺき）にわかるようくわしい解説をつけた**。また，テスト対策では，定期テストなどの試験対策上のアドバイスや留意点を示した。大いに活用してほしい。

もくじ

◎ 本書では，数値で求める問題で問題文中で指示のない場合，**有効数字2桁**となるよう四捨五入して答えよ。

1 平面上の運動

テストに出る重要ポイント

- **速度の合成・分解**

速度の合成　$\vec{v}=\vec{v_A}+\vec{v_B}$

速度の分解

x 成分：$v_x = v\cos\theta$

y 成分：$v_y = v\sin\theta$

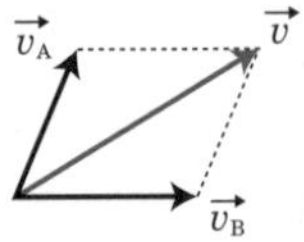

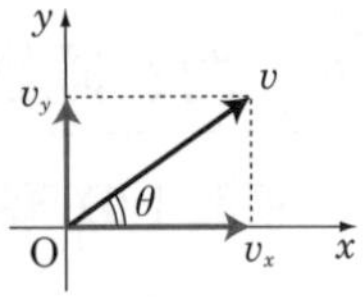

- **相対速度**…物体A(速度 $\vec{v_A}$)に対する物体B(速度 $\vec{v_B}$)の相対速度 $\vec{v_{AB}}$ は，

$$\vec{v_{AB}}=\vec{v_B}-\vec{v_A}$$

- **水平方向に投げた物体の運動**…水平方向と鉛直方向の運動に分解。

水平方向：等速直線運動　$v_x = v_0$，$x = v_0 t$

鉛直方向：等加速度直線運動

$$v_y = gt,\quad y=\frac{1}{2}gt^2$$

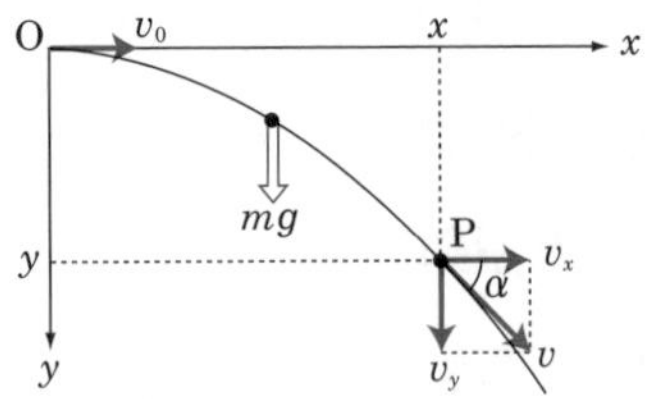

軌跡の方程式は，変位を示す２式から

t を消去して，$y=\dfrac{g}{2{v_0}^2}x^2$

速度の間の関係は，$v=\sqrt{{v_x}^2+{v_y}^2}$，$\tan\alpha=\dfrac{v_y}{v_x}$

- **斜め上方に投げた物体の運動**…水平方向と鉛直方向の運動に分解。

初速度 v_0 を分解：$v_{0x}=v_0\cos\theta$，$v_{0y}=v_0\sin\theta$

水平方向：等速直線運動　$v_x=v_0\cos\theta$，$x=v_0 t\cos\theta$

鉛直方向：等加速度直線運動　$v_y=v_0\sin\theta-gt$，$y=v_0 t\sin\theta-\dfrac{1}{2}gt^2$

最高点では $v_y=0$，落下点では $y=0$

軌跡の方程式

$$y=(\tan\theta)\,x-\frac{g}{2{v_0}^2\cos^2\theta}x^2$$

速度の間の関係

$$v=\sqrt{{v_x}^2+{v_y}^2},\quad \tan\alpha=\frac{v_y}{v_x}$$

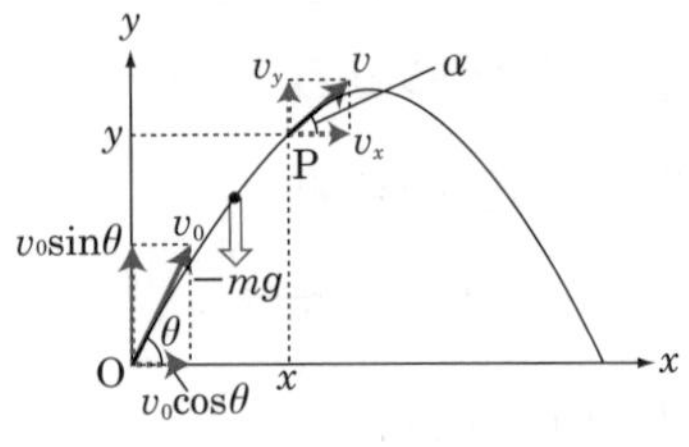

以下の問題では，必要なら重力加速度の大きさを $9.8\,\mathrm{m/s^2}$ として答えよ。

できたらチェック。 基本問題

解答 → 別冊 p.2

□ **1** 速度の分解 〈テスト必出〉

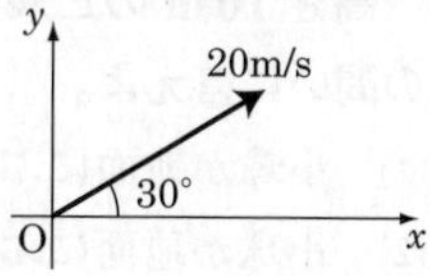

x 軸に対して30°の向きに，速さ 20 m/s で運動している物体がある。この物体の速度の x 成分 v_x と速度の y 成分 v_y はそれぞれ何 m/s か。

2 速度の作図

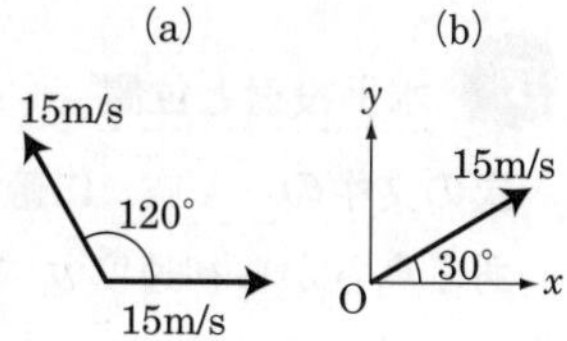

作図によって次の問いに答えよ。

□ (1) (a) の合成速度の大きさを求めよ。

□ (2) (b) の速度の x 成分，y 成分を求めよ。

ガイド (1) 速度ベクトルを2辺とする平行四辺形をかく。

3 変位と速度

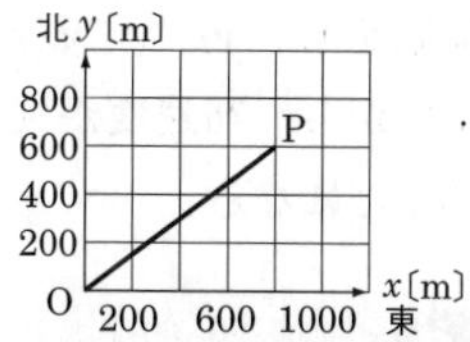

水平に飛行しているヘリコプターが，図のように10秒間にO点からP点まで等速で移動した。

□ (1) この間のヘリコプターの変位の大きさは何mか。

□ (2) ヘリコプターの速さは何 m/s か。

□ (3) ヘリコプターの速度の東向きの成分と北向きの成分をそれぞれ求めよ。

□ **4** 相対速度

次の文の □ に適当な語句や式を入れよ。

速度 $\vec{v}_B$ で運動している物体Bを，速度 $\vec{v}_A$ で運動している物体Aに乗って観察したときの速度を，物体Aに対するBの［ ① ］という。この速度を $\vec{v}$ で表すと，$\vec{v}$ =［ ② ］となる。

5 直線運動の相対速度 〈テスト必出〉

南北の直線道路を北向きに 15 m/s で動くバスから，乗客が外を見ていた。

□ (1) バスと同じ方向に 20 m/s で動いている自動車を見たとき，その乗客から見た自動車の速さは何 m/s か。

□ (2) バスと逆方向に 20 m/s で動いている自動車を見たとき，その乗客から見た自動車の速さは何 m/s か。

□ (3) 乗客から見て 10 m/s で追い越して行った自動車の速さは何 m/s か。

6 水平投射 テスト必出

高さ 10 m のビルの屋上から，小球を水平方向に 15 m/s の速さで投げた。次の問いに答えよ。

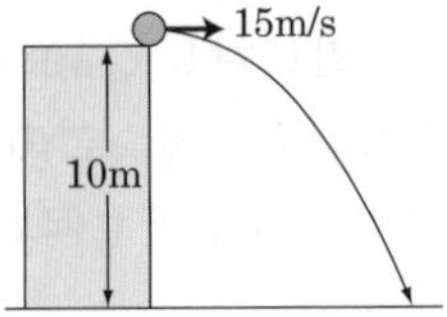

□ (1) 小球が地面にぶつかるまでに何秒かかるか。

□ (2) 小球が地面にぶつかるのは，ビルから何 m の所か。

□ (3) 小球が地面にぶつかるときの速さは何 m/s か。

□ 7 水平投射と位置

次の文中の［　　］に適当な言葉や式を入れよ。

ある高さから初速度 v_0 で水平に投げ出された物体は［①］線の軌道を通る。物体にはたらく力は［②］方向の［③］力だけだから，この方向に［④］運動をし，水平方向には［⑤］運動をする。物体の位置は，水平方向 x と鉛直方向 y の 2 つの座標を用いて表す。重力加速度の大きさを g とし，時間 t 後の位置を $(x,\ y)$ とすると，$x=$［⑥］，$y=$［⑦］となる。y の式は v_0 を含まないから，初速度が大きくても小さくても，地面に落下するまでの［⑧］は同じことになる。

□ 8 斜方投射と速さ・位置

次の文中の［　　］に適当な言葉や式を入れよ。

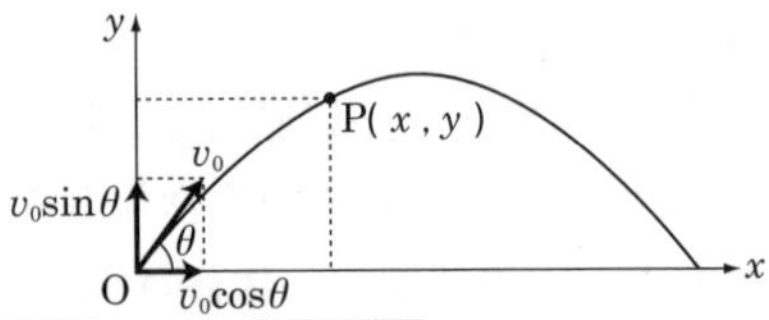

水平な地面から，物体を初速度 v_0 で仰角 θ の向きに投げ出した。水平方向と鉛直方向にそれぞれ x，y の座標軸をとって，物体の運動を考える。重力加速度の大きさを g とする。物体にはたらいている力は［①］方向の［②］力だけだから，この方向に［③］運動をし，水平方向には［④］運動をする。したがって，時間 t 後の物体の速さは，$v_x=$［⑤］，$v_y=$［⑥］で表され，時間 t 後の物体の位置 $(x,\ y)$ は，$x=$［⑦］，$y=$［⑧］となる。また，最高点では，［⑨］$=0$ となる。

9 斜方投射の軌道の式 テスト必出

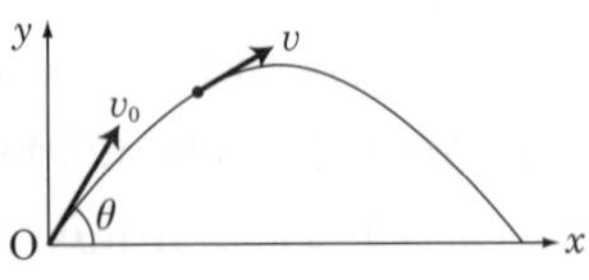

図のように，物体を水平面と角 θ をなす向きに初速度 v_0 で投げ上げた。投げた位置を原点 O とし，

水平右向きに x 軸，鉛直上向きに y 軸をとり，重力加速度の大きさを g として，次の問いに答えよ。

□ (1) 物体の加速度の x 成分 a_x と y 成分 a_y を求めよ。

□ (2) 物体の初速度 $\boldsymbol{v}_0$ の x 成分と y 成分を求めよ。

□ (3) 投げ上げてから時間 t 後の物体の速度 $\boldsymbol{v}$ の x 成分 v_x と y 成分 v_y を求めよ。

□ (4) 投げ上げてから時間 t 後の物体の座標 $(x,\ y)$ を求めよ。

□ (5) (4)の x，y の式から t を消去して，物体の軌跡を示す式をつくれ。

応用問題 ……… 解答 → 別冊 p.3

10 できたらチェック。 差がつく **静水に対して 10 m/s で進むことのできる舟を，流速 6.0 m/s の川の中で動かした。**

□ (1) 舟の先端を流れに垂直に進めるとき，岸から見た舟の速さは何 m/s か。

□ (2) 舟を川の流れと垂直に進めるためには，舟をどの方向に進めればよいか。川岸と舟の先端を向けた方向とのなす角を θ として，$\cos\theta$ の値を求めよ。また，このときの岸から見た舟の速さは何 m/s か。

□ (3) (2)の場合，川幅を 100 m とすれば，対岸に着くまでに何秒かかるか。

ガイド (1) 舟の速度と流速を合成する。
(2) 合成速度が流速と垂直になるようにする。

例題研究》 1. 水平方向に 20 m/s の速さで走っている電車の窓から外を見ると，雨が鉛直方向に対して 60° の角度で降っているように見えた。電車の外は風がなく，雨は鉛直に降っていた。雨の落下速度は何 m/s か。

着眼 A に対する B の相対速度の式 $\overrightarrow{v_{AB}} = \overrightarrow{v_B} - \overrightarrow{v_A}$ で，A，B に相当するのは，それぞれ何かを考えてみよう。

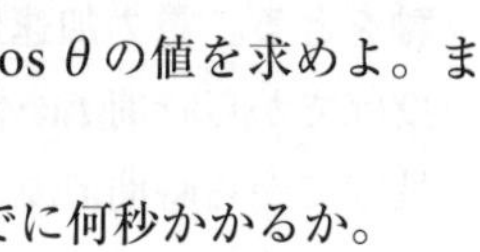

解き方 電車が A に相当するので，電車の地面に対する速度を $\overrightarrow{v_A}$ とする。また雨が B に相当するので，雨の地面に対する速度を $\overrightarrow{v_B}$ とすると，電車から見た雨の速度 $\overrightarrow{v_{AB}}$ は，$\overrightarrow{v_{AB}} = \overrightarrow{v_B} - \overrightarrow{v_A} = \overrightarrow{v_B} + (-\overrightarrow{v_A})$ となるから，$\overrightarrow{v_A}$，$\overrightarrow{v_B}$，$\overrightarrow{v_{AB}}$ の関係は右図のようになる。

よって，

$$v_B = \frac{v_A}{\tan 60^\circ} = \frac{20\,\mathrm{m/s}}{\sqrt{3}} \fallingdotseq 12\,\mathrm{m/s}$$

答 12 m/s

11 次の問いに答えよ。

□ (1) 40km/hで西向きに走っているバスの中からある自動車を見ると，バスに対して東向きに10km/hで走っているように観察された。自動車の地面に対する速さと向きを答えよ。

□ (2) 自転車で東向きに3m/sで走っていると，真北から$\sqrt{3}$m/sの風が吹いているように感じた。風の向きと速さを求めよ。

□ (3) 地球に対してVの速度で飛んでいるロケットから，燃料をロケットに対してvの速さで逆向きに噴射させた。燃料の地球に対する速度を求めよ。

ガイド　(2) 自転車の速度と風速の相対速度が南向きになる。

12 差がつく 高さhのビルの屋上から，小球を水平方向にv_0の速さで投げた。小球を投げた位置を原点Oとし，水平方向，初速度の向きにx軸，鉛直下向きにy軸をとる。重力加速度の大きさをgとして，次の問いに答えよ。

□ (1) 投げてから時間t後の小球の速度のx成分v_x，y成分v_yを求めよ。

□ (2) 投げてから時間t後の小球の位置の座標$(x,\ y)$を求めよ。

□ (3) 小球の軌跡を示す式をつくれ。

13 差がつく 地上から高さ396.9mのところを水平に100m/sでまっすぐに飛行している飛行機から小物体を静かに落とす。

□ (1) 落としてから5.0秒後の，小物体の速度の鉛直成分の大きさを求めよ。

□ (2) (1)のときの小物体の速さを求めよ。

□ (3) 小物体が地面に落下するのは何秒後か。

□ (4) (3)の時間内に飛行機は何m進むか。

□ **14** 高さ19.6mの塔の上から，小石を水平方向に投げたところ，水平到達距離が10mであった。小石の初速度を求めよ。

□ **15** 海岸の崖の上から海に向かって，小石を水平方向に20m/sの速さで投げたところ，水平と60°の角をなす向きで海面に当たった。小石を投げた位置の，海面からの高さはいくらか。

16 なめらかで水平な xy 平面上で，小物体 P がこの平面内にはたらく力 $\vec{F}$ を受けて運動している。図 1 のグラフは，P の速度の x 成分 v_x と y 成分 v_y が時間とともに変化するようすを，時刻 $t=0$s から $t=4.0$s まで図示したものである。

図 1

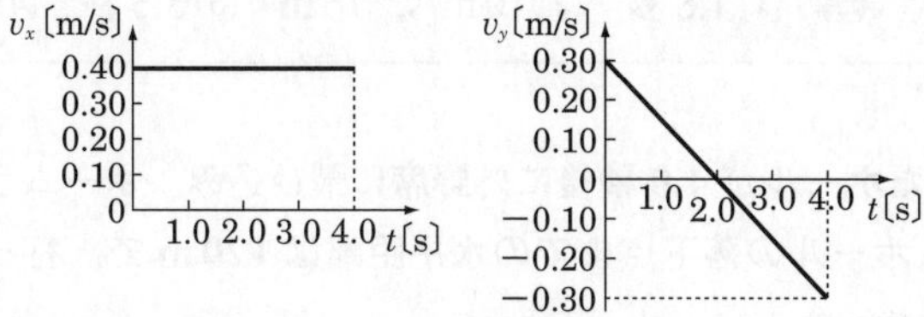

図 2

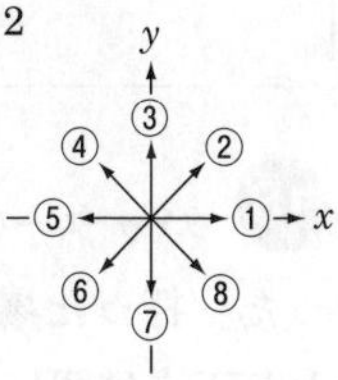

□ (1) 時刻 $t=0$s における P の速さは何 m/s か。

□ (2) P の速さが最小になる時刻は何秒か。

□ (3) 時刻 $t=2.0$s における P の加速度の大きさはいくらか。

□ (4) 時刻 $t=2.0$s における P の加速度の向きは，図 2 の①〜⑧のどの向きか。

ガイド (3) v_y-t グラフの傾きが加速度を表す。

17 〈差がつく〉 水面からの高さ 14.7 m の橋の上の点 A より，初速度 19.6 m/s で仰角 30° の向きに物体を投げ上げた。

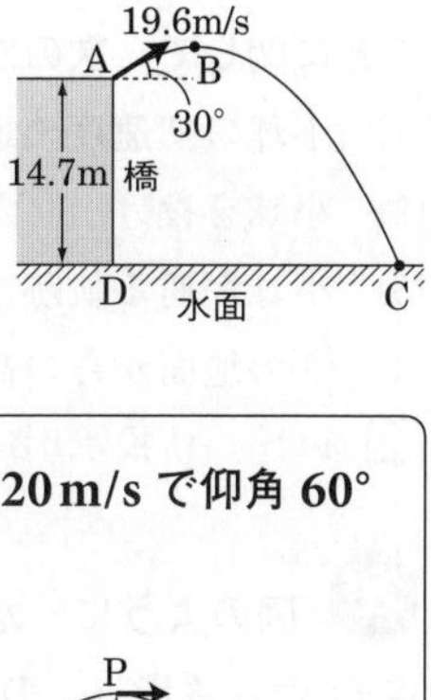

□ (1) 物体が最高点 B に達するのは，投げてから何秒後か。

□ (2) 最高点 B の水面からの高さは何 m か。

□ (3) 物体が点 C に達するのは，投げてから何秒後か。

□ (4) 点 A の真下の点 D と点 C の間の距離は何 m か。

例題研究 **2.** 〈差がつく〉 **水平な地面の 1 点から初速度 20 m/s で仰角 60° の向きに小石を投げた。このとき，次の値を求めよ。**

(1) 最高点 P に達するまでの時間。

(2) 最高点 P における速さと，その高さ H。

(3) 投げてから地面に落下するまでの時間。

(4) 投げた点から落下点 Q までの距離 D。

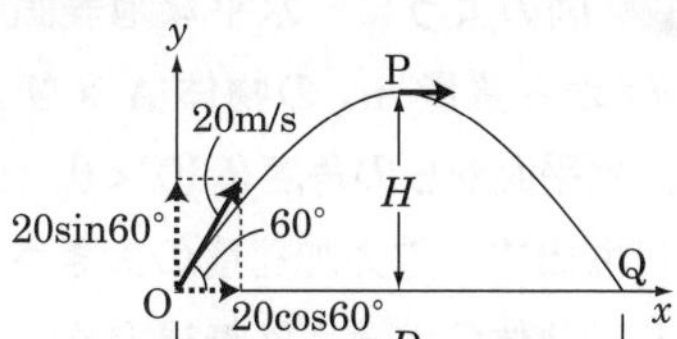

着眼 放物運動は，水平方向の等速直線運動と鉛直方向の等加速度直線運動に分解して考える。

解き方 (1) 求める時間を t_1〔s〕とすると，点 P では $v_y=0$ となるから，

$0 = 20\,\text{m/s} \times \sin 60^\circ - 9.8\,\text{m/s}^2 \times t_1 \qquad t_1 \fallingdotseq 1.8\text{s}$

(2) 点 P での速さを v〔m/s〕とすると，$v = 20\,\text{m/s} \times \cos 60^\circ = 10\,\text{m/s}$

$H = 20\,\text{m/s} \times \sin 60^\circ \times t_1 - \dfrac{1}{2} \times 9.8\,\text{m/s}^2 \times t_1{}^2 \fallingdotseq 15\,\text{m}$

(3)　求める時間を t_2〔s〕とすると，点Qでは $y=0$ となるから，

$$0 = 20\,\mathrm{m/s} \times \sin 60^\circ \times t_2 - \frac{1}{2} \times 9.8\,\mathrm{m/s^2} \times {t_2}^2 \qquad t_2 > 0 \text{ より，} t_2 \fallingdotseq 3.5\,\mathrm{s}$$

(4)　$D = 20\,\mathrm{m/s} \times \cos 60^\circ \times t_2 \fallingdotseq 20\,\mathrm{m/s} \times \cos 60^\circ \times 3.5\,\mathrm{s} = 35\,\mathrm{m}$

答　(1) 1.8 秒　(2) 10 m/s，15 m　(3) 3.5 秒　(4) 35 m

18　**バッターの打ったボールが 4.0 秒後に外野席に飛び込み，ホームランとなった。打った場所からボールの落下点までの水平距離は 120 m で，打った場所と落下点は同じ高さであった。**

□ (1)　ボールが最高点に達するのに何秒かかったか。

□ (2)　最高点の高さは何 m か。

□ (3)　初速度の大きさを求めよ。

19　差がつく　**水平な地面上に静止していたエレベーターが，鉛直に一定の加速度 a で上昇しはじめた。時間 t_0 後にエレベーター上から，水平な床に平行に速度 v_0 で質量 m の小球が投げ出された。重力加速度の大きさを g とする。このことに関して，次の問いに答えよ。**

□ (1)　小球の初速度の地面に対する仰角を θ とすれば $\tan\theta$ はいくらか。

□ (2)　小球を投げ出したとき，エレベーターは地面からどれだけの高さにあるか。

□ (3)　小球が通る軌跡で，最も高い点の高さは，地面からどれだけか。

□ (4)　(3)の地面からの高さを h として，小球が地面に到達するときの速度を表せ。

ガイド　(1) 投げ出されたときの小球の速度の x 成分，y 成分を考える。

20　**図のように，水平な地表面の原点 O から質量 m_A の物体 A を初速度 v_0，水平面からの角度 θ_0 ($0^\circ < \theta_0 < 90^\circ$) で打ち出す。重力加速度の大きさを g とし，物体の大きさは無視する。**

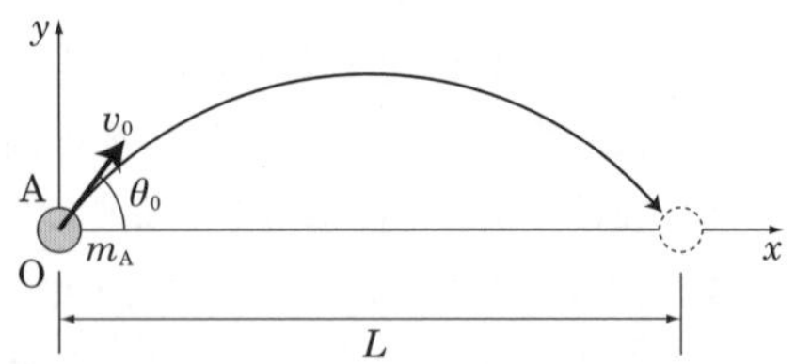

□ (1)　A の水平位置 x と垂直位置 y を，打ち出してからの時間 t の関数として表せ。

□ (2)　A が初めて地表面に落ちる地点の，O からの水平距離を L とする。初速度 v_0 を一定としたときの L の最大値 L_{max} を求めよ。

□ (3)　ある初速度 v_0 に対して同じ地表面の地点（等しい L）に落ちる打ち出し角度は，一般に 2 つ存在する。1 つが 15° のとき，もう 1 つの角度を求めよ。

2　剛体のつり合い

テストに出る重要ポイント

◯ 力のモーメント

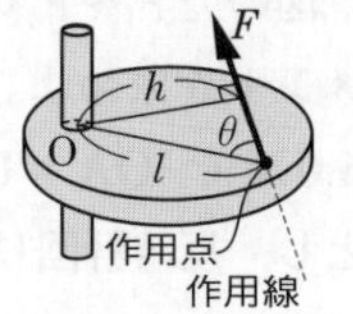

① 点のまわりに剛体を回転させるはたらきの大きさ。

② 力のモーメントを N〔N·m〕とするとき

$N = Fh = Fl\sin\theta$（反時計回りが正）

◯ 剛体にはたらく力の合力

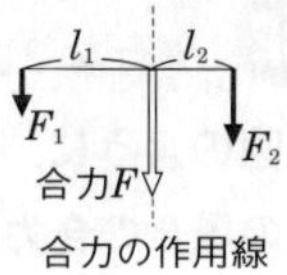

① **平行で同じ向きの 2 力**

向き：2 力と同じ。

大きさ：$F_1 + F_2$

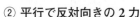

作用線：$l_1 : l_2 = F_2 : F_1$ に内分する点を通る。

② **平行で反対向きの 2 力**

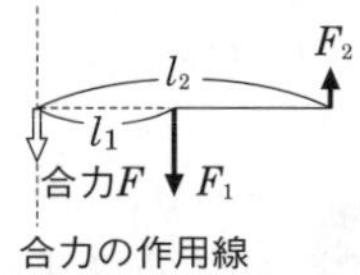

向き：F_1（大きい力）と同じ。

大きさ：$F_1 - F_2$

作用線：$l_1 : l_2 = F_2 : F_1$ に外分する点を通る。

◯ 剛体のつり合いの条件

① **力がつり合う。**

$\vec{F_1} + \vec{F_2} + \vec{F_3} + \cdots = \vec{0}$（力のベクトル和が 0）

② **力のモーメントがつり合う。**

$N_1 + N_2 + N_3 + \cdots = 0$（回転しない条件）

◯ 偶　力

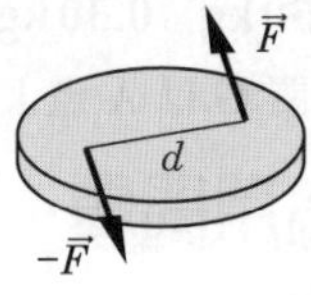

① 異なる作用線上の 2 力で，互いに平行で大きさが等しく向きが反対の力。

② 偶力のモーメント　$N = Fd$

◯ 重　心

① 剛体の各部分にはたらく重力の合力の作用点。

② 重心を回転軸とすれば，各点の重力のモーメントはつり合う。

重心を求めるためには，重心のまわりの重力のモーメントのつり合いの式を用いればよい。

③ 重心の座標　$x_G = \dfrac{m_1x_1 + m_2x_2}{m_1 + m_2}$

できたらチェック。

基本問題 解答 → 別冊 p.5

□ 21 力のモーメント

図の力 F_1～F_4 の O 点のまわりのモーメントを求めよ。力の大きさはすべて **6.0 N** で，**OA = 0.20 m**，**OB = 0.40 m** とし，反時計回りを正とする。

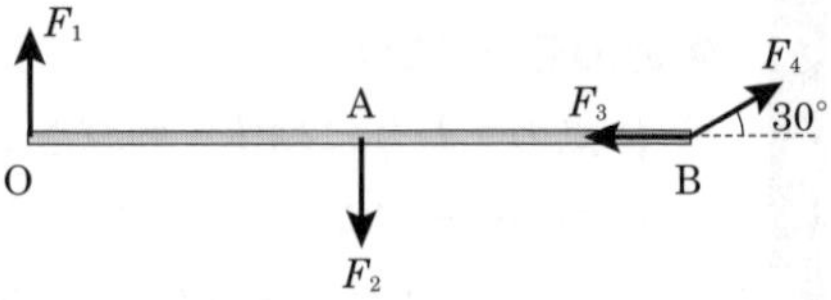

22 平行な 2 力の合成 〈テスト必出〉

図のように，長さ **1.2 m** の棒に平行な 2 力 F_1，F_2 がはたらいている。それぞれの場合の合力の向き，合力の大きさ，合力の作用線の通る位置を求めよ。

□ (1)

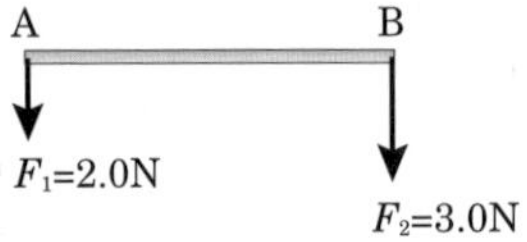

□ (2)

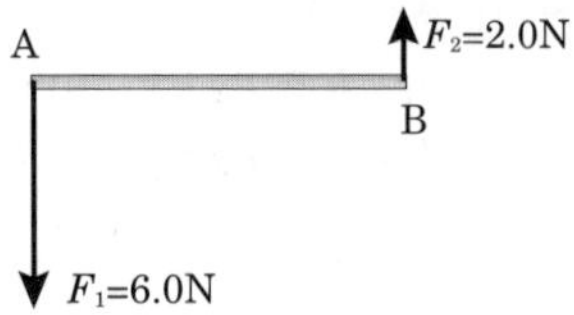

□ 23 剛体のつり合い

重心が A 点より **0.30 m** の位置にある長さ **1.0 m**，質量 **1.0 kg** のバットがある。B 点を持ち上げるためには何 N の力が必要か。

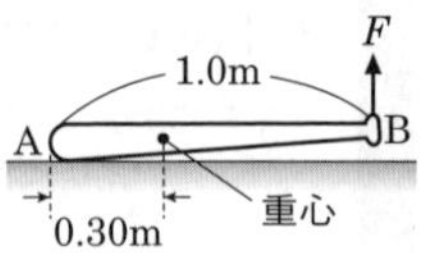

□ 24 重　心 〈テスト必出〉

長さ **2.0 m** の軽い棒の両端 A，B に，それぞれ **0.50 kg**，**0.30 kg** のおもりをつけたとき，重心の位置 G は A 点より何 m のところか。

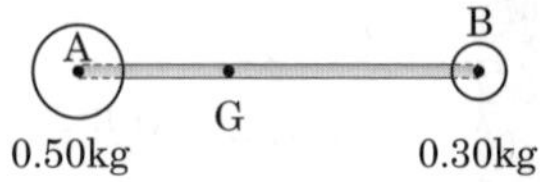

応用問題 解答 → 別冊 p.6

25 太さが均一でなく変形しない長さ l〔m〕，質量 M〔kg〕の棒 AB が水平な床の上にある。図に示すように，この棒の A 端を持って鉛直に少し持ち上げるには P_1〔N〕，A 端より細い B 端を持って鉛直に少し持ち上げるには P_2〔N〕の力が必要であった。ここで，この棒と床の間に滑りはないものとする。重力加速度の大きさを g〔m/s^2〕とし，力のモーメントの向きは，反時計回りを正とする。

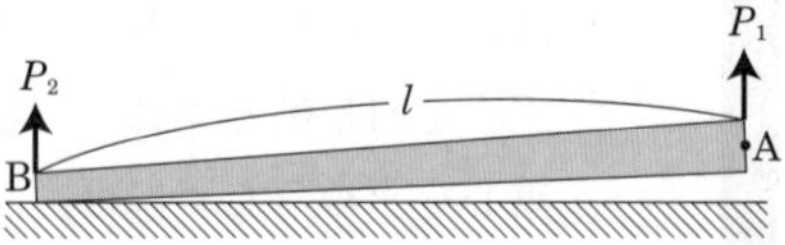

□ (1)　B 端から棒 AB の重心までの距離を x として，A 端を回転軸とした力のモーメントのつり合いの式と，B 端を回転軸とした力のモーメントのつり合いの式をそれぞれたてよ。また，棒 AB の質量 M を P_1，P_2，g を用いて表せ。

□ (2)　B 端から棒 AB の重心までの距離 x を P_1，P_2，l を用いて表せ。

例題研究》　**3.** **図のように質量 M, 長さ l の一様な棒 AB がある。なめらかで鉛直な壁と棒のなす角度が θ となるように，なめらかな水平面に棒 AB を立てかける。このとき，棒が滑って倒れないようにするためには，B 点から水平方向にいくらの大きさの力 F を加えればよいか。ただし，重力加速度の大きさを g とする。**

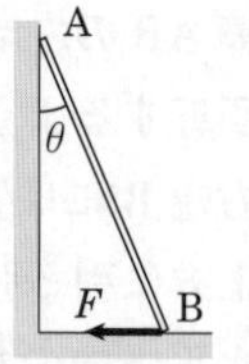

着眼　棒 AB にはたらく力をベクトルで図示し，水平方向と鉛直方向の力のつり合いの式と B 点のまわりの力のモーメントのつり合いの式のうち必要なものをたてる。

解き方　棒の重力の大きさは Mg で，棒の重心 G（線分 AB の中点）に，鉛直下向きにはたらく。また，壁，床からの垂直抗力 N_1，N_2 は，面に垂直にはたらく。
水平方向，鉛直方向の力のつり合いの式をたてると，

$$N_1 = F \quad \cdots\cdots①$$

B 点のまわりの力のモーメントのつり合いより

$$N_1 \times l\cos\theta - Mg \times \frac{1}{2}l\sin\theta = 0 \quad \cdots\cdots②$$

①，②より，$F = \frac{1}{2}Mg\tan\theta$　　答 $\frac{1}{2}Mg\tan\theta$

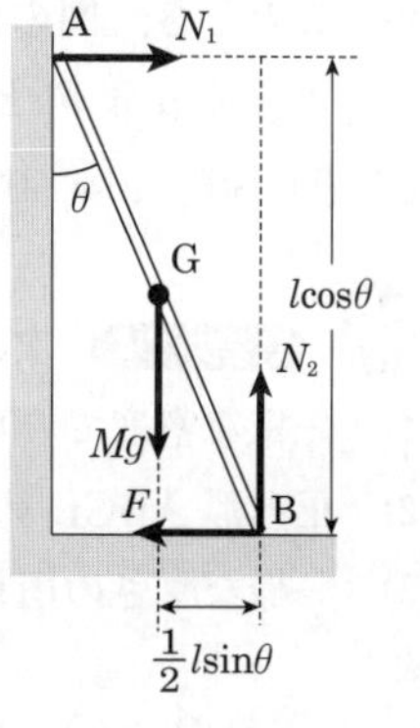

26　**図に示すように，長さ l〔m〕，質量 M〔kg〕の太さが均一な棒 AB の B 端をあらい鉛直な壁に押し当て，B 端から d〔m〕離れた C 点に質量 m〔kg〕の小球を糸でつるした状態で A 端と壁面上の D 点を糸で結び，棒 AB を水平に静止させている。ここで，壁に結ばれた糸と棒 AB のなす角を θ〔rad〕とし，糸の質量は無視する。ただし，重力加速度の大きさを g〔m/s²〕とする。**

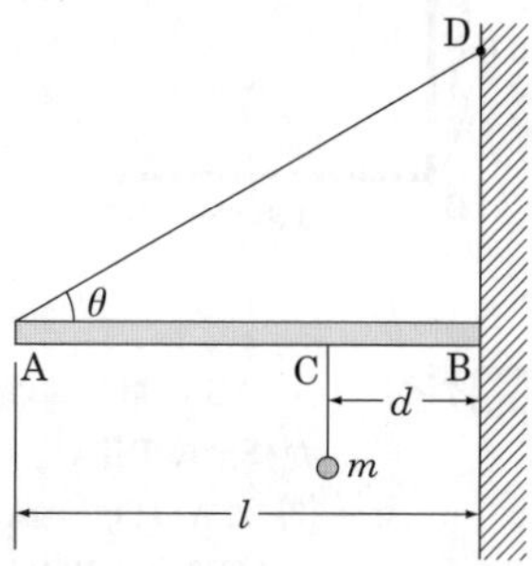

□ (1)　壁と棒 AB を結んだ糸の張力 T〔N〕を l，M，d，m，θ，g を用いて表せ。

□ (2)　棒 AB が壁から受ける垂直抗力 N〔N〕と糸の張力 T の水平方向でのつり合いの式をたて，垂直抗力 N を l，M，d，m，θ，g を用いて表せ。

□ (3)　棒 AB が壁から受ける静止摩擦力 F〔N〕, 糸の張力 T, 小球の重力, ならびに, 棒 AB の重力の鉛直方向でのつり合いの式をたて, 静止摩擦力 F を l, M, d, m, g を用いて表し, F が作用する向きを答えよ。

27 図のように, 長さ l, 質量 m の一様な細い棒 AB の左端 A を, 棒が鉛直面内でなめらかに回転するように鉛直な壁の 1 点に連結し, 棒の右端 B には質量の無視できる糸をつないで, 右上方に引っ張って静止させた。このとき, 棒と水平方向のなす角を θ, B 端につけた糸と水平方向のなす角を α とする。重力加速度の大きさを g として次の問いに答えよ。

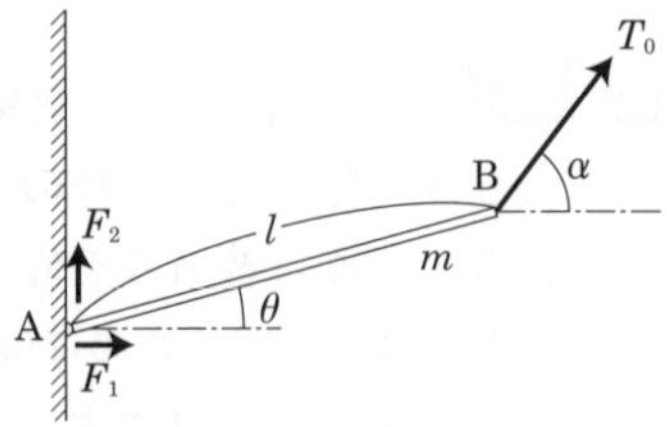

□ (1)　この状態での糸の張力の大きさを T_0 とする。T_0 を求めよ。

□ (2)　このとき, 図の向きを正として, 壁が棒の左端 A におよぼす力の水平成分 F_1 と鉛直成分 F_2 とを, 糸の張力の大きさを T_0 として, それぞれ表せ。

□ (3)　$\theta = 30°$, $\alpha = 60°$ のとき, $\dfrac{T_0}{mg}$, $\dfrac{F_1}{mg}$, $\dfrac{F_2}{mg}$ の値をそれぞれ求めよ。

28 〈差がつく〉 次の各物体の重心の位置をそれぞれ求めよ。

□ (1)　一様な密度で 90° に折れ曲がった棒。(図 1)

□ (2)　正方形 ABCD の一様な板から三角形 OCD を切り取った残りの部分。(図 2)

□ (3)　一様な厚さの円板から白い部分の円板を切り取った残りの部分。(図 3)

図 1

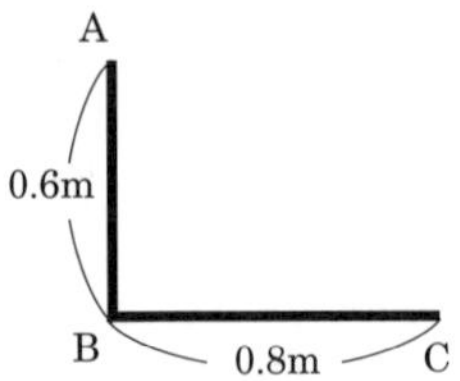

図 2

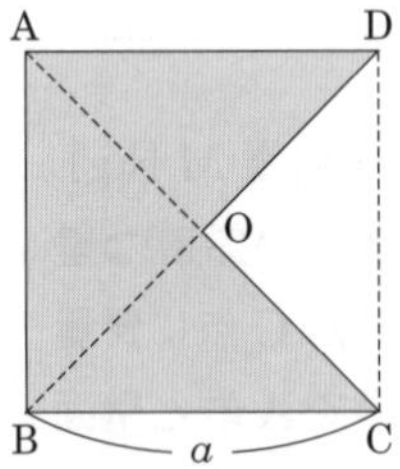

図 3

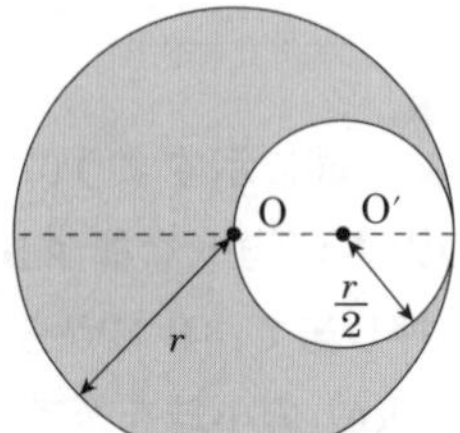

ガイド　(1) AB の重心 a は AB の中点。BC の重心 b は BC の中点。重心 a と重心 b の重心が棒全体の重心。

(2) △AOD, △AOB, △BOC それぞれの重心の重心が全体の重心である。△AOD と△BOC をあわせた部分の重心は O 点である。または,（求める図形の重心）=（四角形 ABCD の重心）−（三角形 COD の重心）である。三角形の重心は頂点と対辺の中点を両端とする線分を 2 : 1 に内分する点である。

(3)（O を中心とする円の重心）=（求める部分の重心）+（O′ を中心とする円の重心）である。円の重心はそれぞれ O, O′ にある。

3　運動量と力積

★テストに出る重要ポイント

- **運動量**…物体の質量 m と速度 $\vec{v}$ との積 $m\vec{v}$。単位は kg・m/s
- **力積**…物体にはたらく力 $\vec{F}$ と，力がはたらいた時間 t との積 $\vec{F}t$。単位は N・s。1N・s = 1kg・m/s
  右図のような力がはたらくときの力積は，着色部分の面積 S に等しい。平均の力 F は，時間 Δt を底辺とし，面積が S の長方形の高さになる。

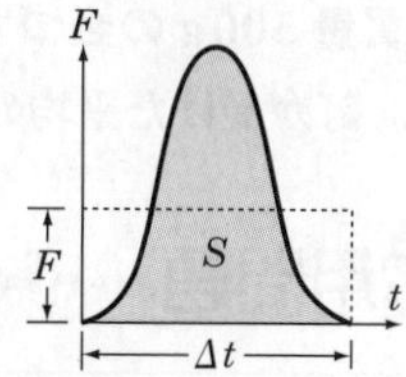

- **運動量の変化と力積**…運動量変化は力積に等しい。
  力積（＝運動量の変化）＝変化後の運動量 － 変化前の運動量
  ⑴ **速度と力の方向が同じ場合：$mv' - mv = F\Delta t$**
  ⑵ **速度と力の方向が異なる場合**：運動量の変化はベクトルの差で求める。$m\vec{v}' - m\vec{v} = \vec{F}\Delta t$
  右図の PQ 間で物体にはたらいている力 $\vec{F}$ の向きは，$m\vec{v}' - m\vec{v}$ の向きと一致する。

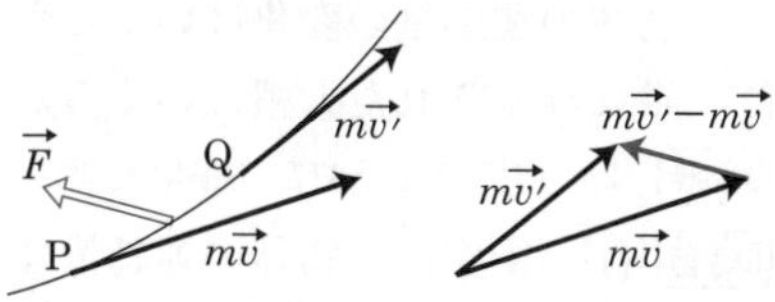

基本問題

できたらチェック。

解答 → 別冊 p.8

□ **29** 運動量

速さ 20m/s で運動している質量 3.0kg の物体の運動量はいくらか。ただし，物体が運動する向きを正の向きとする。

30 力積と力

次の問いに答えよ。

□ ⑴　物体に 10N の力を 2.0 秒間加えた。物体の得た力積はいくらか。

□ ⑵　物体に 40N・s の力積を加えた。力を加えていた時間が 0.20 秒であったとすれば，加えた平均の力の大きさは何 N か。

□ **31** 運動量と力積　テスト必出

質量 0.50kg の物体を初速度 19.6m/s で真上に投げた。投げ上げてから最高点に達するまでの間に，物体が受けた力積はいくらか。鉛直上向きを正とする。

□ **32** 力　積　テスト必出

水平に $20\,\mathrm{m/s}$ の速さで飛んできた質量 $0.12\,\mathrm{kg}$ のボールをバットで打ったら，ボールは鉛直上方に $19.6\,\mathrm{m}$ 上がった。バットがボールに与えた力積を求めよ。

□ **33** 平均の力　テスト必出

質量 $500\,\mathrm{g}$ の金づちが $2.0\,\mathrm{m/s}$ の速さで釘（くぎ）の頭にあたり，$\dfrac{1}{100}$ 秒後に静止した。釘が受けた平均の力の大きさは，何 N と考えられるか。

応用問題

解答 → 別冊 p.8

例題研究　4. 図のように，質量 $0.50\,\mathrm{kg}$ の物体が右向きに $10\,\mathrm{m/s}$ の速さで壁にあたり，左向きに $5.0\,\mathrm{m/s}$ の速さではねかえった。右向きを正とする。

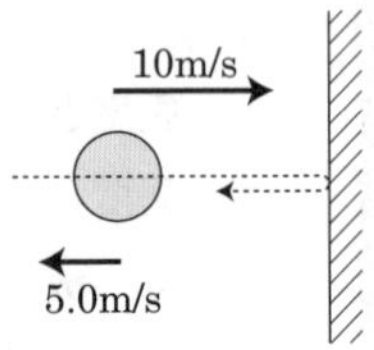

(1)　物体の運動量の変化はいくらか。

(2)　壁に与えられた力積はいくらか。

着眼　(2)　壁に与えられた力積は物体に加えられた力積と向きが反対で大きさが等しい。

解き方　(1)　衝突前の物体の運動量は，$0.50\,\mathrm{kg} \times 10\,\mathrm{m/s} = 5.0\,\mathrm{kg \cdot m/s}$

衝突後の物体の運動量は，$0.50\,\mathrm{kg} \times (-5.0\,\mathrm{m/s}) = -2.5\,\mathrm{kg \cdot m/s}$

物体の運動量の変化は，$-2.5\,\mathrm{kg \cdot m/s} - 5.0\,\mathrm{kg \cdot m/s} = -7.5\,\mathrm{kg \cdot m/s}$

(2)　物体に加えられた力積は $-7.5\,\mathrm{N \cdot s}$。壁に与えられた力積は物体に加えられた力積と向きが反対で大きさが等しいので，$7.5\,\mathrm{N \cdot s}$ である。

答　(1) $-7.5\,\mathrm{kg \cdot m/s}$　(2) $7.5\,\mathrm{N \cdot s}$

できたらチェック。

□ **34** 差がつく　次の文の［　　］に，適当な語句，記号あるいは数値を記入せよ。なお，数値には単位をつけること。

平面運動をしている質量 10kg の質点がある。その速度の x 成分 v_x，y 成分 v_y は，時間 t に対して図のように与えられている。

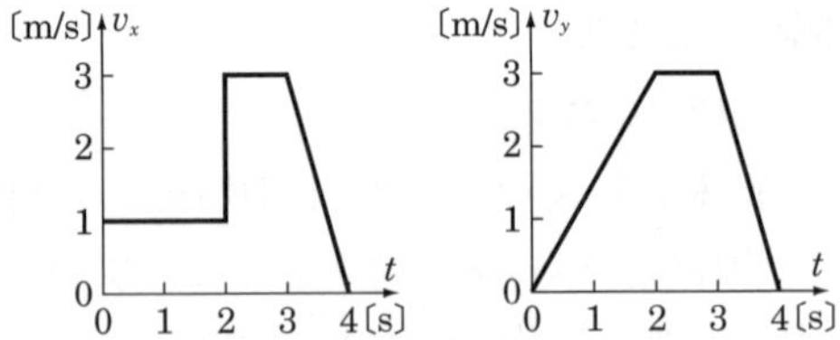

この質点は，区間 $0 < t < 2$ において，［①］の方向に，大きさが［②］の力を受ける。区間 $2 < t < 3$ では，質点は［③］運動をし，区間 $3 < t < 4$ では，質点は［④］の方向に，大きさが［⑤］の力を受ける。また，$t = 2$ では，質点は［⑥］の方向に，大きさが［⑦］の力積を受ける。

35 次の文を読み，問いに答えよ。

図1に示すように，投手が時速72 km/hで投げた質量0.15 kgのボールをバットで打ったら，ボールはある向きに飛んでいった。投げられたボールの運動量，打たれた後のボールの運動量，バットがボールに与えた力積の方向と大きさを図2の座標系で示す。ここで，投げられたボールの向きはx軸負の向き，バットが与えた力積の向きはy軸から時計回りに$\theta_1 \fallingdotseq 11.5°$の向きとする。バットがボールに与えた力の大きさ$F$は，図3における曲線に示すように時間とともに変化するが，このF-t曲線とt軸に囲まれた斜線部で示される面積が力積の大きさとなる。この力積の大きさは，同じく図3に示されるバットとボールの接触時間，および与えた力の平均$\overline{F}$(50N)の積である長方形の面積に等しい。なお，必要であれば，$\cos\theta_1 \fallingdotseq 0.98$，$\sin\theta_1 \fallingdotseq 0.20$を使用せよ。

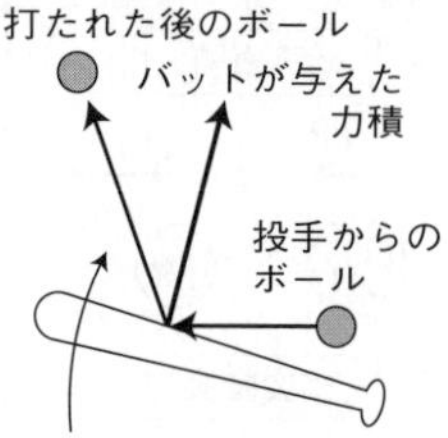

図1

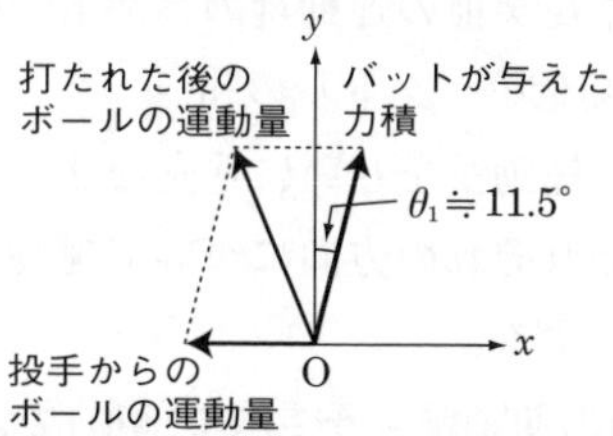

図2

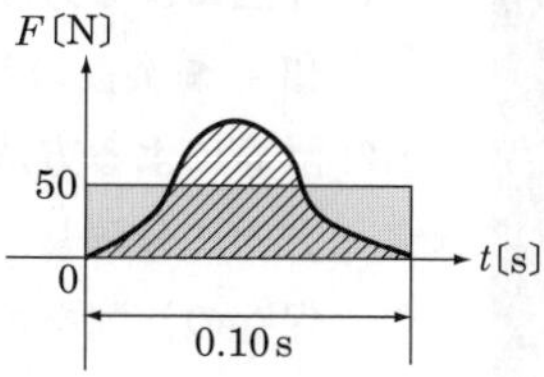

図3

□ (1) 投手から投げられたボールの運動量の大きさは何 kg·m/s か。
□ (2) 図3を使って，バットがボールに与えた力積の大きさを求めよ。
□ (3) この力積のx成分およびy成分を求めよ。
□ (4) 打たれた後のボールの運動量のx成分およびy成分を求めよ。
□ (5) 打たれた後のボールの運動量および速度の大きさを求めよ。

36 **図のように，スロープOPが水平面PQとなめらかにつながっている。質量mの小物体Aを，スロープ上の点Oから初速度0で滑らせると，小物体Aは，スロープOP上を滑り降り，水平面PQ上に静止していた質量$6m$の小物体Bと衝突した。小物体Aの衝突直前の速度はvであり，衝突直後の速度は$-\frac{1}{2}v$であった。スロープおよび水平面と2つの小物体との間には摩擦はないものとし，重力加速度の大きさをgとする。**

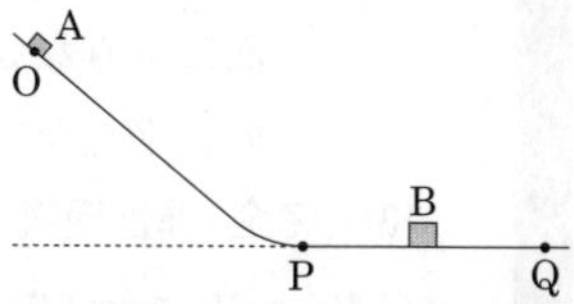

□ (1) 小物体Bが小物体Aから受けた力積の大きさはいくらか。
□ (2) 衝突直後の小物体Bの速さはいくらか。

4 運動量保存の法則

テストに出る重要ポイント

- **運動量保存の法則**…いくつかの物体が互いに内力をおよぼし合っていても，外力を受けない限り，物体の**運動量の総和は一定に保たれる。**
  1つの物体系の中の物体どうしが互いに力をおよぼし合っている作用・反作用の関係にある2力が**内力**。物体系の外からはたらく力が**外力**。

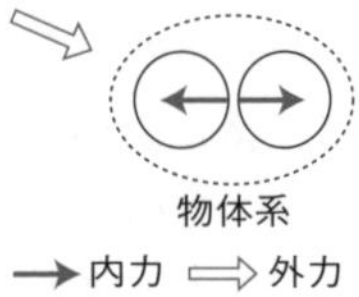

- **一直線上の衝突**…$m_1v_1 + m_2v_2 = m_1v_1' + m_2v_2'$
  衝突前の運動量の和＝衝突後の運動量の和
- **斜めの衝突**
  (1) **作図による方法**：衝突前の運動量のベクトルの和＝衝突後の運動量のベクトルの和
  (2) **計算による方法**：運動量を互いに垂直な2つの方向に分解し，それぞれの方向について運動量保存の法則を適用する。

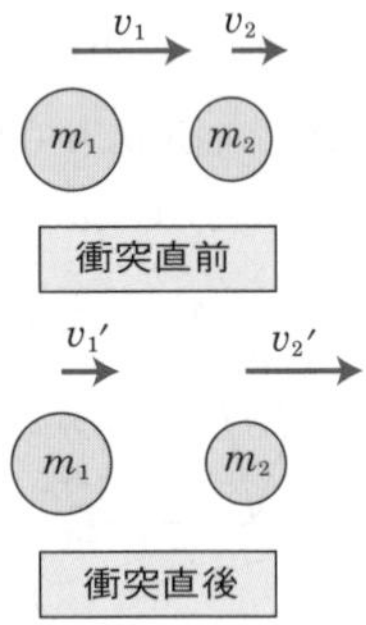

- **物体の分裂**…**分裂前の運動量＝分裂後の運動量の和**
- **反発（はねかえり）係数**
  (1) **2つの物体の衝突**：$e = -\dfrac{v_2' - v_1'}{v_2 - v_1}$　$(0 \leqq e \leqq 1)$
  (2) **物体と壁との衝突**：$v' = ev$　$(0 \leqq e \leqq 1)$
  ① **垂直衝突の場合**：右向きを正とすると，物体が衝突しても壁は静止しているから，
  $e = -\dfrac{-v' - V'}{v - V} = \dfrac{v'}{v}$　　ゆえに，$v' = ev$

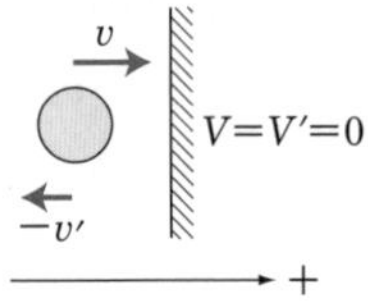

  ② **なめらかな壁面との斜め衝突**
  面に垂直な成分：$v_y' = ev_y$
  面に平行な成分：$v_x' = v_x$

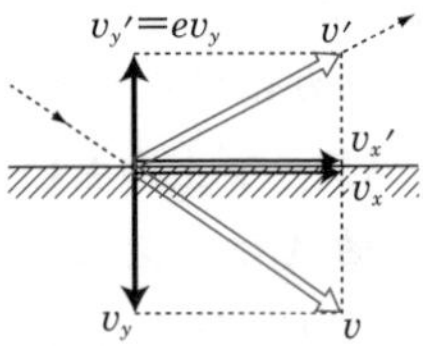

  (3) **（完全）弾性衝突**：$e = 1$
  $v_2' - v_1' = -(v_2 - v_1)$ の場合で，2つの物体の衝突前後の相対速度の絶対値は変わらない。力学的エネルギーも保存される。
  (4) **完全非弾性衝突**：$e = 0$
  $v_2' = v_1'$ の場合で，衝突後2つの物体は一体となって運動する。

できたらチェック。

基本問題

解答 ➡ 別冊 p.9

□ **37** 運動量保存の法則の式の導出

次の文の［　］に適当な語句または式を入れよ。

図のように，物体AがBに追突するときを考える。衝突時間Δtの間にAがBにFの力を与えれば，［ ① ］の法則により，BはAに$-F$の力を与える。運動量の変化が力積に等しいので，

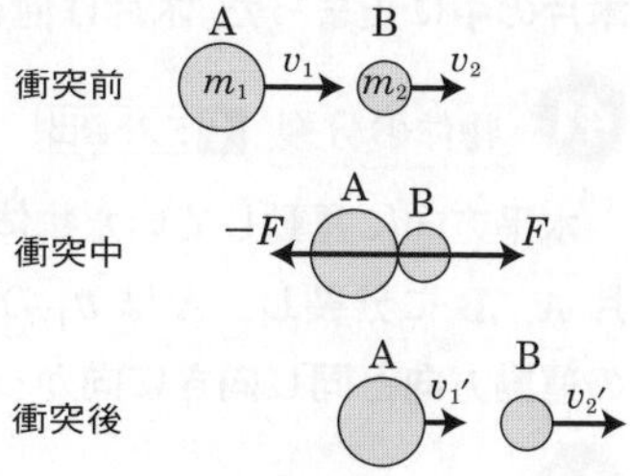

物体A：$-F\cdot\Delta t = m_1v_1' - m_1v_1$

物体B：［ ② ］

となる。この両式のたし算をして，$F\cdot\Delta t$を消去すると，［ ③ ］となり，［ ④ ］の法則の式が導かれる。

38 運動量保存の法則 〈テスト必出〉

湖面が凍ってなめらかな水平面になっており，氷上に質量Mの1枚の長くて平らな板がのっている。いま，質量mの人が岸から水平な方向に速度v_0で板にとびのり，その上を数歩走ったが，やがて板の上に静止してしまった。このことについて，次の問いに答えよ。

□ (1) 人が板にとびのる直前の，人と板の運動量の和はいくらか。

□ (2) 人と板が一体となって運動しはじめたときの人と板の速さをvとすると，このときの人と板の運動量の和はいくらか。

□ (3) 運動量保存の法則を用いて，vを求めよ。

39 一直線上の衝突

なめらかな一直線上で物体が運動している。次の問いに答えよ。

□ (1) 静止している質量3.0kgの物体に，2.0kgの小球が速さ6.0m/sで衝突し，衝突後一体となって運動した。衝突後の速さはいくらか。

□ (2) 静止している質量4.0kgの小球Bに，速さ10m/sで運動している質量2.0kgの小球Aをぶつけた。衝突後，小球Bは速さが6.0m/sになった。衝突後の小球Aの速さはいくらか。

□ (3) 質量6.0kgの小球Aと質量4.0kgの小球Bが，速さ5.0m/sと2.0m/sで逆向きに運動し，衝突した。衝突後一体となって運動したとすれば，衝突後はどちら向きにいくらの速さで進むか。

□ **40** 完全非弾性衝突

図のように天井からつるされた木片（質量 **1.9kg**）に **200m/s** の速さの弾丸（質量 **0.10kg**）を打ち込んだら，弾丸は木片の中に止まった。木片は何 **m/s** の速さで動きはじめるか。

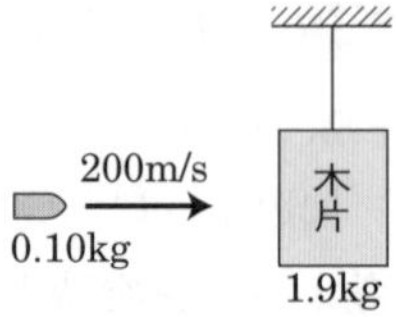

□ **41** 物体の分裂 テスト必出

水平方向に運動していた物体が爆発して，質量がそれぞれ m_1，m_2 の 2 つの破片 A，B に分裂し，A は v_1 の速さで，また B は v_2 の速さで，それぞれ爆発前の運動方向と同じ向きに向かって運動した。爆発前の物体の速さはいくらか。

□ **42** 衝突と反発係数

水平な床面から高さ **2.0m** のところから，小球を自由落下させた。小球は床に衝突して，高さ **1.6m** のところまではね上がり，そこから再び落下した。このときの反発係数はいくらか。

応用問題

できたらチェック。

解答 ➡ 別冊 *p.10*

□ **43** 差がつく 質量がそれぞれ **0.10kg**，**0.20kg** の 2 球 A，B が，図のように，一直線上を互いに逆向きに進んで衝突した。衝突前の A，B の速さはそれぞれ **30m/s**，**10m/s** で，衝突後の A は **6.0m/s** の速さではねかえった。

衝突後 B はどちらの向きにどれだけの速さで進んだか。

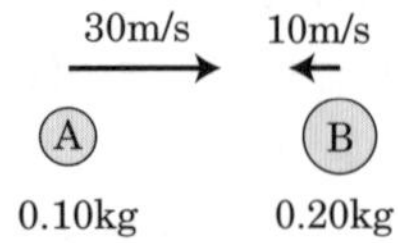

□ **44** 図のように，質量 M_0 の板の上に，質量 $2M_0$ の A と，質量 $3M_0$ の B が乗って静止し，この状態で全体が右向きに **2.0m/s** の速さで動いている。A が板に対して右向きに **1.0m/s**，B も板に対して右向きに **2.0m/s** の速さになった。板はどちら向きに何 **m/s** の速さになるか。

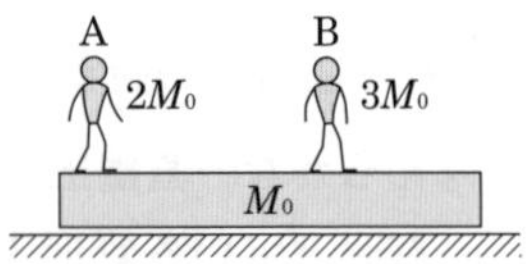

□ **45** 差がつく なめらかな水平面上に，物体 A（質量 **10kg**）と物体 B（質量 **5.0kg**）が重ねて置かれている。いま，物体 B に初速度 **6.0m/s** を与えて，物体 A の上を滑らせたところ，物体 A も動き出し，やがて物体 B は物体 A に対して停止し，A と B が一体となって動いた。物体 A，B の速さを求めよ。

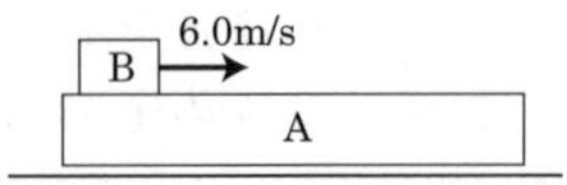

46 〈差がつく〉 なめらかな水平面の上に静止している質量 m の小球Aに，質量の等しい小球Bを速度 v で衝突させたところ，A，Bは図のように，進行方向に対してそれぞれ60°，30°の角をなす向きに進んだ。衝突後のA，Bの速度をそれぞれ v_A，v_B として，次の問いに答えよ。

□ (1)　Bの進行方向について，運動量保存の法則を用いて式をつくれ。

□ (2)　Bの進行方向と垂直な方向について，運動量保存の法則を用いて式をつくれ。

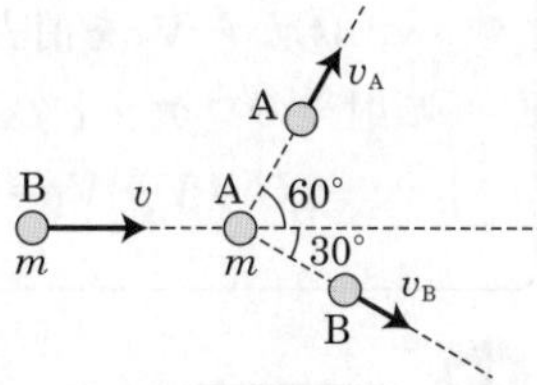

□ (3)　(1)，(2)の式より，v_A と v_B を求めよ。

ガイド　v_A，v_B の成分を考えればよい。

47 前問を，次の順序にしたがって，ベクトルの考え方を用いて解いてみよ。

□ (1)　衝突の前後の両球の運動量ベクトルを，運動量保存の法則を考慮に入れて図示せよ。

□ (2)　衝突後のBの進行方向について，図の上で成り立つ式をつくれ。

□ (3)　衝突後のAの進行方向について，図の上で成り立つ式をつくれ。

□ (4)　(2)，(3)の式より，v_A と v_B を求めよ。

例題研究〉 **5.** 全質量 M のロケットが速度 V で等速運動をしている。このロケットが，質量 m の燃料をロケットに対して v の速さで後方に瞬間的に噴射した。噴射した後のロケットの速さを求めよ。

着眼　全質量 M のロケットが，m と $M-m$ の2つの物体に分裂したと考える。外力がはたらいていないから，運動量保存の法則が使える。燃料の速さ v はロケットに対する相対速度の大きさであることに注意せよ。

解き方　燃料の地面に対する速度を w とし，噴射後のロケットの速度を U とすると，燃料のロケットに対する相対速度が $-v$ であるから，

$$-v = w - U$$

ゆえに，$w = U - v$　……①

一方，運動量保存の法則の式をたてると，

$$MV = (M-m)U + mw \quad \cdots\cdots②$$

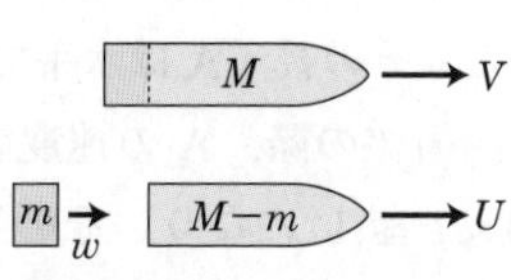

①，②式から w を消去して，U を求めればよい。

答　$U = V + \dfrac{m}{M}v$

(別解) ロケットの最初の速度で動く座標系（重心系）から見ると，最初の運動量は0である。この座標系から見た燃料噴射後のロケットの速度を V_1，燃料の速度を V_2 とすると，運動量保存の法則の式は，

$$0 = (M - m)V_1 + mV_2 \quad \cdots\cdots③$$

相対速度の式は，$V_2 - V_1 = -v$　……④

③，④から V_2 を消去して，V_1 を求めると，$V_1 = \frac{m}{M}v$

噴射後のロケットの速度は，

$$U = V + V_1 = V + \frac{m}{M}v$$

答　$V + \frac{m}{M}v$

□ **48** 〈差がつく〉 **なめらかな一直線上を運動している質量 2.0kg の物体 A と質量 5.0kg の物体 B がある。A は右向きに u〔m/s〕，B は左向きに 4.0m/s の速さで進み，やがて両物体は衝突した。反発係数を 0.20 とするとき，衝突後も A が右向きに進むためには，u の値はいくらより大きくなければならないか。**

ガイド　右向きを正とすると，衝突後の A の速度 $v_A > 0$ となる条件を求める。

□ **49** **速さ 10m/s で運動していた小球が，なめらかな水平面に対して 60°の角度で衝突した。小球と水平面との反発係数が 0.50 だったとき，衝突直後の小球の速さはいくらか。**

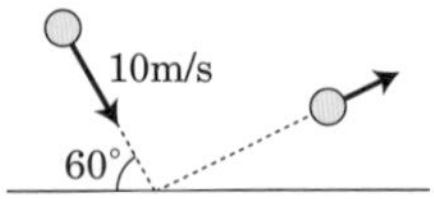

ガイド　小球の速度は面に垂直な成分のみ変わる。

50 〈差がつく〉 **次の文を読み，問いに答えよ。**

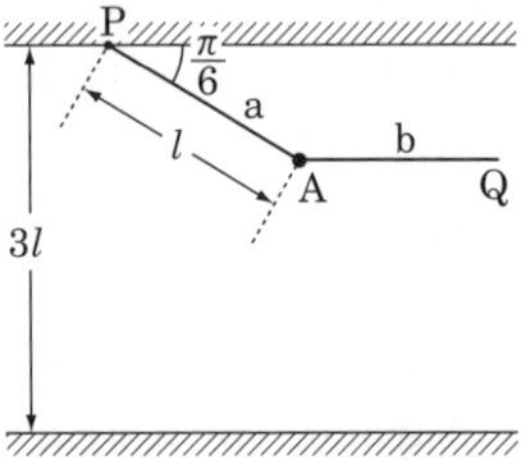

水平な天井の1点 P から長さ l の軽い糸 a で質量 m の小球 A をつるし，A に別の軽い糸 b をつけて，その他端 Q を手で図のように水平に引っぱり，つり合わせた。このとき，天井と糸 a のなす角は $\frac{\pi}{6}$ ラジアンであった。

次に，糸 b を手からはなし，さらに，小球 A がちょうど点 P の鉛直下方を通過する瞬間に，糸 a を天井からはなした。このときの小球 A の速さは $\sqrt{gl}$ であった。その後，A は水平でなめらかな床に衝突してはねかえり，再び床に衝突した。衝突の際，A の速度の鉛直成分の大きさは，衝突直後には衝突直前の e 倍 $(0 < e \leqq 1)$ になり，その速度の水平成分は，衝突の前後で変わらなかった。天井は床から $3l$ の高さにある。重力加速度の大きさを g，空気の影響および糸の伸びを無視する。

□ (1) 最初のつり合いの状態で，糸 a の張力の大きさはいくらか。また，この状態で，糸 b の張力の大きさはいくらか。

□ (2) 床との 1 回目の衝突の際に，小球 A が床から受けた力積の大きさはいくらか。また，力積の向きはどうか。

□ (3) 小球 A が床と 1 回目に衝突した点と 2 回目に衝突した点との間の距離はいくらか。

例題研究》 **6.** **〈差がつく〉** **質量 m の球 A がなめらかな一直線上を速さ v で運動してきて，同じ直線上に静止している質量の等しい球 B に正面衝突した。この衝突を弾性衝突とすると，衝突後 A，B はそれぞれどのような運動をするか。**

着眼 衝突の前後の運動量の総和は変わらないから，衝突後の両球の速さをそれぞれ v_A, v_B として式をつくる。また，反発係数の式では，弾性衝突だから $e=1$ とする。

解き方 衝突後の A，B の速さをそれぞれ v_A，v_B とすると，運動量保存の法則より，$mv+0=mv_A+mv_B$

ゆえに，$v_A+v_B=v$ ……①

また，反発係数の式より，$-\dfrac{v_A-v_B}{v-0}=1$

ゆえに，$v_A-v_B=-v$ ……②

①，②式より，$v_A=0$，$v_B=v$

答 A は静止，B は衝突前の A の運動と同じ。

51 **あらい水平面上に，質量の等しい物体 A，B が，距離 l だけ離れて静止していた。A に初速度 v_0 を与え，B と衝突させたら，A はその場で止まり，B は A の初速度の向きにある距離だけ滑って止まった。A，B の質量を m，A，B と水平面の間の動摩擦係数を μ，重力加速度の大きさを g として，次の問いに答えよ。**

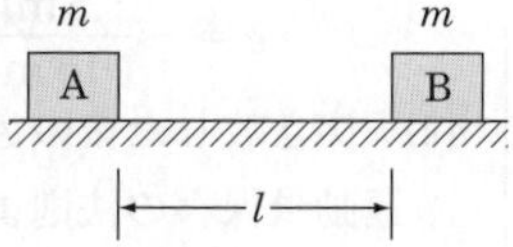

□ (1) A が l だけ滑る間に，摩擦力が A にした仕事はいくらか。

□ (2) A が B に衝突する直前の速さはいくらか。

□ (3) B が衝突されてから止まるまでに滑る距離はいくらか。

□ (4) A と B の衝突は，弾性衝突か，それとも非弾性衝突か。結論だけでなく，根拠も示せ。

ガイド (1) A にはたらく摩擦力の向きと，A の運動する向きは逆。
(4) 反発係数の式を用いて考えよ。

例題研究》　7. 質量40kgのAと，質量60kgのBがアイススケートをしている。氷との間の摩擦はないものとして，次の問いに答えよ。

(1)　Aが15m/sの速さで滑ってきて，静止しているBに衝突したところ，Bは前方に突き飛ばされ，9.0m/sの速さで滑りはじめた。Aは何m/sの速さになったか。

(2)　このとき，AがBに与えた力積の大きさはいくらか。

(3)　このときの反発係数eの値を求めよ。

(4)　次に，AとBが手をつないで6.0m/sの速さでいっしょに滑ってきて，AがBを突き放したところ，Bは12m/sの速さで滑っていった。Aは何m/sの速さになったか。

(5)　このときBがAに与えた力積の大きさを求めよ。

着眼　AとBとの間にはたらく内力だけで運動が変化するから，運動量が保存される。簡単な図をかいて，問題の意味を整理するとよい。

解き方　(1)　衝突後のAの速度を$\boldsymbol{v}_A'$とすると，運動量保存の法則より，

$$40\,\text{kg} \times 15\,\text{m/s} + 60\,\text{kg} \times 0\,\text{m/s}$$
$$= 40\,\text{kg} \times \boldsymbol{v}_A' + 60\,\text{kg} \times 9.0\,\text{m/s}$$

ゆえに，$\boldsymbol{v}_A' = 1.5\,\text{m/s}$

(1)，(2)，(3)

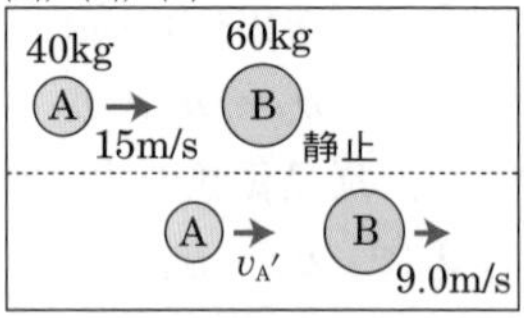

(2)　Bに与えられた力積の大きさは，Bの運動量の変化に等しいから，

$$F_Bt = 60\,\text{kg} \times 9.0\,\text{m/s} - 60\,\text{kg} \times 0\,\text{m/s} = 5.4 \times 10^2\,\text{N·s}$$

(3)　反発係数は，相対速度の大きさの比に等しい。

$$e = -\frac{1.5\,\text{m/s} - 9.0\,\text{m/s}}{15\,\text{m/s} - 0\,\text{m/s}} = 0.50$$

(4)　突き放した後のAの速度を$\boldsymbol{v}_A''$とすると，運動量保存の法則より，

$$40\,\text{kg} \times 6.0\,\text{m/s} + 60\,\text{kg} \times 6.0\,\text{m/s}$$
$$= 40\,\text{kg} \times \boldsymbol{v}_A'' + 60\,\text{kg} \times 12\,\text{m/s}$$

ゆえに，$\boldsymbol{v}_A'' = -3.0\,\text{m/s}$

(4)，(5)

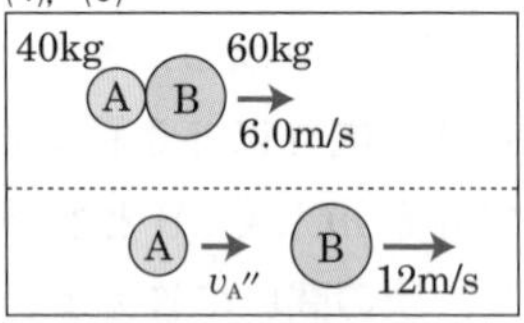

(5)　Aに与えられた力積の大きさは，Aの運動量の変化に等しいから，

$$F_At = 40\,\text{kg} \times (-3.0\,\text{m/s}) - 40\,\text{kg} \times 6.0\,\text{m/s} = -3.6 \times 10^2\,\text{N·s}$$

答　(1) 1.5m/s　(2) 5.4×10^2N·s　(3) 0.50　(4) 3.0m/s　(5) 3.6×10^2N·s

52　図のように，水平面の上に半径r〔m〕の円柱面ABをもつ質量M〔kg〕の台が置かれている。ACは水平面と平行であり，BC面は水平面に対し垂直である。

また，水平面から B 点までの高さは h_0〔m〕である。次の問いに答えよ。

この台の A 点に大きさの無視できる質量 m〔kg〕の小球を置き静かにはなす。

台と水平面，小球と台の間の摩擦は無視できるものとし，小球と BC 面との反発係数は e（$0<e<1$）とする。台の運動は水平方向のみ可能で，台は倒れることはない。紙面の左から右に向かう方向を正方向とし，重力加速度の大きさを g〔m/s²〕とする。

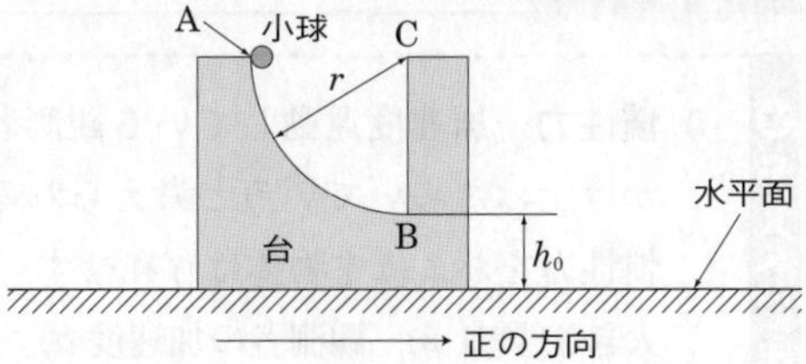

□ (1)　小球が BC 面に衝突する直前の小球と台のそれぞれの速度 $\boldsymbol{v}$〔m/s〕および V〔m/s〕を求めよ。

□ (2)　小球が BC 面に衝突した直後の小球と台のそれぞれの速度 $\boldsymbol{v'}$〔m/s〕および V'〔m/s〕を求めよ。

□ (3)　小球と BC 面の最初の衝突により失われた力学的エネルギーを求めよ。

□ (4)　小球と BC 面の最初の衝突後，小球が円柱面を上り，台に対して静止したときの水平面からの高さ h〔m〕と小球と台の速度 U〔m/s〕を求めよ。

53　次の文を読み，問いに答えよ。

質量 M の隕石が速さ V の等速直線運動をしており，このままでは地球に衝突する危険性がある。地球へ向かう軌道から隕石をそらすため，質量 m のロケットを隕石の軌道に対して垂直に打ち込み，隕石と衝突させることとする。ただし，隕石とロケットは x 軸と y 軸を含む平面内でのみ運動している。隕石とロケットの衝突は完全非弾性衝突であり，衝突後は隕石とロケットが質量の変化なく一体となって等速直線運動を行うものとする。衝突後の速さ W と向き（x 軸となす角 θ）を求めよう。ただし，隕石とロケットの衝突前後では全体の運動量は保存される。

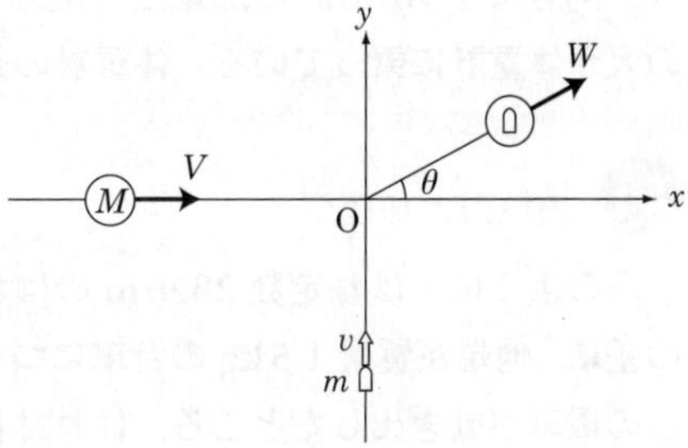

□ (1)　衝突前後における運動量の x 成分の関係を W や θ などを用いて式で表せ。

□ (2)　衝突前後における運動量の y 成分の関係を W や θ などを用いて式で表せ。

□ (3)　W を数式で表せ。ただし，θ は用いないこと。

□ (4)　$\tan\theta$ を数式で表せ。ただし，W は用いないこと。

ガイド　(3) $\sin^2\theta+\cos^2\theta=1$ を利用して θ を消去する。

5 慣性力

テストに出る重要ポイント

- **慣性力**…加速度運動している観測者が物体を見たとき，その物体に見かけ上はたらいていると考えられる力を**慣性力**という。したがって，慣性力をおよぼす物体は存在せず，この力の反作用も存在しない。
  大きさ(質量 m，観測者の加速度 a)：ma　向き：**加速度の向きと逆の向き**

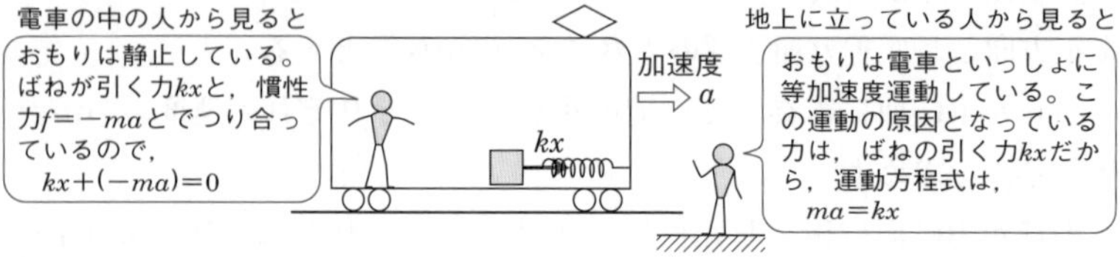

電車の中の人から見ると
おもりは静止している。ばねが引く力kxと，慣性力$f=-ma$とでつり合っているので，
$kx+(-ma)=0$
加速度 a
kx
地上に立っている人から見ると
おもりは電車といっしょに等加速度運動している。この運動の原因となっている力は，ばねの引く力kxだから，運動方程式は，
$ma=kx$

基本問題

できたらチェック。

解答 ➡ 別冊 p.12

□ **54** 慣性力

上向きに $1.96\,\mathrm{m/s^2}$ の加速度で運動しているエレベーターの中で，体重 60kg の人が体重計に乗っている。体重計の針は何 kg を指すか。

□ **55** 慣性力と加速度

図のように，ばね定数 20N/m のばねの一端が電車の壁に，他端が質量 1.5kg の台車につながれている。この電車が動き出したところ，ばねは自然の長さから 0.30m 伸びた。電車の加速度の大きさはいくらか。

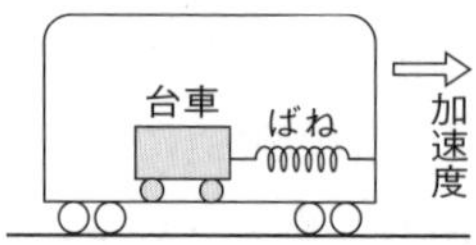

56 等加速度運動と慣性力 テスト必出

$0.98\,\mathrm{m/s^2}$ の加速度で等加速度運動をしている電車の中で，高さ 2.5m の位置から小物体を落下させた。

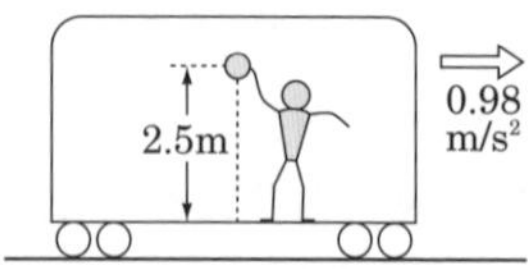

□ (1) 小物体の質量を 0.10kg とすると，この小物体にはたらく慣性力の大きさは何 N か。

□ (2) 小物体が電車の床に落下するまでの時間を求めよ。

□ (3) 小物体は，落下させた点の真下の床の位置からどのくらい後方に落下するか。

応用問題 解答 ➡ 別冊 p.13

57 $2.0\,\mathrm{m/s^2}$ の一定の加速度で動いている電車の中で，電車内の人から見て $10\,\mathrm{m/s}$ の速さで台車を図のように押し出した。

できたらチェック。

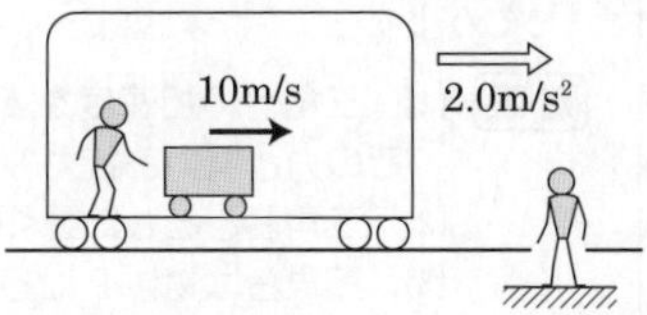

□ (1) 電車内の人から見ると，台車はどんな運動をするか。簡単に説明せよ。

□ (2) 電車の外に静止している人が台車を見ると，どんな運動に見えるか。

□ (3) 電車の中の人から見て，台車の速さが0になるのは何秒後か。

□ **58** 〈差がつく〉 おもりが電車の天井から糸でつるされている。この電車が水平な直線上を a〔$\mathrm{m/s^2}$〕の加速度で進行しているとき，糸が鉛直となす角を θ とすると，$\tan\theta$ の値はいくらになるか。ただし，重力加速度の大きさを g〔$\mathrm{m/s^2}$〕とする。

59 加速度 $2.2\,\mathrm{m/s^2}$ で等加速度運動をしながら上昇しているエレベーターの中で，ボールを上向きに $6.0\,\mathrm{m/s}$ で投げた。

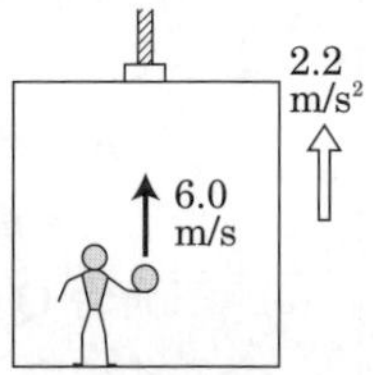

□ (1) エレベーターの中の人から見て，ボールの減速する加速度はいくらになるか。

□ (2) エレベーターの中の人から見て，ボールが最高点に達するのは何秒後か。

例題研究》 8. 〈差がつく〉 図のように，水平な床の上を自由に動くことのできる傾斜角 θ，質量 M〔kg〕の三角台Qがある。いま，質量 m〔kg〕の物体Pを三角台上に静かに置いた。すべての物体間の摩擦は無視できるものとして，次の問いに答えよ。ただし，重力加速度の大きさは g〔$\mathrm{m/s^2}$〕とする。

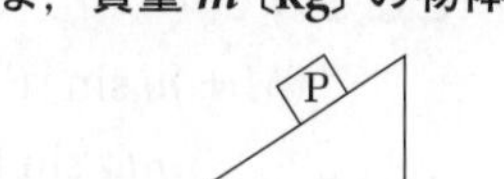

(1) 三角台Qを床の上で等加速度運動させて，物体Pが斜面上で動かないようにするためには，加速度の大きさをいくらにすればよいか。

次に，物体Pを静止させた三角台上で静かにはなすと，物体Pは斜面上を滑り落ちるとともに，三角台Qが右方向へ加速度 a の等加速度運動をはじめた。

(2) 三角台とともに動く観測者から見ると，物体Pには重力，三角台からの抗力，慣性力の3つがはたらいている。物体Pが三角台におよぼす力

の大きさ R を θ, m, a, g で表せ。

(3)　床の上に静止している観測者から見た三角台Qの加速度の大きさ a を求めよ。

着眼　(1)　三角台の加速度を a_1 とすれば，物体Pに大きさ ma_1 の慣性力がはたらき，この力と重力と抗力の3力がつり合って三角台上に静止している。

(2)　三角台とともに動く観測者から見ると，斜面に垂直な方向の力はつり合う。

(3)　三角台は物体Pから受ける抗力の水平成分によって等加速度運動をする。

解き方　(1)　三角台Qの加速度の大きさを a_1 として，斜面に平行な方向の力のつり合いの式をつくると，$ma_1 \cos\theta = mg \sin\theta$ となるので，

$$a_1 = g\frac{\sin\theta}{\cos\theta} = g\tan\theta$$

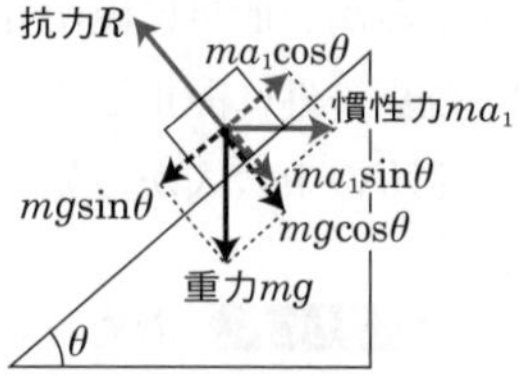

$mg\sin\theta$ と $ma_1\cos\theta$ の大きさが等しいので，斜面上を滑らずに止まっている。

(2)　斜面に垂直な方向の力はつり合っているので，斜面に垂直な方向の力のつり合いの式をつくると，

$$mg\cos\theta = ma\sin\theta + R$$

よって，

$$R = mg\cos\theta - ma\sin\theta$$
$$= m(g\cos\theta - a\sin\theta)$$

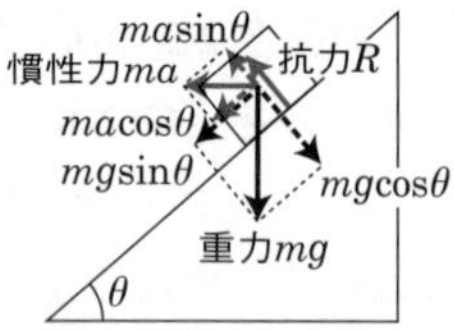

物体は斜面に沿って運動するので，斜面に垂直な方向の力はつり合っている。

(3)　三角台Qの運動方向には $R\sin\theta$ の力がはたらくので，運動方程式は，$Ma = R\sin\theta$ となる。(2)の結果を代入すると，

$$Ma = m(g\cos\theta - a\sin\theta)\sin\theta$$

となるので，

$$(M + m\sin^2\theta)a = mg\sin\theta\cos\theta$$

よって，$a = \dfrac{mg\sin\theta\cos\theta}{M + m\sin^2\theta}$

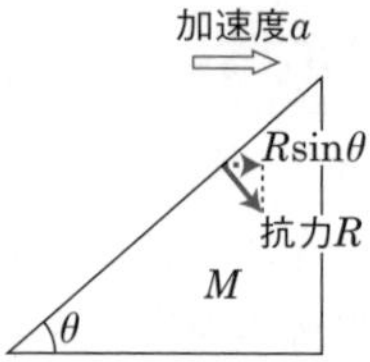

答　(1) $g\tan\theta$　(2) $m(g\cos\theta - a\sin\theta)$　(3) $\dfrac{mg\sin\theta\cos\theta}{M + m\sin^2\theta}$

60　次の文を読み，問いに答えよ。

図のように水平な床の上に傾斜角30°の斜面をもった台が置かれており，斜面の一番下に大きさの無視できる質量

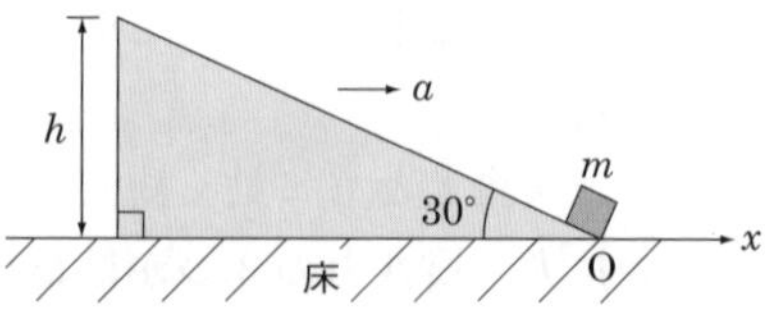

m の物体がある。台も物体も静止している状態から，一定の加速度 a ($a>0$) で台を右方向に動かしたところ，物体が斜面を上がりはじめた。斜面の頂点の高さを h，重力加速度の大きさを g とし，斜面と物体との間の摩擦力は無視できるものとする。

□ (1)　物体が斜面を上がりはじめた後，台といっしょに動く観測者が観測する物体にはたらく力の斜面方向の成分を求めよ。ただし，斜面を上がる向きを正とする。

□ (2)　物体が斜面を上がるための a の値の範囲を求めよ。

□ (3)　台が動きはじめてから物体が斜面の頂点に達するまでの時間を求めよ。

61　次の文を読み，問いに答えよ。

図に示すような高さ h_1 の水平面1に質量 m の小物体がある。水平面1とつながったなめらかな斜面は高さ h_2 の水平面2とつながっている。水平面3は水平な地面にある質量 M の台車の上面であり，水平面2と段差やすき間がなく接触して静止している。水平面3(図の斜線部)は摩擦があり，それ以外のところでの摩擦はすべて無視でき，小物体と台車は鉛直面である紙面内を運動するものとする。

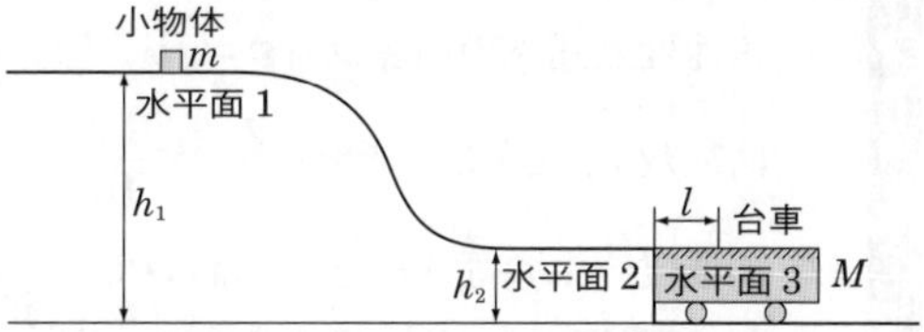

いま，水平面1の小物体が右向きに速さ V_0 で滑り出した。小物体は水平面1から斜面，水平面2，水平面3を順に転がらずに移動し，水平面3の左端から距離 l の位置で小物体と台車の相対速度が0となった。重力加速度の大きさを g，小物体が移動して台車との相対速度が0になるまでの摩擦のある面での動摩擦係数(運動摩擦係数) μ は一定とする。また，台車の速度と加速度は静止している人から見た速度と加速度とする。

□ (1)　小物体が水平面2を移動しているときの速さ V_1 を求めよ。

□ (2)　小物体と台車の相対速度が0になったときの小物体の速さ V_2 を m，M，V_1 を用いて表せ。

□ (3)　小物体が水平面3を移動し，台車との相対速度が0になるまでの，台車の水平方向の加速度 a_M を求めよ。ただし，水平方向右向きを正とする。

□ (4)　小物体が水平面2を通過した直後から，小物体と台車との相対速度が0になるまでの間にかかった時間 t_0 を m，M，g，μ，V_1 を用いて表せ。

□ (5)　距離 l を m，M，g，μ，V_1 を用いて表せ。

6 円運動

テストに出る重要ポイント

- **角速度**…単位時間あたりに回転する角度。
- **周期**…1 回転する時間。
- **回転数**…単位時間あたりに回転する回数。

例 半径 r〔m〕，速さ v〔m/s〕の等速円運動で，

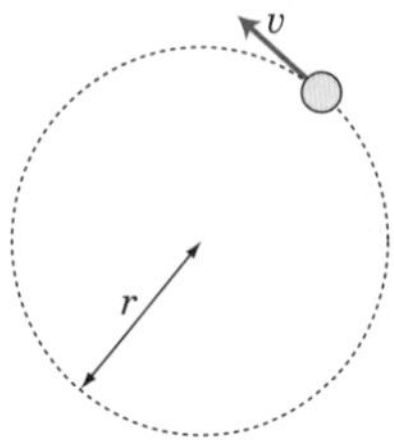

周期 T〔s〕は，$T=\dfrac{2\pi r}{v}$

角速度を ω〔rad/s〕とすれば，$T=\dfrac{2\pi}{\omega}$

角速度と速さの関係は，$v=r\omega$

回転数 f〔1/s〕は，$f=\dfrac{v}{2\pi r}=\dfrac{1}{T}$

- **加速度**…上の等速円運動において，

(1) **加速度 a〔m/s^2〕の大きさ：** $a=\dfrac{v^2}{r}=r\omega^2$

(2) **加速度の向き：**円の中心に向かうので，**向心加速度**とも呼ばれる。
等速円運動している物体にはたらく力の合力の向きは加速度の向きと同じになるので，**円の中心に向かう**。等速円運動している物体にはたらく力の合力を**向心力**と呼ぶ。

- **等速円運動の方程式（運動方程式）**…向心加速度$\left(大きさ\dfrac{v^2}{r}\right)$と中心方向の力の分力でつくられた運動方程式を**等速円運動の方程式**と呼ぶ。
- **遠心力**…等速円運動している物体とともに運動している観測者から見ると遠心力と呼ばれる慣性力がはたらく。遠心力の向きは**円の中心から外向き**で，その大きさは $\dfrac{mv^2}{r}$（$=mr\omega^2$）

基本問題

解答 → 別冊 p.14

62 等速円運動の周期・回転数・角速度

できたらチェック。

質量 0.10 kg の物体が半径 0.50 m，速さ 0.30 m/s で等速円運動している。

□ (1)　円運動の周期を求めよ。

□ (2)　円運動の回転数を求めよ。

□ (3)　角速度を求めよ。

□ (4)　加速度の大きさを求めよ。

□ (5)　物体にはたらく力の合力の大きさを求めよ。

63 等速円運動の加速度

質量 m〔kg〕の物体 M が半径 r〔m〕の円周上を一定の速さ v〔m/s〕で円運動をしている。図のように，微小時間Δt〔s〕の間に，物体が最初の位置 P から Q に移動した。この物体の運動について，次の問いに答えよ。

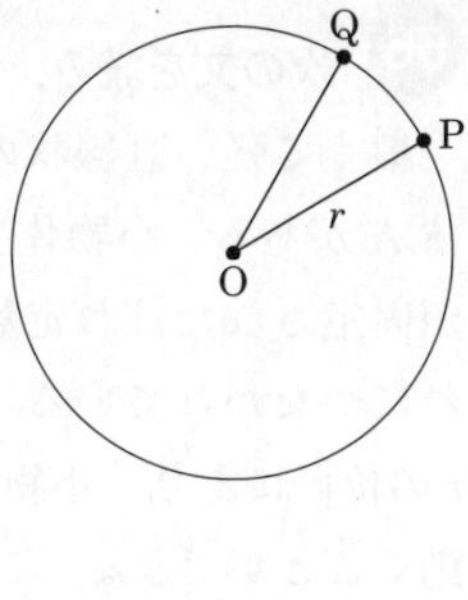

□ (1) 円運動の角速度をω〔rad/s〕，物体が P から Q まで移動する道のり（弧の長さ）をΔxとする。Δxを r，Δt，ωを用いて表せ。

□ (2) 速さ $v=\dfrac{\Delta x}{\Delta t}$ であることを用いて，v とωの関係を導け。

□ (3) 物体の位置 P，Q での速度をそれぞれ $\vec{v_P}$，$\vec{v_Q}$，また，$\Delta\vec{v}=\vec{v_Q}-\vec{v_P}$ とする。$\Delta\vec{v}$の大きさΔvをΔt，ω，v で表せ。Δtが 0 に近づくとして，加速度の大きさ a を物体の速さ v，角速度ωで表せ。また，(2)の結果を用いて，加速度の大きさ a を，r と v を用いて表せ。

64 等速円運動と向心力 テスト必出

なめらかな水平面上を質量 0.20 kg の物体が糸でつながれ，半径 0.25 m の等速円運動をしている。

□ (1) 円運動の角速度が 5.0 rad/s のとき，糸の張力の大きさを求めよ。

□ (2) 角速度を 2 倍にすると，糸の張力の大きさは何倍になるか。

65 等速円運動の方程式 テスト必出

図のように，円盤の中心軸にばね定数 k〔N/m〕のばねの一端を固定し，他端に質量 m〔kg〕のおもりをつけ，円盤とともに角速度 ω〔rad/s〕の等速円運動をさせた。このとき，ばねの長さは l〔m〕であった。

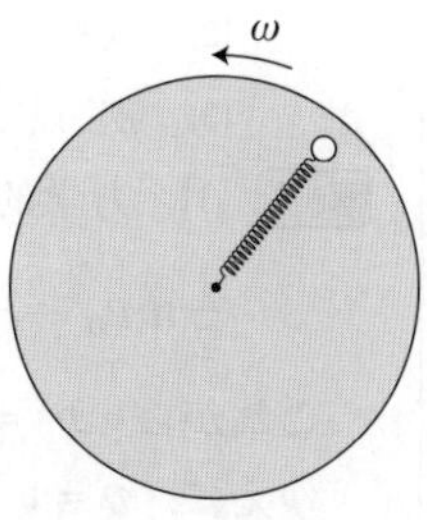

□ (1) ばねの伸びの長さを x〔m〕として，おもりの運動方程式を記せ。

□ (2) ばねの伸びの長さを求めよ。

応用問題

解答 ➡ 別冊 p.15

66 次の文を読み，問いに答えよ。

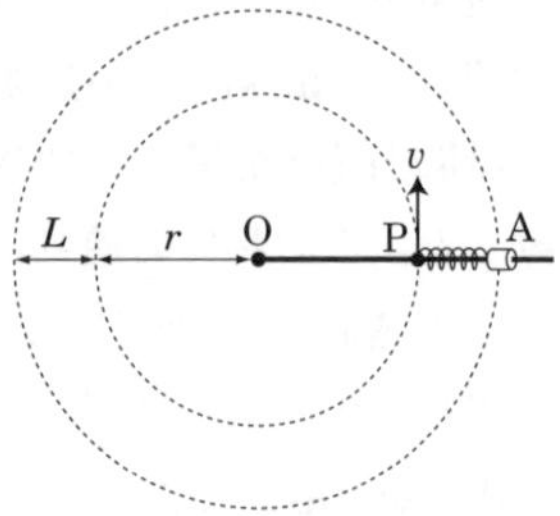

細くて軽い直線状の棒に通された質量 m の小物体 A がある。小物体 A は，この棒上の点 P に片端が固定されたばね定数 k で自然の長さ L_0 の軽いばねにつながれている。点 P は棒の片端 O から距離 r の位置にあり，小物体 A は棒に沿ってなめらかに動くことができる。この棒の片端 O を中心にして，棒を水平面内で一定の角速度 ω で回転運動させたとき，点 P と小物体 A の間隔は L で一定となり，点 P の速さは v であった。

できたらチェック。

□ (1)　棒の回転運動の角速度 ω を，v を含む式で表せ。

□ (2)　小物体 A の速さは v の何倍か。

□ (3)　回転中のばねの長さ L を，角速度 ω を含む式で表せ。

例題研究》　9. 〈差がつく〉 図のような，半径 r〔m〕のなめらかな円筒面の最下点 A から，初速度 v_0〔m/s〕で質量 m〔kg〕の小球を運動させた。重力加速度の大きさを g〔m/s²〕として，次の問いに答えよ。

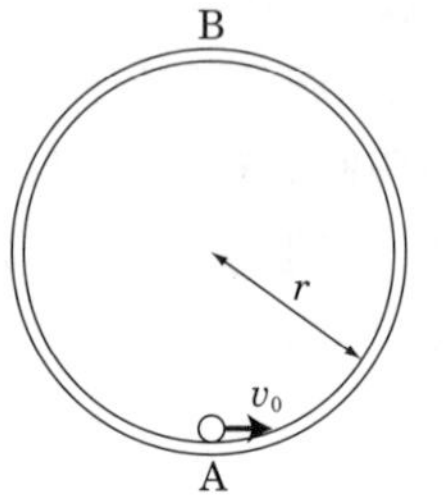

(1)　円筒面から離れずに最高点 B に達したときの速さ v〔m/s〕を v_0，r，g で表せ。

(2)　最高点 B に達したとき，小球が円筒面から受ける抗力の大きさ N〔N〕を，m，v_0，r，g で表せ。

(3)　最高点 B に達するための v_0 の条件を記せ。

着眼　(1)　なめらかな円筒面を運動するとき，抗力は仕事をしないので，力学的エネルギーは保存する。

(2)　加速度を $\dfrac{v^2}{r}$ として，運動方程式をつくる。

(3)　最高点での抗力 N が $N \geqq 0$ であることが最高点 B に達する条件である。

解き方　(1)　力学的エネルギーが保存するので，

$$\frac{1}{2}mv_0{}^2 = \frac{1}{2}mv^2 + mg \times 2r$$

これから，$v^2 = v_0{}^2 - 4gr$

ゆえに，$v = \sqrt{v_0{}^2 - 4gr}$

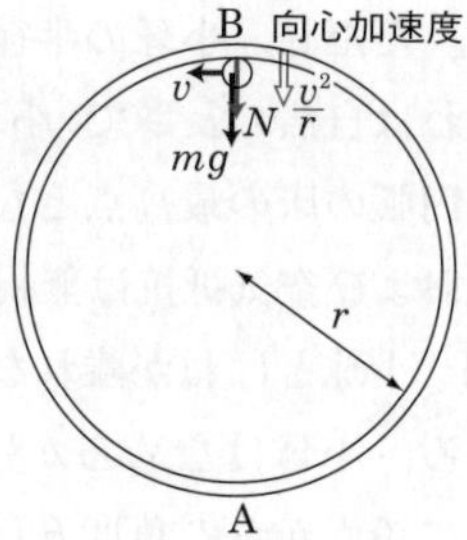

(2) 最高点Bでの向心加速度は $\frac{v^2}{r}$ であるから，

運動方程式は，　$m\frac{v^2}{r} = mg + N$

よって，$N = m\frac{v^2}{r} - mg$

ここで(1)の結果を代入して，

$$N = m\frac{{v_0}^2 - 4gr}{r} - mg = m\frac{{v_0}^2}{r} - 5mg$$

(3) 最高点Bに達する条件は $N \geqq 0$ であるから，

(2)の結果を用いて，$m\frac{{v_0}^2}{r} - 5mg \geqq 0$

よって，$m\frac{{v_0}^2}{r} \geqq 5mg$

ゆえに，$v_0 \geqq \sqrt{5gr}$

答 (1) $\sqrt{{v_0}^2 - 4gr}$　(2) $m\frac{{v_0}^2}{r} - 5mg$　(3) $v_0 \geqq \sqrt{5gr}$

67 図のように軸が鉛直で半頂角 θ の円すいのなめらかな内面に沿って，質量 m の小球が高さ h の位置で等速円運動をしている。重力加速度の大きさを g とする。θ, m, h, g を用いて，次の問いに答えよ。

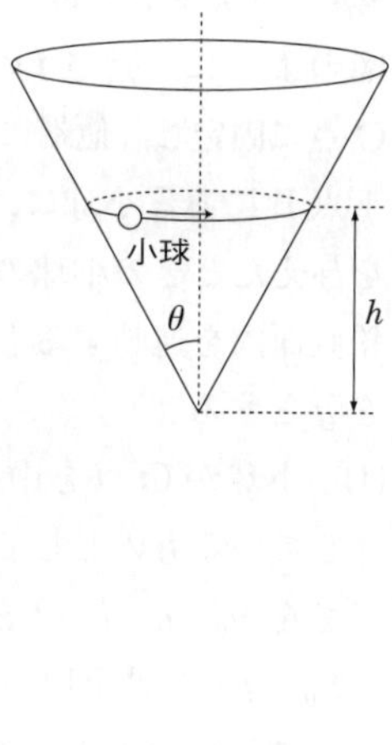

□ (1) 高さ h における円の半径はいくらか。
□ (2) 小球が円すい面から受ける垂直抗力の大きさはいくらか。
□ (3) 小球の速さはいくらか。
□ (4) 円運動の周期はいくらか。

68 次の文を読み，問いに答えよ。

図のように水平でなめらかな床の上に置かれたばね定数 k〔N/m〕のばねが，一端は壁に固定され，他端には質量の無視できる板がとりつけられている。さらに，質量 m〔kg〕の小球がばねの他端の板に固定されずに接してい

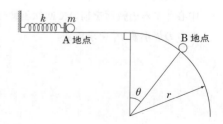

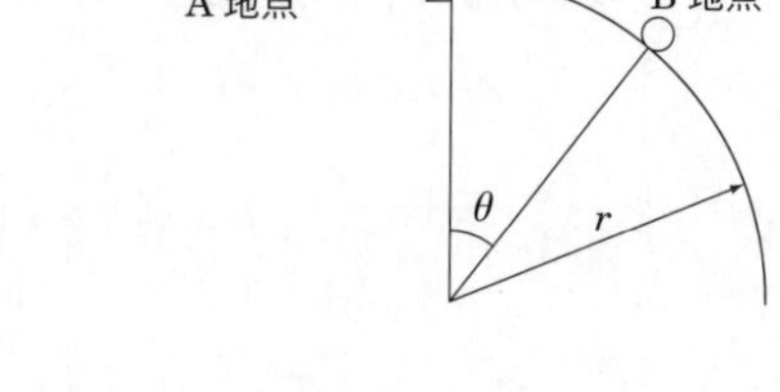

る。ただし，小球の半径およびばねの質量は無視できるものとする。このとき，ばねは自然の長さで，小球とはA地点で接している。また，水平な床は半径r〔m〕の円弧の床の最高点となめらかに接続されている。小球とそれぞれの床の摩擦係数および空気抵抗は無視できるものとし，重力加速度の大きさをg〔m/s^2〕とする。

□ (1)　小球とばねが離れないように壁側にx_0〔m〕だけ縮めた状態から離したところ，小球はなめらかに移動してA地点でばねと離れ，円弧に沿ってなめらかに鉛直からの角度θ〔rad〕であるB地点にさしかかった。B地点での小球の速さv_B〔m/s〕をm，k，x_0，r，g，θで表せ。

□ (2)　B地点において小球が床から受ける抗力の大きさをN〔N〕とするとき，中心方向の運動方程式をm，v_B，r，g，N，θで表せ。

□ (3)　小球が床から離れる地点のθをθ_0とする。θ_0が満たす条件をm，g，k，r，x_0を用いて表せ。

69　**次の文を読み，問いに答えよ。**

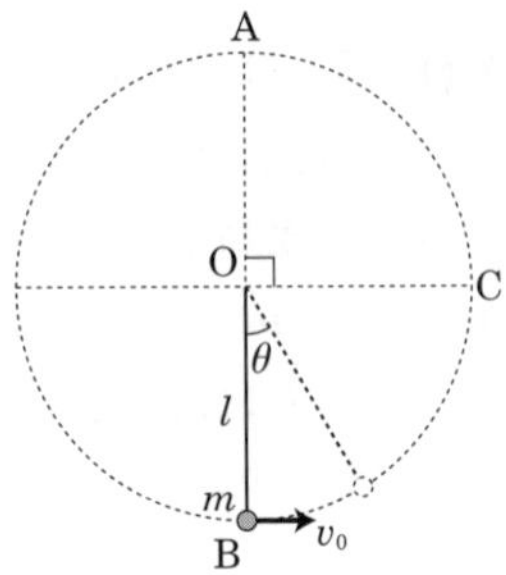

図のように，長さlの質量の無視できる糸の一端をO点に固定し，他端に質量mの小球をとりつける。最下点Bにある小球に，水平方向に大きさv_0の初速度を与えたときの小球の運動を考える。ただし，小球は鉛直面内を運動するものとする。重力加速度の大きさをgとする。

□ (1)　小球がO点を中心とする半径lの円周上を運動しているものとして，糸が鉛直線OBと角度θをなすときの小球の速度の大きさをv_0，g，l，θを用いて表せ。また，このときの糸の張力の大きさをm，v_0，g，l，θを用いて表せ。

□ (2)　初速度の大きさv_0がv_1以上であれば，小球は最高点Aまで達し，O点を中心とする円軌道を描いて回転運動をする。このようになるための初速度の大きさの最小値v_1を求めよ。

7 単振動

★テストに出る重要ポイント

- **単振動**…変位の時間変化を表すグラフが正弦曲線になる振動。等速円運動を一方向に射影した運動は単振動である。**単振動している物体には変位に比例する復元力がはたらく。**

例 角振動数 ω〔rad/s〕, 振幅 A〔m〕の単振動では,

　変位：$\boldsymbol{x = A\sin\omega t}$

　速度：$\boldsymbol{v = A\omega\cos\omega t}$

　加速度：$\boldsymbol{a = -A\omega^2\sin\omega t}$

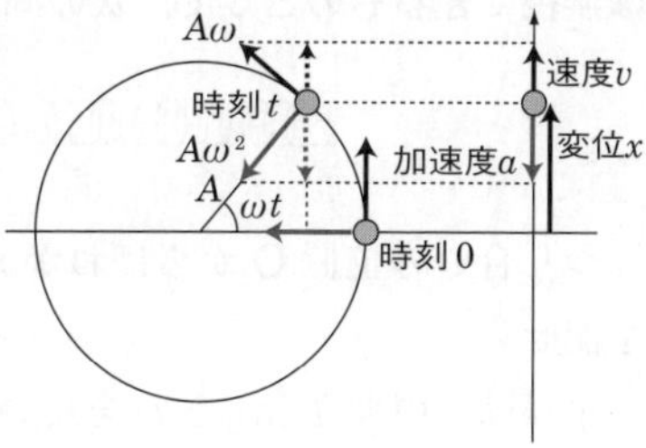

物体が振動の中心を正の向きに通過する時刻を $t = 0$ とする。

上の式から, **単振動している物体の変位が x の位置にあるとき, その加速度は $-\omega^2x$** であることがわかる。

(1) **振幅**：振動の中心から物体が最も大きく変位した距離。

(2) **周期**：1振動する時間を周期と呼び, 周期 $T = \dfrac{2\pi}{\omega}$〔s〕

(3) **振動数**：単位時間に振動する回数で, 振動数 $f = \dfrac{1}{T}$〔Hz〕

- **単振動のエネルギー**…質量 m〔kg〕の物体が振動数 f〔Hz〕, 振幅 A〔m〕で単振動しているときの力学的エネルギーで, $\boldsymbol{2\pi^2mf^2A^2}$ で与えられる。振動数の2乗と振幅の2乗に比例する。
- **単振動の運動方程式**…単振動している物体の質量を m〔kg〕, 角振動数を ω〔rad/s〕, 変位 x〔m〕における物体にはたらく合力を F〔N〕としたとき, 変位 x における加速度が $-\omega^2x$〔m/s²〕であるから, 運動方程式は, $\boldsymbol{m(-\omega^2x) = F}$

  $x > 0$ のとき $F < 0$ である。F は変位に比例する復元力になっている。
- **ばね振り子の周期**…ばね定数 k〔N/m〕のばねに質量 m〔kg〕の物体をつけて振動させると, 周期 $2\pi\sqrt{\dfrac{m}{k}}$〔s〕の単振動をする。
- **単振り子の周期**…長さ l〔m〕の糸に (大きさの無視できる) おもりをつるして小さく振動させると, 周期 $2\pi\sqrt{\dfrac{l}{g}}$〔s〕の単振動をする。g は重力加速度の大きさである。ただし, 振幅が大きいと単振動にはならない。

基本問題

解答 → 別冊 p.16

70 単振動の運動方程式

図のように，なめらかな水平面上に質量 m〔kg〕のおもりのついたばね定数 k〔N/m〕のばねが，一端を壁に固定して置かれている。ばねを A〔m〕縮めて静かにはなしたところ，おもりは角振動数 ω〔rad/s〕の単振動をはじめた。ばねの質量は無視できるものとして，次の問いに答えよ。

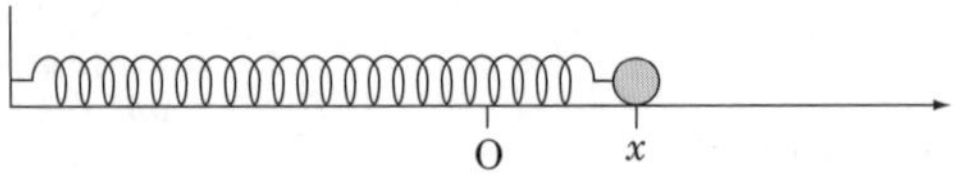

できたらチェック。

□ (1)　つり合いの位置 O からばねが x〔m〕伸びているときのおもりの運動方程式を記せ。

□ (2)　単振動の周期 T〔s〕を ω を用いずに表せ。

71 単振動の周期・速さ　テスト必出

ばね定数 200N/m のばねに質量 2.0kg のおもりをつけ，ばねを 0.10m 縮めて静かにはなし，なめらかな水平面上で単振動させた。

□ (1)　このばね振り子の周期はいくらか。

□ (2)　振動の中心を通過するときの速さはいくらか。

例題研究》 10. テスト必出　長さ l_0〔m〕，ばね定数 k〔N/m〕の軽いばねの一端を固定し，他端に質量 m〔kg〕のおもりをつけたばね振り子を，図に示すように鉛直にゆっくりとつり下げたところ，ばねは s〔m〕だけ伸びてつり合って静止した。

つり合いの位置を O′，重力加速度の大きさを g〔m/s^2〕，鉛直方向を y 軸として下向きを正とする。

(1)　ばねの伸び s を，m，g，k を用いて表せ。

次に，O′ から y 軸方向に B〔m〕の位置までおもりを引き下げて手をはなすと，おもりは O′ を中心として単振動をした。

(2)　この単振動の角振動数を ω〔rad/s〕として，おもりが座標 y の位置にいるときの運動方程式を記せ。

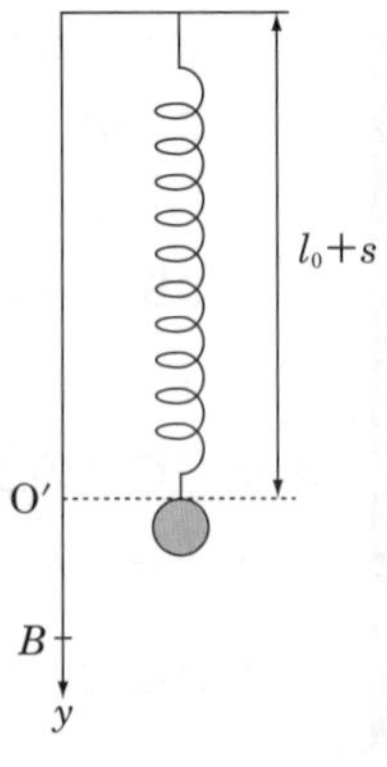

(3) 運動の周期 T〔s〕を，m，kを用いて表せ。

着眼 (2) 変位yにおける単振動の加速度$-\omega^2 y$を用いる。

(3) $T=\dfrac{2\pi}{\omega}$を用いる。

解き方 (1) おもりにはたらく力はつり合うので，$ks=mg$より，$s=\dfrac{mg}{k}$〔m〕

(2) 座標yの位置にいるときの単振動の加速度は$-\omega^2 y$であるから，運動方程式は，$m(-\omega^2 y)=mg-k(s+y)$

(1)の結果を代入して，$m(-\omega^2 y)=mg-k\left(\dfrac{mg}{k}+y\right)$

ゆえに，$m(-\omega^2 y)=-ky$と書ける。

(3) (2)の結果より，$\omega=\sqrt{\dfrac{k}{m}}$となるので，$T=\dfrac{2\pi}{\omega}$より，$T=2\pi\sqrt{\dfrac{m}{k}}$〔s〕

答 (1) $\dfrac{mg}{k}$〔m〕 (2) $m(-\omega^2 y)=-ky$ (3) $2\pi\sqrt{\dfrac{m}{k}}$〔s〕

□ **72** 単振り子の運動方程式 テスト必出

質量m〔kg〕のおもりを長さl〔m〕の糸につるし，糸がたるまないようにわずかに傾けて静かにはなした。糸は伸び縮みすることはなく，質量は無視できるものとし，重力加速度の大きさをg〔m/s²〕として，次の文の□に適当な式を入れよ。

図のように，おもりが運動をはじめてから鉛直方向と糸のなす角度がθになった瞬間の変位xは，$x=$ ① である。おもりにはたらく重力と張力の合力Fがx方向に向いているとすれば，$F=$ ② である。θが小さいので，$\tan\theta \fallingdotseq \theta$，$\sin\theta \fallingdotseq \theta$と近似し，$F$を$x$を用いて表せば，$F=$ ③ となり，変位に比例する復元力となるので，θが小さければ単振動をしていることがわかる。単振動の角振動数をω〔rad/s〕とすれば，おもりの運動方程式は，m ④ $=$ ③ となり，$\omega=$ ⑤ と求められる。よって，この単振動の周期T〔s〕は，$T=$ ⑥ となる。

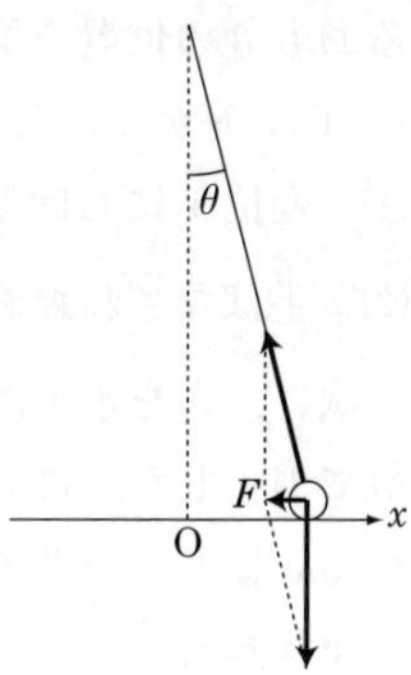

□ **73** 単振り子の周期 テスト必出

長さ0.20 mの単振り子を小さく振動させて単振動させた。この単振り子の周期を求めよ。

応用問題

解答 → 別冊 p.17

74 断面積 S〔m^2〕，高さ H〔m〕の直方体の物体を密度 ρ〔kg/m^3〕の水に浮かべたら図のように深さ a〔m〕で静止した。重力加速度の大きさを g〔m/s^2〕，直方体の物体の密度は一様とする。運動は鉛直方向のみに考えるものとする。

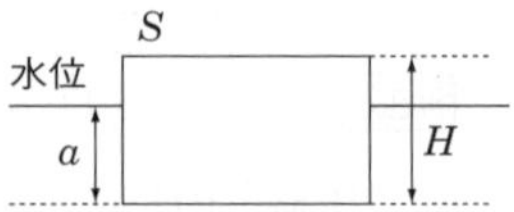

できたらチェック。

□ (1)　直方体の物体の密度 ρ_1〔kg/m^3〕を求めよ。

□ (2)　直方体の物体を少し鉛直方向に押して手を離すと，物体は振動を始めた。このときの物体の振動周期 T_1〔s〕を求めよ。

75 次の文を読み，問いに答えよ。

図1のように，質量 m のおもりにばね定数が k と $2k$ のばねの一端を取りつけ，それぞれのばねの他端を台の壁に固定した。台の面に平行な方向を x 方向とする。ばねの質量は無視でき，台と物体の間には摩擦はないものとし，重力加速度の大きさを g とする。まず，台を水平に置いた。このとき両方のばねは自然の長さで，静止しているおもりの位置を原点 $x=0$ とする。おもりを $x=l_0$ の位置までずらして，時刻 $t=0$ で静かにはなすとおもりは単振動した。

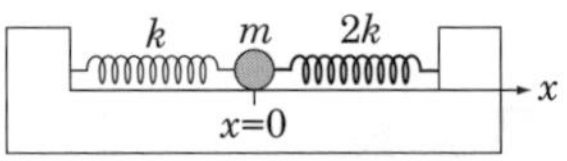

図 1

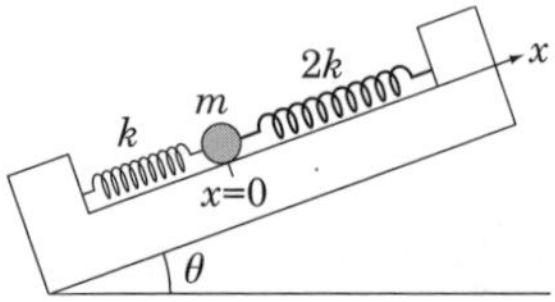

図 2

□ (1)　変位 x における復元力 F を求めよ。また，単振動の周期 T を m，k で表せ。

□ (2)　手ばなされたおもりの変位が，最初に $x=\dfrac{l_0}{2}$ になる時刻 t_1 を m，k で表せ。

次に，台を水平から角度 θ だけ傾けると，図2のようにおもりはつり合いの位置で静止した。この静止位置を新たに原点とし，斜面の上向きを x 軸の正方向とする。ばねが自然の長さになるようにおもりを手で戻し，静かにはなすとおもりは単振動した。

□ (3)　単振動の振幅 A と角振動数 ω を m, k, g, θ のうち必要なものを用いて表せ。

□ (4)　変位 x でのおもりの速さを v とする。変位 x におけるおもりの力学的エネルギー E を m，k，A，x，v を用いて表せ。ただし，位置エネルギーの基準点は $x=0$ の高さとする。

□ (5)　(4)の結果を用いて，おもりの位置が $x=\dfrac{A}{3}$ にあるときのおもりの速さ v_1 を m，k，A で表せ。

76 〈差がつく〉 質量がそれぞれmの，厚さを無視できる同じ大きさの円板A，Bが，自然の長さがL，ばね定数がkのばねで連結されている。これを「円板ばね系」と呼ぶことにする。ばねの質量と，円板ばね系の運動に対する空気の抵抗は無視できるものとする。重力加速度の大きさをgとし，次の問いに答えよ。

図のように一方の円板Aを保持し，他方の円板Bを鉛直下方にぶらさげて静止させた。円板Aをはなしたところ，円板ばね系は鉛直下方に落下しはじめると同時に，ばねは縮みはじめ，振動しながら落下した。この間の運動を考えてみよう。ただし，ばねはつねにフックの法則にしたがっていたとする。

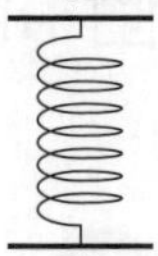

□ (1)　ばねの弾性力をT，円板A，Bの下向きの加速度をそれぞれa，bとして，円板Aと円板Bの運動方程式を表せ。

□ (2)　(1)の2つの運動方程式から，円板ばね系の重心の加速度$\frac{1}{2}(a+b)$を求めよ。

□ (3)　円板Bの加速度と円板Aの加速度の差$b-a$を，質量m，ばね定数k，ばねの自然の長さからの伸びxで表せ。

$b-a$は，円板Aに対する円板Bの相対速度の時間的変化率であり，また，円板Aに対する円板Bの相対速度は，ばねの自然の長さからの伸びxの時間的変化率に等しいことに着目すると，落下中のばねの長さの変化は単振動で表される。

□ (4)　その単振動の周期をm，kを用いて表せ。

ガイド　(4) 円板Aから見た円板Bの運動は単振動である。(3)で求めたものはこの単振動の加速度 $-\omega^2 x$ にあたる。

77 次の文を読み，問いに答えよ。

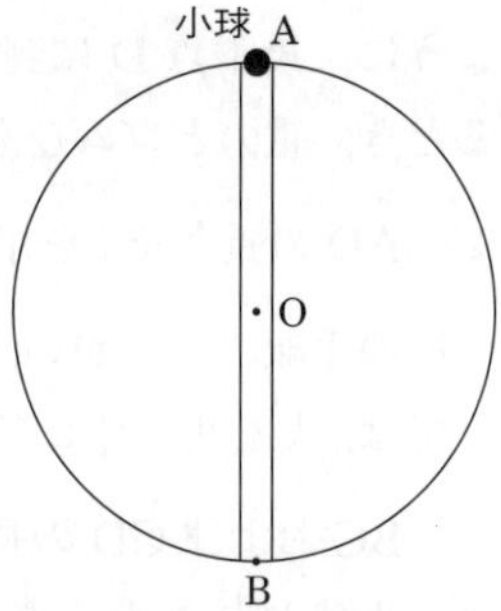

図のように，地球の中心Oを通り，地表のある地点Aと地点Bとを結ぶ細長いトンネル内における小球の直線運動を考える。地球を半径R，一様な密度ρの球とみなし，万有引力定数をGとする。なお，地球の中心Oから距離rの位置において小球が地球から受ける力は，中心Oから距離r以内にある地球の部分の質量が中心Oに集まったと仮定した場合に，小球が受ける万有引力に等しい。ただし，地球の自転と公転の影響，トンネルと小球の間の摩擦および空気抵抗は無視するものとし，地球の質量は小球の質量に比べ十分大きいものとする。

質量mの小球を地点Aから静かにはなしたときの運動を考える。

□ (1)　小球が地球の中心 O から距離 r ($r<R$) の位置にあるとき，小球にはたらく力の大きさを求めよ。

□ (2)　小球が運動開始後，初めて地点 A に戻ってくるまでの時間 T を求めよ。

□ (3)　小球が地点 A から中心 O に最初に達するまでの時間 t_1 と，中心 O における速さ v_1 を求めよ。

ガイド　(1) 質量 M と m の物体が距離 r の位置にあるとき，物体間にはたらく万有引力の大きさ F は，$F=G\dfrac{Mm}{r^2}$ である。次の「万有引力」の項を参照。

78 **差がつく** **次の文を読み，問いに答えよ。**

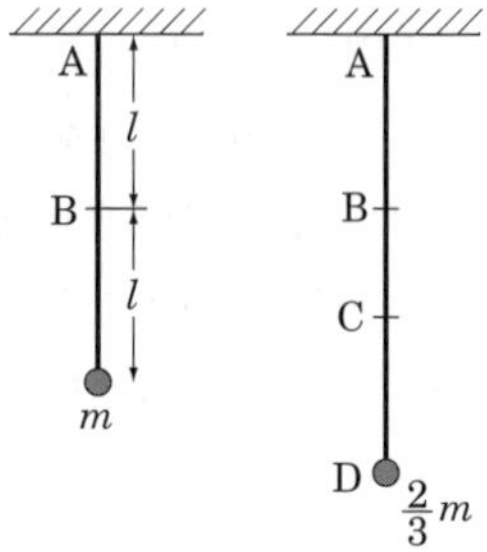

図 1　　図 2

天井の点 A から自然の長さ l〔m〕のゴムひもがつるされている。図 1 のように，ゴムひもの下端に質量 m〔kg〕の小球をつけると，ゴムひもは自然の長さの 2 倍の長さにまで伸びて，小球は静止した。点 A から鉛直下向きに距離 l の点を B とする。ゴムひもが自然の長さより伸びたとき，小球にはフックの法則にしたがう復元力がはたらくが，小球が点 B より上にあるとき，ゴムひもは小球に力をおよぼさない。ゴムひもにおけるフックの法則の比例定数を k〔N/m〕，重力加速度の大きさを g〔m/s^2〕とする。

□ (1)　質量 m の小球に対する力のつり合いの式を書け。

質量 m の小球をはずして質量 $\dfrac{2}{3}m$ の小球をゴムひもの下端につけ，その小球を点 A まで持ち上げ静かにはなす。その後，小球は鉛直方向に運動し，図 2 のように，最下点 D に到達した後，AD の間で往復運動を行う。小球が点 C にあるとき，重力とゴムひもからの復元力がつり合う。

□ (2)　AD の長さを l を用いて表せ。

次の手順にしたがい，小球の往復運動の周期を求める。なお，以下の問いに対しては，k を用いずに答えよ。

□ (3)　BC および CD の長さを求めよ。

□ (4)　小球が点 A から点 B に達するまでの時間 t_{AB}〔s〕を求めよ。

□ (5)　BD 間では，小球の運動は点 C を中心とした単振動になる。小球が点 C から点 D に達するまでの時間 t_{CD}〔s〕を求めよ。

□ (6)　小球が点 B から点 C に達するまでの時間 t_{BC}〔s〕を求めよ。

□ (7)　小球が AD の間で行う往復運動の周期 T〔s〕を求めよ。

8 万有引力

テストに出る重要ポイント

- **ケプラーの3法則**

第1法則：惑星は太陽を1つの焦点とする楕円軌道上を運動する。

第2法則：惑星の動径（惑星と太陽を結ぶ線）が単位時間に掃く面積は一定である。面積速度一定の法則ともいう。

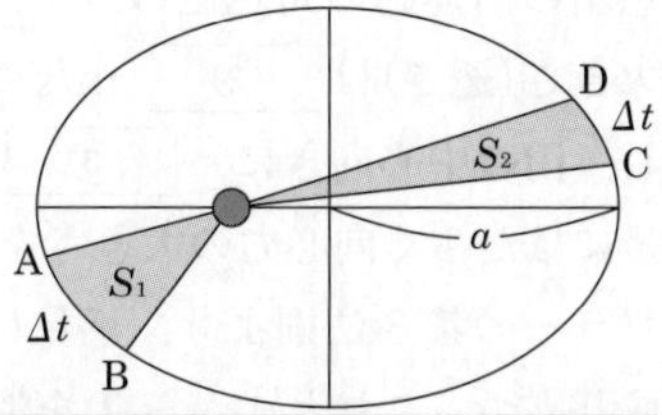

惑星がAからBに移動する時間ΔtとCからDに移動する時間Δtが同じならば，$S_1=S_2$になる。

第3法則：惑星の公転周期Tの2乗T^2は惑星の楕円軌道の長半径aの3乗a^3に比例する。

$$T^2=ka^3 \text{（k は惑星の種類によらない比例定数）}$$

- **万有引力**…すべての物体には万有引力がはたらいている。質量m〔kg〕とM〔kg〕の物体が距離R〔m〕離れて置かれているとき，それぞれの物体に向きが反対で大きさの等しい万有引力がはたらく。このとき，万有引力の大きさF〔N〕は，$F=G\dfrac{mM}{R^2}$（Gは万有引力定数）

- **万有引力による位置エネルギー**…万有引力による位置エネルギーの基準は無限遠方にとることが多い。無限遠方の位置エネルギーを0とすれば，質量M〔kg〕の物体から距離R〔m〕の点に置かれている質量m〔kg〕の物体のもつ万有引力による位置エネルギーU〔J〕は，

$$U=-G\frac{mM}{R} \text{（G は万有引力定数）}$$

できたらチェック。

基本問題

解答 → 別冊 p.19

□ **79** 万有引力の式の導出

次の文の□に適当な式を入れよ。

運動している物体にはたらく力の作用線がつねに1つの定点を通り，その力の大きさが定点と物体間の距離によって決まるとき，その力を中心力，定点を力の中心という。ニュートンは，中心力によって運動する物体と力の中心を結ぶ線分が描く面積速度が一定になることを，ケプラーの第1法則および第2法則にあて

はめ，太陽と惑星の間にはたらく力は中心力ではないかと考えた。さらに，第3法則を用いて，この中心力の大きさについて考察した。惑星の軌道は円に近いことより，質量 M〔kg〕の惑星が半径 R〔m〕の円周上を周期 T〔s〕で等速円運動をしているものとする。

惑星の円運動の角速度は［①］〔rad/s〕である。惑星が軌道を周回する速度の大きさ(速さ)は［②］〔m/s〕で変化しないが，速度の向きは時間とともに変化し，円の中心向きに，［③］〔m/s^2〕の大きさの向心加速度が生じている。惑星にはたらく向心力の大きさを F〔N〕とすると，$F=$［④］と表せる。また，ケプラーの第3法則より，惑星に共通の比例定数を k とすると，$T^2=k$［⑤］が成り立つ。これと④から T を消去すると，$F=$［⑥］となる。

80 第1宇宙速度と第2宇宙速度 〈テスト必出〉

地球の表面すれすれの円軌道を回る人工衛星の速度を第1宇宙速度と呼び，地上から打ち上げた人工衛星が無限のかなたに行ってしまう最小の初速度を第2宇宙速度と呼ぶ。地球の半径を R，地球の質量を M，人工衛星の質量を m，万有引力定数を G として，次の問いに答えよ。

□ (1)　第1宇宙速度を求めよ。

□ (2)　第2宇宙速度を求めよ。

□ (3)　第2宇宙速度は第1宇宙速度の何倍か求めよ。

ガイド　(2) 力学的エネルギー保存の法則を利用する。

81 静止衛星の運動方程式 〈テスト必出〉

地球から見ると赤道の上空に静止して見える人工衛星を静止衛星と呼ぶ。静止衛星の質量を m〔kg〕，地球の自転の周期を T〔s〕，質量を M〔kg〕，半径を R〔m〕，万有引力定数を G〔N·m^2/kg^2〕として，次の問いに答えよ。

□ (1)　静止衛星の角速度 ω〔rad/s〕を T を用いて表せ。

□ (2)　静止衛星の地表からの距離を H〔m〕とし，静止衛星の運動方程式を記せ。

□ (3)　静止衛星の地表からの距離 H〔m〕を求めよ。

応用問題

解答 → 別冊 p.20

82 図のように，人工衛星が地球のまわりを等速円運動している。このとき，次の問いに答えよ。ただし，万有引力定数を G，地球の質量を M，人工衛星の質量を m，人工衛星の円運動の半径を r とする。

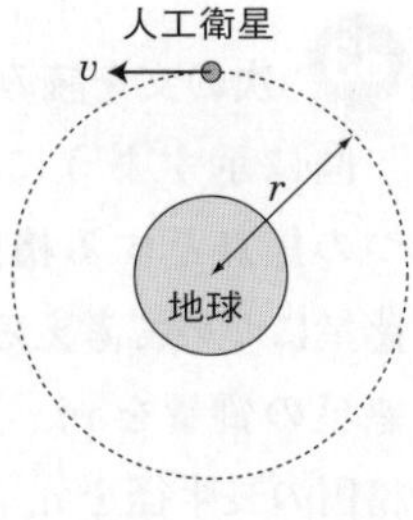

□ (1)　人工衛星の速さ v を求めよ。

□ (2)　人工衛星の力学的エネルギー E を求め，v を用いずに表せ。ただし，人工衛星が無限遠にあるときの万有引力による位置エネルギーを 0 とする。

□ (3)　人工衛星の円運動の周期 T を求めよ。

□ (4)　$\dfrac{T^2}{r^3}$ を求めよ。

例題研究》　**11.** 〈差がつく〉 図のように，地球の赤道面内で地球の自転と同じ向き，同じ周期で人工衛星が運動している。人工衛星の軌道は半径 r〔m〕の円とする。また，万有引力定数を G〔N·m²/kg²〕，地球の質量を M〔kg〕，地球の半径を R〔m〕とする。

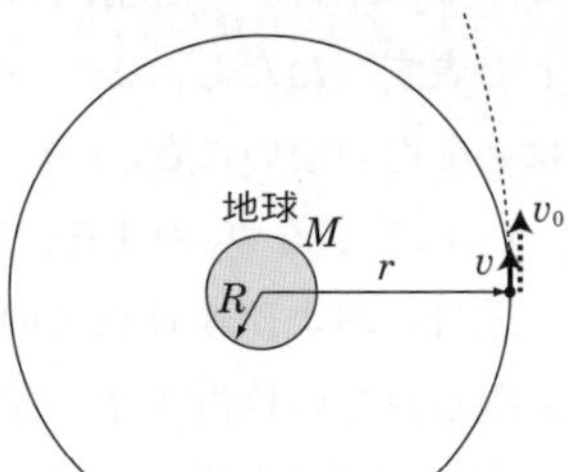

(1)　人工衛星の速さ v〔m/s〕を求めよ。

(2)　人工衛星のロケットエンジンで加速したとき，人工衛星が地球の引力圏から脱出するために必要な最小の速さ v_0〔m/s〕を求めよ。

着眼　(1)　円運動の方程式をつくる。
(2)　万有引力のみがはたらいているので，力学的エネルギーが保存する。地球の引力圏から脱出するためには，無限遠方での運動エネルギー $K \geqq 0$

解き方　(1)　人工衛星の向心加速度の大きさは $\dfrac{v^2}{r}$ であるから，人工衛星の質量を m〔kg〕とすれば，運動方程式は，$m\dfrac{v^2}{r} = G\dfrac{Mm}{r^2}$ となるので，$v = \sqrt{\dfrac{GM}{r}}$〔m/s〕

(2)　無限遠方での人工衛星の速さを v_1〔m/s〕とすれば，力学的エネルギーが保存するので，無限遠方での位置エネルギーを 0 として，

$$\frac{1}{2}mv^2 - G\frac{Mm}{r} = \frac{1}{2}mv_1{}^2$$

人工衛星が地球の引力圏から脱出するためには，$\dfrac{1}{2}mv_1{}^2 \geqq 0$ であればよいので，$\dfrac{1}{2}mv^2 - G\dfrac{Mm}{r} \geqq 0$ より，$v \geqq \sqrt{\dfrac{2GM}{r}}$

よって最小の速さは，$v_0 = \sqrt{\dfrac{2GM}{r}}$〔m/s〕

答　(1) $\sqrt{\dfrac{GM}{r}}$〔m/s〕　(2) $\sqrt{\dfrac{2GM}{r}}$〔m/s〕

83 **次の文を読み，問いに答えよ。**

図に示すように，平面内で太陽を1つの焦点とする楕円軌道上を運動する惑星について考える。太陽の質量をM，惑星の質量をm，万有引力定数をG，楕円の長半径をa，太陽の座標を$(c,\ 0)$とする。また，近日点$(a,\ 0)$および遠日点$(-a,\ 0)$での惑星の速さをそれぞれv_1，v_2とし，$\dfrac{c}{a}$を楕円の離心率と呼びeで表す。ただし，$0<c<a$で，Mはmに比べて十分大きいものとし，解答にはcを用いないこと。

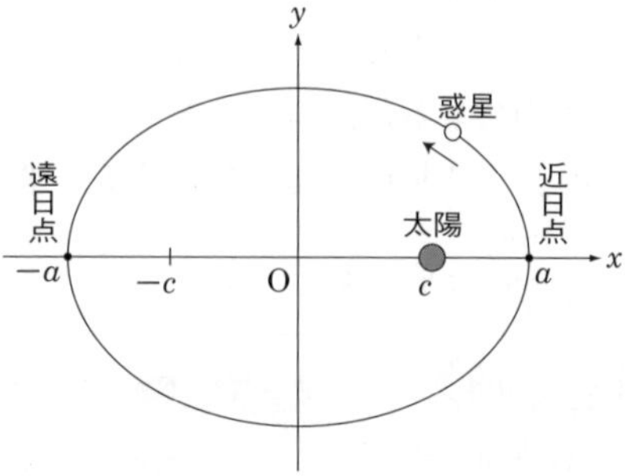

□ (1)　v_1に対するv_2の比を，離心率eを用いて表せ。

□ (2)　近日点および遠日点での惑星の力学的エネルギーをそれぞれ求めよ。ただし，無限遠点での位置エネルギーを0とする。

□ (3)　(1)および(2)から，v_1とv_2をそれぞれ求めよ。

84 **地球は半径R，質量Mの一様な球であり，角速度ωで自転しているとする。万有引力定数をG，大気はないものとする。重力は，地球の万有引力と自転による遠心力の合力である。**

□ (1)　北極点における重力加速度の大きさを求めよ。北極点は自転軸上にあるものとする。

□ (2)　赤道では，北極点における値よりも重力加速度がわずかに小さくなる。赤道における重力加速度の大きさを求めよ。

人工衛星が赤道上空を地球と同じ角速度ωで等速円運動するとき，地上からは人工衛星が静止しているように見えるので，静止衛星と呼ばれる。静止衛星の円運動の半径をLとする。

□ (3)　LをG，M，ωを用いて表せ。

□ (4)　地球中心から距離Lの点から，初速度0で小物体を落下させた。小物体が地表に到達したときの速さをG，M，R，Lを用いて表せ。

9　気体の法則と分子運動

テストに出る重要ポイント

- **ボイル・シャルルの法則**…圧力 P〔Pa〕，体積 V〔m³〕，絶対温度 T〔K〕の気体には，$\dfrac{PV}{T}=$一定が成り立つ。この関係式が成り立つ気体を，理想気体という。
- **理想気体の状態方程式**…圧力 p〔Pa〕，体積 V〔m³〕，絶対温度 T〔K〕の n〔mol〕の気体では，$\boldsymbol{pV=nRT}$ がなりたつ。R〔J/(mol·K)〕は気体定数。
- **気体の分子運動**
  (1) **気体の圧力**：気体分子が器壁に衝突するときに与える力積によって生じる。分子 1 個の質量を m〔kg〕，2 乗平均速度を$\sqrt{\overline{v^2}}$ とすると，体積 V〔m³〕中に N 個の分子が含まれている気体の圧力 p〔Pa〕は，
  $$p=\frac{Nm\overline{v^2}}{3V}$$
  (2) **分子の運動エネルギー**：単原子分子理想気体の分子 1 個の平均運動エネルギーは，気体の種類によらず，絶対温度 T〔K〕で決まる。
  $$\frac{1}{2}m\overline{v^2}=\frac{3}{2}kT$$
  k をボルツマン定数という。$k=\dfrac{R}{N_A}$（N_A はアボガドロ定数）

基本問題

できたらチェック。

解答 → 別冊 p.21

□ **85** 理想気体の状態方程式

圧力 1.01×10^5Pa，温度 27°C の理想気体 1.00 mol の体積は何 m³か。ただし，気体定数は 8.31J/(mol·K)とする。

例題研究》 12. 〈テスト必出〉 **分子運動を簡単化して，気体の圧力を考える。次の文を読み，問いに答えよ。**

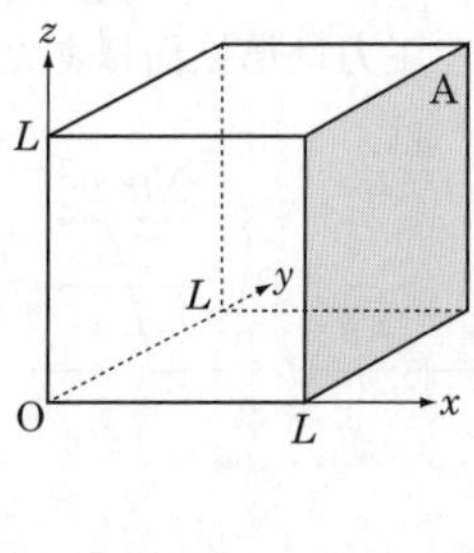

図のように，x，y，z 軸に沿って置かれた 1 辺の長さが L の立方体の容器を考える。その中に，質量 m の気体分子が非常に多数個(N 個)あり，それらの分子はすべて同じ速さ v で運動しているものとする（したがって，v は平均の速

さでもある)。分子は互いには衝突せず，その運動方向は，N 個のうち $\frac{N}{3}$ 個が x 軸方向，$\frac{N}{3}$ 個が y 軸方向，$\frac{N}{3}$ 個が z 軸方向であるものとする。また，分子と壁との衝突は弾性衝突とし，衝突の前後で分子の速さは変わらず，向きだけが逆になるものとする。

(1) x 軸方向に運動する1個の分子が，図の影をつけた壁Aに衝突する。この衝突1回で壁が受ける力積の大きさを求めよ。

(2) x 軸方向に運動する分子は，$x=0$ の壁と壁Aとの間で往復運動をする。十分に長い時間 t の間に1個の分子が壁Aに衝突する回数を求めよ。

(3) (1)で求めた力積に，(2)で求めた回数と，x 軸方向に運動する分子の数 $\frac{N}{3}$ をかけることにより，時間 t の間に壁Aが受ける力積の総和が得られる。これを t で割れば，壁Aが受ける平均の力を求めることができる。このようにして壁Aにはたらく圧力を求めよ。

着眼　力積＝運動量の変化量。分子が1往復 ($2L$) 運動するごとに壁Aに衝突する。

解き方　(1) 気体分子は壁Aに衝突するとき，壁と気体分子は弾性衝突なので，$+v$ の速度で衝突し，衝突後 $-v$ の速度ではね返る。よって，気体分子の運動量の変化量は，$(-mv)-(+mv)=-2mv$ であり，気体分子は $-2mv$ の力積を受けたことになる。作用・反作用の法則より，壁は気体分子と向きが反対で大きさの等しい力を受けるので，壁の受ける力積も気体分子の受ける力積と大きさが等しく向きが反対である。よって，壁の受ける力積は $2mv$ である。

(2) 気体分子は時間 t の間に vt 進む。気体分子が1往復するごとに1回衝突するので，時間 t の間に1個の分子が衝突する回数は $\frac{vt}{2L}$ である。

(3) 時間 t の間に1個の気体分子が壁Aに加える力積は，

$\frac{vt}{2L}\times 2mv=\frac{mv^2t}{L}$ であるから，$\frac{N}{3}$ 個の気体分子が壁Aに加える力積は，

$$\frac{N}{3}\times\frac{mv^2t}{L}=\frac{Nmv^2t}{3L}$$

壁Aが受ける平均の力を F とすれば，壁の受ける力積は Ft であるから，

$$Ft=\frac{Nmv^2t}{3L}\qquad \text{ゆえに，}\ F=\frac{Nmv^2}{3L}$$

圧力は単位面積あたりにはたらく力であるから，壁Aにはたらく圧力 P は，

$$P=\frac{\frac{Nmv^2}{3L}}{L^2}=\frac{Nmv^2}{3L^3}$$

答　(1) $2mv$　(2) $\frac{vt}{2L}$　(3) $\frac{Nmv^2}{3L^3}$

応用問題

解答 ➡ 別冊 p.21

86 差がつく　次の文を読み，問いに答えよ。

図1のように，理想気体を，断面積 800 cm^2 のシリンダーに入れて，なめらかに動くピストンで封じた。シリンダー内の気体の温度を 0°C としたとき，シリンダーの底からピストンまでの距離が 14 cm となった。

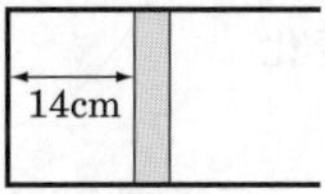

図1

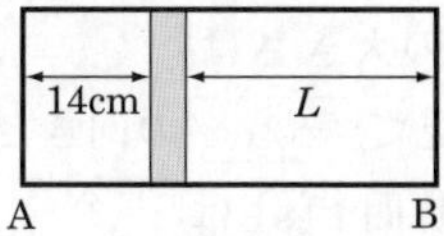

図2

シリンダー内外の圧力は 1.0×10^5 N/m^2 であった。温度 0°C，圧力 1.0×10^5 N/m^2 では，物質量 1 mol の理想気体の体積は 22.4 L になる。シリンダーおよびピストンは断熱材でつくられているとする。

できたらチェック。

□ (1)　シリンダー内の気体の物質量は何 mol か。

□ (2)　シリンダー内の気体の温度を適当な方法で上げたところ，ピストンが図1の右側に向かって，ゆっくりと 2.0 cm 移動して静止した。シリンダー内外の圧力はつねに 1.0×10^5 N/m^2 であった。この過程でシリンダー内の気体の温度は何 K になったか。

次に，図2のように，前記と同じ断面積 800 cm^2 のシリンダーを2つ接続して，シリンダーAとBに同じ種類の理想気体を封入した。シリンダーAとBの理想気体はピストンで隔てられており，ピストンは体積が無視できてなめらかに動くことができるとする。

□ (3)　両シリンダー内の気体の温度を 0°C としたとき，両シリンダー内の気体の圧力が 1.0×10^5 N/m^2 となって，ピストンが静止した。シリンダーAの底からピストンまでの距離は 14 cm である。シリンダーB内の気体の物質量が 1 mol のとき，シリンダーの底からピストンまでの距離 L〔cm〕を求めよ。

□ (4)　(3)の状態から，適当な方法で，シリンダーB内の気体の温度を 0°C に保ったままシリンダーA内の気体の温度を上げたところ，ピストンが図2の右側に向かって，ゆっくりと 7.0 cm 移動して静止した。このとき，シリンダーA内の気体の温度は何 K になったか。

ガイド　理想気体の状態方程式 $pV = nRT$ を用いる。

□ **87** 次の文中の［　　］に該当する適切な式または語句を記入せよ。

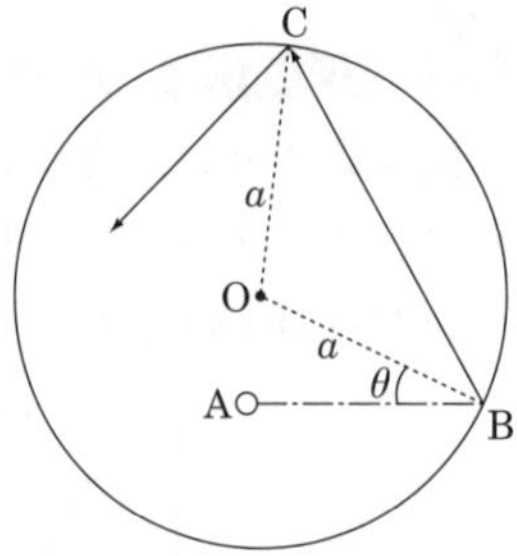

図に示す中心がOで半径がa〔m〕の内部がなめらかな球形容器の場合を考えてみる。質量m〔kg〕の気体分子が一定の速さv〔m/s〕で容器内を不規則な方向に飛びまわっているとし，1つの分子が入射角θで器壁の点Bに弾性衝突すると，衝突によるこの分子の運動量の変化の大きさは［①］となり，変化の向きは点Bから見て［②］の向きとなる。

次の衝突までの時間t〔s〕は［③］であるから，1秒間(単位時間)あたりの衝突回数は［④］である。したがって，この1秒間(単位時間)あたりの運動量の変化の大きさは［⑤］となる。この間，分子は最初の運動方向ABと中心Oで決まる1つの平面上で運動している。速度の方向の異なる他の分子についても同様で，N個の分子がtの間に器壁に与える力積は［⑥］となるから，器壁におよぼす平均の力は［⑦］となる。したがって，容器内の圧力，つまり気体の圧力p〔Pa〕は［⑧］となり，容器の容積V〔m^3〕を使用すると

$p=$［⑨］　　……(1)

が得られる。分子運動論から導出された(1)式と理想気体の状態方程式との関係を利用して，絶対温度T〔K〕の意味を考えてみよう。まず，気体分子1個の運動エネルギーK〔J〕を質量mと速度v〔m/s〕を用いて表すと［⑩］となる。一方，N個でn〔mol〕の理想気体に対する状態方程式は気体定数をR〔J/(mol·K)〕として，$pV=nRT$と表され，これを分子数Nとボルツマン定数k〔J/K〕を用いて表すと

$pV=$［⑪］　　……(2)

となる。(1)式と(2)式の比較から，絶対温度T〔K〕を運動エネルギーK〔J〕とボルツマン定数k〔J/K〕を用いて表すと，$T=$［⑫］となる。

ガイド　① 器壁に垂直な方向の運動量だけが変化する。
③ △OBCは二等辺三角形であることから，BCの長さがわかる。

□ **88** **熱力学第1法則を分子のレベルで理解するために，図に示すように座標軸をとり，x方向の長さL〔m〕，断面積S〔m^2〕の円筒容器とピストンに閉じ込められた1molの単原子分子の理想気体を考える。1分子あたりの質量をm〔kg〕，アボガドロ定数をN_A〔/mol〕とする。分子は容器の壁やピストンと弾性衝突するが，分子どうしの衝突は無視できるものとする。次の文中の［　　］に適切な文字式を記入せよ。**

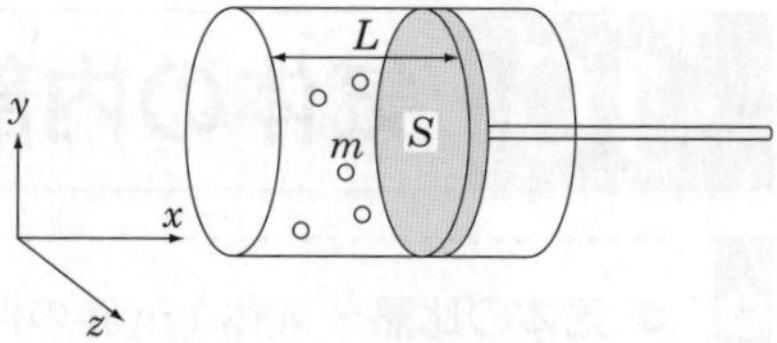

円筒容器の中を速度 $\vec{v}$〔m/s〕で飛んでいる1個の分子を考える。ここで，$\vec{v}=(v_x,\ v_y,\ v_z)$ の各成分を正とする。この分子が，ピストンに衝突すると，運動量変化の大きさは $2mv_x$ である。この分子に対し，x 方向の運動について考えると，時間 t〔s〕の間の分子とピストンとの衝突回数は，$t\times$［　①　］と表される。ピストンが時間 t の間に1分子から受ける平均の力を $\overline{f}$〔N〕とすると，この間にピストンが1分子から受ける力積 $\overline{f}\cdot t$ は，衝突の際の運動量変化の大きさと時間 t の間の衝突回数の積であるから，$\overline{f}$ は v_x を用いて $\overline{f}=$［　②　］と表すことができる。N_A 個の分子の $|\vec{v}|^2$，$v_x{}^2$ の平均をそれぞれ $\overline{v^2}$，$\overline{v_x{}^2}$ とすると，2つの量の間には $\overline{v^2}=3\overline{v_x{}^2}$ の関係があるので，気体の圧力 p〔Pa〕を $\overline{v^2}$ を用いて表すと，［　③　］となる。この結果と理想気体の状態方程式を比較すると，気体の温度 T〔K〕は $\overline{v^2}$ と気体定数 $R(=8.31\text{J/(mol·K)})$ を用いて，$T=$［　④　］と表される。

89 次の文を読み，問いに答えよ。

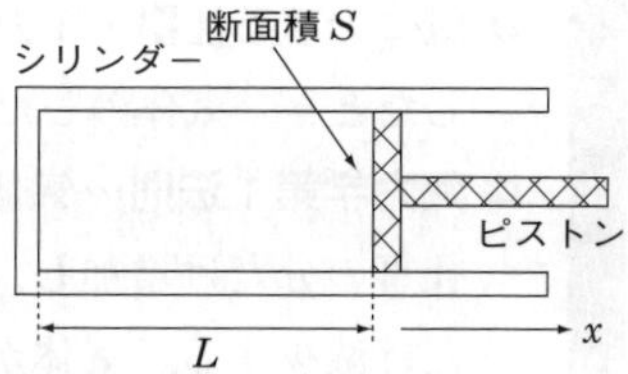

図のように，x 軸方向になめらかに動くピストンのついた断面積 S のシリンダーがある。その中に質量 m の単原子分子の理想気体 1 mol が閉じ込められている。ピストンを速さ w でゆっくり押し込む場合を考える。アボガドロ定数を N_A，ピストンの端からシリンダーの内壁の端までの長さを L とする。なお，重力は無視できるものとし，ピストンとシリンダーの壁面はなめらかで，壁面と分子との衝突は弾性衝突であるとする。

□ (1) 分子の速度 $\vec{v}$ の x，y，z 成分を v_x，v_y，v_z とすると，分子がピストンと衝突する前後で v_y，v_z は変わらず，v_x のみが変わる。1個の分子がピストンと衝突した後の，分子の速度の x 成分を求めよ。

□ (2) 1個の分子がピストンと衝突したとき，1分子の運動エネルギーの増加を，w^2 の項を無視して求めよ。

□ (3) 時間 t の間に増加する全分子の運動エネルギーの変化を，w^2 の項を無視して，$\overline{v^2}$，m，N_A，L，S，t，w の中から必要なものを用いて表せ。ただし，分子とピストンとの衝突回数は $\dfrac{v_x t}{2L}$ とし，N_A 個の分子の $|\vec{v}|^2$，$v_x{}^2$ の平均をそれぞれ $\overline{v^2}$，$\overline{v_x{}^2}$ とすると，$\overline{v^2}=3\overline{v_x{}^2}$ の関係があるとする。

10 気体の内部エネルギーと仕事

テストに出る重要ポイント

- **気体の比熱**…気体 1mol の温度を 1K 上昇させる熱量を**モル比熱**と呼ぶ。モル比熱 C〔J/(mol·K)〕の気体 n〔mol〕の温度を ΔT〔K〕上昇させる熱量 Q〔J〕は，$\boldsymbol{Q=nC\Delta T}$
  (1) **定積モル比熱**：定積変化における比熱 C_V〔J/(mol·K)〕を**定積モル比熱**と呼ぶ。単原子分子理想気体の定積モル比熱は $\dfrac{3}{2}R$ である。
  (2) **定圧モル比熱**：定圧変化における比熱 C_p〔J/(mol·K)〕を**定圧モル比熱**と呼ぶ。単原子分子理想気体の定圧モル比熱は $\dfrac{5}{2}R$ である。
- **気体の内部エネルギー**…気体分子のもつエネルギーの総和が気体の内部エネルギーである。定積モル比熱 C_V〔J/(mol·K)〕の気体 n〔mol〕の温度が T〔K〕のとき，気体のもつ内部エネルギー U〔J〕は，
  $$\boldsymbol{U=nC_VT}$$
  単原子分子理想気体の場合は $C_V=\dfrac{3}{2}R$ なので，$\boldsymbol{U=\dfrac{3}{2}nRT}$
- **気体のする仕事**…圧力 p〔Pa〕の気体が圧力一定の状態で ΔV〔m^3〕膨張したとき，気体のした仕事 W〔J〕は，$\boldsymbol{W=p\Delta V}$
- **熱力学第１法則**…気体の内部エネルギーは，気体に加えられた熱量や仕事の分だけ増加し，気体から放出された熱量や気体のした仕事の分だけ減少する。気体が Q〔J〕の熱量を加えられて W〔J〕の仕事をするとき，気体の内部エネルギーの増加量 ΔU〔J〕は，$\boldsymbol{\Delta U=Q-W}$
- **ポアソンの法則**…理想気体が断熱変化するとき，圧力 p〔Pa〕と体積 V〔m^3〕の間に，$\boldsymbol{pV^{\gamma}}$＝一定の関係式が成り立つ。ここで，γ は比熱比と呼ばれ，$\gamma=\dfrac{C_p}{C_V}$

できたらチェック。

基本問題

解答 ➡ 別冊 p.23

□ **90** 気体のする仕事

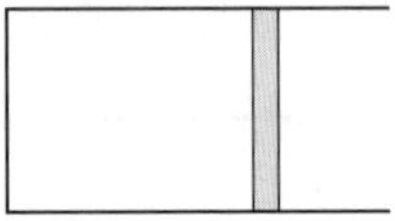

図のようになめらかに動くピストンのついたシリンダーが水平に置かれている。その中の気体に熱を加えたところ気体は膨張して，ピストンを Δl〔m〕押し出した。シリンダーの断面積を S〔m^2〕，外気圧を P_0〔Pa〕とすれば，気体がした仕事はいくらか。

91 理想気体の状態方程式と気体のする仕事 〈テスト必出〉

図のようになめらかに動くピストンのついたシリンダーが鉛直に立てて置かれている。その中に n〔mol〕の理想気体が封入され，ピストンはシリンダーの底から L〔m〕の位置で静止した。ピストンの質量を M〔kg〕，シリンダーの断面積を S〔m^2〕，外気圧を P_0〔Pa〕，重力加速度の大きさを g〔m/s^2〕，気体定数を R〔J/(mol·K)〕として，次の問いに答えよ。

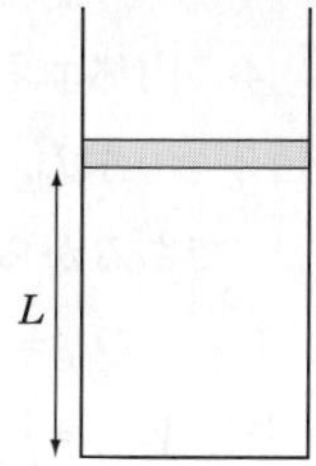

□ (1)　シリンダー内の気体の圧力を求めよ。

□ (2)　シリンダー内の気体の温度を求めよ。

シリンダー内の気体の温度を ΔT〔K〕上昇させた。

□ (3)　ピストンの動いた距離を求めよ。

□ (4)　気体がした仕事を求めよ。

ガイド　(1) ピストンにはたらく力のつり合いで考える。

例題研究》 13. 〈テスト必出〉 単原子分子理想気体 n〔mol〕を用いた熱機関を考えよう。この気体の状態は，図に示すように，A → B → C → A という経路で変化する。状態 A の温度を T〔K〕，気体定数を R〔J/(mol·K)〕として，T を用いて次の問いに答えよ。

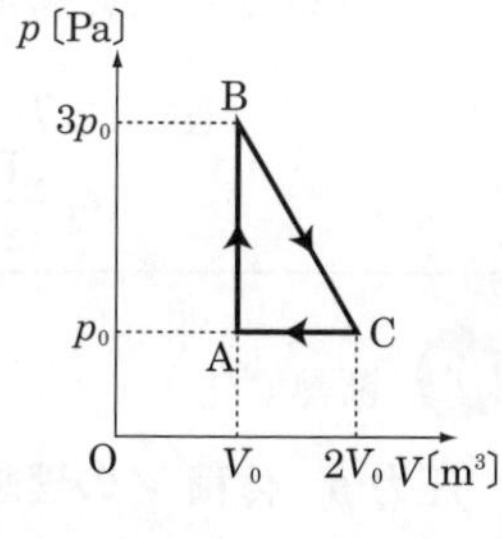

(1)　状態 B，C の温度 T_B〔K〕，T_C〔K〕を求めよ。

(2)　A → B の変化で気体に加えられた熱量 Q_{AB}〔J〕を求めよ。

(3)　B → C の変化で気体がした仕事 W_{BC}〔J〕を求めよ。

(4)　B → C の変化で気体に加えられた熱量 Q_{BC}〔J〕を求めよ。

(5)　C → A の変化で気体がされた仕事 W_{CA}〔J〕を求めよ。

(6)　C → A の変化で気体が放出した熱量 Q_{CA}〔J〕を求めよ。

着眼 (1)　理想気体の状態方程式 $pV=nRT$ を用いる。
(2)　単原子分子理想気体なので，内部エネルギー U〔J〕は $U=\frac{3}{2}nRT$ であり，定積変化では気体のする仕事 W〔J〕は $W=0$ である。
(3)　p-V 図の面積が仕事を表す。　(4)　熱力学第 1 法則を用いる。
(5)　定圧変化なので $W=p\Delta V$ が使える。　(6)　熱力学第 1 法則を用いる。

解き方 (1)　状態 A，B，C の理想気体の状態方程式はそれぞれ，

$$p_0V_0=nRT,\ 3p_0V_0=nRT_B,\ p_0\times 2V_0=nRT_C$$

であるから，$T_B=\frac{3p_0V_0}{nR}=3T$〔K〕，$T_C=\frac{2p_0V_0}{nR}=2T$〔K〕

(2)　状態AからBへの変化は定積変化なので，気体のする仕事 W_{AB} は $W_{AB}=0$。内部エネルギーの増加量 ΔU_{AB} は，

$$\Delta U_{AB}=\frac{3}{2}nR(3T)-\frac{3}{2}nRT=3nRT$$

熱力学第1法則より，$\Delta U_{AB}=Q_{AB}$　　ゆえに，$Q_{AB}=3nRT$〔J〕

(3)　気体のする仕事は p-V 図の台形の面積によって求められるので，

$$W_{BC}=\frac{1}{2}(3p_0+p_0)(2V_0-V_0)=2p_0V_0=2nRT\text{〔J〕}$$

(4)　内部エネルギーの増加量 ΔU_{BC} は，

$$\Delta U_{BC}=\frac{3}{2}nR(2T)-\frac{3}{2}nR(3T)=-\frac{3}{2}nRT$$

であるから，熱力学第1法則 $\Delta U_{BC}=Q_{BC}-W_{BC}$ を使うと，

$$Q_{BC}=\Delta U_{BC}+W_{BC}=-\frac{3}{2}nRT+2nRT=\frac{1}{2}nRT\text{〔J〕}$$

(5)　$W_{CA}=p_0(2V_0-V_0)=p_0V_0=nRT$〔J〕

(6)　内部エネルギーの増加量 ΔU_{CA} は，

$$\Delta U_{CA}=\frac{3}{2}nRT-\frac{3}{2}nR(2T)=-\frac{3}{2}nRT$$

であるから，熱力学第1法則 $\Delta U_{CA}=-Q_{CA}+W_{CA}$ を使うと，

$$Q_{CA}=-\Delta U_{CA}+W_{CA}=\frac{3}{2}nRT+nRT=\frac{5}{2}nRT\text{〔J〕}$$

答　(1) $T_B=3T$〔K〕，$T_C=2T$〔K〕　(2) $3nRT$〔J〕　(3) $2nRT$〔J〕
(4) $\frac{1}{2}nRT$〔J〕　(5) nRT〔J〕　(6) $\frac{5}{2}nRT$〔J〕

□ **92**　断熱変化

圧力 p，体積 V の理想気体を断熱変化させ，体積が $\frac{1}{8}V$ になったとすれば，気体の圧力は p の何倍になるか。ただし，この気体の比熱比は $\frac{5}{3}$ とする。

応用問題

解答 → 別冊 p.24

93　次の文を読み，問いに答えよ。

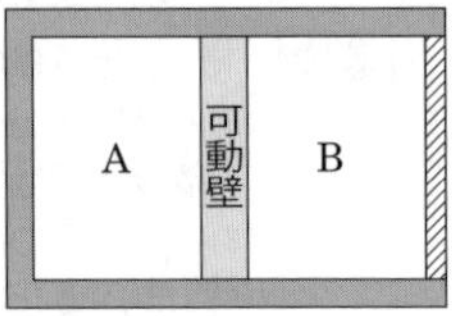

図のような密閉された容器内が，なめらかに移動できる可動壁で2つの部分A，Bに分けられている。A，Bにはそれぞれ単原子分子の理想気体が n〔mol〕入っている。容器の右端は熱を通すが，容器のそれ以外の部分および可動壁は断熱材でつくられている。

はじめ，A，B内の気体の体積は等しく，温度はともに T_0〔K〕であった。その後，Bの右端からB内の気体を加熱したところ，可動壁は左方向に移動し，

できたらチェック。

最終的にA内の気体の体積はもとの$\frac{1}{4}$倍となって，温度はT_1〔K〕になった。ただし，気体定数をR〔J/(mol・K)〕とする。

□ (1)　A内の気体の内部エネルギーはどれだけ増加したか。

□ (2)　A内の気体の圧力はもとの状態の何倍になったか。

□ (3)　B内の気体の温度はいくらか。

□ (4)　B内の気体が外部から得た熱量はいくらか。

94　**1 mol の理想気体を容器に入れ，その体積Vと圧力Pを図に示すように，(I) A → B → C，(II) A → C の2通りに変化させた。(I) の A → B は定積変化，B → C は定圧変化，(II) の A → C は断熱変化である。この気体の定積モル比熱をC_V，気体定数をRとし，P_1，P_2，V_1，V_2の中から必要なものを用いて，問いに答えよ。**

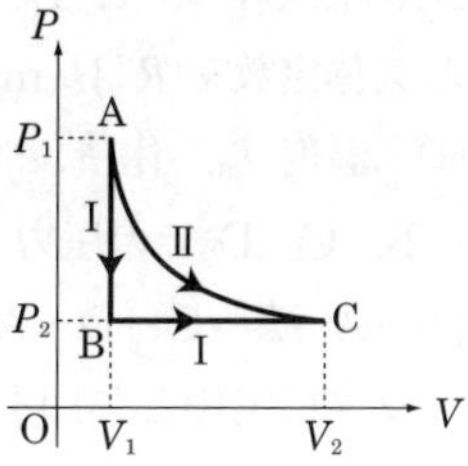

□ (1)　A → B で気体が放出した熱量を求めよ。

□ (2)　B → C で気体がした仕事を求めよ。

□ (3)　状態Aでの気体の温度をT_A，状態Cで気体の温度をT_Cとする。T_AとT_Cの関係につき記し，その理由を述べよ。

95　次の文を読み，問いに答えよ。

図のような断面積Sのピストンとシリンダーからなる，断熱容器に閉じ込められたn〔mol〕の理想気体を考える。容器内には大きさが無視できる冷暖房装置があり，必要に応じて熱を加えたり取り去ったりできるものとする。ただし，外界からピストンに大気圧p_0がかかっているものとし，ピストンは容器内の気体の圧力を常に大気圧と一致させるように動き，かつ，容器の内外で熱の出入りはないものとする。以下で気体定数をRとする。

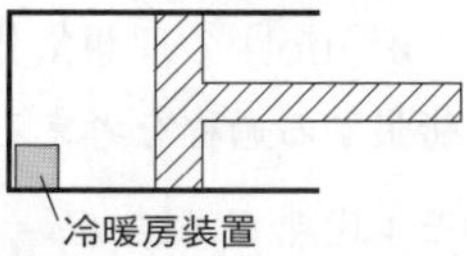

□ (1)　気体は大気圧に逆らって膨張するとき外界に仕事をする。冷暖房装置を作動させて加熱したら気体が膨張してピストンが右へΔx動いた。このとき気体がした仕事を求めよ。

□ (2)　加熱前，加熱後の気体の温度差ΔTを求めよ。

□ (3)　理想気体の定圧モル比熱をC_pとし，加熱により気体が得た熱量を求めよ。

□ (4)　(1)から(3)の結果を用いて，加熱による容器内の気体の内部エネルギーの増加量を求めよ。

96 次の文を読み，問いに答えよ。

なめらかに動くピストンをもつ容器に単原子分子理想気体を1molを詰め，その状態を図のようにA→B→C→D→Aと変化させた。なおこの図では縦軸は体積V，横軸は絶対温度Tであり，A，B，C，Dの4つの状態の温度と体積はそれぞれA$(2T_0,\ V_0)$，B$(6T_0,\ 3V_0)$，C$(T_0,\ 3V_0)$，D$(T_0,\ V_0)$である。なお気体定数をR〔J/(mol・K)〕とする。

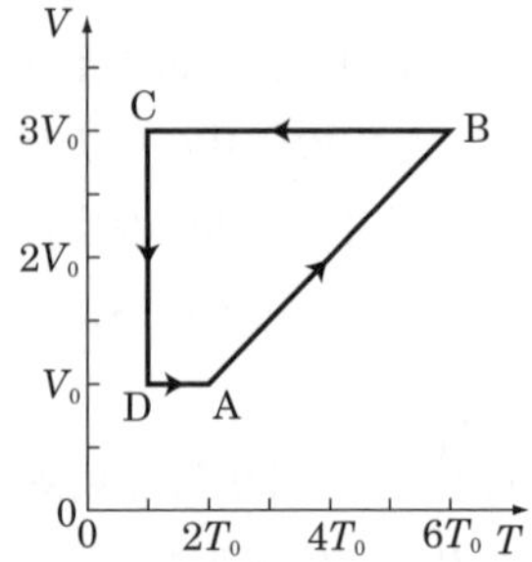

□ (1)　温度T_0，体積V_0のときの圧力をp_0とする。A，B，C，Dでの圧力p_A，p_B，p_C，p_Dはp_0の何倍になるか。

□ (2)　A→B→C→D→Aの状態の変化を，縦軸を圧力p，横軸を体積Vとするグラフに実線と矢印を用いて描け。グラフ中にA，B，C，Dも記入すること。

□ (3)　A→Bの変化でこの気体には熱量が流入するか，それとも熱量が流出するか。また，その熱量Q_{AB}の大きさをRとT_0を用いて表せ。

□ (4)　B→Cの変化でこの気体の内部エネルギーは増えるか，それとも減るか。また，その増減量ΔU_{BC}の大きさをRとT_0を用いて表せ。

ガイド　(2) A→BではVはTに比例するから，pは一定となる。

□ **97** 〈差がつく〉 文中の［　　］に，式，記号，または用語を記入せよ。

n〔mol〕の理想気体が，圧力pを一定に保ったまま熱量Qを受けてゆっくり膨張する過程を考える。この過程で生じる温度変化をΔTとすると，気体の定圧モル比熱C_pは，$C_p = \dfrac{\boxed{①}}{\boxed{②}}$　……(1)

また，この過程で気体に生じる体積変化をΔV，内部エネルギー変化をΔUとすると，［③］法則により次の関係が成り立つ。

$Q = \boxed{④} + \boxed{⑤} \times \Delta V$　……(2)

理想気体の内部エネルギーは，変化の過程に関係なく温度だけで決まるので，上記のΔUは，体積一定のままΔTの温度変化を与えたとき生じる内部エネルギー変化にも等しい。したがって，定積変化のとき$\Delta V = 0$であることを考慮すると，

［③］法則から，$\Delta U = n \times \boxed{⑥} \times \Delta T$　……(3)

一方，物質量nの理想気体の状態方程式から次の関係が得られる。

$p \times \boxed{⑦} = nR\Delta T$（$R$：気体定数）　……(4)

以上の式(1)～(4)から，$C_p = C_V + \boxed{⑧}$（C_V:気体の定積モル比熱）が導かれる。

□ **98** **文中の［　　］にあてはまる式を記入せよ。**

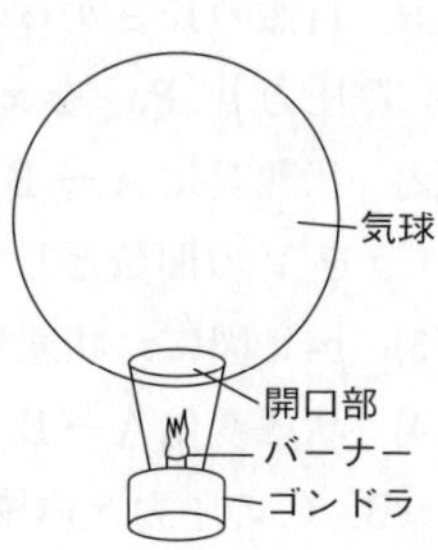

熱気球は，図のように，開口部をもつ気球(球皮)とゴンドラから構成されており，ゴンドラにのせられたバーナーによって，気球内の空気の温度を調整できるしくみになっている。空気を理想気体とみなし，重力加速度の大きさをg〔m/s^2〕として，また，気球は断熱材でできており，開口部以外での熱のやりとりはないものとし，気温T_1〔K〕,圧力1atmの気体の密度をρ_0〔kg/m^3〕とする。

熱気球は一定の体積をもち，開口部を通して気体分子の出入りがある。体積V_1〔m^3〕の気球が，気温T_1〔K〕，気圧1atmの地表にあるとき，気球内部の空気の質量は［　①　］〔kg〕である。バーナーを点火して気球内部の空気の温度がT_2〔K〕を超えたとき，熱気球は浮上を開始した。このとき，気球内部の空気を除いた熱気球全体の質量をW〔kg〕とすると，Wはρ_0，V_1，T_1，T_2を用いて［　②　］〔kg〕と表される。この式を用いると,気球が浮上を開始する温度T_2〔K〕を知ることができる。

ガイド　②は，まず温度T_2のときの気体の密度を求める。

99 **図に示すように，シリンダー内に単原子分子の理想気体が，なめらかに動くピストンにより封じ込められている。次の文を読み，問いに答えよ。**

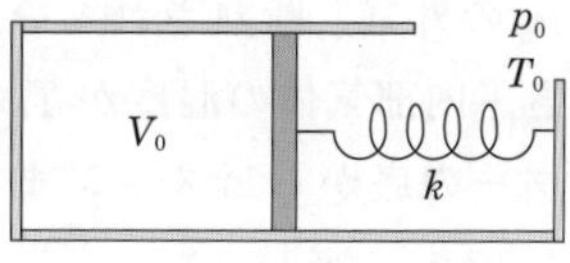

ピストンにはばねがついており，動きが抑制されている。外気は,気温T_0〔K〕,気圧p_0〔Pa〕である。はじめ,ばねは自然の長さで,シリンダー内の気体の体積はV_0〔m^3〕，その温度と圧力は外気と同じであった。次の一連の操作をした。

(i) はじめの状態(Aとする)の気体に徐々に熱を加える。

(ii) ばねの縮みがl〔m〕になったところで加熱をやめ，ピストンをシリンダーに固定する。この状態をBとする。

(iii) ばねを取り除いた後，気体の状態をゆっくりと変化させ，内部の圧力が外気圧と等しくなったところで，ピストンが自由に動けるようにする。この状態をCとする。

(iv) さらに，状態Cからゆっくりとはじめの状態Aに戻す。

シリンダーの断面積をS〔m^2〕,ばね定数をk〔N/m〕,気体定数をR〔J/(mol·K)〕とする。(3)，(4)，(5)は，状態Bの圧力をp_1〔Pa〕，体積をV_1〔m^3〕として答えよ。

□ (1)　自然の長さからのばねの縮みが x〔m〕であるとき，気体の体積 V〔m^3〕および圧力 p〔Pa〕を x の関数として表せ。

□ (2)　状態変化 A → B の過程を p-V 図上の曲線として表す関数を求めよ。答えは，p を V の関数として表すこと。

□ (3)　p-V 図に，状態変化 A → B → C → A の経路を実線で示せ。

□ (4)　状態変化 A → B，B → C，C → A それぞれにともなう次の物理量を，状態 A，B，C の圧力と体積のみを用いて表せ。

(a)　A → B の内部エネルギーの増加量 ΔU_{AB}〔J〕と気体がした仕事 W_{AB}〔J〕

(b)　B → C の内部エネルギーの増加量 ΔU_{BC}〔J〕と気体がした仕事 W_{BC}〔J〕

(c)　C → A の内部エネルギーの増加量 ΔU_{CA}〔J〕と気体がした仕事 W_{CA}〔J〕

□ (5)　状態変化 A → B → C → A で，気体に加えられた熱量 Q〔J〕を求めよ。

100　**次の文を読み，問いに答えよ。**

図 1 のようになめらかに動くピストンのついたシリンダーが水平に置かれている。その中に 1mol の単原子分子の理想気体が密封されており，気圧 P_0 の外気と断熱されている。このとき，内部気体の温度が T_0 で，シリンダーの底からピストンまでの距離が L_0 であった。

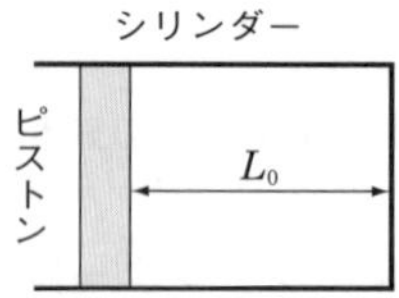

図 1

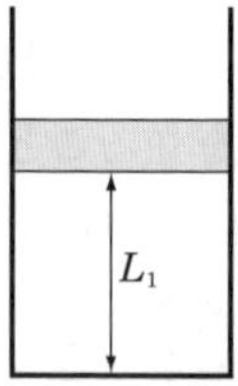

図 2

次に，十分ゆっくりとシリンダーを起こし，図 2 のように鉛直に立てたとき，L_0 は L_1 になり，T_0 は T_1 になった。この断熱変化で，内部気体の温度 T と体積 V の間に $TV^{\frac{2}{3}}=$一定 の関係が成り立つ。ピストンの質量を m，シリンダーの断面積を S，重力加速度の大きさを g，気体の定積モル比熱を C_V とする。なお，(1)は数値で，(2)から(5)は記号 P_0，T_0，m，g，S，C_V のうち必要なものを用いて解答せよ。

□ (1)　圧力 P と体積 V の間には，$PV^{\alpha}=$一定 が成り立ち，$\alpha=$ ＿＿＿ である。

□ (2)　図 2 の配置にした後，シリンダー内の気体の圧力は $P_1=$ ＿＿＿ である。

□ (3)　距離の比 $\dfrac{L_1}{L_0}$ は ＿＿＿ である。

□ (4)　温度の比 $\dfrac{T_1}{T_0}$ は ＿＿＿ である。

□ (5)　シリンダー内の気体が受けた仕事を求めよ。

11 波の伝わり方

テストに出る重要ポイント

- **波の要素と伝わる速さ**…波は1周期 T の間に1波長 λ だけ進むから，波の伝わる速さ v は，

$$v=\frac{\lambda}{T}=f\lambda \quad (f\text{は振動数})$$

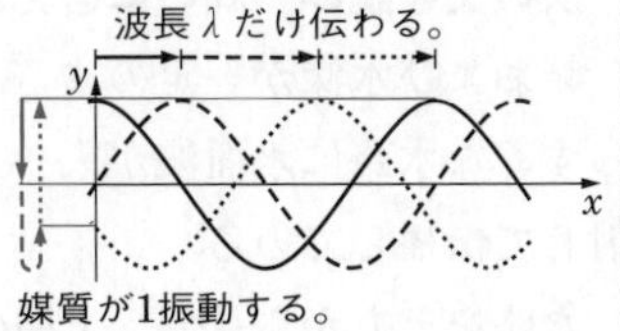

- **横波と縦波**
  ① **横波**…波の伝わる方向が媒質の振動方向と垂直である波。
  ② **縦波**…波の伝わる方向が媒質の振動方向と同じ波。疎密波ともいう。
  ③ **縦波のグラフ**…波の伝わる方向を横軸（x 軸）に，変位を縦軸（y 軸）にとってグラフにする。

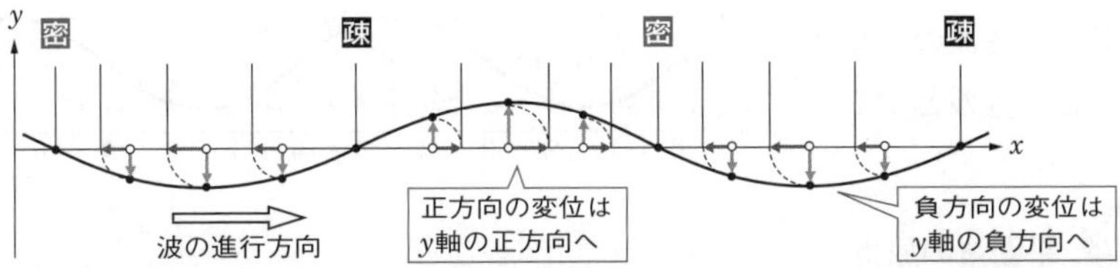

- **反射の法則**…入射角 i と反射角 j において，

$$i=j$$

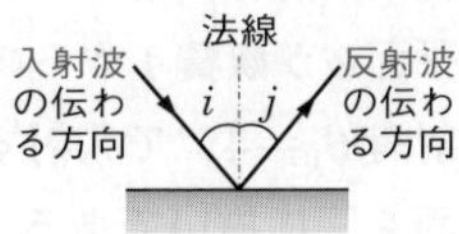

- **屈折の法則**…波が媒質Ⅰと媒質Ⅱを通過するときの速さと波長をそれぞれ v_1，v_2 および λ_1，λ_2 とすると，入射角 i と屈折角 r に関して，

$$\frac{\sin i}{\sin r}=\frac{v_1}{v_2}=\frac{\lambda_1}{\lambda_2}=n$$

n を媒質Ⅰに対する媒質Ⅱの屈折率という。

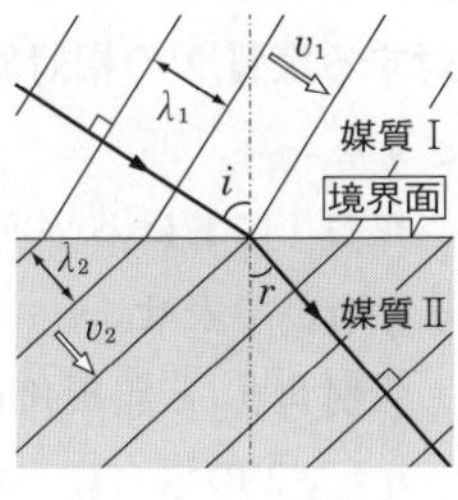

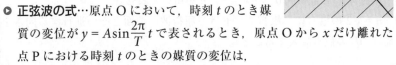

- **正弦波の式**…原点Oにおいて，時刻 t のとき媒質の変位が $y=A\sin\frac{2\pi}{T}t$ で表されるとき，原点Oから x だけ離れた点Pにおける時刻 t のときの媒質の変位は，
  ① 波が x 軸の正の向きに伝わる場合

$$y=A\sin\frac{2\pi}{T}\left(t-\frac{x}{v}\right)=A\sin 2\pi\left(\frac{t}{T}-\frac{x}{\lambda}\right)$$

  ② 波が x 軸の負の向きに伝わる場合

$$y=A\sin\frac{2\pi}{T}\left(t+\frac{x}{v}\right)=A\sin 2\pi\left(\frac{t}{T}+\frac{x}{\lambda}\right)$$

基本問題

解答 → 別冊 p.28

101 波の要素，速さ

次の文を読み，問いに答えよ。

幅および水深が一定のまっすぐな水路に水面波が入射して伝播している。

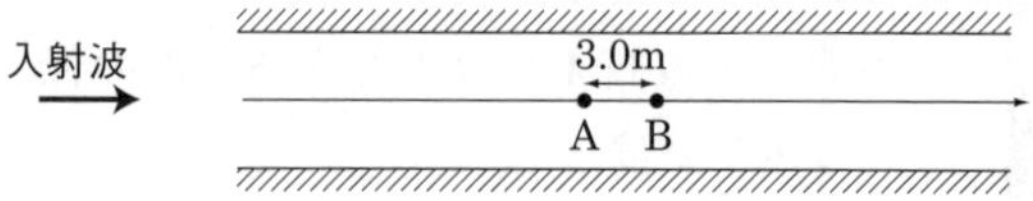

水路を上方から見て，上図のように水路に沿って x 軸をとると，水面波は x 軸の正の向きに正弦波として進行している。この水路内で x 軸方向に 3.0 m だけ離れた 2 点 A，B で，水面の変位の時間変化を同時に観測したところ，下図のような波形が得られた。x 軸方向に水路は十分に長く，波の振幅，周期，波長は一定であるとして，水路を伝わる波の振幅，波長，伝わる速さ，振動数，周期を求めよ。ただし，AB 間の距離は正弦波の波長より小さいものとする。

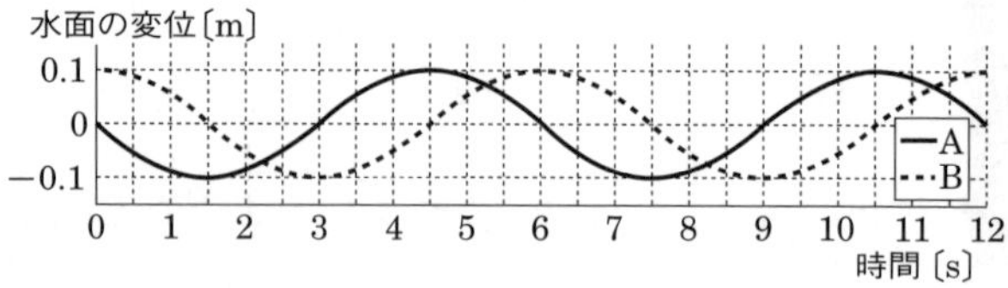

102 平面波の屈折

平面波が媒質 1 から媒質 2 に入射角 $\theta_1 = 45°$ で入射する際の波面を図に描いてある。媒質 1 に対する媒質 2 の相対屈折率を n とする。

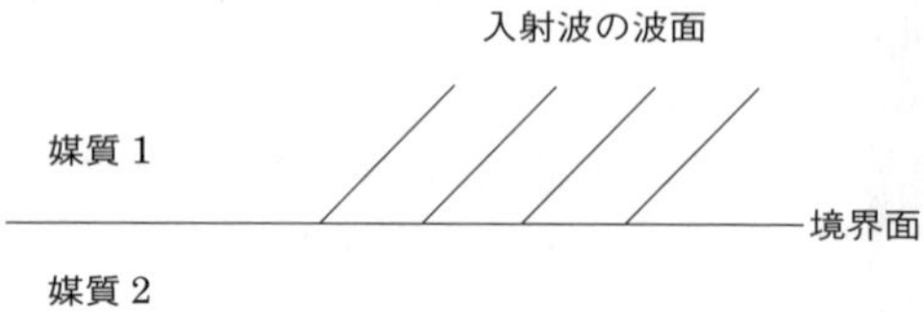

□ (1) 媒質 1 における平面波の速さ v_1 と媒質 2 における平面波の速さ v_2 の関係を，n を用いて表せ。

□ (2) 入射角 θ_1 と屈折角 θ_2 の関係を，n を用いて表せ。

□ (3) $n = \sqrt{2}$ の場合に，媒質 2 における屈折波の波面とその進行する向きを図に描け（θ_2 の値も記入すること）。

103 正弦波の式の導出　テスト必出

次の文の ☐ をうめよ。

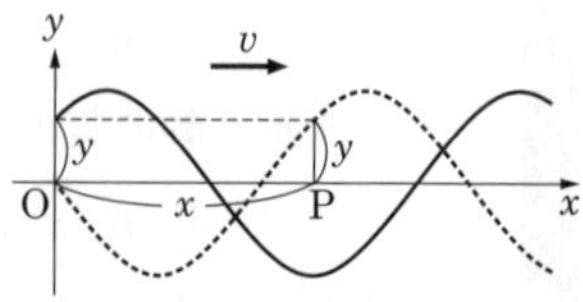

原点 O にある媒質が単振動をはじめると時刻 t のときの変位 y は，$y = A\sin\dfrac{2\pi}{T}t$ と表せ

る(A は[①], T は[②])。この振動が x 軸の正の向きに，速さ v で伝わると, 原点Oから距離 x にある点Pまで伝わるのに要する時間は[③]である。よって，点Pの時刻 t での変位 y は，その時刻より[④]だけ前の時刻[⑤]での原点Oの変位に等しいので，$y = A\sin\dfrac{2\pi}{T}$([⑥])と表せる。

ガイド　時刻 t〔s〕より Δt〔s〕前の時刻は $(t-\Delta t)$〔s〕である。

104 正弦波の式 テスト必出

図は，x 軸の正の向きに進む，振動数が 2.5Hz の正弦波の一部で，時刻 $t=0$ s における媒質の位置の座標 x と変位 y の関係を示したものである。

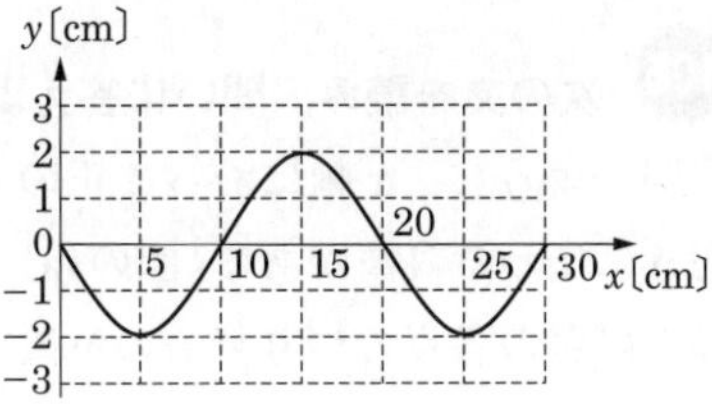

□ (1)　この波の振幅，波長，周期，速さを求めよ。

□ (2)　この波を表す式を書け。

□ (3)　図における時刻から 0.10 s 後の波形を図中にかき込め。

ガイド　(2) 図より $t=0$ における波形は $y=-2\sin\dfrac{2\pi}{\lambda}x$ であることがわかる。時刻 t における位置 x の変位は，時刻 0 における位置 $(x-vt)$ の変位に等しい。

応用問題

解答 → 別冊 p.29

105 次の文を読み，問いに答えよ。

x 軸の負の方向に無限遠まで伸びている正弦波が，x 軸方向に進んでいる。振動の方向を y 軸とする。図は，時刻 $t=0$ s での波の形を示しており，図中の O，P，Q は x 軸上の位置を表している。時刻 $t=0$ s では，この正弦波は x 軸の正の方向に進んでおり，波の先端は位置 P にある。

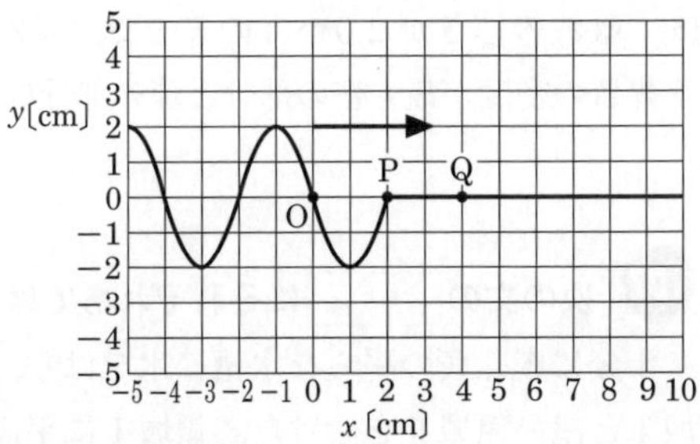

できたらチェック。

□ (1)　この正弦波の振幅と波長を求めよ。

□ (2) 時刻 $t=2.0\,\mathrm{s}$ のとき，波の先端は位置 Q に達した。波の速さを求めよ。また，この波の周期を求めよ。

□ (3) 位置 O における変位 y〔cm〕を時刻 t〔s〕の関数として式で表せ。ただし，$0\,\mathrm{s} \leqq t \leqq 18\,\mathrm{s}$ とする。

□ (4) 位置 Q における変位 y〔cm〕を時刻 t〔s〕の関数として図示せよ。ただし，$0\,\mathrm{s} \leqq t \leqq 6.0\,\mathrm{s}$ とする。

□ (5) 時刻 $t=9.0\,\mathrm{s}$ における波の形を $0\,\mathrm{cm} \leqq x \leqq 10\,\mathrm{cm}$ の範囲で図示せよ。

106 次の文を読み，問いに答えよ。

図のように，x 軸に沿って正の向きに伝わる縦波がある。図の (a) は，媒質の各点のつり合いの位置を，図の (b) は，ある時刻における媒質の各点の変位をそれぞれ表している。図の (a) における媒質の各点間の距離は 1.0 m である。

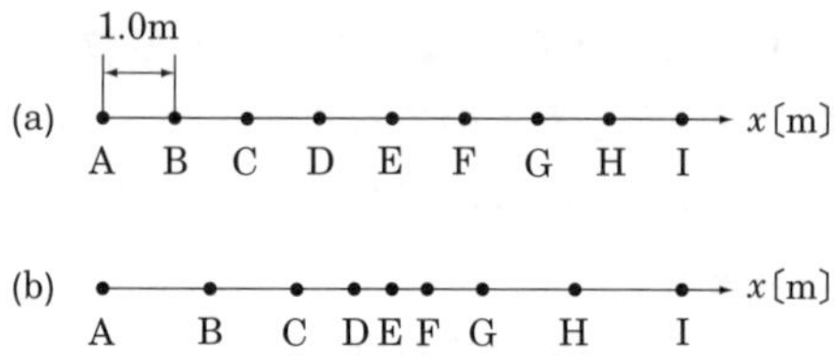

□ (1) 図の (b) の各点の変位について，x 軸の正の向きの変位を y 軸の正の向きの変位として，縦波の波形を横波のように描け。

□ (2) 図の (b) において，媒質の密度が最も密の部分と疎の部分はそれぞれどこか。A～I の記号で答えよ。

□ (3) 図の (b) において，媒質の速さが x 軸の正の向きに最大である点はどこか。A～I の記号で答えよ。

□ (4) この縦波が媒質内を x 軸の正の向きに速さ 2.0 m/s で進行したとき，この縦波の波長，振動数，周期はそれぞれいくらか。

□ (5) 縦波の速さが 2.0 m/s のままで，図の (b) の時刻から 1.0 秒が経過したとき，媒質の密度が最も密の部分と疎の部分はそれぞれどこか。A～I の記号で答えよ。

□ 107 次の文の［　　］にそれぞれあてはまる式を入れよ。

十分に広く底の平らな水槽に水をはり，均一な厚みの板を沈めて水深の深い領域 I と浅い領域 II を設けた。領域 I に平面波を与え，領域 I と領域 II の境界付近での屈折と反射のようすを観察した。図はある時刻の境界 AB 付近での入射波のようすを上から見たもので，波の山を実線，谷を破線で表している。ただし，波の伝播や反射，屈折による減衰は考えないものとする。また，反射波の振幅は入射波の振幅とほぼ等しいものとする。

領域Ⅰに周期 T〔s〕の平面波を与えると，この波は v〔m/s〕の速さで伝わった。領域Ⅰでの波長は［①］〔m〕である。この波が入射角 θ_1 で境界ABに達すると，領域Ⅱでは屈折角 θ_2 となる屈折波が観察された。このときの領域Ⅰに対する領域Ⅱの屈折率は［②］である。領域Ⅱでの波の速さは［③］〔m/s〕であり，波長は［④］〔m〕である。一方，領域Ⅰでは，境界ABで位相を変えずに反射角［⑤］で反射する波が観察された。

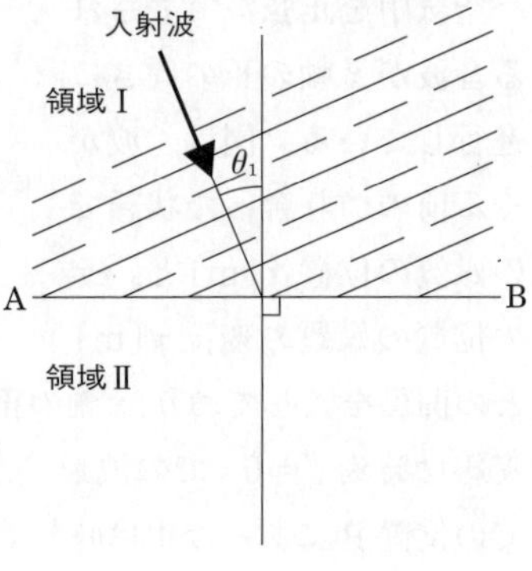

108 次の文を読んで［　　］に適切な数値または数式を答えよ。

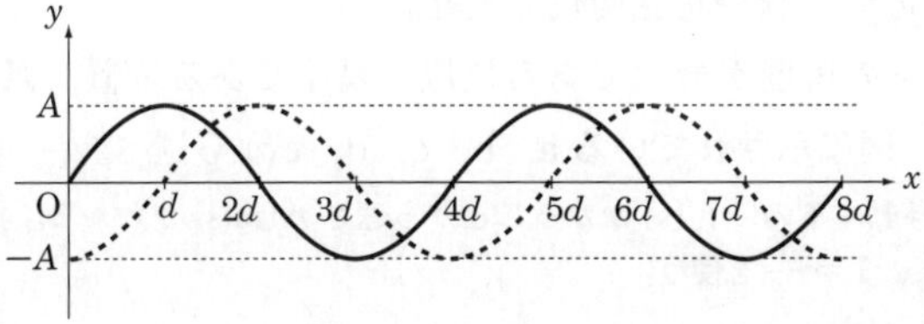

□ (1)　図の原点Oで媒質を y 方向に振幅 A〔m〕の単振動をさせると，図のように x 軸の正の向きに進む波が生じた。時刻 $t=0$s において波は図の実線の位置にあり，t_1〔s〕後には d〔m〕だけ右側の破線の位置に初めて進んだ。この波の波長は［①］〔m〕，波の速さは［②］〔m/s〕であり，$x=d$〔m〕の位置で変位が正で最大になるのは1秒間（単位時間）に［③］回である。

□ (2)　この波による，任意の位置 x〔m〕における時刻 t〔s〕の媒質の変位を表す式は，以下のように導かれる。ただし，$x \geqq 0$ である。

波の周期を T〔s〕とすると，$x=0$m の位置での媒質の変位は，式 $y=-A\sin 2\pi\frac{t}{T}$〔m〕で表される。原点Oから位置 x〔m〕に波が伝わるのに［④］〔s〕だけ時間がかかるので，時刻 t〔s〕における位置 x〔m〕での媒質の変位は時刻［⑤］〔s〕における $x=0$m の位置での媒質の変位に等しい。したがって，時刻 t〔s〕における位置 x〔m〕での媒質の変位は $y=$［⑥］〔m〕で表される。ただし，解答には T〔s〕を用いないこと。

109 差がつく　次の文を読み，問いに答えよ。

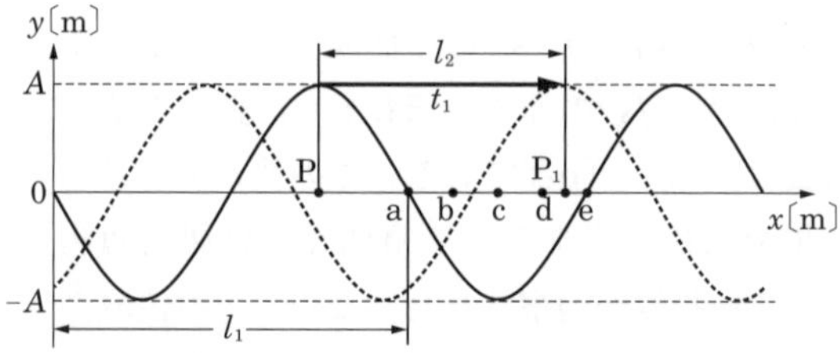

空気中を正弦波で表される音波が x 軸の正の向きに進行している。図は，波がくる前のつり合った状態での媒質の位置 x〔m〕と，その位置の媒質の変位 y〔m〕との関係を表しており，x 軸の正の向きの変位が y 軸の正の向きにとられている。実線は時刻 $t=0$ s での波形，点線は時刻 $t=t_1$〔s〕での波形である。時刻 $t=0$ s での位置 P にあった山は時刻 $t=t_1$〔s〕では位置 P_1 に移動している。

□ ⑴　この波の振幅〔m〕，波長〔m〕，速さ〔m/s〕，振動数〔Hz〕および周期〔s〕を，それぞれ，図に示されている 3 つの記号 A，l_1，l_2 および t_1 のうちの適当なものを用いて表せ。

□ ⑵　位置 x，時刻 $t=t$〔s〕での媒質の変位 y を，図に示されている 3 つの記号 A，l_1，l_2 および t_1 と x，y，t を含む正弦関数で表せ。

□ ⑶　時刻 $t=0$ s で，空気の密度が最大である位置，最小である位置，媒質の速さが 0 である位置を，図に示されている a，b，c，d，e から選べ。

ガイド　⑴ l_2〔m〕だけ移動するのに t_1〔s〕かかることから速さ v〔m/s〕がわかる。振動数，周期は，$f=\dfrac{v}{\lambda}$，$T=\dfrac{1}{f}$ を使う。
⑶ y 軸正方向の変位を x 軸正方向に，y 軸負方向の変位を x 軸負方向にかき直す。

110 次の文を読み，問いに答えよ。

図 1 に示されている波を考える。この図はある媒質の時刻 $t=0$ s での変位を表したものである。x 軸上にある媒質は y 軸方向に振動することができるようになっており，波は x 軸の正の向きに進んでいる。波は振幅が 12 cm の正弦曲線であり，波の振動数は 5.0 Hz とする。

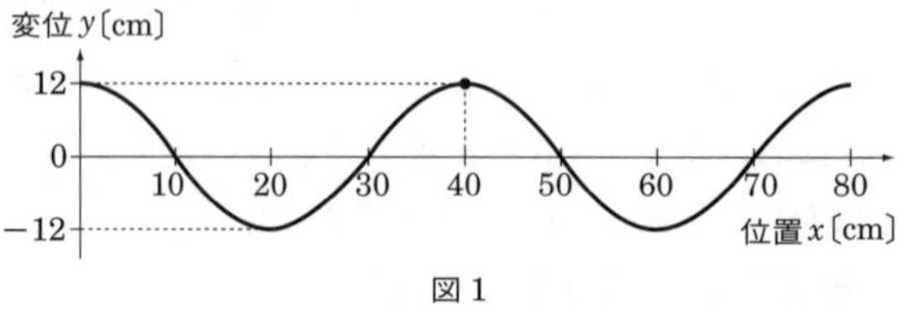

図 1

(1), (3), (4)の[　　]の中に適切な数値または数式を答えよ。また，(2)は問いにしたがって図示せよ。

□ (1)　波の周期は[①]s，波長は[②]m，速さは[③]m/s である。

□ (2)　$x=40\,\mathrm{cm}$ の位置にある媒質の $t=0$〜$0.60\,\mathrm{s}$ の範囲での変位を図示せよ。

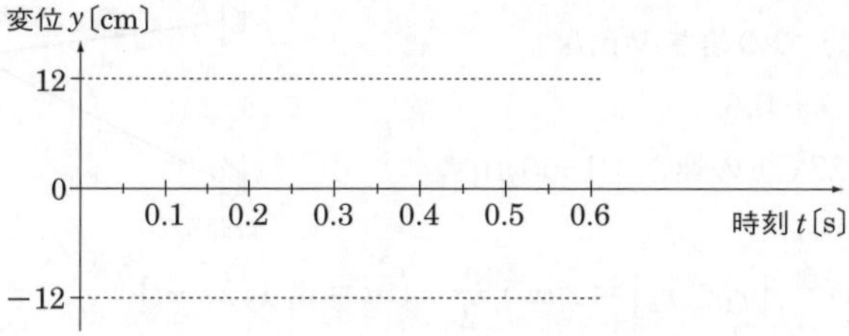

□ (3)　図1の状態から，時間が0.55s経過した後の波形において，$x=0$〜$50\,\mathrm{cm}$ の範囲で，変位 y が正の向きに最大値になる x の値は[④]cm である。

□ (4)　図2に示されているような波を考える。x 軸上にある媒質は，y 軸方向に振動することができるようになっている。波が x 軸の正の向きに速さ v で伝わっていくとき，A を振幅，T を周期，t を時刻とすると，$x=0$ の位置にある原点Oでの媒質は式 $y=A\sin 2\pi\dfrac{t}{T}$ で表される単振動をする。

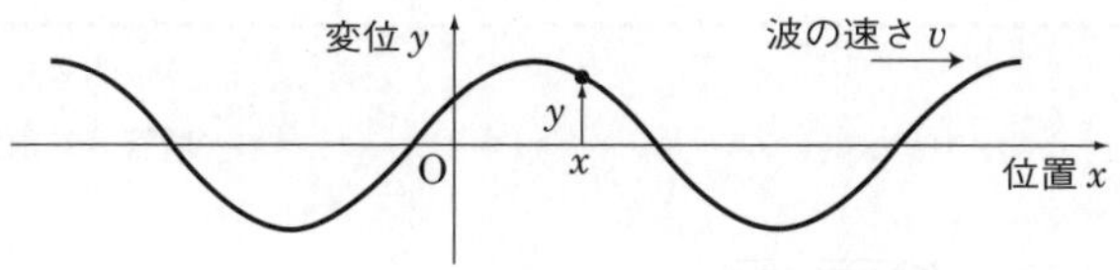

図2

このとき，任意の位置 x での媒質の振動を表す式を考える。

点Oから位置 x に波が伝わるのに[⑤]だけ時間がかかるから，時刻 t における位置 x での媒質の変位は時刻[⑥]における点Oでの媒質の変位に等しい。したがって，時刻 t における位置 x での媒質の変位 y は

$y=A\sin\dfrac{2\pi}{T}$([⑦])で表される。この式は波長 λ を使用することにより，

$y=A\sin 2\pi$([⑧])で表される。ただし，[⑧]の解答には速さ v を使わないこと。

次に，振幅，周期，波長が図2の波と同じで，x 軸上の負の向きに進む波は $y=A\sin 2\pi$([⑨])で表される。この波は時刻 $t=0$ の瞬間における原点Oでの媒質の変位が0で，波の位相は正の向きに進む波と同位相になっている。ただし，[⑨]の解答には速さ v を使わないこと。

12 音の伝わり方

テストに出る重要ポイント

- **音波の速さ**…媒質によって異なる。
  ① 空気中（t℃）での速さ V m/s：
  $V = 331.5 + 0.6t$
  ② 水中（23〜27℃）の速さ：1500 m/s

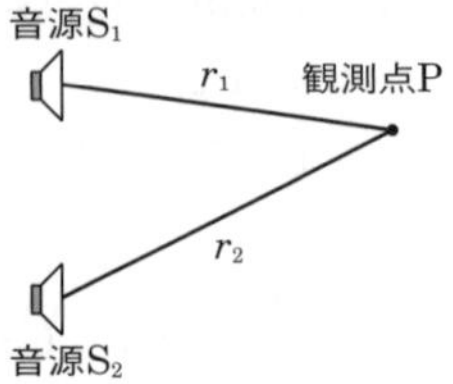

- **音の干渉**
  ① 強め合う場合：$|r_1 - r_2| = 2m \cdot \dfrac{\lambda}{2}$　$(m = 0, 1, 2, \cdots)$
  ② 弱め合う場合：$|r_1 - r_2| = (2m + 1) \cdot \dfrac{\lambda}{2}$　$(m = 0, 1, 2, \cdots)$
- **うなり**…振動数がわずかに異なる2つの音波が干渉して，音の強さが周期的に変化する現象。1秒間のうなりの回数 f は，$f = |f_A - f_B|$

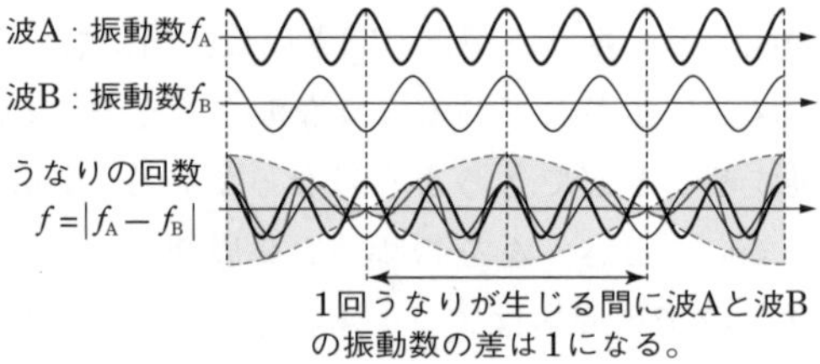

基本問題

解答 ➡ 別冊 p.31

111 音の伝わる速さと波長　テスト必出

できたらチェック。

振動数 500Hz の音源を室温 20℃の部屋で鳴らしたとき，次のものを求めよ。

□ (1)　室内での音波の伝わる速さ　　□ (2)　室内における音波の波長

112 音の干渉

図のように，7.0 m 離して置かれたスピーカーA，B から，同じ振動数の音波が出ている。A，B から距離の等しい O 点で大きな音が観測された。O 点から AB に平行にゆっくり移動したところ，O 点から 1.0 m の P 点で再び強い音を初めて観測した。

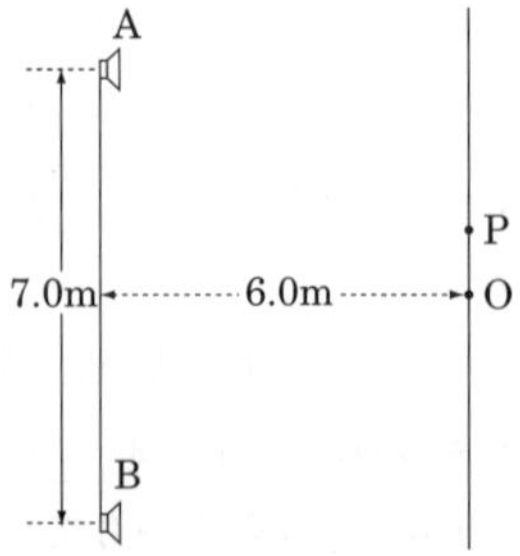

□ (1)　音波の波長を求めよ。

□ (2)　音の伝わる速さを 340 m/s とすれば，スピーカーから出ている音の振動数はいくらか。

113 クインケ管 テスト必出

次の文を読み，問いに答えよ。

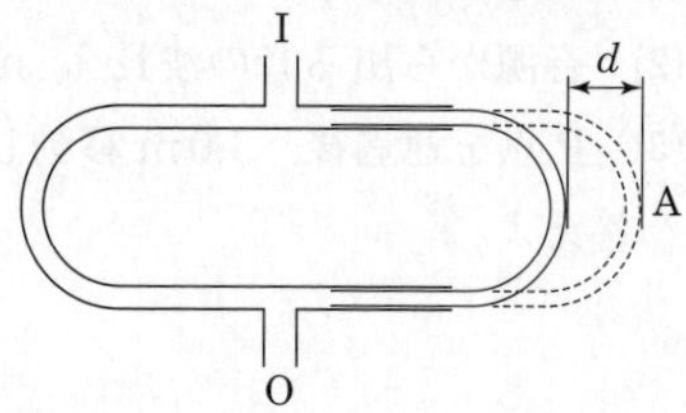

図に示すように，入口Iから音を送り，出口Oから聞こえる音の大きさを調べる装置がある。Aの部分を出し入れすることにより，左右の経路の長さを変えることができる。Aを入れた状態では左右の経路の長さは等しくなっている。

Aをゆっくり引き出していったときの長さをdとすると，$d = 90$ cm 引き出したときに，Oから聞こえる音がはじめて最小になった。

□ (1)　この音の波長は何 m か。

□ (2)　この音の速さを 340 m/s とすると，振動数はいくらか。

□ **114** うなり

振動数 440Hz のおんさ A と，振動数のわからないおんさ B がある。2 つのおんさを同時に鳴らすと，2 秒間に 8 回のうなりが聞こえた。おんさ B の振動数を求めよ。ただし，おんさ B のほうが音が低く聞こえていた。

応用問題

解答 → 別冊 p.32

115 次の文を読み，問いに答えよ。

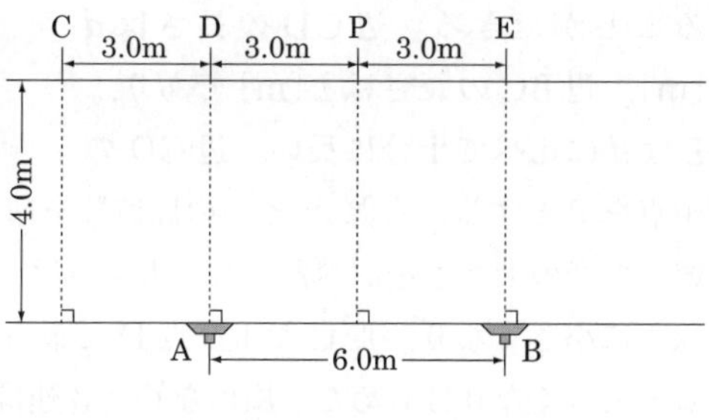

図のように，同じ音を出す2個の音源A，Bを6.0m離して置き，ABから4.0mの距離にある直線CDE上を移動しながら音を観測する実験を行った。ただし，音源ABの中点を通る垂線と直線CDEの交点をPとし，音波の速さをV〔m/s〕とする。

できたらチェック。

まず，音源Aのみが，振動数f_S〔Hz〕の音を出しているとする。

□ (1)　観測者がC点で静止しているとき，聞こえてくる音の波長λ〔m〕を答えよ。

次に，音源A，Bの両方が同じ振動数f_S〔Hz〕の音を出しているとする。直線CDPE上をC点から移動し始めたところ，D点で音が強く聞こえ，その後，弱くなり，P 点で再び音が強く聞こえた。ただし，音の観測は，各場所で静止して行ったものとする。

□ (2)　音源から出る音の波長 λ_S〔m〕を求めよ。その際，$\sqrt{13} = 3.6$ とする。

□ (3)　P 点を通過後，3.0 m 移動した E 点では音は強く聞こえるか弱く聞こえるか答えよ。

116 **空気中と水中とで超音波の干渉実験を行い，波長を測定したところ，空気中で 4.0 mm，水中で 16 mm であった。空気中の音速は 350 m/s とする。**

□ (1)　実験に用いた音波の振動数を求めよ。

□ (2)　水中での音速を求めよ。

□ (3)　空気に対する水の屈折率を求めよ。

ガイド　(3) 水の屈折率 $= \dfrac{\text{空気中の音速}}{\text{水中の音速}}$

117 差がつく　**次の文を読み，問いに答えよ。**

図のように，長方形 ABCD の頂点 A と B に，それぞれ音源 A と音源 B が置かれている。音源の周波数は変えることができる。辺 CD の長さは d〔m〕，辺 BC の長さは L〔m〕であり，L は d に比べて十分に長い。辺 CD の中点を P とする。音源 A と B の周波数を同じ周波数 f_1〔Hz〕にし，CD を通る直線上で音の大きさを調べた。音の大きさは，点 P で最も大きく，P から離れると徐々に小さくなり，点 C および点 D で最も小さくなった後，さらに P から離れると大きくなりはじめた。風はなく，音速は一定とする。

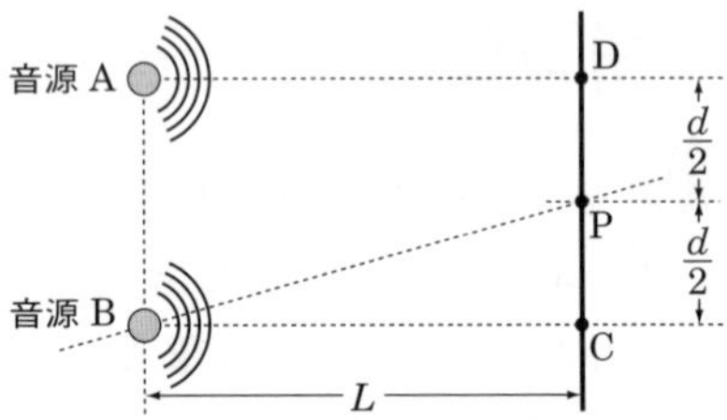

□ (1)　経路差 AC − BC を求めよ。必要であれば，次の近似式を用いてよい。

ある量 ε の絶対値が 1 に比べて十分小さいとき，$\sqrt{1+\varepsilon} \fallingdotseq 1 + \dfrac{1}{2}\varepsilon$

□ (2)　音波の波長 λ を，L，d を用いて表せ。

□ (3)　音速を求めよ。

13 ドップラー効果

テストに出る重要ポイント

- **ドップラー効果**…音源と観測者が相対的に近づくときは，音の高さは音源の音の高さより**高く**聞こえ，相対的に遠ざかるときには，音の高さは音源の音の高さより**低く**聞こえる。この現象を音の**ドップラー効果**という。

① 直線上でのドップラー効果…音源が速度 v_S，観測者が速度 v_O で動く場合の観測者が観測する振動数 f は，音源の振動数 f_0，音速を V とすれば，

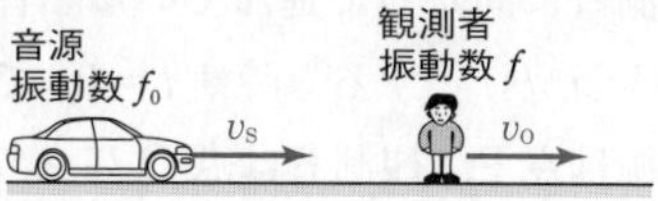

$$f=\frac{V-v_O}{V-v_S}f_0$$

音源が静止している場合は $v_S=0$，観測者が静止している場合は $v_O=0$ とすればよい。

② 直線上ではない場合のドップラー効果…音源と観測者を結ぶ線分方向の速度成分を考えると，直線上のドップラー効果の式が使える。図のような場合，観測される振動数 f は，

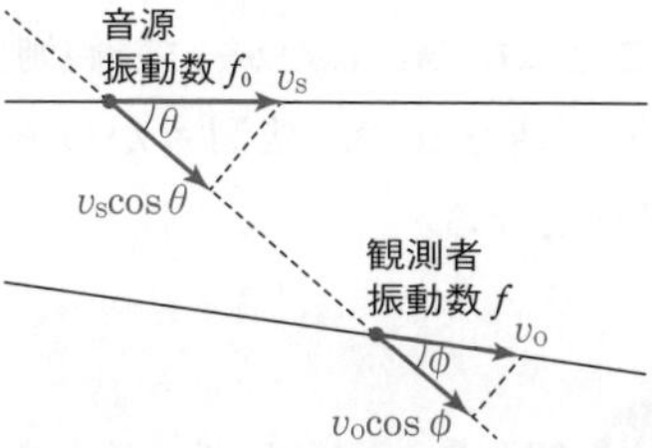

$$f=\frac{V-v_O\cos\phi}{V-v_S\cos\theta}f_0$$

- **反射壁のドップラー効果**…反射壁は，その上にいる観測者が聞くのと**同じ振動数の音を反射**する。

①反射壁で観測される振動数を計算する。

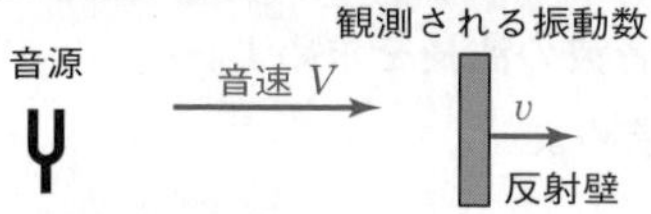

②観測者が観測する振動数を計算する。

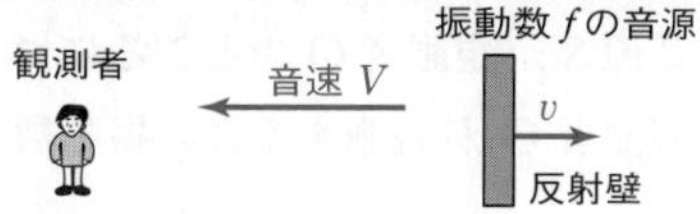

- **風の影響があるときのドップラー効果**…媒質の空気が運動しているので，風速と空気に対する音速を合成する。

①風上側　②風下側

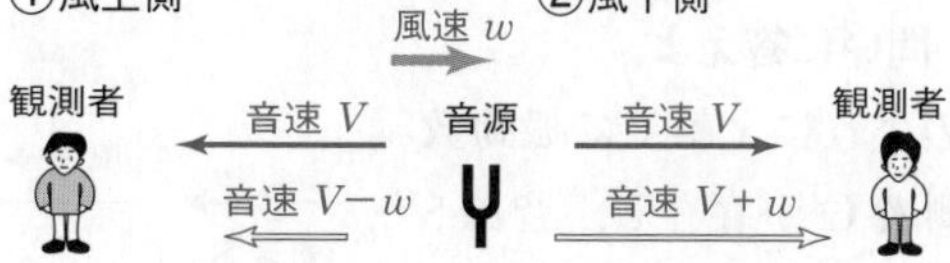

できたらチェック。

基本問題

解答 → 別冊 p.32

□ **118** 音源が運動しているときのドップラー効果 〈テスト必出〉

次の文中の［　　］にあてはまる数式を入れよ。

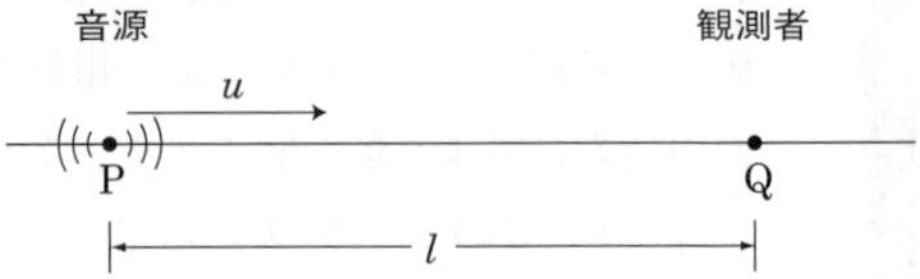

図のように，振動数 f〔Hz〕の音源が速さ u〔m/s〕で，静止している観測者に向かって進んでいる。音速は V〔m/s〕とする。時刻 $t=0$ s で，音源は点 P，観測者は点 Q にあり，その間の距離は l〔m〕であった。

時刻 $t=0$ s で点 P にある音源から出た音は，時刻 $t_1=$［　①　］〔s〕のとき観測者に届く。時刻 $t=0$ s から短い時間 Δt〔s〕後，音源は点 P から［　②　］〔m〕離れた点に移動する。このとき，音源と点 Q との距離は［　③　］〔m〕となるので，Δt 後に音源から出た音が観測者に届いたときの時刻は，$t_2=$［　④　］〔s〕となる。時間 Δt の間に，音源から $f\Delta t$ 個の波が出るが，観測者は t_2-t_1 の間にこれを聞くことになる。したがって，観測者が聞く振動数は［　⑤　］〔Hz〕となる。逆に，音源が速さ u で，観測者から遠ざかる場合，観測者が聞く振動数は，［　⑥　］〔Hz〕となる。

119 観測者が運動しているときのドップラー効果 〈テスト必出〉

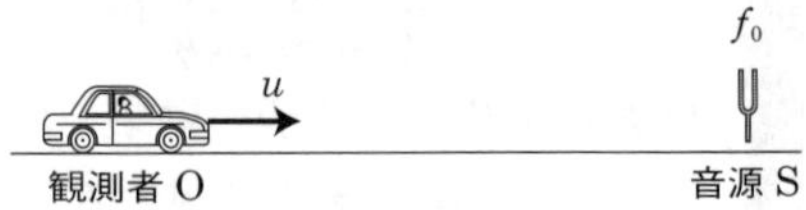

振動数 f_0 の音波を出す音源 S が静止している。図のように，音源 S に向かって観測者 O が速さ u で近づいていく場合を考える。音速を V とし，風はないとして，次の問いに答えよ。

□ (1)　音源 S が観測者 O のところにつくる音波の波長を求めよ。

□ (2)　観測者 O が観測する音の振動数 f を求めよ。

120 風が吹くときのドップラー効果

次の文を読み，問いに答えよ。

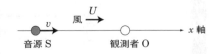

大気中に，図のように x 軸上に振動数 f_0 の音源 S と観測者 O が存在し，音源 S は x 軸正方向に速さ v で移動し，x 軸の

正方向に速さUの風が一様に吹いている場合を考える。観測者Oは$x=x_0$ $(x_0>0)$の位置で静止している。大気中の音速はVで，音源Sの速さvは音速Vより小さく，Uは音速Vより小さいとする。以下の問いで，音源Sは，時刻$t=0$に$x=0$の位置にあるとし，時間が経過しても観測者Oの位置にまだ到達していないものとする。解答には，f_0，v，V，x_0，Uのうち必要なものを用いよ。

□ (1) 音源Sから観測者Oに音が伝わる速さを求めよ。

□ (2) 時刻$t=0$に音源Sが発した音が観測者Oに伝わる時刻t_1を求めよ。

□ (3) 時刻$t=t_1$において音源Sが発した音が，観測者Oに伝わる時刻t_2を求めよ。

□ (4) 観測者Oが聞く音の振動数fを求めよ。

121 直線上ではない場合のドップラー効果

次の文を読み，問いに答えよ。

図のように，振動数f_0〔Hz〕の音源が，観測者が移動する直線経路から離れた点Aに静止している場合を考える。観測者が速さv〔m/s〕で点Oに向かって直線上を移動している。また，音速をV〔m/s〕とする。

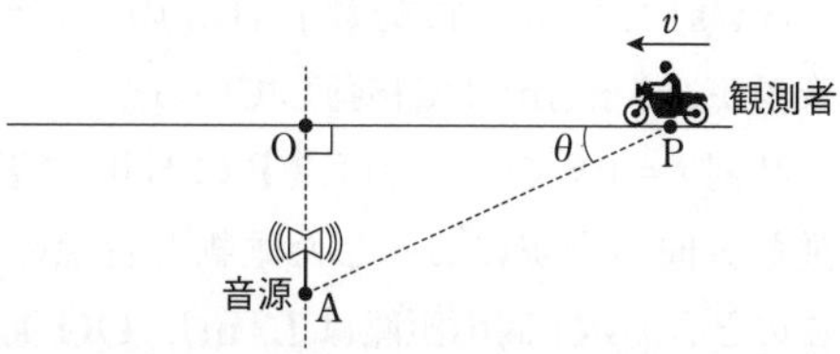

□ (1) 観測者の位置をPとすると，観測者と音源を結ぶPA方向の速度成分のみがドップラー効果に寄与する。点Aから直線経路上の点Oに垂線を下ろし，∠APOの角度をθとすると，観測者が点Pを通過するときに観測する振動数を求めよ。

□ (2) 観測者が点Oを通過するときに，観測者が観測する振動数を求めよ。

応用問題

解答 ➡ 別冊 p.34

122 図のように反射体Rが音源に向かって速さv〔m/s〕で左向きに動いている場合について，次の問いに答えよ。

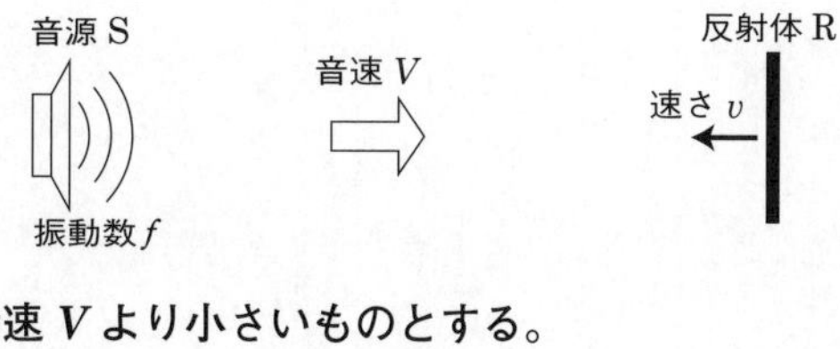

ただし，反射体Rの速さvは，音速Vより小さいものとする。

□ (1) 音源Sから発せられた音波が反射体R上で観測されたときの振動数 f_R〔Hz〕を，f，v，Vで表せ。

□ (2) 音源Sから発せられ，反射体Rで反射された後，音源Sの方向に戻ってきた音波の波長 λ_S〔m〕を，f，v，Vで表せ。反射体Rは，振動数 f_R の音波を発する音源と考えられることに注意せよ。

□ (3) 反射波を，音源Sと反射体Rを結ぶ線分上で静止している観測者が観測した。このときに観測される振動数 f_S〔Hz〕を，f，v，Vで表せ。

□ (4) (3)で考えた観測者が聞くうなりの周期 T_B〔s〕を，f，v，Vで表せ。

□ **123** 差がつく 次の文の□にあてはまる数式を入れよ。

図のように，音源が進む方向の直線上とは異なる位置に，観測者が静止している場合を考える。音速はV〔m/s〕であり，振動数f〔Hz〕の音源が速さu〔m/s〕で移動している。

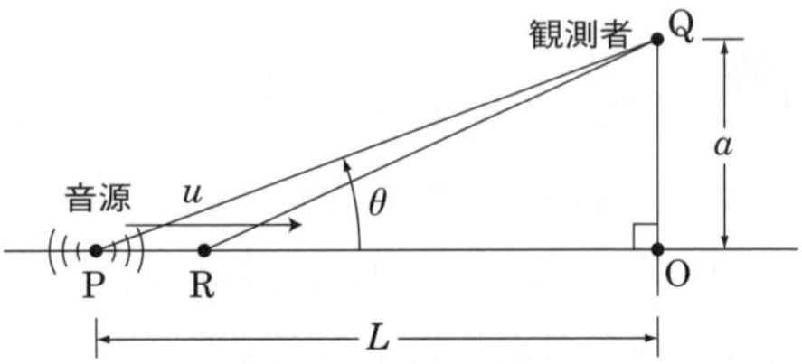

時刻$t=0$sで，音源は点Pにあり，観測者は点Qにあった。点Qから音源の進む方向の直線におろした垂線と音源の進む方向の直線との交点をOとする。このとき，PO間の距離はL〔m〕，QO間の距離はa〔m〕である。また，∠OPQ$=\theta$とする。PQ間の距離は［①］〔m〕である。したがって，時刻$t=0$sに，点Pから出た音が点Qに伝わるのは，時刻$t_1=$［②］〔s〕である。次に，短い時間Δt〔s〕の間に，音源がu〔m/s〕の速さで点Pから点Rの位置に進んだとする。このとき，点Qから点Rまでの距離をθを用いて表すと［③］〔m〕となる。ただし，$(\Delta t)^2$は無視し，$\sqrt{1+x}\fallingdotseq 1+\frac{1}{2}x$ $(|x|\ll 1)$という近似式を用いる。点Rから出た音が点Qに伝わるのは，時刻$t_2=$［④］〔s〕である。Δt〔s〕の間に，音源からは$f\Delta t$個の波が出るが，観測者は，これをt_2-t_1の間に聞くことになる。したがって，観測者が聞く振動数$f'=$［⑤］〔Hz〕となる。

14 光の進み方

テストに出る重要ポイント

- **光の速さ**…真空中で，$c = 3.0 \times 10^8$ m/s
- **光の反射と虚像**
  ① **反射の法則…入射角 i = 反射角 j**
  ② **鏡にうつる虚像…物体から出た光が鏡で反射して進むとき，その光が1つの像から出てきたように見える。この像を虚像という。**
- **光の屈折**

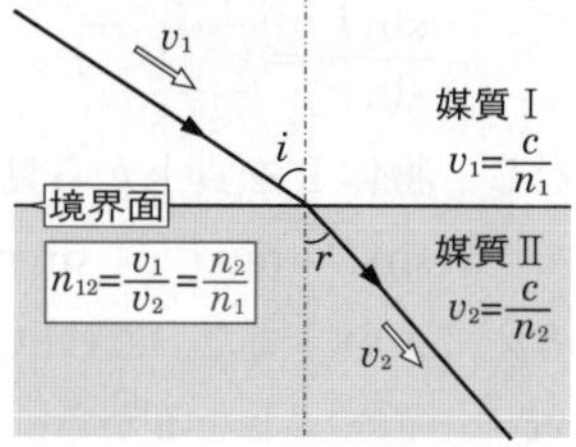

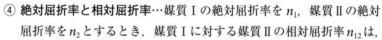

① $\dfrac{\sin i}{\sin r} = \dfrac{v_1}{v_2} = n_{12}$

v_1：媒質Ⅰ中での光の速さ

v_2：媒質Ⅱ中での光の速さ

② 光が屈折しても，振動数は変わらない。
③ **絶対屈折率**…真空に対する屈折率
④ **絶対屈折率と相対屈折率**…媒質Ⅰの絶対屈折率を n_1，媒質Ⅱの絶対屈折率を n_2 とするとき，媒質Ⅰに対する媒質Ⅱの相対屈折率 n_{12} は，

$$n_{12} = \frac{n_2}{n_1}$$

媒質Ⅰに対する相対屈折率 n が $n>1$ のとき($n_1<n_2$)，入射角が θ_0 以上になると全反射する。

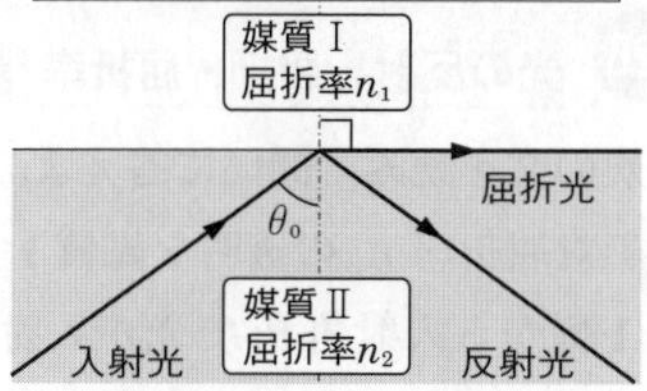

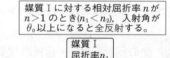

- **全反射**…屈折率 n の物質中から空気中へ光線が出るときの**臨界角**を θ_0 とすると，$\dfrac{1}{\sin\theta_0} = n$
- **水中の物体の浮き上がり**…深さ h にある物体は真上から見ると，h の $\dfrac{1}{n}$（n は水の屈折率）の深さ h' に見える。$h' = \dfrac{h}{n}$

基本問題

できたらチェック。

解答 → 別冊 p.35

□ **124 反 射**

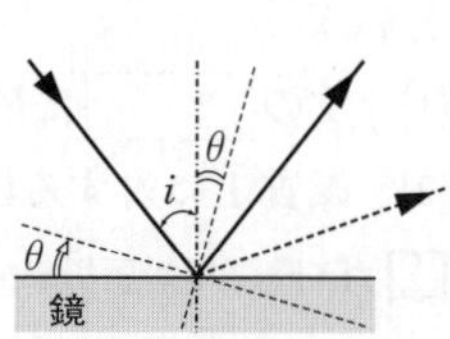

平面鏡に任意の方向から光を当てておいて，鏡を θ だけ回転させると，反射光はどれだけ方向を変えるか。

ガイド　鏡を θ だけ回転させると入射角は $i+\theta$ になる。

□ 125 見かけの深さ　テスト必出

次の文の　　　　にあてはまる式を答えよ。

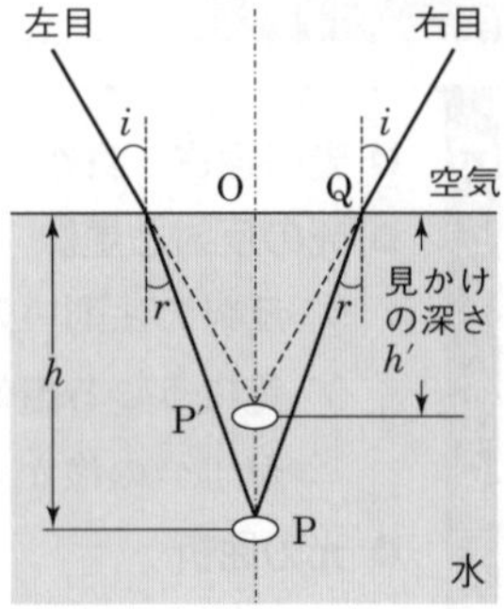

水面から深さ h のところにある物体Pから出た光は，水面で屈折し，あたかも水面から深さ h' のところにある点P′から出たかのように進んで，両目に入る。したがって，物体PはP′の位置にあるように見える。図において，空気に対する水の相対屈折率を n とすると，

$$\frac{\sin i}{\sin r} = \boxed{①} \qquad \cdots\cdots \text{(a)}$$

となる。物体Pを真上から見たとき，i や r がきわめて小さくなり，

$$\sin i \fallingdotseq \tan i \qquad \sin r \fallingdotseq \tan r$$

と考えてよい。また，△OPQにおいて，$\tan r = \boxed{②}$，△OP′Qにおいて，$\tan i = \boxed{③}$ となるから，これらの関係を (a) 式に代入すると，

$$\frac{\mathrm{OP'}}{\mathrm{OP}} = \boxed{④}$$

したがって，n，h，h' の間には，$h' = \boxed{⑤}$ の関係がある。

ガイド　平行線の同位角になるので∠OP′Q＝i，平行線の錯角より∠OPQ＝r である。

126 光の反射・屈折・屈折率　テスト必出

次の文を読み，問いに答えよ。

絶対屈折率 n_1 の透明な媒質1と，絶対屈折率 n_2 の透明な媒質2の境界面に媒質1側から入射角 θ_1 で光が入射する場合を考える。そのとき，光の一部は境界面で反射角 ① で反射し，他方は媒質2側へ屈折角 θ_2 で透過する。この場合の n_1，n_2，θ_1，θ_2 の間には ② により，③ という関係式が成り立つ。n_1 が n_2 より ④ とき，θ_1 がある角度になると θ_2 が ⑤ 度になり，θ_1 をそれ以上大きくしても光は媒質2へ屈折して進むことができず，境界面ですべて反射される。これを ⑥ といい，このときの入射角を ⑥ の ⑦ という。

□ (1)　文の　　　　に最も適当な語句，数式，数値を入れよ。

□ (2)　媒質1に対する媒質2の相対屈折率 n_{12} を n_1，n_2 を用いて表せ。

ガイド　相対屈折率 n_{12} と速さの関係は $n_{12} = \dfrac{v_1}{v_2}$ である。絶対屈折率は真空に対する相対屈折率であるから，真空中の光の速さを c とすれば，$n_1 = \dfrac{c}{v_1}$，$n_2 = \dfrac{c}{v_2}$ と表される。

応用問題

解答 → 別冊 p.35

127 十分に深い容器に入った溶液Aの上に，厚さdの溶液Bの層がある。溶液Bの液面上のある点をOとし，空気，溶液A，溶液Bの屈折率をそれぞれ，1，n_A，n_B ($n_A > 1$，$n_B > 1$) とするとき，次の問いに答えよ。ここで，物体を溶液中に入れても，それぞれの液面は変化しないものとする。また，角度θが十分に小さい場合には，近似式$\tan\theta \fallingdotseq \sin\theta$を用いてよい。

できたらチェック。

図1

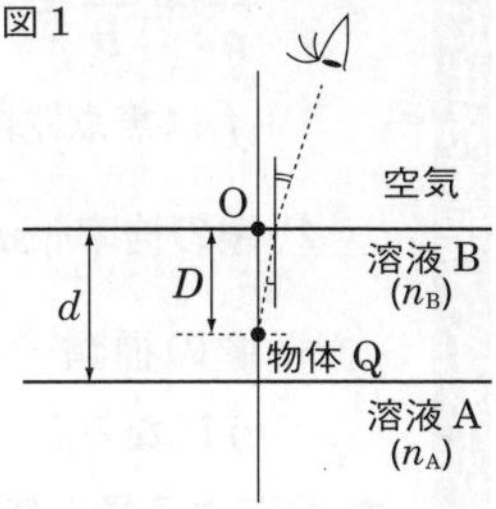

□ (1) 図1に示すように，溶液Bの液面の点Oより，物体Qをゆっくり沈めていった。物体Qの点Oからの深さをDとする。物体Qをほぼ真上の空気中から見たとき，物体Qの点Oからの見かけの深さD'を求めよ。物体Qが溶液B内にある場合と，溶液A内にある場合に分けてそれぞれ答えよ。

図2

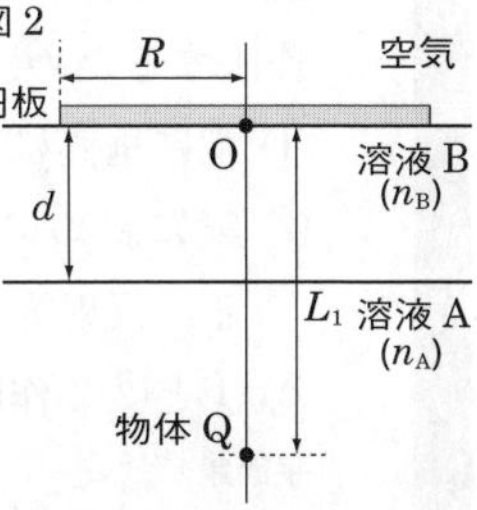

□ (2) 図2に示すように，物体Qを点Oから深さL_1 ($L_1 > d$) の位置に固定した。不透明な薄い半径Rの円板を，溶液Bの液面上に点Oが中心となるように置いたところ，物体Qは空気中のどこからも見えなくなった。半径Rが満たす条件を求めよ。

128 次の文を読み，問いに答えよ。

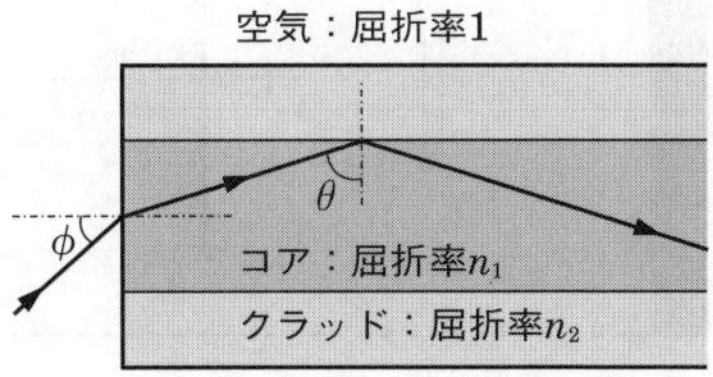

光ファイバーは，図に示すように中心部分（コア）の屈折率が大きく，周囲（クラッド）の屈折率が小さい構造になっている。図のようにファイバーの端面に入射した光は，コアとクラッドの境界で全反射しながら伝わる。コアの屈折率をn_1，クラッドの屈折率をn_2，空気の屈折率を1，真空中の光の速さをcとし，コアとクラッドの境界への光線の入射角をθ，ファイバー端面への入射角をϕとする。

□ (1) コアとクラッドの境界で入射光線が全反射される最小の入射角をθ_mとするとき，$\sin\theta_m$をn_1，n_2で表せ。

□ (2) 光線がコアとクラッドの境界に入射角θ_m以上で入射するためには，ファイバーの端面への入射角ϕはある角度以下でなければならない。この角度をϕ_mとするとき，$\sin\phi_m$をn_1，n_2で表せ。

15 レンズのはたらき

テストに出る重要ポイント

- **薄いレンズがつくる像**

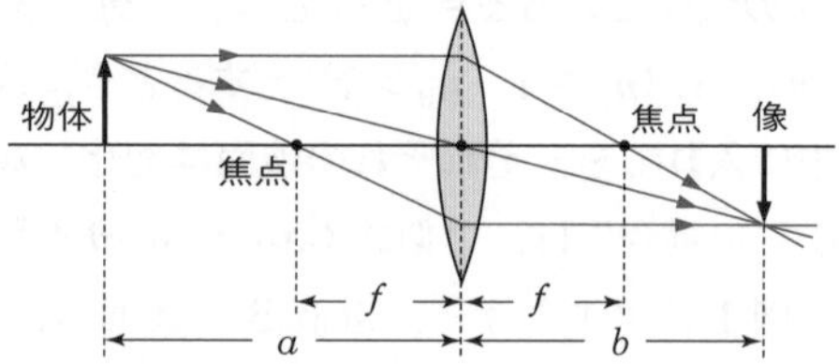

① **写像公式（レンズの式）**

$$\frac{1}{a}+\frac{1}{b}=\frac{1}{f}$$

f は焦点距離

② **像の倍率**…$m=\left|\frac{b}{a}\right|$

③ **像の種類**…右の表のようになる。

レンズ	物体の位置	像の種類
凸レンズ	$\infty > a > 2f$	倒立実像（縮小）
	$2f > a > f$	倒立実像（拡大）
	$f > a > 0$	正立虚像（拡大）
凹レンズ	$\infty > a > 0$	正立虚像（縮小）

- **鏡による像**…鏡による像を作図するためには，反射の法則を利用する。

① 鏡に垂直に入射する光を作図する。反射光の直線を鏡側に延長する。

② 鏡に斜めに入射する光の反射光を反射の法則にしたがって作図する。反射光の直線を鏡側に延長する。

③ ①と②で作図した直線の交点に像ができる。

平面鏡

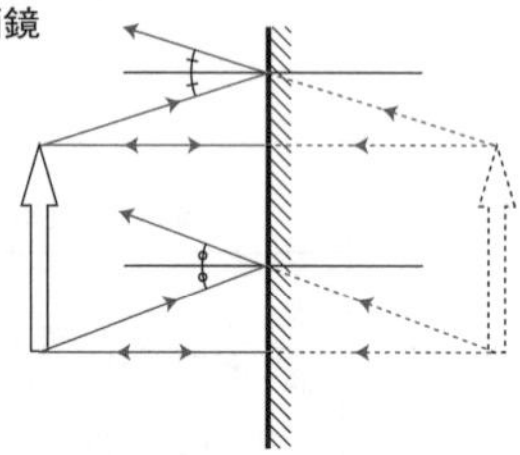

凸面鏡

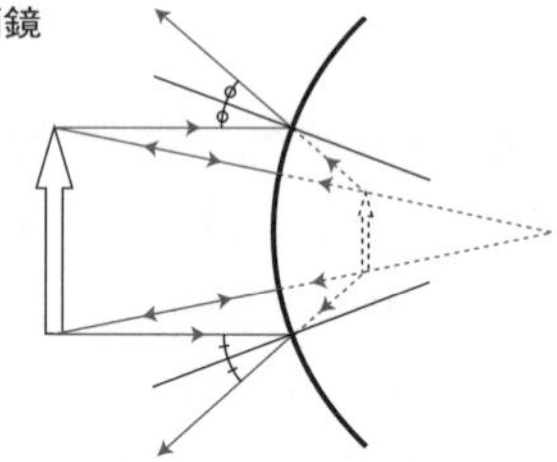

基本問題

解答 ➡ 別冊 p.37

129 薄いレンズによる像①

できたらチェック。

次の(1)，(2)のレンズの種類と焦点距離を答えよ。

□ (1)　あるレンズの前方 30 cm のところに物体を置いたところ，レンズの後方 15 cm のところにあるスクリーン上に実像ができた。

□ (2)　あるレンズの前方 40 cm のところに物体を置いたところ，レンズから 30 cm のところに虚像ができた。

130 薄いレンズによる像②

物体の像を，作図によって求めよ。ただし，• 印は焦点を表す。

□ (1)

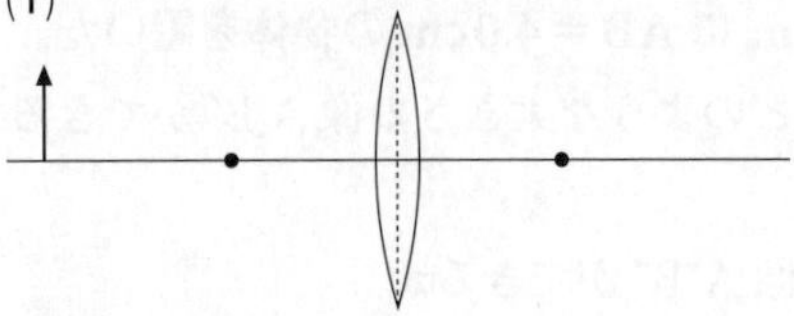

□ (2)

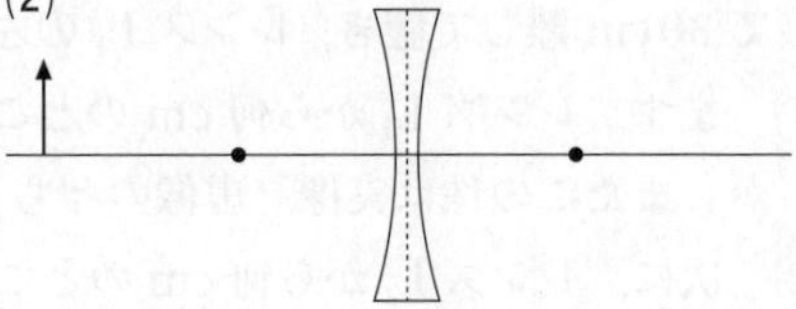

131 レンズの式 テスト必出

焦点距離 50 cm の凸レンズの左側 25 cm のところに AB = 4.0 cm の物体を置いた。

□ (1) レンズから何 cm のところにどのような大きさの像ができるか。

□ (2) この像は実像，虚像のどちらか。

□ 132 レンズの式の導出 テスト必出

次の［　　］に適当な記号，文字を記入せよ。ただし，F，F′ は焦点である。

凸レンズの中心 O から距離 a だけ左にある物体 AB は，レンズの右，距離 b に像 A′B′ を結ぶ。レンズの焦点距離を f とすると，

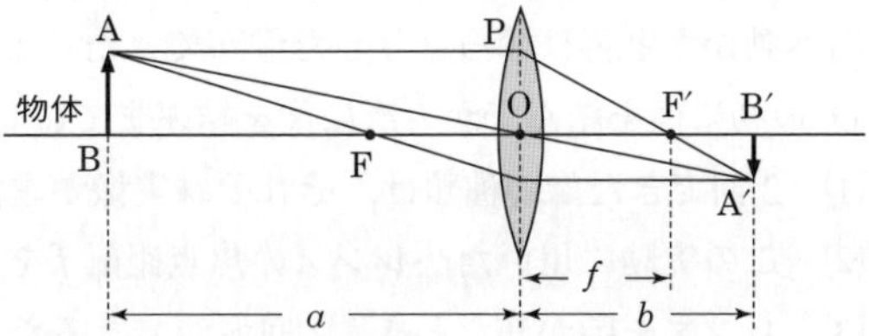

△ABO ∽ △A′B′O より，$\dfrac{A'B'}{AB} = \dfrac{\boxed{①}}{OB} = \dfrac{\boxed{②}}{a}$

△OPF′ ∽ △B′A′F′ より，$\dfrac{\boxed{③}}{OP} = \dfrac{F'B'}{OF'} = \dfrac{\boxed{④}}{f}$

AB = OP より $\dfrac{b}{a} = \boxed{⑤}$ を変形して，レンズの式 $\boxed{⑥}$ が導かれる。

133 鏡による像

物体の鏡による像を作図で求めよ。

□ (1)

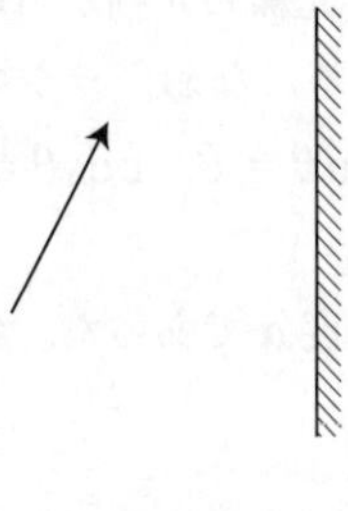

□ (2)

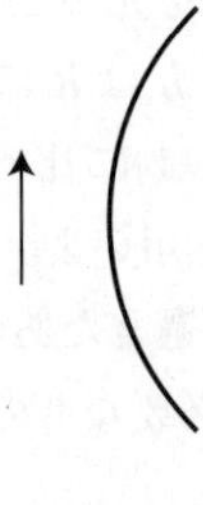

応用問題

解答 → 別冊 p.38

134 できたらチェック。 **同じ光軸上に，焦点距離 30 cm の凸レンズ L_1，L_2 を L_1 を左，L_2 を右にして 30 cm 離して置き，レンズ L_1 の左 40 cm に AB＝4.0 cm の物体を置いた。**

□ (1)　まず，レンズ L_1 から何 cm のところにどのような大きさの像 A′B′ ができるか。またこの像は実像，虚像のどちらか。

□ (2)　次に，レンズ L_2 から何 cm のところに像 A″B″ ができるか。

135 〈差がつく〉 **次の文を読み，問いに答えよ。**

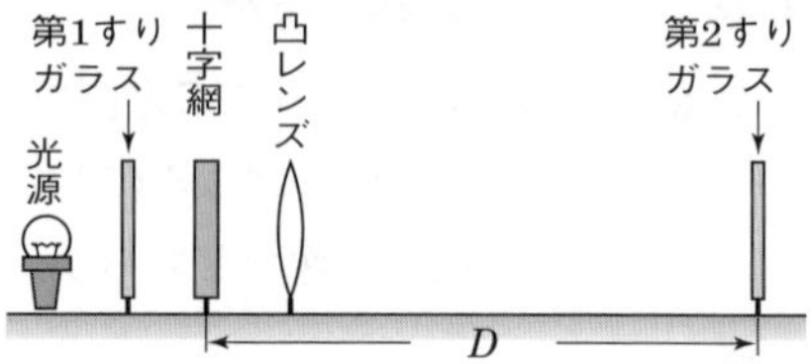

光学台の上に，図のように左から順に，光源，第1すりガラス，十字網，凸レンズ，第2すりガラスを配置した。レンズ以外のものはすべて固定しておき，凸レンズを十字網の近くから右へ動かしていったところ，第2すりガラス上に十字網のはっきりした像ができた。さらに右へ動かすと再びはっきりした像ができた。十字網と第2すりガラスとの距離を D，最初に像を結んでから次に像を結ぶまでにレンズを動かした距離を d とする。

□ (1)　2回できた像の種類は，それぞれ実像か虚像か。また正立像か倒立像か。

□ (2)　この実験に用いた凸レンズの焦点距離 f を D，d を用いて表せ。

□ (3)　レンズを動かしたとき，2回像ができるための f の条件を求めよ。

ガイド　(1) すりガラスやスクリーン上に像を結ぶのは実像である。

136 **次の文を読み，問いに答えよ。**

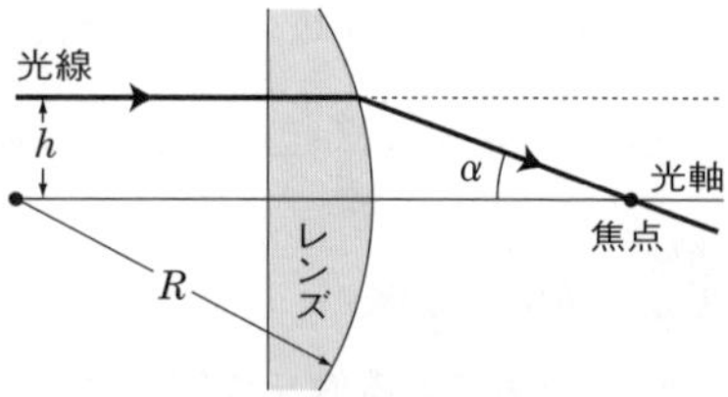

図に示すように，一方が光軸に垂直な平面，もう一方が半径 R の球面のレンズを空気中に置いた。空気の屈折率は1，レンズの屈折率 n は1よりわずかに大きいとする。

いま，細い単色の光線を光軸と平行にレンズに入射した。光線の光軸からの距離を h とする。ただし，h は R に比べて非常に小さいとする。なお，ラジアン単位で測った角度 θ が1に比べて十分小さいとき，$\sin\theta \fallingdotseq \theta$，$\cos\theta \fallingdotseq 1$，$\tan\theta \fallingdotseq \theta$ となる近似式を用いよ。

□ (1)　光線がレンズを通り過ぎたあと進む向きは，光軸から角度 α であった。角度 α を n，R，h のうち必要なものを用いて表せ。

□ (2) 薄いレンズの場合，レンズの焦点距離 f は近似的に $f=\dfrac{h}{\alpha}$ で与えられる。焦点距離 f を n, R, h のうち必要なものを用いて表せ。

137 **長さ 5.0cm の物体と焦点距離が 30cm の凸レンズ，焦点距離が 20cm の凹レンズを用意した。レンズの中心を $x=0$ とする。レンズがつくる像について次の問いに答えよ。位置に関する問いにはすべて x 座標の値（x 軸の単位は cm とする）で答えること。**

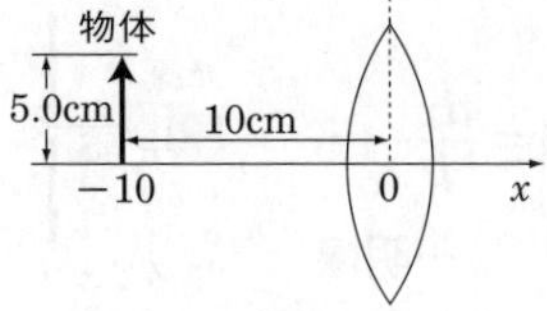

図 1

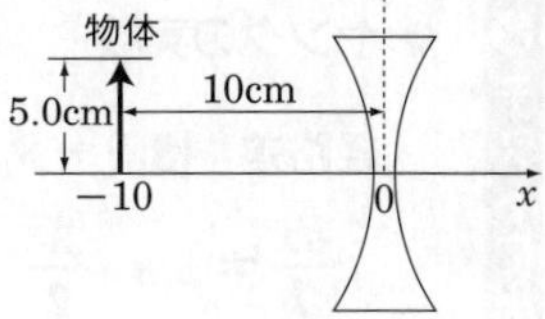

図 2

□ (1) 図 1 に示すように，$x=-10$cm の位置に，長さ 5.0cm の物体を置いた。凸レンズによってできる像の位置と，像の長さを答えよ。

□ (2) 図 2 に示すように，物体の位置はそのままで，凸レンズを凹レンズに換えた。像のできる位置と，像の長さを答えよ。小数点以下 2 桁目を四捨五入せよ。

□ (3) 用意した凹レンズを用いて，(1)においてできた像と同じ位置・同じ長さの像を得るためには，長さがいくらの物体を，どの位置に置けばよいか。

138 次の文を読み，問いに答えよ。

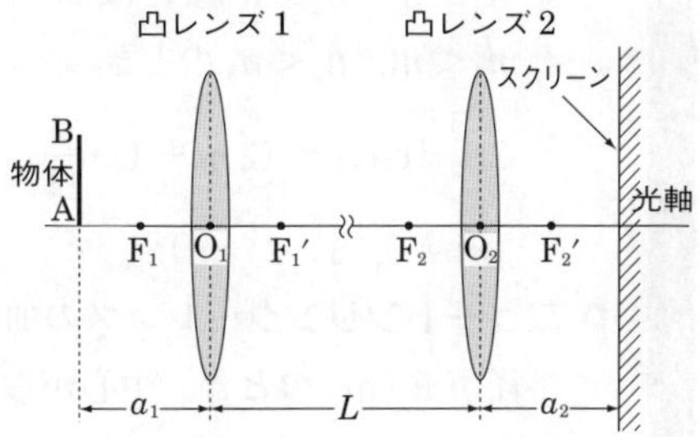

図に示すように，棒状の物体 AB，焦点距離 f_1 の凸レンズ 1，焦点距離 f_2 の凸レンズ 2 とスクリーンを直線上に配置したところ，物体 AB の実像がスクリーン上に生じた。ここで F_1，F_1' はレンズ 1 の焦点，F_2，F_2' はレンズ 2 の焦点を表し，O_1，O_2 はそれぞれレンズ 1，2 の中心である。2 つのレンズの光軸は一致し，物体 AB とスクリーンは光軸に垂直である。O_1 と O_2 の距離を L，物体 AB と O_1 の距離を a_1（$a_1>f_1$），スクリーンと O_2 の距離を a_2（$a_2>f_2$）とする。

□ (1) スクリーンに映された物体の像は，正立像か倒立像か答えよ。

□ (2) 物体 AB の高さを d_1 としたとき，像の高さ d_2 を求めよ。

□ (3) $f_1=10$cm および $f_2=20$cm とする。$a_1=2f_1$ および $a_2=1.5f_2$ と配置したとき，レンズ間の距離 L を求めよ。

16 光の回折と干渉

テストに出る重要ポイント

- **ヤングの実験**

経路差：$|S_1P - S_2P| = \dfrac{dx}{l}$

$\dfrac{dx}{l} = 2m \cdot \dfrac{\lambda}{2}$　…明線

$\dfrac{dx}{l} = (2m+1) \cdot \dfrac{\lambda}{2}$　…暗線

$(m = 0,\ 1,\ 2,\ \cdots)$

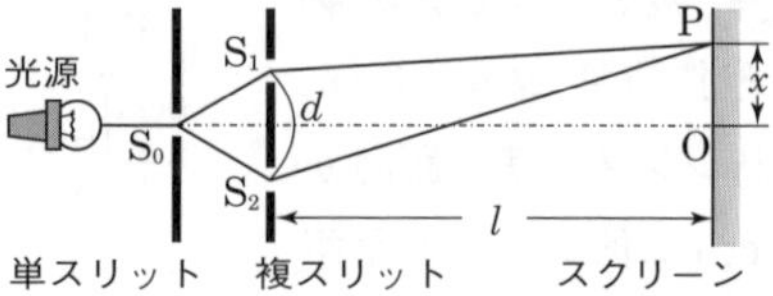

- **回折格子**

$d\sin\theta = m\lambda$　…明線

$(m = 0,\ 1,\ 2,\ \cdots)$

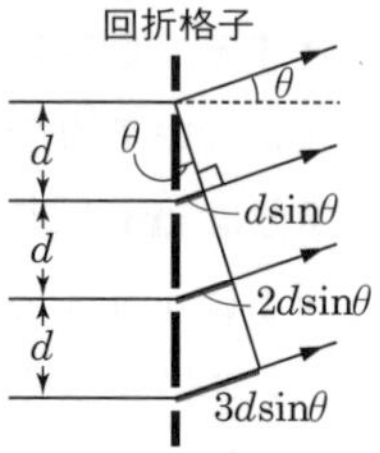

- **薄膜による光の干渉**

① $n_1 > n_2 > n_3$ または $n_1 < n_2 < n_3$ のとき

$2n_2 d\cos r = 2m \cdot \dfrac{\lambda}{2}$　…明

② $n_2 > n_1,\ n_2 > n_3$ または $n_2 < n_1,\ n_2 < n_3$ のとき

$2n_2 d\cos r = (2m+1) \cdot \dfrac{\lambda}{2}$　…明

$(m = 0,\ 1,\ 2,\ \cdots)$

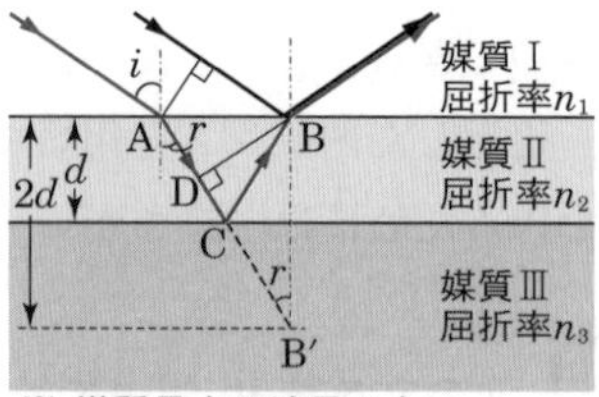

※ 媒質Ⅱ内の波長は λ

※ CB=CB′

- **ニュートンリング**…レンズの曲率半径が R〔m〕のとき，中心からの距離 r〔m〕の位置での空気層の厚さ d〔m〕を求める。

$r^2 = R^2 - (R-d)^2$

$= d(2R-d) \fallingdotseq 2dR$

$d = \dfrac{r^2}{2R}$

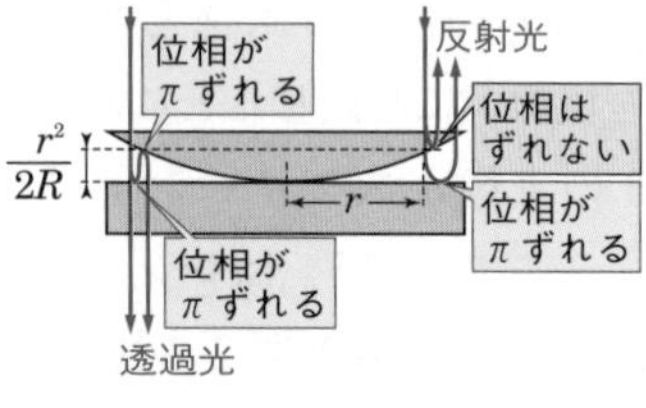

① 反射光のとき　$\dfrac{r^2}{R} = (2m+1) \cdot \dfrac{\lambda}{2}$　…明環

② 透過光のとき　$\dfrac{r^2}{R} = m\lambda$　…明環

できたらチェック。

基本問題

解答 ➡ 別冊 p.39

□ **139** ヤングの実験

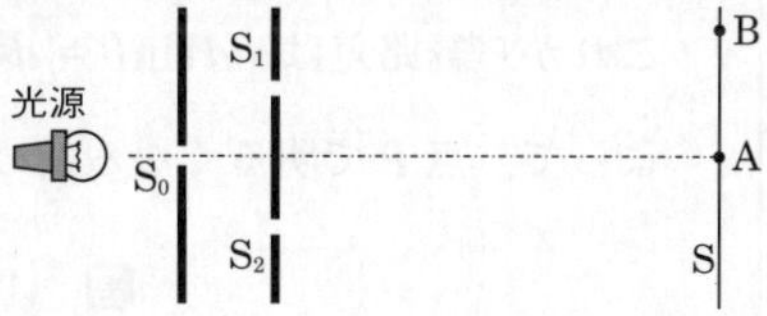

図は，ヤングの光の干渉の実験装置を模式的に示したものである。次の文の□の中にあてはまる語や数値を答えよ。

左から入射する波長λの光はスリットS_0で［①］し，複スリットS_1，S_2に到達する。S_1, S_2を通った光は［②］し，スクリーンS上に明暗の縞をつくる。S_1，S_2から等距離にあるスクリーン上のA点では，光の［③］が同じであるために明線ができる。Aの上方で，A点に最も近い暗線（0番目とする）がスクリーン上のB点にできるとき，S_1，S_2からBまでの経路差は［④］となる。波長λ_1の光を用いたとき，Bは2番目の暗線，波長λ_2の光を用いたとき，Bは3番目の暗線になった。この場合，波長の比$\dfrac{\lambda_2}{\lambda_1}$は［⑤］である。

ガイド　経路差が$\dfrac{1}{2}$波長，$\dfrac{3}{2}$波長，$\dfrac{5}{2}$波長のときに暗線になる。

例題研究》 14. 図のように，格子定数（格子の間隔）d〔m〕の回折格子に垂直に，波長λ〔m〕の単色光を照射した。回折格子から距離L〔m〕の場所に，回折格子と平行にスクリーンを置き，光が直進したとき達するスクリーン上の点を点Oとする。

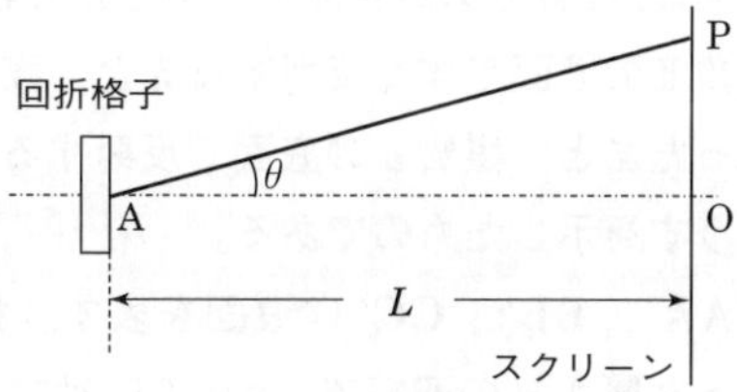

(1)　入射方向からθの方向の回折光の経路差を求めよ。

(2)　回折格子を通過した光が，点Oから距離x〔m〕のスクリーン上の点Pで明るくなるための条件を求めよ。ただし，$L \gg x$とする。

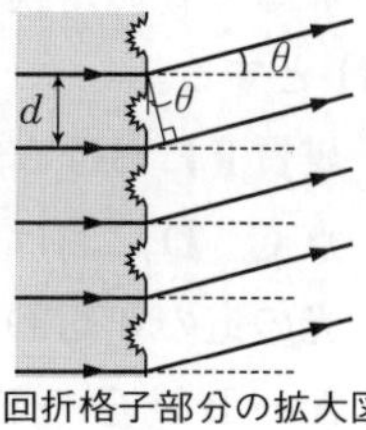

回折格子部分の拡大図

着眼　各格子に入射した光の位相は等しく，経路差が波長λの整数倍（半波長の偶数倍）で明線が観測される。近似計算にも慣れること。

解き方　(1)　隣どうしの格子を通過した光の経路差は，図のBCに等しい。直角三角形ABCにおいて，$\angle BAC = \theta$，$AB = d$であるから，経路差

$$BC = d\sin\theta$$

と求められる。

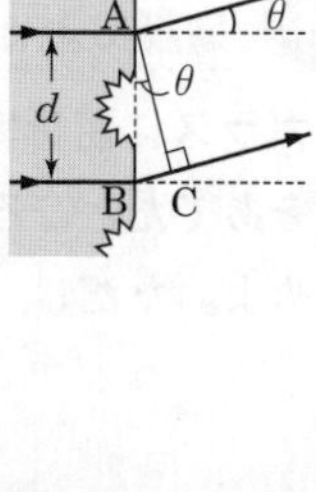

(2) 直角三角形 AOP より，$\tan\theta = \dfrac{x}{L}$ である。

$L \gg x$ より，θ はきわめて小さいので，$\sin\theta \fallingdotseq \tan\theta$ と近似できる。

これから経路差は，$d\sin\theta \fallingdotseq d\tan\theta = \dfrac{dx}{L}$ と表せる。

よって，点 P で明るくなるための条件は，$\dfrac{dx}{L} = m\lambda$ ($m = 0,\ 1,\ 2,\ \cdots$)

答　(1) $d\sin\theta$　(2) $\dfrac{dx}{L} = m\lambda$ ($m = 0,\ 1,\ 2,\ \cdots$)

□ **140** 回折格子 テスト必出

波長 500nm の単色光を回折格子に垂直にあてたとき，入射方向に対して 6° の方向に最初の回折明線が見られた。この回折格子には，1cm あたり何本のすじが引かれているか。ただし，$1\text{nm} = 10^{-9}\text{m}$，$\sin 6° = 0.10$ とする。

ガイド　回折格子の経路差は $d\sin\theta$ で，明線が見られる条件は $d\sin\theta = m\lambda$ ($m = 0,\ 1,\ 2,\ \cdots$)

141 薄膜による干渉① テスト必出

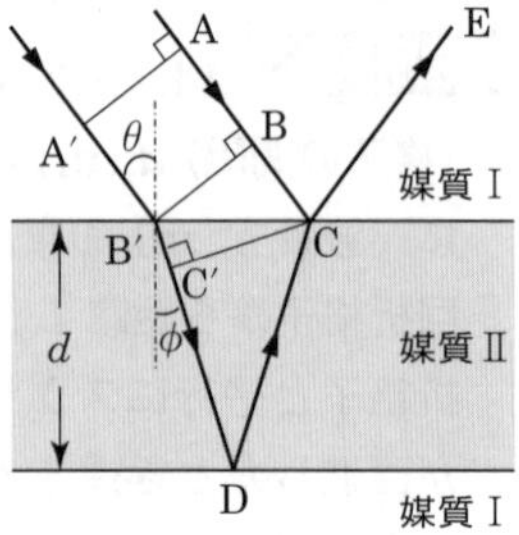

図は，波長 λ の単色光が媒質 I から媒質 II に入射し，媒質 II の表面ですぐ反射する光と，媒質 II に屈折して入ったあと，媒質 II の底面で反射する光が重なり合うようすを示したものである。

AA′，BB′，CC′ は波面を表す。媒質 II は両面が平行な厚さ d の薄膜で，媒質 I に対する屈折率を n ($n > 1$) とする。

□ (1) 媒質 II における光の波長を求めよ。

□ (2) 点 C，D における反射の際，光の位相はそれぞれどれだけ変化するか。

□ (3) 光の道のり C′DC を Δl としたとき，Δl を厚さ d と屈折角 ϕ で表せ。

□ (4) A → B → C → E と進む光と，A′ → B′ → C′ → D → C → E と進む光が，E で強め合ったという。Δl は，波長 λ および屈折率 n とどのような関係にあるか。

ガイド　(2) 屈折率の小さい媒質から大きい媒質に向かう光が反射すると位相が π ずれる。

□ **142** 薄膜による干渉②

ガラスに屈折率 n の薄い膜をコーティングし，ガラスに垂直に波長 λ の単色光をあてたところ，反射光が観測されなかった。このとき，最も薄い膜の厚さを求めよ。ただし，薄膜の屈折率はガラスの屈折率より大きい。

応用問題

解答 → 別冊 p.40

143 次の文を読み，問いに答えよ。

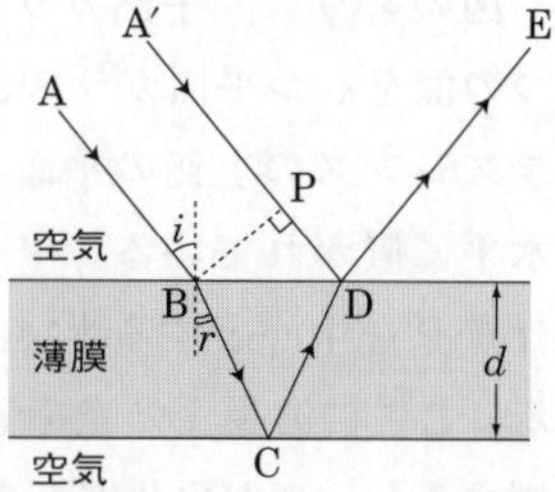

図に示すように，空気中に置かれた厚さ d〔m〕の薄膜に，空気中での波長が λ〔m〕の平行な光線が斜めに入射している。いま，薄膜内に入り，薄膜下面で反射して，空気中に出てくる光（図の A → B → C → D → E）と薄膜上面で直接反射する光（A′ → D → E）の干渉について考える。薄膜の屈折率を $n\,(n>1)$，空気の屈折率を 1 とする。また，点 B から経路 A′ → D におろした垂線の交点を P とし，点 B と点 P において光線の位相は一致しているものとする。

できたらチェック。

□ (1) 点 B における入射角を i〔rad〕$\left(0<i<\dfrac{\pi}{2}\right)$，屈折角を r〔rad〕としたとき，n を i と r を用いて表せ。

□ (2) 経路 B → C → D と経路 P → D の光路差（光学距離の差）を ΔL とする。ΔL を d，n，および r を用いて表せ。

□ (3) 経路 D → E において，両波が干渉によって強め合う条件を ΔL，λ，および正の整数 m を用いて表せ。

144 差がつく　次の文を読み，問いに答えよ。

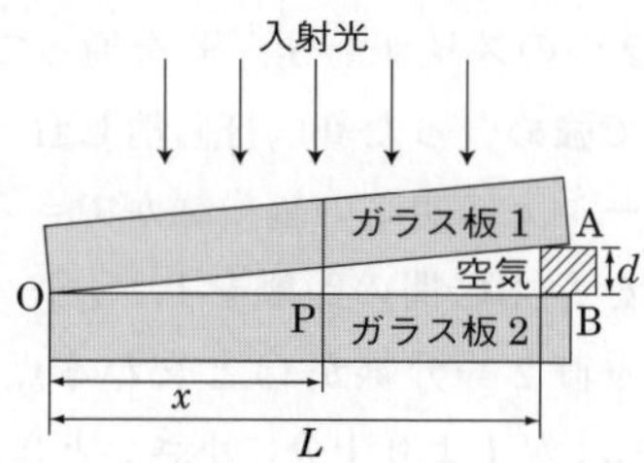

図のように，2 枚の平行平面ガラス板の一端 O を一致させ，OB 上の O から長さ L の位置に厚さ d の薄い板をはさんだ。その垂直上方から波長 λ の単色光を入射させ，ガラス板 1 の上からガラス板を見ると，光の明暗が交互に観測された。隣り合う明線の間隔を a とする。また，ガラス板の屈折率を $n_0\,(n_0>1)$，空気の屈折率を 1 とし，∠AOB は十分小さいものとする。

□ (1) OB 上の点 P では明線が観測された。OP の長さを x として，点 P で明線が観測される条件を，d，L，λ，x，および m（$m=0,\ 1,\ 2,\ \cdots$）を用いて表せ。

□ (2) 隣り合う明線の間隔 a を d，L，λ を用いて表せ。

□ (3) 次に 2 枚のガラス板の間に屈折率 n の液体（$n_0>n>1$）を入れた。同様にガラス板 1 の上からガラス板を見ると，隣り合う明線の間隔が b に変化していた。b は a の何倍になっているか。

145 次の文を読み，問いに答えよ。

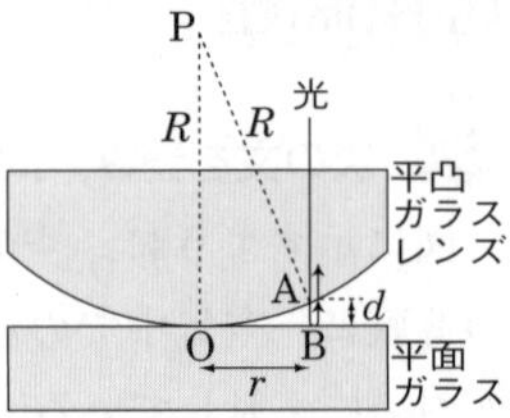

図のように，平凸ガラスレンズの凸面を，平行な2つの面をもつ平面ガラスと点Oで接触させる。平凸ガラスレンズの上側の平面と平面ガラスの面は平行で，水平に置かれている。平凸ガラスレンズの凸面の表面は点Pを中心とする半径 R〔m〕の球面の一部とみなせる。ここに波長 λ の光を上から平面に垂直に入射させる。ガラス板の上方から観測すると，光が平凸ガラスレンズの下面と平面ガラスの上面で反射して干渉し，点Oを中心として明暗のリング状の縞が観測された。点Oから距離 r〔m〕にある平面ガラス上の点Bとその上方の凸面上の点Aの距離を d〔m〕とする。R は r，d，λ より十分大きいとする。解答には d を用いてはならない。

□ (1)　距離 d を求めよ。

□ (2)　$|x|$ が1より十分小さいとき $\sqrt{1+x} \fallingdotseq 1+\dfrac{x}{2}$ を用いて，(1)を簡略化せよ。

□ (3)　点Oから k 番目の明るい縞の位置での r を求めよ。

146 差がつく　次の文を読み，問いに答えよ。

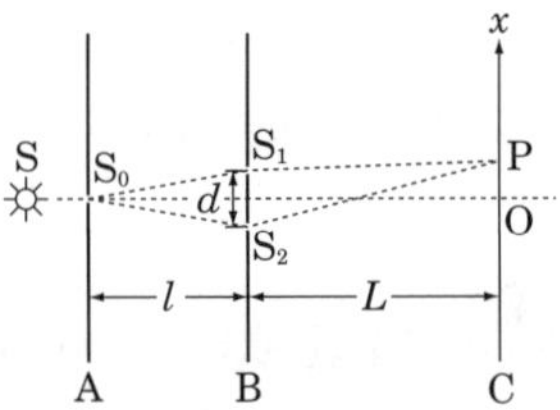

図のようにスクリーンA，B，Cが互いに平行に置かれている。波長 λ の単色光源Sから出た光がA上のスリット S_0 を通って回折した後，B上の2つのスリット S_1，S_2 を通って回折した光がC上で強め合ったり，打ち消し合ったりして，スクリーン上に明暗の縞模様ができる。S_1，S_2 は S_0 から等距離にある。AB間の距離を l，BC間の距離を L，S_1S_2 の間隔を d とおき，$l \gg d$，$L \gg d$ とする。S_1S_2 の垂直2等分線がCと交わる点Oを原点として，C上に x 軸をとる。ただし，$|a|$ が1より十分に小さいとき，$\sqrt{1+a} \fallingdotseq 1+\dfrac{1}{2}a$ を用いてよい。

□ (1)　スクリーンC上の点をPとして，S_1P間の距離を l_1，S_2P間の距離を l_2 とする。点Pに明線ができる条件，および暗線ができる条件を示せ。

□ (2)　点O付近での隣り合う明線の間隔を，λ，d，L を用いて表せ。

次に右図のように，平面鏡をBCの間に置いた。

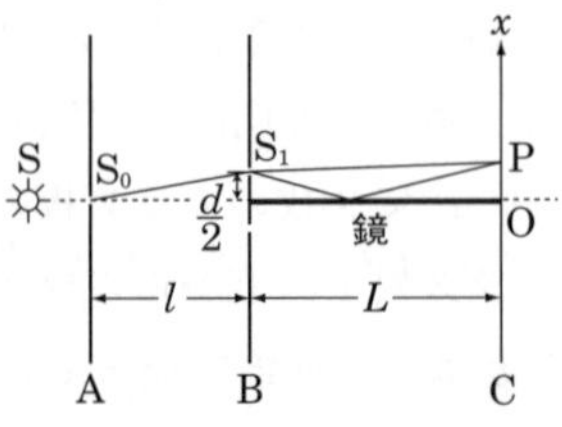

□ (3)　S_1 から直接Cに達する光と，鏡に反射された光とが強め合い $x\,(x>0)$ の位置に明線をつくる条件を示せ。鏡に反射されるとき，光の位相が反転することに注意せよ。

17 静電気力と電場・電位

★テストに出る重要ポイント

- **クーロンの法則**…真空中で r〔m〕離れた，電気量 q_1〔C〕，q_2〔C〕の2つの点電荷の間にはたらく**静電気力** F〔N〕は

$$F = k_0\frac{q_1q_2}{r^2} \qquad \text{比例定数 } k_0 = 9.0\times10^9\,\mathrm{N\cdot m^2/C^2}$$

Fが正のとき**斥力**，負のとき**引力**となる。等量の電荷を真空中で1m離して置いたとき，2つの点電荷の間にはたらく力の大きさが 9.0×10^9N であれば，それぞれの電気量は**1C**（クーロン）であるという。

- **静電誘導**…導体に帯電体を近づけると，帯電体に近い側には帯電体と異種の電荷が，遠い側には同種の電荷が現れる。
- **電場（電界）**…電気量 q〔C〕の電荷が F〔N〕の力を受ける**電場の強さ** E〔N/C〕は，$\boldsymbol{F=qE}$ により定義される。電場は，強さ（大きさ）と向きをもつベクトルである。
- **点電荷のまわりの電場**…電気量 q〔C〕の点電荷から r〔m〕離れた点の電場の強さ E〔N/C〕は，$\boldsymbol{E=k_0\dfrac{q}{r^2}}$
- **電気力線**…正に荷電した点電荷が，電場中で静電気力を受けながら動く道すじを描いた線を**電気力線**といい，次のような特徴がある。

① 電気力線は正電荷から出て負電荷に入る。
② 電気力線が密なところほど，電場が強い。
③ 電気力線は交わったり枝分かれしたりしない。
④ 電場の強さが E〔N/C〕のところでは，電気力線に垂直な面 $1\,\mathrm{m^2}$ あたり E 本の電気力線がある。

- **電位と電位差**

(1) 電位：＋1Cの電荷を静電気力にさからって動かす仕事をしたとき，電荷がもつ静電気力による位置エネルギーの大きさを**電位**という。q〔C〕の電荷を，電位0の基準点から電位 V〔V〕の点まで運ぶ仕事 W〔J〕は，$\boldsymbol{W=qV}$

＋1Cの電荷を，無限遠から正電荷の近くのある点まで動かすのに必要な仕事が1Jであるとき，その点の無限遠を基準とした電位は**1V**（ボルト）であるという。この仕事は途中の道すじによって変わることはない。電位はベクトルではなく，スカラーである。

(2) **電位差**：2点間の電位の差である。q〔C〕の点電荷を，電位 V_2〔V〕の点から電位 V_1〔V〕の点まで運ぶ仕事 W〔J〕が $W=qV_1-qV_2=q(V_1-V_2)$ で表されるとき，(V_1-V_2)〔V〕を**電位差（電圧）**という。

- **点電荷による電位**…q〔C〕の点電荷から r〔m〕離れた点の無限遠を基準とした電位 V〔V〕は，$V=k_0\dfrac{q}{r}$
- **一様な電場内の電位**…強さ E〔N/C〕の一様な電場内において，電気力線に沿って d〔m〕離れた2点間の電位差 V〔V〕は，$V=Ed$ である。

$$E\text{〔N/C〕}=\frac{V\text{〔V〕}}{d\text{〔m〕}}$$

この式から，電場の強さの単位は〔V/m〕でもよいことがわかる。

- **等電位面**…電位の等しい点を結んだ面を**等電位面**という。等電位面に沿って電荷を動かす仕事は0である。電気力線と等電位面は互いに**直交**し，等電位面が密なところほど，電場が**強い**。

以下の問題では，必要ならクーロンの法則の比例定数を $9.0\times10^9\,\mathrm{N\cdot m^2/C^2}$ として答えよ。

できたらチェック。

基本問題

解答 ➡ 別冊 p.42

□ **147** 静電気力

2つの点電荷を真空中に置いたとき，電荷間の距離が2倍になると，この2つの電荷にはたらく静電気力は何倍になるか。また，距離が半分になると，この2つの電荷にはたらく静電気力は何倍になるか。

□ **148** 静電気力の大きさと向き 〈テスト必出〉

6.0×10^{-6}C と -8.0×10^{-6}C の電気量をもつ点電荷が真空中にある。2つの点電荷の距離が 0.10 m のときにはたらく静電気力の大きさと向きを求めよ。

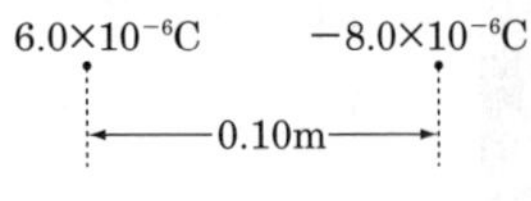

□ **149** 静電誘導

次の文中の（　　）の中から適当な語を選べ。

正に帯電した物体を金属に近づけると，金属には，荷電体に近い側に①（正，負），遠い側に②（正，負）の電荷を生じる。このとき物体と帯電体では，③（同，異）種の電荷のほうが近いので，金属と帯電体とは④（引き合う，反発し合う）。

150 はく検電器と静電誘導 テスト必出

毛皮で摩擦した塩化ビニル棒は負に帯電している。

□ (1) 毛皮で摩擦した塩化ビニル棒をはく検電器に近づけると，はくが開く現象を何というか。また，はくに帯電したのは正電気と負電気のどちらか。

□ (2) 塩化ビニル棒を近づけたまま，はく検電器の金属板に指をふれると，はくの開きはどうなるか。

□ 151 電場の強さ

ある空間に **5.0×10^{-8}C** の電荷を置いたら，**1.0×10^{-4}N** の力を受けた。電荷が置かれた空間の電場の強さを求めよ。

□ 152 電場中で受ける力

電場の強さが **4.0×10^{3}N/C** の場所に電荷を置いたところ，電場の向きと逆向きに **1.2×10^{-2}N** の力を受けた。電荷の正負および電気量の大きさを答えよ。

153 電場の向きと強さ

図のように，空間中の **A** 点に **3.0×10^{-8}C** の正電荷を置いた。**A** 点から ***r*** **〔m〕** 離れた点を **B** 点とする。

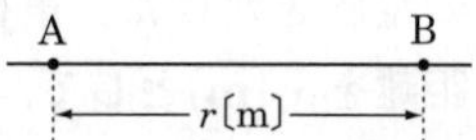

□ (1) B 点での電場の向きは，A→B，B→A のどちらか。

□ (2) B 点での電場の強さを求めよ。

□ 154 電気力線と電場

図の点線は電気力線を示している。A，B それぞれの点における電場の向きを矢印で示せ。

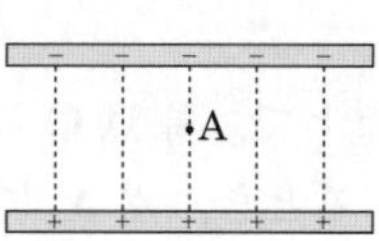

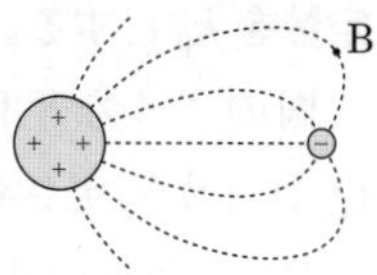

□ 155 平行電極

両端の電圧が **100V**，極板間の距離が **0.30 m** の平行電極がある。**3.2×10^{-19}C** の電荷を負極板から正極板まで移動させるとき，電荷がもつエネルギーを求めよ。

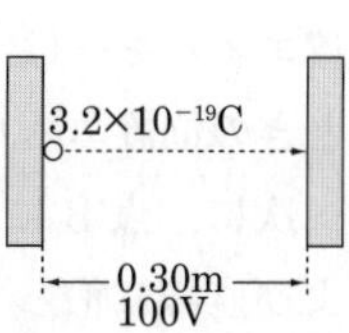

□ 156 電位差と仕事

4.0×10^{-6}C の電荷を **1000V** だけ電位の高いところへ運ぶ仕事を求めよ。

157 電場と電位差 テスト必出

強さ 5.0×10^2 N/C の一様な電場がある。

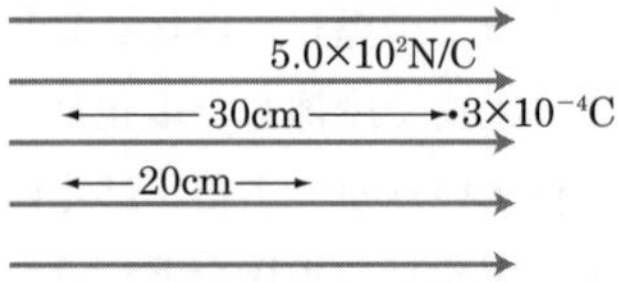

□ (1) 電荷は電場内で力を受ける。いま，この電場内で 3.0×10^{-4} C の電荷を静電気力に逆らって 30 cm 動かしたい。必要な仕事を求めよ。

□ (2) この電場の中に 20 cm 離れた 2 点がある。この 2 点間の電位差を求めよ。

158 電位と位置エネルギー

8.0×10^{-6} C の電荷による電位について，次の問いに答えよ。

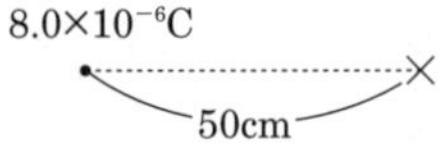

□ (1) この電荷から 50 cm 離れた位置の電位を求めよ。

□ (2) この電荷から 30 cm 離れたところに 4.0×10^{-6} C の電荷を置いた。この電荷の位置エネルギーを求めよ。

□ 159 電位と距離の関係 テスト必出

図のように，互いに 0.30 m 離れた平行電極板 A，B の両端に 150 V の電圧をかけた。電極 A からの距離を x〔m〕として，AB 間の電位と距離の関係をグラフにせよ。

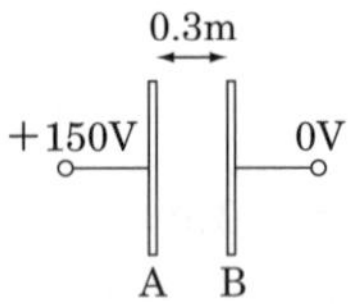

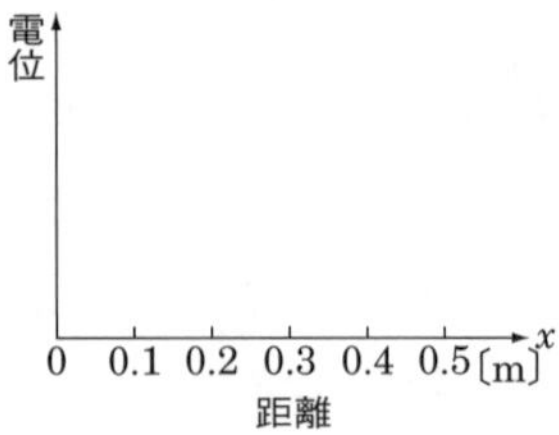

□ 160 電場・位置エネルギー・仕事

次の□に適当な式または数値を入れよ。ただし，クーロンの法則の比例定数を k_0 とする。

図のような平面座標上で，原点 O に電荷 Q_1〔C〕が固定されているとき，点 A (0, d) における電場の強さは［①］〔V/m〕となる。電荷 Q_2〔C〕が点 A に静止しているときの位置エネルギーは，点 B($2d$, 0) に静止しているときの位置エネルギーの［②］倍となる。

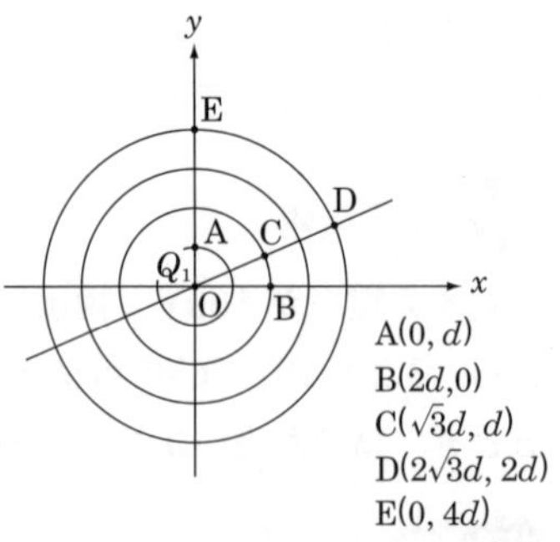

次に，点 B にある電荷 Q_2〔C〕を図の円弧および直線に沿って，BCDEA の道順で点 A まで移動させる。このときの仕事は［③］〔J〕となる。一方，電荷 Q_2〔C〕を A，B を結ぶ直線に沿って点 B から点 A まで移動させるときの仕事は［④］〔J〕となる。

応用問題

解答 → 別冊 p.44

161 〈差がつく〉 電気量 4.0×10^{-9}C および -6.0×10^{-9}C の電荷をそれぞれたくわえている大きさの無視できる2つの小さい金属球が，真空中で 3.0cm 離して置かれている。次の問いに答えよ。

できたらチェック。

□ (1) 2つの金属球にはたらく力を求めよ。

□ (2) 2つの金属球を接触させるとき，それぞれがもつ電気量を求めよ。

□ (3) 2つの金属球を再び 3.0cm はなしたとき，それぞれにはたらく力を求めよ。

ガイド (2) 正負の電荷を接触させると，等量ずつが打ち消し合って，多いほうが残る。

例題研究》 15. 〈差がつく〉

xy 平面において，点 A$(-2,\ 0)$ に $+4.0\times10^{-8}$C の点電荷，点 B$(3,\ 0)$ に -1.0×10^{-8}C の点電荷がある。座標の単位を m，クーロンの法則の比例定数を $9.0\times10^9\,\mathrm{N\cdot m^2/C^2}$ として，次の問いに答えよ。

(1) 原点 O の電場の強さと向きを求めよ。

(2) 電場の強さが0になる点の座標を求めよ。

(3) 点 C(2, 2) における電場の強さを求めよ。

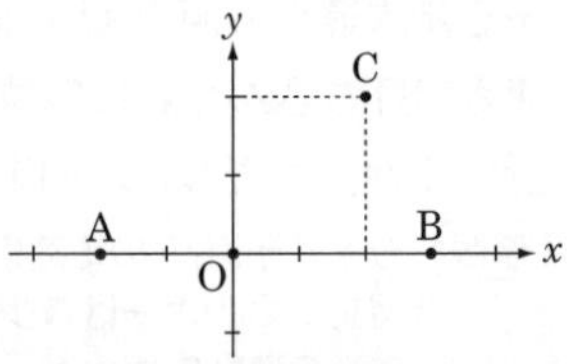

着眼 電場はベクトルであるから，2つの点電荷による電場の方向が異なる場合は，力の合成と同じように，ベクトルの和を計算しなければならない。

解き方 (1) A，B の点電荷による電場 $\vec{E_A}$，$\vec{E_B}$ はどちらも右向きだから，その合成電場の強さは，E_A と E_B の代数和になる。

$$E = E_A + E_B$$
$$= 9.0\times10^9\,\mathrm{N\cdot m^2/C^2}\times\frac{4.0\times10^{-8}\,\mathrm{C}}{(2\,\mathrm{m})^2} + 9.0\times10^9\,\mathrm{N\cdot m^2/C^2}\times\frac{1.0\times10^{-8}\,\mathrm{C}}{(3\,\mathrm{m})^2}$$
$$= 1.0\times10^2\,\mathrm{N/C}$$

(2) 電場の強さが0になるのは $\vec{E_A}$ と $\vec{E_B}$ の向きが反対で，大きさが同じになる点である。点 A と点 B の間では，$\vec{E_A}$ と $\vec{E_B}$ がいつでも同じ向きだから，そのような点はない。点 A の左側では，$\vec{E_A}$ と $\vec{E_B}$ の向きは反対だが，つねに E_A が E_B より大きいので，これも適さない。結局，点 B の右側に求める点がある。その点の x 座標を p とすると，$p > 3\,\mathrm{m}$ であり，

$$E_A + E_B$$
$$= 9.0\times10^9\,\mathrm{N\cdot m^2/C^2}\times\frac{4.0\times10^{-8}\,\mathrm{C}}{(p+2\,\mathrm{m})^2} + 9.0\times10^9\,\mathrm{N\cdot m^2/C^2}\times\frac{-1.0\times10^{-8}\,\mathrm{C}}{(p-3\,\mathrm{m})^2} = 0$$

$$(3p-4\,\mathrm{m})(p-8\,\mathrm{m}) = 0$$

ゆえに，$p=\dfrac{4}{3}\text{m}$，8m となるが，$p>3\text{m}$ であるから $p=8\text{m}$

(3) $\vec{E}_A$，$\vec{E}_B$ の方向は図のようになるから，それぞれの大きさを求めて，平行四辺形の法則を用いて合成する。

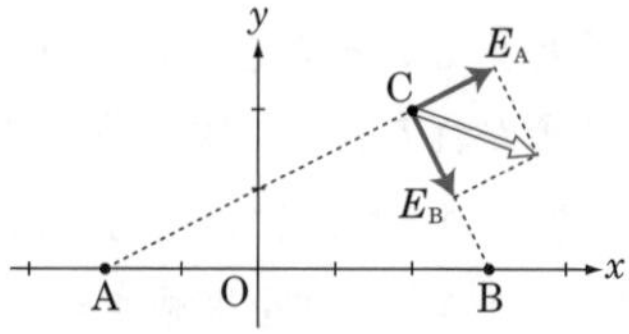

$$E_A=9.0\times10^9\text{N}\cdot\text{m}^2/\text{C}^2\times\frac{4.0\times10^{-8}\text{C}}{(4\text{m})^2+(2\text{m})^2}$$
$$=18\text{N/C}$$
$$E_B=9.0\times10^9\text{N}\cdot\text{m}^2/\text{C}^2\times\frac{1.0\times10^{-8}\text{C}}{(1\text{m})^2+(2\text{m})^2}$$
$$=18\text{N/C}$$

合成電場は，$E=\sqrt{E_A{}^2+E_B{}^2}=\sqrt{18^2+18^2}\text{N/C}=18\sqrt{2}\text{N/C}\fallingdotseq25\text{N/C}$

答 (1) 1.0×10^2N/C，右向き　(2) (8，0)　(3) 25N/C

例題研究》 16. **原点 O に 6.0×10^{-6}C の点電荷が固定されている。質量 4.0×10^{-26}kg，電気量 1.6×10^{-9}C の粒子を無限遠から原点 O に向けて 4.0×10^5m/s の速さで打ち込んだ。この粒子は原点 O にどこまで近づくか。ただし，クーロンの法則の比例定数を $9.0\times10^9\text{N}\cdot\text{m}^2/\text{C}^2$ とする。**

着眼　粒子が原点 O の電荷に近づくにつれて，電場から負の仕事をされるので，粒子の運動エネルギーは減少し，かわって静電気力による位置エネルギーが増加する。最初の運動エネルギーがすべて位置エネルギーに変わると，粒子の運動は止まる。

解き方　原点から x〔m〕の点まで粒子が近づくとする。この点で，最初粒子がもっていた運動エネルギーはすべて位置エネルギーに変換されるので，

$$\frac{1}{2}\times4.0\times10^{-26}\text{kg}\times(4.0\times10^5\text{m/s})^2$$
$$=9.0\times10^9\text{N}\cdot\text{m}^2/\text{C}^2\times\frac{6.0\times10^{-6}\text{C}\times1.6\times10^{-9}\text{C}}{x\text{〔m〕}}$$

ゆえに，$x=2.7\times10^{10}$m　　**答**　原点 O から 2.7×10^{10}m の位置まで

162 〈差がつく〉 **5.0×10^3N/C の一様な電場があり，その電気力線に沿って 2.0cm 離れた 2 点 A，B がある。次の問いに答えよ。**

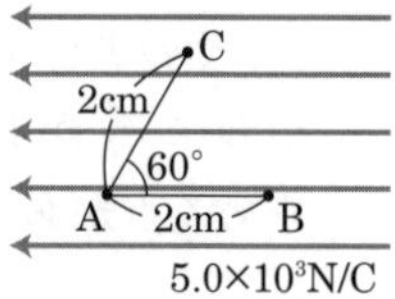

□ (1)　A，B 間の電位差は何 V か。

□ (2)　3.2×10^{-4}C の電荷を，点 A から電気力線と 60° の角をなす向きに 2.0cm 離れた点 C まで移動させた。このときに必要な仕事と A, C 間の電位差を求めよ。

ガイド　(2) 電場と垂直な方向に動く場合の仕事は 0 である。

163 図において，P，Qは小さな電極で，Qはアースされている。P，Qの付近の等電位線は1.0V間隔でかかれている。

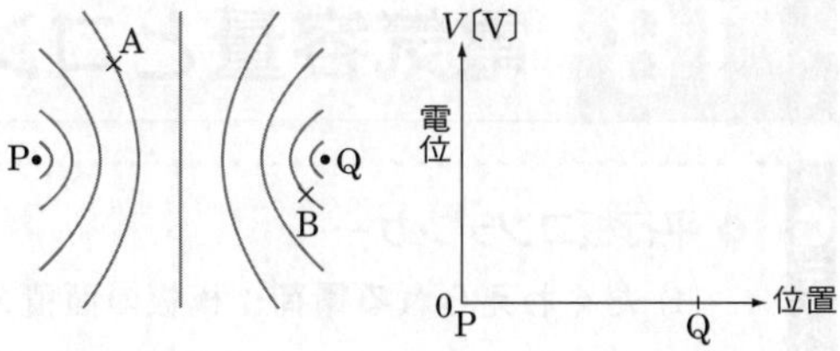

□ (1)　Pには$+q$〔C〕が与えてある。Qにある電気量を求めよ。

□ (2)　AとBのそれぞれの電位を求めよ。

□ (3)　直線PQ上をPからQまでたどったときの，電位変化のグラフをかけ。

164 図のように，なめらかな水平面上の原点Oに小球Xが固定されている。この小球に正電荷q〔C〕を与える。次の問いに答えよ。クーロンの法則の比例定数をk_0〔$N \cdot m^2/C^2$〕とする。

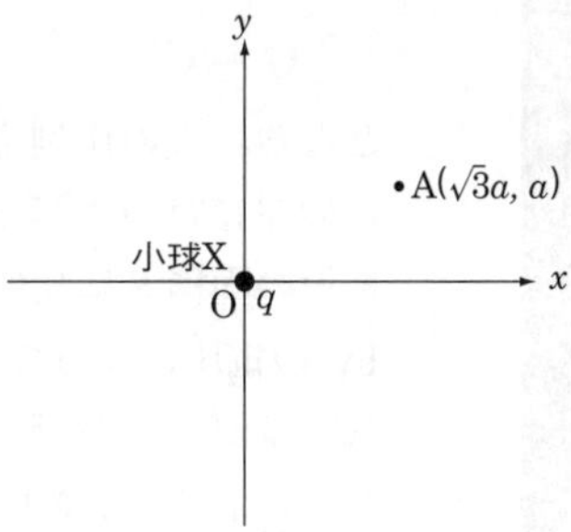

□ (1)　点A($\sqrt{3}a$, a)の場所における電場の強さE〔N/C〕を求めよ。また電場の向きを図示せよ。aは〔m〕の単位で表されるものとする。

□ (2)　点Aの電位を求め，点Aを通る等電位線を図中に描け。ただし，電位の基準を無限遠方にとる。

165 図のように，原点Oからa〔m〕離れた2点(a, 0)と($-a$, 0)に同じ電気量の正の点電荷q〔C〕を置いた。クーロンの法則の比例定数をk〔$N \cdot m^2/C^2$〕とする。

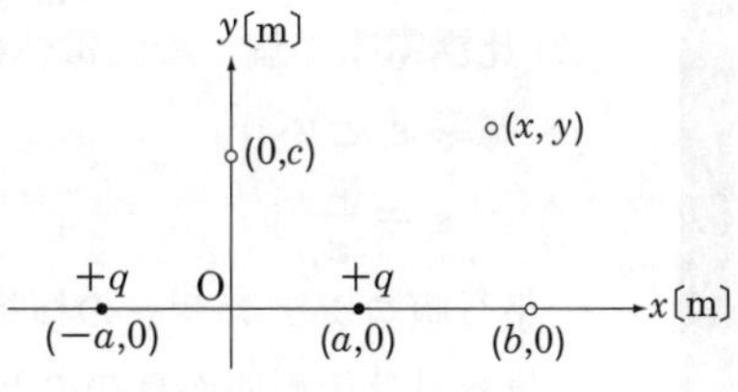

□ (1)　点(x, y)での電位を示せ。

以下，$q = 4.0 \times 10^{-9}$C，$a = 0.18$m，$k = 9.0 \times 10^9 N \cdot m^2/C^2$とする。

□ (2)　点(b, 0)での電位を求めよ。ただし，$b = 0.42$mとする。

□ (3)　点(0, c)での電場の強さを求めよ。ただし，$c = 0.24$mとする。

□ (4)　原点Oと点(0, c)の間の電位差を求めよ。

□ (5)　質量$m = 2.0 \times 10^{-3}$kg，電気量$e = +1.6 \times 10^{-7}$Cの小球に点(0, c)でy軸方向負の向きに初速度を与えると，小球はy軸上を動いた。この小球が原点を通過するために必要な初速度の最小の大きさを求めよ。ただし，小球と平面の間の摩擦は無視できるものとする。

18 電気容量とコンデンサー

テストに出る重要ポイント

- **平行板コンデンサー**

(1) **たくわえられる電荷**：極板の面積 S〔m²〕，極板間の距離 d〔m〕の平行板コンデンサーに電圧 V〔V〕を加えたときにたくわえられる電気量 Q〔C〕は，

$$Q=\varepsilon_0\frac{S}{d}\cdot V$$

(2) **電気容量**：上の式の $\varepsilon_0\dfrac{S}{d}$ を C とおくと，

$$Q=CV$$

となる。この比例定数 C をコンデンサーの**電気容量**という。電気容量の単位は**ファラド**である。平行板コンデンサーの電気容量 C は，極板の**面積 S に比例**し，極板間の**距離 d に反比例**する。

1V の電圧によって 1C の電気量がたくわえられるコンデンサーの電気容量が 1 ファラド〔F〕である。次の単位がよく使われる。

1μF（マイクロファラド）= 10^{-6}F

1pF（ピコファラド）= 10^{-12}F

- **誘電率**

(1) **真空の誘電率**：$\varepsilon_0=\dfrac{1}{4\pi k_0}$

(2) **比誘電率**：個々の誘電体の誘電率 ε と真空の誘電率 ε_0 との比を**比誘電率** ε_r という。

$$\varepsilon_r=\frac{\varepsilon}{\varepsilon_0}$$

平行板コンデンサーの極板間に比誘電率 ε_r の誘電体をつめると，電気容量は極板間が真空のときの電気容量 C_0 の ε_r 倍になる。

$$C=\varepsilon_r C_0$$

- **静電エネルギー**…電気容量 C〔F〕のコンデンサーを V〔V〕の電位差で充電したとき，コンデンサーにたくわえられる静電エネルギー U〔J〕は，

$$U=\frac{1}{2}CV^2=\frac{1}{2}QV=\frac{Q^2}{2C}$$

$Q=CV$ を用いて変形できるから，このうちのどれか 1 つを覚えればよい。

基本問題

解答 → 別冊 p.46

□ 166 電気容量の式の導出

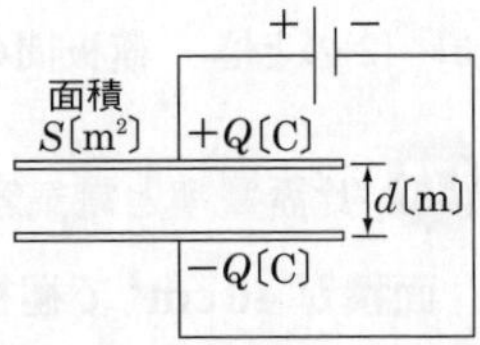

図のように，面積 S〔m^2〕の平行板コンデンサー（極板間の距離 d〔m〕）を充電したら，Q〔C〕の電荷がたくわえられた。これについて，次の文中の［　　］に適当な語句や式を入れよ。

極板 $1m^2$ あたりにたくわえられている電気量は［①］〔C/m^2〕だから，極板間の電気力線の数は，$1\,C/m^2$ につき $4\pi k_0$（k_0 はクーロン定数）本引くものとすれば，$1m^2$ あたり［②］本である。電気力線はすべて正の極板から出て負の極板に入る。極板間には，極板に垂直に一様な［③］が生じている。したがって，その電場の強さ E は，$E=$［②］となる。

極板間の電位差を V〔V〕とすると，$V=$［④］より，$V=Ed=$［⑤］となる。ここで，$\dfrac{1}{4\pi k_0}\cdot\dfrac{S}{d}=\varepsilon_0\cdot\dfrac{S}{d}=C$ とおくと，Q は C と V を使って，$Q=$［⑥］と表せる。この式から，Q は V に［⑦］し，コンデンサーの電気容量 C は極板の面積 S に［⑧］し，極板間の距離 d に［⑨］することがわかる。

□ 167 コンデンサーの電気量

電気容量 24pF のコンデンサーを 1000V で充電した。たくわえられた電気量を求めよ。

□ 168 コンデンサーの電気容量

ある平行板コンデンサーを 500V で充電したところ，5.0×10^{-9}C の電気量がたくわえられた。このコンデンサーの電気容量を求めよ。

□ 169 コンデンサーの電圧

電気容量 12μF のコンデンサーに 4.8×10^{-6}C の電気量がたくわえられている。このコンデンサーにかけられた電圧を求めよ。

170 誘電率と電気容量 〈テスト必出

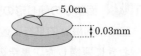

半径 5.0cm の金属円板を 0.030mm だけ離して平行に向かい合わせたコンデンサーがある。円板間は真空で，真空の誘電率 $\varepsilon_0=8.85\times10^{-12}\,C^2/(N\cdot m^2)$ であるとして，次の問いに答えよ。

□ (1)　このコンデンサーの電気容量はいくらか。

□ (2)　このコンデンサーに 3.0×10^2V の電池を接続したときにたくわえられる電気量を求めよ。

□ (3)　(2)のとき，極板間の電場の強さを求めよ。

□ **171** 比誘電率と電気容量

面積が $40\,\mathrm{cm}^2$ で極板間が 0.10 mm の平行板コンデンサーに，比誘電率 2.5 のポリスチレンをすきまなくつめた。真空の誘電率 $\varepsilon_0 = 8.85 \times 10^{-12}\,\mathrm{C^2/(N \cdot m^2)}$ として，このコンデンサーの電気容量を求めよ。

□ **172** 比誘電率　テスト必出

電気容量が 24μF の平行板コンデンサーの極板間にパラフィンを入れたら，電気容量が 72μF になった。このパラフィンの比誘電率を求めよ。

173 静電エネルギー

次のコンデンサーがもつ静電エネルギーを求めよ。

□ (1)　0.010C の電気量をたくわえ，極板間の電圧が 1000V であるコンデンサー

□ (2)　電気容量 12μF で，2.4×10^{-4}C の電気量をたくわえたコンデンサー

□ (3)　電気容量 5.0×10^{-6}F で，100V で充電されたコンデンサー

□ **174** 静電エネルギーと電気量の関係

コンデンサーに電気をたくわえたとき，コンデンサーがもつエネルギー U〔J〕と電気量 Q〔C〕の関係を表すと，次のア～カのグラフのどれに近いか。

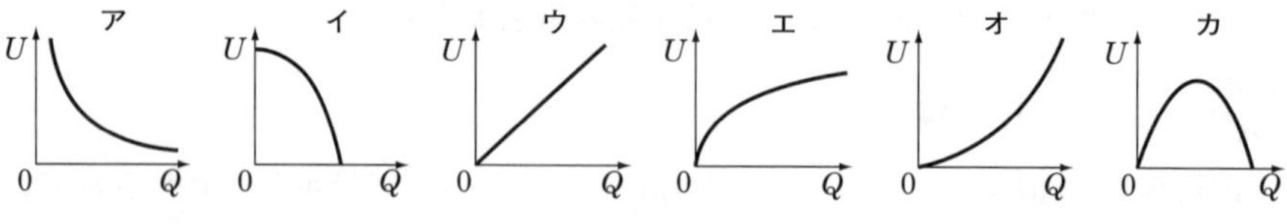

応用問題

解答 ➡ 別冊 p.47

できたらチェック。

□ **175** **面積 S の同じ形の金属板を 8 枚用意し，真空中で間隔 d で平行に並べて，図のように，1 つおきに連結した。真空の誘電率を ε_0 として，このコンデンサーの電気容量を求めよ。**

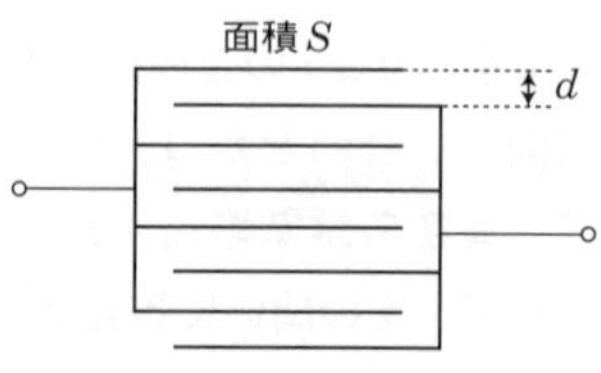

例題研究》 17. 《差がつく **100V で充電した $C_A = 1.0\mu F$ のコンデンサーA（電気量 Q_A〔C〕）と 50V で充電した $C_B = 4.0\mu F$ のコンデンサーB（電気量 Q_B〔C〕）がある。次の問いに答えよ。**

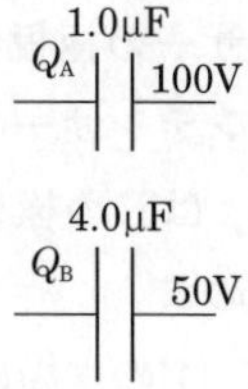

(1) たくわえられたエネルギーをそれぞれ求めよ。

(2) A，B の同極どうしを抵抗をもつ導線でつなぐと，それぞれのコンデンサーの電圧はいくらになるか。

(3) (2)で 2 つのコンデンサーをつなぐ前と後でのエネルギーの変化を求めよ。

(4) (3)のエネルギーの変化の理由を説明せよ。

着眼 (2)の同極どうしをつなぐというのは，並列につなぐということで，こうすると，両方のコンデンサーの電圧が等しくなるように電気量が移動する。

解き方 (1) $U = \frac{1}{2}CV^2$ の式を用いて求める。

$$U_A = \frac{1}{2} \times 1.0 \times 10^{-6}\mathrm{F} \times (100\mathrm{V})^2 = 5.0 \times 10^{-3}\mathrm{J}$$

$$U_B = \frac{1}{2} \times 4.0 \times 10^{-6}\mathrm{F} \times (50\mathrm{V})^2 = 5.0 \times 10^{-3}\mathrm{J}$$

(2) つないだ後のコンデンサーA，B にたくわえられている電気量をそれぞれ Q_A'〔C〕，Q_B'〔C〕とする。また，A，B の電圧は共通に V〔V〕になったとする。電気量は移動するだけで，総量は変化しないから，

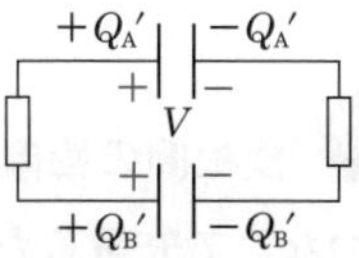

$$Q_A + Q_B = Q_A' + Q_B' = C_AV + C_BV = (C_A + C_B)V$$

つなぐ前 A，B にそれぞれたくわえられていた電気量は，

$$Q_A = C_AV_A = 1.0 \times 10^{-6}\mathrm{F} \times 100\mathrm{V} \qquad Q_B = C_BV_B = 4.0 \times 10^{-6}\mathrm{F} \times 50\mathrm{V}$$

であるから，

$$V = \frac{Q_A + Q_B}{C_A + C_B} = \frac{1.0 \times 10^{-6}\mathrm{F} \times 100\mathrm{V} + 4.0 \times 10^{-6}\mathrm{F} \times 50\mathrm{V}}{1.0 \times 10^{-6}\mathrm{F} + 4.0 \times 10^{-6}\mathrm{F}} = 60\mathrm{V}$$

(3) つなぐ前とつないだ後のエネルギーの差を求めればよい。

$$\left(\frac{1}{2} \times 1.0 \times 10^{-6}\mathrm{F} \times (60\mathrm{V})^2 + \frac{1}{2} \times 4.0 \times 10^{-6}\mathrm{F} \times (60\mathrm{V})^2\right) - 5.0 \times 10^{-3}\mathrm{J} \times 2$$
$$= -1.0 \times 10^{-3}\mathrm{J}\ (減少)$$

答 (1) A：5.0×10^{-3}J，B：5.0×10^{-3}J　(2) どちらも 60V

(3) 1.0×10^{-3}J だけ減少した。

(4) 電位の高い A から電位の低い B へ電流が流れる際，抵抗によりジュール熱となって，一部のエネルギーが失われた。

176 差がつく 次の文を読み，問いに答えよ。

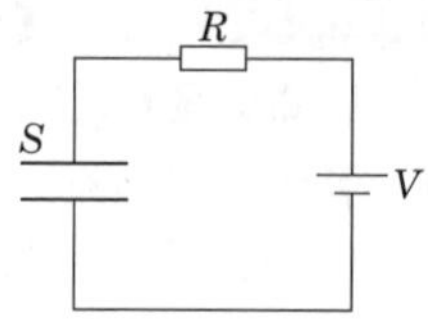

図のように，真空中に置かれた平行板コンデンサーと抵抗 R とを電圧 V の直流電源に接続する。平行板コンデンサーの極板間隔は自由に変えられるようになっている。コンデンサーの極板の面積を S, 真空の誘電率を ε_0 とする。

□ (1)　はじめ極板間の間隔は d_0 であった。極板間につくられる電場 E の強さを求めよ。

□ (2)　(1)の電場は，2つの極板上の電荷によってつくられた電場が合成されたものである。一方，各極板上の電荷は，相手の極板上の電荷がつくる電場から力を受ける。この力の大きさを求めよ。

□ (3)　極板の間隔をゆっくりと d $(d < d_0)$ まで変化させて，しばらくおく。このとき, コンデンサーにたくわえられていた静電エネルギーはどれだけ変化したか。また，電源が放出したエネルギーを求めよ。

ガイド　(3) コンデンサーを電源につないだまま，極板の間隔を小さくすると，電気容量が増え，電荷が増える。

177 **極板間の距離が d，電気容量が C の平行板コンデンサーを電圧 V の電池につないで充電した後，厚さ $\dfrac{d}{2}$ の金属板を極板間の中央に挿入する。コンデンサーの極板の面積は十分広く，挿入する金属板は極板とちょうど重なり合うものとする。次の2つの場合について問いに答えよ。**

□ (1)　電池をつないだまま金属板を挿入した。

①　極板にたくわえられている電気量はいくらか。

②　極板と金属板の間の電場の強さはいくらか。

③　コンデンサーにたくわえられている静電エネルギーはいくらか。

□ (2)　充電したコンデンサーを電池から切り離した後，金属板を挿入した。

①　極板と金属板の間の電場の強さはいくらか。

②　負極板を基準とした正極板の電位はいくらか。

③　コンデンサーにたくわえられている静電エネルギーはいくらか。

④　金属板をゆっくりと挿入するとき，金属板にはコンデンサーに引き込もうとする向き，あるいはコンデンサーから押し出そうとする向きのどちらに力がはたらくか。

ガイド　(2) 極板にたくわえられている電気量は変化しない。

178 次の文を読み，問いに答えよ。

図1のように2枚の面積Sの平板電極を間隔dで平行に配置した平行板コンデンサーに，起電力Vの電池をつないだ。ただし，電極板の大きさに比べ間隔dは十分に小さいとし，真空の誘電率をε_0とする。

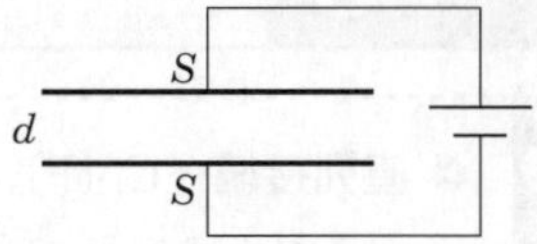

図1

□ (1) 電極間の電場は一様であるとして，電場の強さを求めよ。

□ (2) このコンデンサーの電気容量を求めよ。

□ (3) コンデンサーの正電極にたくわえられている電気量を求めよ。

□ (4) コンデンサーにたくわえられている静電エネルギーはいくらか。

図2のように電池をつないだままで負電極を固定し，正電極を平行に保って極板間距離をdから$d+\Delta d$にした。ただし，Δdはdに比べて十分小さいとする$(0<\Delta d \ll d)$。

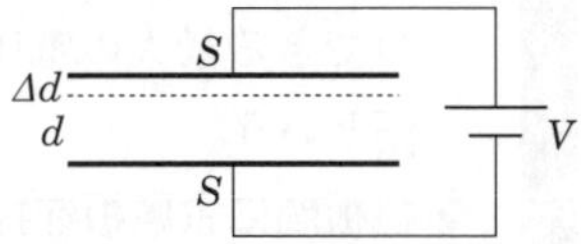

図2

□ (5) コンデンサーの正電極にたくわえられている電気量は(3)に比べて変化したか，変化しなかったか。変化した場合には，変化後の電気量を示せ。

□ (6) 極板間距離をdから$d+\Delta d$にした場合でも電極間の電場は一様であるとして，電場の強さを求めよ。

電極を平行に保ったままで一旦極板間距離をdへ戻した（最初の状態にした）。さらに，つないであった電池をはずし，負電極を固定して正電極を平行に保って極板間距離をdから$d+\Delta d$にした（図3）。

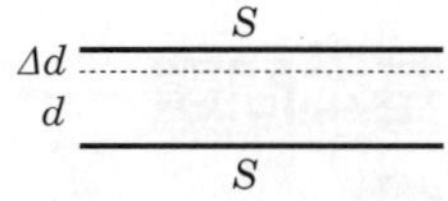

図3

□ (7) コンデンサーの正電極にたくわえられている電気量を求めよ。

□ (8) 電極間の電場は一様であるとして，電場の強さを求めよ。

□ (9) コンデンサーにたくわえられている静電エネルギーは，(4)で求めた最初の状態（図1）の静電エネルギーに対して小さいか，大きいか。また，現在の状態（図3）と最初の状態の静電エネルギーの差はいくらか。

□ (10) ここで極板間距離をdから$d+\Delta d$に大きくするとき，正電極に対して力を加えて仕事をしたためにコンデンサーの静電エネルギーが変化したと考えられる。極板間距離がdから$d+\Delta d$に変化するとき，力Fの変化は十分小さく，一定であるとみなしてよい。Fの大きさを求めよ。

19 コンデンサーの接続

✪ テストに出る重要ポイント

- **直列接続**…C_1〔F〕と C_2〔F〕の 2 つのコンデンサーを直列に接続したときの合成容量 C〔F〕は，

$$\frac{1}{C}=\frac{1}{C_1}+\frac{1}{C_2}$$

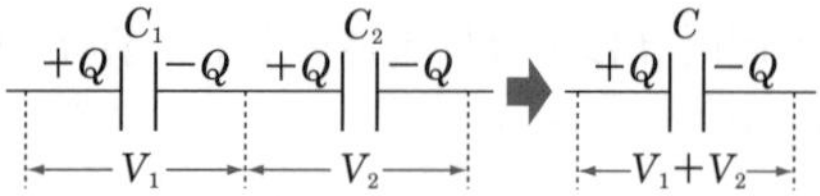

- **並列接続**…C_1〔F〕と C_2〔F〕の 2 つのコンデンサーを並列に接続したときの合成容量 C〔F〕は，

$$C=C_1+C_2$$

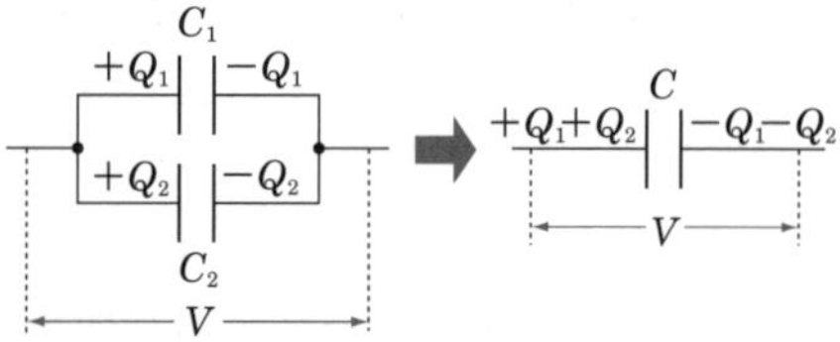

- **耐電圧**…コンデンサーの機能を損なわずに加えることのできる最大の電圧を耐電圧という。
- **極板間に金属板を挿入したコンデンサー**…極板の間隔が金属板の厚さだけせまくなったコンデンサーと同じ。極板間隔 d〔m〕，電気容量 C_0〔F〕のコンデンサーの極板間に厚さ l〔m〕の金属板を挿入したときの電気容量 C〔F〕は，$C=\dfrac{d}{d-l}C_0$
- **極板間に誘電体を挿入したコンデンサー**…極板間が真空のコンデンサーと極板間に誘電体を満たしたコンデンサーの直列接続と同じ。

基本問題

できたらチェック。　解答 ➡ 別冊 p.49

□ **179** 直列接続の合成容量①

電気容量が 40 pF と 60 pF のコンデンサーを直列に接続した。合成容量を求めよ。

□ **180** 直列接続の合成容量②

電気容量が 2.4×10^{-6} F の 2 個のコンデンサーを直列に接続したときの合成容量を求めよ。また，合成容量はこのコンデンサー 1 個の電気容量の何倍か。

181 3 つの直列合成容量

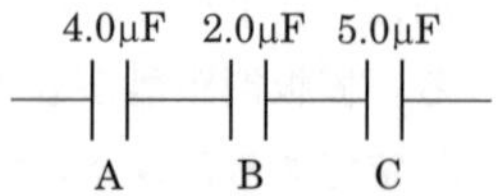

図のように，3 個のコンデンサー A，B，C を直列に接続した。次の問いに分数を用いて答えよ。

□ (1) コンデンサーAとBの合成容量を求めよ。

□ (2) (1)で求めた電気容量とコンデンサーCの合成容量を求めよ。

□ (3) コンデンサーBとコンデンサーCの合成容量を求めよ。

□ (4) (3)で求めた電気容量とコンデンサーAの合成容量を求めよ。

□ 182 並列接続の合成容量

0.50F と 1.0F のコンデンサーを並列に接続した。合成容量を求めよ。

□ 183 コンデンサーの電気量と電圧 〈テスト必出〉

コンデンサー $C_1 = 2.0\mu F$, $C_2 = 3.0\mu F$, $C_3 = 5.0\mu F$ を図のように接続し，100V の電圧をかけた。それぞれのコンデンサーにたくわえられる電気量と電圧を求めよ。

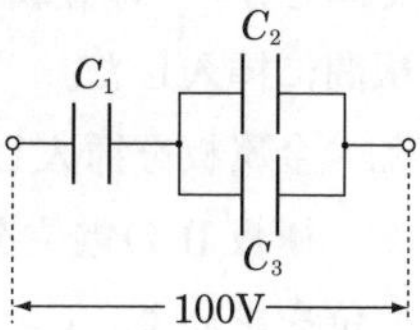

□ 184 合成容量の式の導出

次の文中の［　　］に適当な式を入れよ。

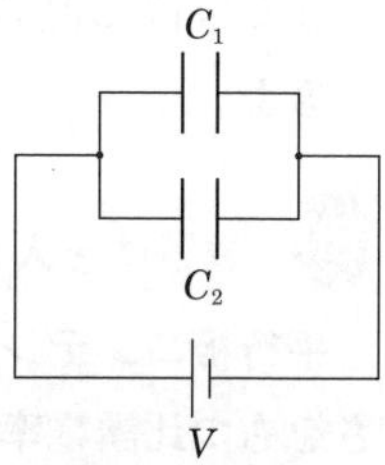

(並列接続) 電気容量 C_1〔F〕, C_2〔F〕の2個のコンデンサーを並列に接続して，V〔V〕の電圧をかける。それぞれのコンデンサーにたくわえられる電気量を Q_1〔C〕, Q_2〔C〕とすると，極板間の電圧はどちらも［①］〔V〕であるので，Q_1 =［②］, Q_2 =［③］の関係が成り立つ。

一方，この2つのコンデンサー全体にたくわえられた電気量を Q〔C〕とすれば，並列接続だから，$Q = Q_1 + Q_2$ であり，合成容量を C〔F〕とすれば，$Q = CV$ であることから，CV =［④］となる。したがって，C =［⑤］となる。

(直列接続) 電気容量 C_1〔F〕, C_2〔F〕の2個のコンデンサーを直列に接続して，V〔V〕の電圧をかけたとき，それぞれのコンデンサーに V_1〔V〕, V_2〔V〕の電圧がかかるとすると，$V = V_1 + V_2$ である。2つのコンデンサーにたくわえられる電気量は，直列接続により，互いに等しく Q〔C〕であるから，$Q = C_1V_1 = C_2V_2$ となる。

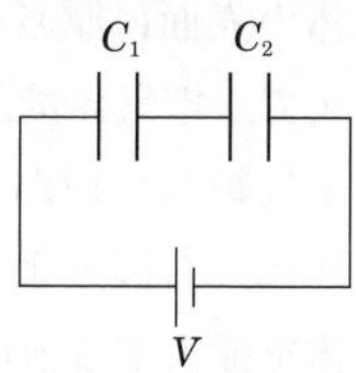

合成容量を C〔F〕とすれば，$Q = CV$ であることから，$\frac{Q}{C}$ =［⑥］となる。したがって，$\frac{1}{C}$ =［⑦］となる。

185 並列接続，直列接続の耐電圧

電気容量 3.0μF，耐電圧 800V のコンデンサーAと電気容量 6.0μF，耐電圧 1200V のコンデンサーBがある。次の問いに答えよ。

□ (1)　A，B 2つのコンデンサーを並列に接続したときの全体の耐電圧を求めよ。

□ (2)　A，B 2つのコンデンサーを直列に接続したときの全体の耐電圧を求めよ。

186　金属板を入れたコンデンサー　テスト必出

真空中で電気容量 C，極板間隔 d の平行板コンデンサーを電圧 V で充電した。充電用の電池を切り離した後，極板と同じ面積で厚さが $\dfrac{d}{4}$ の金属板を図のように2枚の極板間に挿入した。

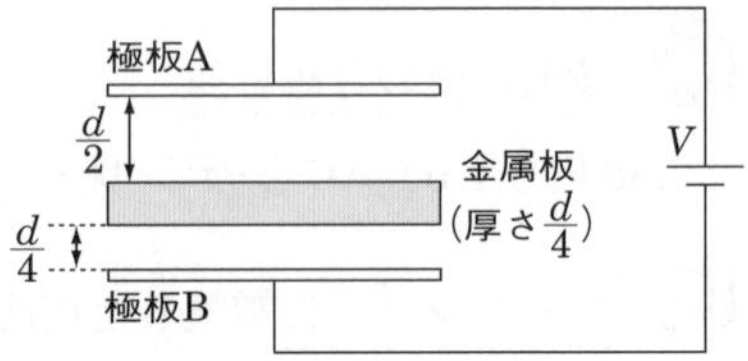

□ (1)　金属板を挿入した後の電気容量を求めよ。

□ (2)　極板Bの電位を基準(0V)としたとき，極板Aの電位と挿入した金属板の電位を求めよ。

□ (3)　挿入した金属板を極板Bにすき間を空けずに接触するような位置に置いたとき，このコンデンサーの電気容量を求めよ。

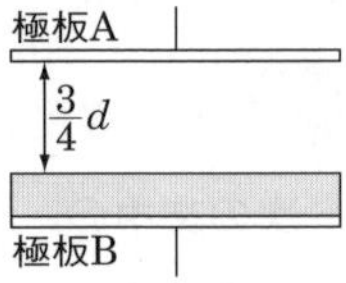

□ 187　誘電体を入れたコンデンサー

平行板コンデンサーの極板間に，その極板間隔の半分の厚さをもつ比誘電率5の誘電体を，図のように半分だけ挿入するとき，電気容量が誘電体を挿入する前のコンデンサーの電気容量の何倍になるかを考察した。次の文の □ に適当な語または式・数を入れよ。

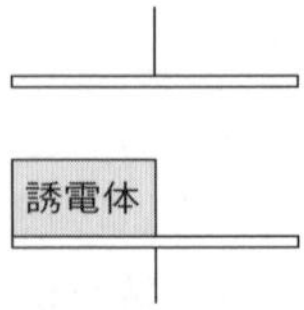

誘電体を極板間の一部に挿入する場合には，誘電体の表面に厚さの無視できる金属板があるものと考えて，電気容量が C_1，C_2，C_3 の3つのコンデンサーを接続した回路を考えればよい。したがって，先の図は，右図のようにかきかえることができる。誘電体を挿入する前のコンデンサーの電気容量を C_0 とすれば，電気容量は極板の面積に［①］し，極板間隔に［②］するから，C_1，C_2，C_3 をそれぞれ C_0 を用いて表すと，

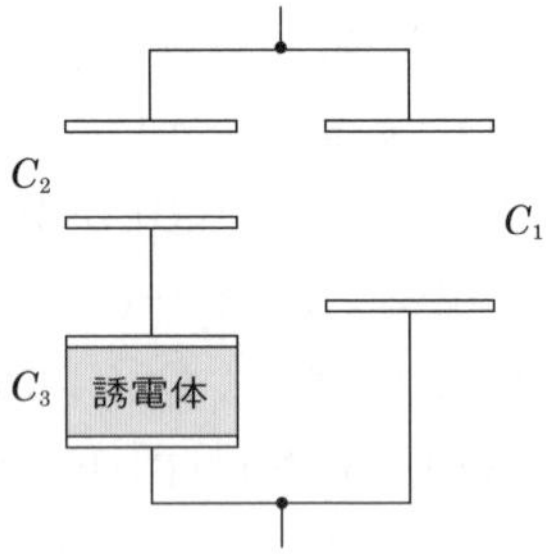

$C_1 = C_0 \times$［③］=［④］　$C_2 = C_0 \times \dfrac{1}{2} \times$［⑤］=［⑥］

$C_3 = C_2 \times$［⑦］=［⑧］

ところで，C_2 と C_3 の合成容量を C_4 とすると，$\dfrac{1}{C_4}$ =［⑨］である。これより，

C_4をC_0を用いて表すと，C_4 = ⑩ となる。全体の合成容量(C_1とC_4の合成容量)をCとすると，C = ⑪ となる。したがって，CをC_0を用いて表すとC = ⑫ となる。

以上より，誘電体を挿入した後の電気容量は，挿入する前の ⑬ 倍である。

188 たくわえられる電気量 〈テスト必出〉

図のような回路で，最初各コンデンサーの電荷は**0**，スイッチ$\mathbf{S_1}$，$\mathbf{S_2}$は開いている。

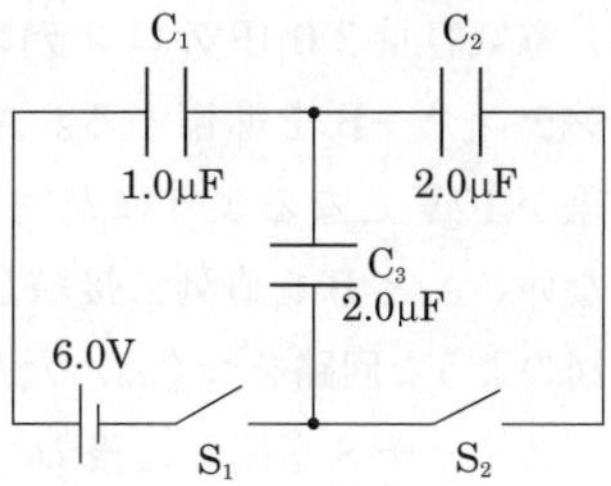

□ (1)　S_2を開いたままS_1を閉じるとき，C_1にたくわえられる電気量を求めよ。

□ (2)　次にS_1を開きS_2を閉じるとき，C_2に加わる電圧を求めよ。

□ (3)　続いてS_2を開き，S_1を閉じるとき，C_1にたくわえられる電気量を求めよ。

応用問題

解答 ➡ 別冊 p.51

189 図のような，コンデンサーと**6.0V**の電池でできている回路があり，$\mathbf{C_1 = 3.0\mu F}$，$\mathbf{C_2 = 2.0\mu F}$，$\mathbf{C_3 = 4.0\mu F}$である。次の問いに答えよ。

できたらチェック。

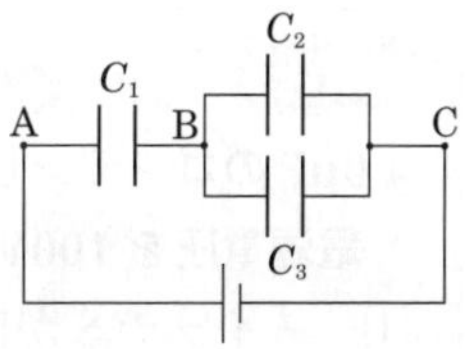

□ (1)　図のBC間の合成容量を求めよ。

□ (2)　図のAC間の合成容量を求めよ。

□ (3)　AB間，およびBC間の電圧を求めよ。

□ (4)　電気量を最も多くたくわえているコンデンサーはどれか。また，そのコンデンサーにたくわえられている電気量を求めよ。

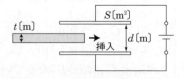

□ **190** 電気容量**12μF**，耐電圧**400V**のコンデンサーを多数用意した。これらのコンデンサーを組み合わせて電気容量**6.0μF**，耐電圧**2400V**のコンデンサーにするためには何個のコンデンサーが必要か。また，どのように接続すればよいかを図示せよ。

191 〈差がつく〉 面積$\boldsymbol{S}$〔$\mathbf{m^2}$〕，極板の間隔$\boldsymbol{d}$〔**m**〕の平行板コンデンサーを充電して$\boldsymbol{Q}$〔**C**〕の電気量をたくわえた。このコンデンサーの極板間に，極板と同じ面積で電気量をもたない厚さ$\boldsymbol{t}$〔**m**〕の金属板を挿入する。真空の誘電率を$\boldsymbol{\varepsilon_0}$として問いに答えよ。

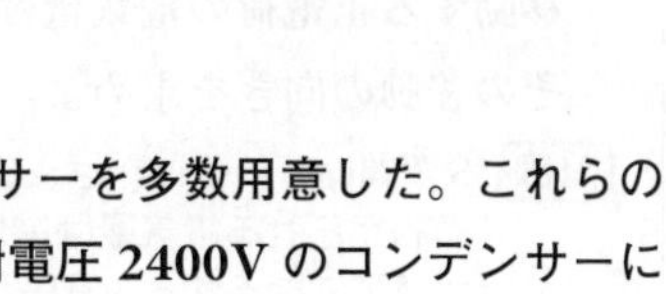

□ (1)　電池をはずして挿入する場合，極板に現れる電荷の電気量と金属板挿入によるエネルギーの変化量を求めよ。

□ (2)　電池を接続したまま電位差 V〔V〕を保ちながら挿入する場合，極板に現れる電荷の電気量と金属板挿入によるエネルギーの変化量を求めよ。

□ **192** 〈差がつく〉 **次の文を読み，問いに答えよ。**

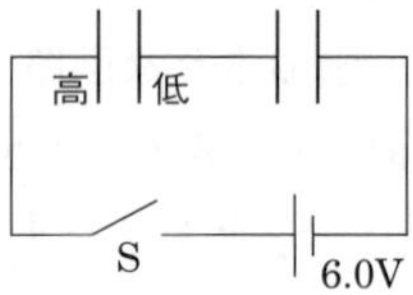

電気容量 3.0μF のコンデンサーA と電気容量 2.0μF のコンデンサーB を準備する。A にはあらかじめ極板間の電位差が 12V となるように充電しておく。B には最初，電荷はない。A と B を直列に接続し，6.0V の電池とスイッチ S で図のような回路をつくる。ただし，A の左側の極板が高電位になるようにしておく。

スイッチ S を閉じた後のコンデンサーB の極板間の電位差を求め，高電位となっているのは B の左右のどちらの極板か答えよ。

ガイド　A の右側の極板と B の左側の極板の電気量の和は一定である。

例題研究》 18. 〈差がつく〉 **$C_1 = 3.0\mu F$，$C_2 = 2.0\mu F$，$C_3 = 1.0\mu F$，$C_4 = 4.0\mu F$ のコンデンサーを図のように接続した。**

電源電圧を 100V として，次の問いに答えよ。

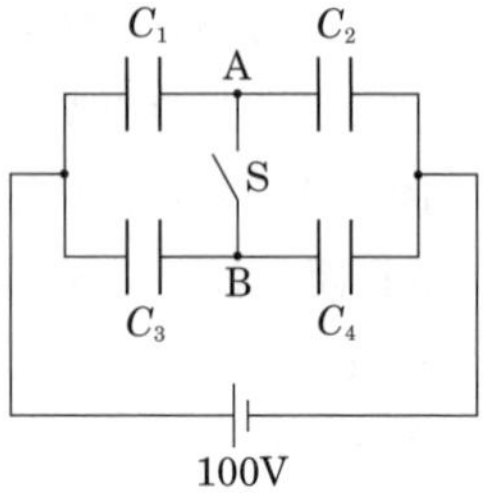

(1)　スイッチ S が開いているときと閉じているとき，それぞれの全体の合成容量は何μF か求めよ。

(2)　スイッチ S を閉じたとき，スイッチ S を通って移動する正電荷の電気量は何μC か求めよ。また，その移動の向きを求めよ。

着眼　S が開いているときは，C_1 と C_2 および C_3 と C_4 はそれぞれ直列であるから，たくわえられる電気量は等しい。S を閉じると，C_1 と C_3 および C_2 と C_4 はそれぞれ並列になるから，電圧が等しくなる。電源から切り離されている極板に静電誘導によって生じる電荷については，電気量保存の法則が成り立つ。

解き方　(1)　スイッチ S が開いているとき，C_1 と C_2 の合成容量を C_{12}，C_3 と C_4 の合成容量を C_{34} とすれば，両方とも直列接続だから

$$\frac{1}{C_{12}} = \frac{1}{3.0\mu F} + \frac{1}{2.0\mu F} = \frac{5}{6\mu F} \qquad \frac{1}{C_{34}} = \frac{1}{1.0\mu F} + \frac{1}{4.0\mu F} = \frac{5}{4\mu F}$$

よって，　$C_{12} = 1.2\mu F$，$C_{34} = 0.80\mu F$

C_{12} と C_{34} は並列になっているから，全体の合成容量 C は，

$$C = C_{12} + C_{34} = 1.2\mu F + 0.80\mu F = 2.0\mu F$$

スイッチSが閉じているとき，C_1 と C_3 の合成容量を C_{13}，C_2 と C_4 の合成容量を C_{24} とすれば，両方とも並列接続だから，

$$C_{13} = 3.0\mu F + 1.0\mu F = 4.0\mu F \qquad C_{24} = 2.0\mu F + 4.0\mu F = 6.0\mu F$$

C_{13} と C_{24} は直列だから，全体の合成容量を C' とすると，

$$\frac{1}{C'} = \frac{1}{C_{13}} + \frac{1}{C_{24}} = \frac{1}{4.0\mu F} + \frac{1}{6.0\mu F} = \frac{5}{12\mu F} \qquad \text{ゆえに，} C' = 2.4\mu F$$

(2) スイッチSを閉じると，AとBが等電位になり，C_1 と C_3 にかかる電圧（V_{13} とする）が等しくなる。また，C_2 と C_4 にかかる電圧（V_{24} とする）も等しくなる。極板間の電圧は電気容量に反比例するから，

$$V_{13} : V_{24} = C_{24} : C_{13} = 3 : 2$$

また，$V_{13} + V_{24} = 100V$ であるから，

$$V_{13} = 60V$$

$$V_{24} = 40V$$

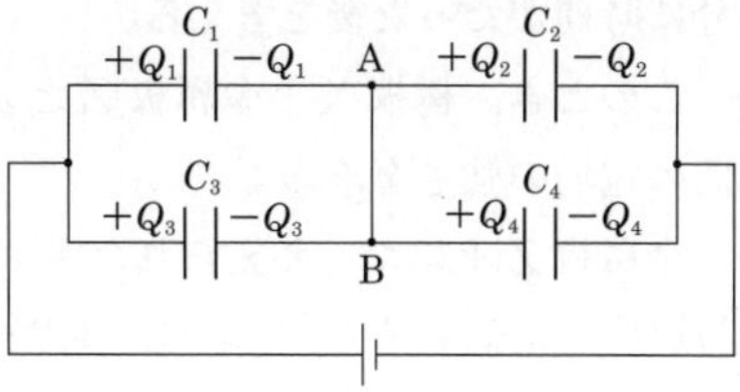

ここで，スイッチSを閉じた後，各コンデンサーにたくわえられている電気量 Q_1，Q_2，Q_3，Q_4 を求めると，

$$Q_1 = C_1V_{13} = 3.0\mu F \times 60V = 180\mu C$$

$$Q_2 = C_2V_{24} = 2.0\mu F \times 40V = 80\mu C$$

$$Q_3 = C_3V_{13} = 1.0\mu F \times 60V = 60\mu C$$

$$Q_4 = C_4V_{24} = 4.0\mu F \times 40V = 160\mu C$$

スイッチSが開いているとき，C_1 と C_2 のA側の極板にたくわえられた電気量は，静電誘導により発生したものだから，和は0である。スイッチSを閉じた後の C_1 と C_2 のA側の極板にたくわえられた電気量の和は，

$$(-Q_1) + (+Q_2) = (-180\mu C) + (+80\mu C) = -100\mu C$$

となり，スイッチSを閉じることにより，100μC減少したことがわかる。

C_3 と C_4 のB側の極板の電気量も，静電誘導によって発生したものだから，スイッチSを開いているとき，その和は0である。スイッチSを閉じた後，C_3 と C_4 のB側の極板にたくわえられている電気量の和は，

$$(-Q_3) + (+Q_4) = (-60\mu C) + (+160\mu C) = +100\mu C$$

となり，スイッチSを閉じることにより，100μC増加したことがわかる。

以上から，スイッチSを閉じたとき，100μCの電気量がA側からB側に移動したことがわかる。

答 (1) 開いたとき2.0μF，閉じたとき2.4μF

(2) +100μC，A→Bの向き

193 **次の文を読み，問いに答えよ。**

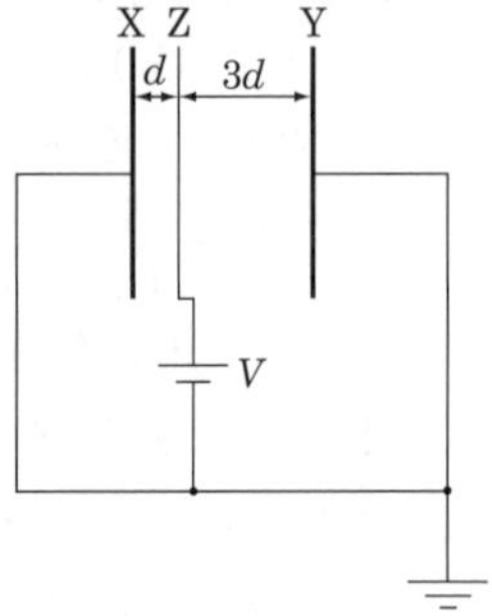

面積が等しく十分に大きな極板X，Yからなる平行板コンデンサーがある。その極板の間隔は$4d$，電気容量はCである。この平行板コンデンサーの極板間に，Xから距離dの位置に，極板に平行に，極板と同形で厚さの十分うすい金属板Zを挿入した。ただし，極板X，Yおよび金属板Zは帯電していない。次に，電圧Vの電池を図のように接続した。この回路で，十分に時間がたった後を考える。

□ (1)　このとき，極板Xと金属板Zとの間の電場の強さ，金属板Zと極板Yとの間の電場の強さを求めよ。

□ (2)　金属板Z上にたくわえられた電気量を求めよ。

ガイド　X-Z，Z-Yでできるコンデンサーが並列に接続されている。

194 **次の文を読み，問いに答えよ。**

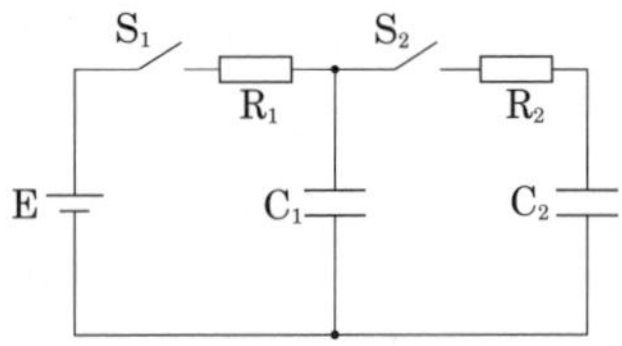

図のような回路がある。電池Eの起電力はV_0である。コンデンサーC_1，C_2の電気容量はそれぞれC，$2C$であり，抵抗R_1，R_2の電気抵抗は両方ともRである。はじめスイッチS_1，S_2は開かれており，コンデンサーC_1，C_2は電荷をたくわえていない。電池の内部抵抗や導線の電気抵抗は無視する。以下の操作aおよび操作bを順に行った。

操作a：S_2は開いたままでS_1を閉じた。

□ (1)　S_1を閉じた直後，抵抗R_1を流れる電流を求めよ。

□ (2)　S_1を閉じてから十分に長い時間が経過した。以下の量を求めよ。

①　コンデンサーC_1にたくわえられた電気量

②　コンデンサーC_1にたくわえられた静電エネルギー

③　S_1を閉じてから，このときまでに電池のした仕事

④　S_1を閉じてから，このときまでに抵抗R_1で発生したジュール熱

操作b：次に，S_1を開いてからS_2を閉じた。

□ (3)　S_2を閉じてから十分に長い時間が経過した。以下の量を求めよ。

①　コンデンサーC_2にたくわえられた電気量

②　コンデンサーC_2にたくわえられた静電エネルギー

③　S_2を閉じてから，このときまでに抵抗R_2で発生したジュール熱

20 電流と仕事

★テストに出る重要ポイント

- **電流の強さ**…導体の断面を 1 秒間に 1C の電気量が通過するときの電流の強さを 1A（アンペア）と定めている。導体の断面を Δt〔s〕間に ΔQ〔C〕の電気量が移動するときの電流 I〔A〕は，$\boldsymbol{I=\dfrac{\Delta Q}{\Delta t}}$
自由電子（電気量の絶対値 e〔C〕）が $1\,\mathrm{m}^3$ 中に n 個ある導体でできた断面積 S〔m^2〕の導線中を，電子が平均速度 v〔m/s〕で移動するときの電流の強さ I〔A〕は，$\boldsymbol{I=enSv}$

- **オームの法則**…導体にかかる電圧は電流に比例する。$\boldsymbol{V=RI}$
A 点から抵抗 R を経て B 点に電流 I が流れているとき，B 点の電位は，A 点の電位より $V=RI$ だけ低くなる。これを**電圧降下**という。

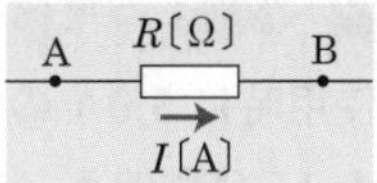

- **抵抗率とその温度変化**…導線の抵抗 R〔Ω〕は，導線の長さ l〔m〕に比例し，断面積 S〔m^2〕に反比例する。比例定数 ρ〔Ω·m〕を**抵抗率**という。　$\boldsymbol{R=\rho\dfrac{l}{S}}$
抵抗率は温度によって変化する。0℃のときの抵抗率を ρ_0，抵抗率の温度係数を α とすると，t〔℃〕のときの抵抗率 ρ は，$\boldsymbol{\rho=\rho_0(1+\alpha t)}$

- **ジュール熱**…電流が抵抗によりエネルギーとしての形態を変え，熱となったものを**ジュール熱**という。電流 I〔A〕が抵抗 R〔Ω〕を流れるとき発生するジュール熱は I^2R に比例する。これを**ジュールの法則**という。抵抗 R〔Ω〕に V〔V〕の電圧がかかり，I〔A〕の電流が流れているとき，t〔s〕間に発生するジュール熱 Q〔J〕は，次のようになる。

$$\boldsymbol{Q=VIt=I^2Rt=\frac{V^2}{R}t}$$

- **電力と電力量**
  (1) **電力**：電流の仕事率を**電力**という。V〔V〕の電圧がかかり，I〔A〕の電流が流れているときの電力 P〔W〕（ワット）は，$\boldsymbol{P=VI}$ である。1W は 1 秒あたり 1J の仕事をするときの仕事率である。
  (2) **電力量**：電力と時間との積をいう。P〔W〕の電力を t〔s〕間供給したときの電力量 W〔J〕は，$\boldsymbol{W=Pt}$

できたらチェック。

基本問題

解答 ⟶ 別冊 p.53

□ 195 電流の式の導出

導線中を流れる電流 I〔A〕を自由電子の移動から求めてみる。次の文中の［　　］に適当な式を入れよ。ただし，自由電子は導線の中を一定の速度 v〔m/s〕で移動するものとする。

導線（断面積 S〔m^2〕）の単位体積（1 m^3）中に含まれる自由電子の数を n 個とすると，導線の断面を通って1秒間に移動する自由電子の数は［　①　］である。したがって，自由電子1個がもつ電気量の絶対値を e〔C〕とすると，導線中を流れる電流 I は，I =［　②　］となる。

□ 196 移動する電荷

使用時に5.0Aの電流が流れる家庭用の電気アイロンがある。この電気アイロンを15分間使うとき，移動する電荷の電気量を求めよ。

197 電流と電圧のグラフ

5種類の電熱線A，B，C，D，Eについて，電流 I と電圧 V の関係を調べてグラフにしたら，図のようになった。次の問いに答えよ。

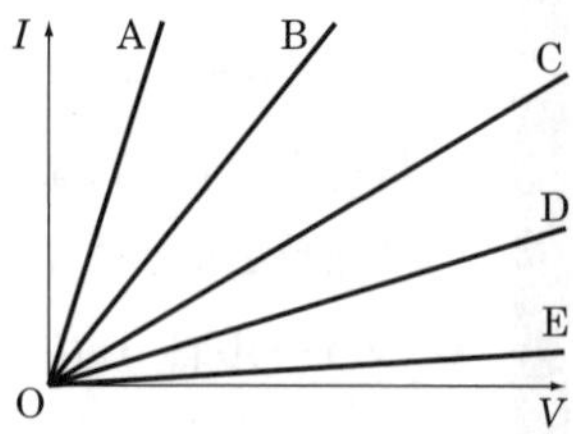

□ (1)　Dより抵抗が大きい電熱線は何本あるか。

□ (2)　最も抵抗の大きい電熱線はどれか。

□ (3)　最も抵抗の小さい電熱線はどれか。

□ 198 ニクロム線の抵抗

ニクロム線の両端に12Vの電圧がかかっている。このとき，このニクロム線には300 mAの電流が流れていた。このニクロム線の抵抗を求めよ。

□ 199 回路の電圧

2.0Aの電流が流れている電流回路がある。この回路全体の抵抗は2.0kΩである。この回路全体にかかる電圧を求めよ。

□ 200 電熱線の電流

500 Ωの電熱線に2.5Vの電圧をかけて電流を流した。このとき，この電熱線に流れる電流の大きさを求めよ。

□ **201** オームの法則の導出　テスト必出

次の文中の［　　］に適当な語または式を入れよ。

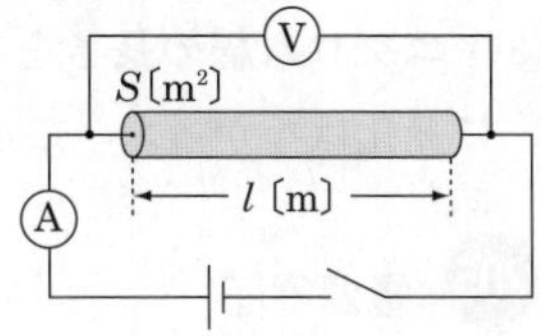

長さ l〔m〕，断面積 S〔m²〕の金属棒と，電池，スイッチ，理想的な電流計，電圧計を用いて図のような回路を作った。スイッチを閉じると，電流計は I〔A〕，電圧計は V〔V〕を示した。金属棒内の自由電子(質量 m〔kg〕，電気量 $-e$〔C〕)の運動を考えてみる。

金属棒内には一様な電場［　①　］〔V/m〕が生じ，自由電子はこの電場から［　②　］〔N〕の大きさの力を受ける。もし，この力のみが自由電子にはたらいているとすると，等加速度運動により自由電子は加速し続けることになる。ところが，実際には，自由電子は金属棒内の原子と衝突をくり返して，そのたびにエネルギーを失うので，全体として一定の平均速度 u〔m/s〕で移動する。このとき，自由電子は原子との衝突により，u に比例した力 au〔N〕(a は比例定数) を抵抗力として受けると考えられる。そして，この抵抗力と電場による力［　②　］〔N〕のつり合いにより，平均速度 u が与えられる。また，金属棒内の自由電子の密度を n〔個/m³〕として，金属棒内を流れる電流 I は u を用いずに表すと［　③　］〔A〕となる。したがって，金属棒の両端の電圧 V〔V〕と金属棒内を流れる電流 I〔A〕の間には $V=$［　④　］I の関係が成り立つ。［　④　］を金属棒の電気抵抗と考えると，この関係式は［　⑤　］の法則を表している。

□ **202** 抵抗率と抵抗

抵抗率が $1.1\times10^{-6}\ \Omega\cdot\mathrm{m}$，半径 1.0×10^{-4} m，長さ 6.28 m の電熱線 A がある。この電熱線 A の抵抗を求めよ。また，電熱線 A と同じ材質でできた半径 2.0×10^{-4} m，長さ 3.14 m の電熱線 B がある。この電熱線 B の抵抗を求めよ。

□ **203** 抵抗率

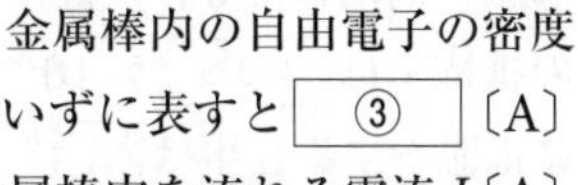

長さ 2.0 m の金属線の抵抗を測定したところ，100 Ω であった。また，断面積は 1.0 mm² であった。この金属線の抵抗率を求めよ。

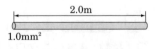

204 抵抗とジュール熱　テスト必出

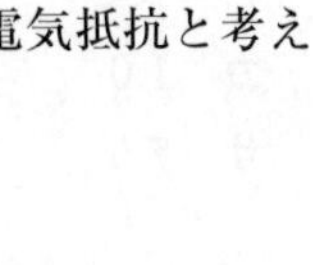

図のような回路で 10 分間スイッチを閉じて 200 mA の電流を流した。電池の電圧は 9.0V で，ニクロム線の抵抗は不明で

あるが，一定であるとみなせる。次の問いに答えよ。

□ (1)　ニクロム線の抵抗を求めよ。

□ (2)　このとき発生するジュール熱を求めよ。

□ (3)　ニクロム線の長さを半分にして 10 分間電流を流した。この間，電池の電圧に変化はなかった。このとき発生するジュール熱は(2)のジュール熱の何倍か。

□ **205** 電源電圧

20Ω の電熱線を 320W の電熱器として使うのに必要な電圧の大きさを求めよ。

□ **206** 抵抗率と電流のする仕事

次の［　　］にあてはまるものを，下のア～スから選べ。同じものをくり返し選んでもよい。

一様な導線の抵抗は，導線の［　①　］に比例し，［　②　］に反比例する。いま，半径 2.0×10^{-3}m の円形の断面をもつ，長さ 3.1m の一様な導線がある。この導線の両端に 2.0V の電位差を与えたところ，4.0A の電流が流れた。この導線の抵抗率は［　③　］$\times10^{-6}$ Ω·m である。また，電流を 10 秒間流すと，この間に電流がする仕事は［　④　］×10J であり，仕事率は［　⑤　］W である。

ア　長さ　　イ　表面積　　ウ　断面積　　エ　体積　　オ　密度
カ　1.0　　キ　2.0　　ク　3.5　　ケ　5.0　　コ　6.0
サ　7.5　　シ　8.0　　ス　9.5

応用問題

解答 ➡ 別冊 p.55

できたらチェック。

□ **207** 〈差がつく〉 断面積 1.0mm² の金属の長い線に 100mA の電流が流れている。このとき金属内を移動する電子の平均速度を求めよ。ただし，この金属内の自由電子の数は 8.5×10^{28} 個/m³，電子の電気量を -1.6×10^{-19}C とする。

208 〈差がつく〉 図のように 200Ω，100Ω，300Ω の 3 種類，4 本のニクロム線を使って回路をつくり，電池に接続した。すると，300Ω の抵抗には 200mA の電流が流れていることがわかった。

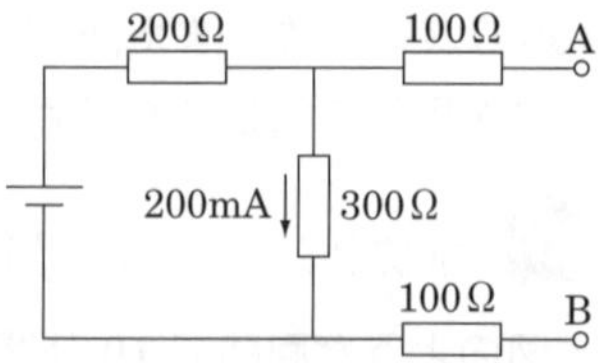

□ (1)　電池の電圧を求めよ。

□ (2)　点 B に対する点 A の電位を求めよ。

□ **209** 〈差がつく〉 **温度 t〔℃〕における抵抗 R〔Ω〕が，R_0 を 0℃における抵抗値として，$R=R_0(1+\alpha t)$ で与えられる導体がある。この導体に 5.0V の電圧をかけたところ，2.0A の電流が流れ，導体の温度は 10℃となった。次に，導体を加熱して 3.0V の電圧をかけたところ，1.0A の電流が流れた。このときの導体の温度を求めよ。ただし，$\alpha=5.0\times10^{-3}$/K とする。**

ガイド　10℃のときの抵抗値を求めれば R_0 がわかる。

例題研究》 **19.** 〈差がつく〉 **A 子さんは 800W と表示のあるヘアドライヤーを使って，洗った髪を 10 分間で乾かす。次の問いに答えよ。**

(1) 消費した電力がすべて熱に変わるものとして，このドライヤーの発熱量を求めよ。

(2) ドライヤーに流れる電流を求めよ。ただし，電源は 100V である。

(3) A 子さんは 1 か月に 25 回こうしてこのドライヤーを使っている。このドライヤーによる 1 か月間の消費電力量は何 kWh か。

(4) いま 1kWh あたりの電力料金が 20 円であるとするとき，このドライヤーの使用による電力料金を求めよ。

着眼　日本の家庭用電源の電圧はふつう 100V であるから，電気器具の消費電力の表示はすべて電圧 100V における値を示している。

解き方 (1) 消費電力量を求めればよい。

$$W=Pt=800\text{W}\times(10\times60)\text{s}=4.8\times10^5\text{J}$$

(2) $P=VI$ の式を変形する。

$$I=\frac{P}{V}=\frac{800\text{W}}{100\text{V}}=8.0\text{A}$$

(3) 1 か月間の消費電力量は，(1)の答えの 25 倍である。

1kWh は，

$$1\text{kWh}=1000\text{W}\times60^2\text{s}=3.6\times10^6\text{J}$$

であるから，1 か月間の消費電力量を〔kWh〕単位で求めると，

$$\frac{4.8\times10^5\text{J}\times25}{3.6\times10^6\text{J/kWh}}=\frac{10}{3}\text{kWh}\fallingdotseq3.3\text{kWh}$$

(4) (3)の答えを 20 倍すればよい。

$$\frac{10}{3}\text{kWh}\times20\,\text{円/kWh}\fallingdotseq67\,\text{円}$$

答 (1) 4.8×10^5J (2) 8.0A (3) 3.3kWh (4) 67 円

210 図のように断面積が S〔$\mathrm{m^2}$〕，長さが L〔m〕の金属棒の両端に電位差 V〔V〕を与える。このとき金属棒内の自由電子がどのような運動をするかを考える。次の文を読み，問いに答えよ。

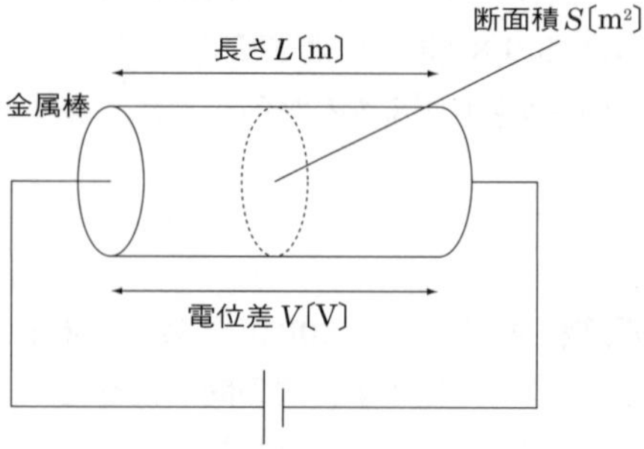

自由電子は金属棒内に生じた電場から力を受けて加速するが，金属棒内で熱運動している陽イオンと衝突して減速する。しかし，そのあとすぐに再び電場から力を受けて自由電子は加速するので，自由電子は金属棒内で加速と減速をくり返し，平均するとある一定の速度で移動すると考えてよい。自由電子の質量を m〔kg〕，電気量を $-e$〔C〕，金属棒の単位体積あたりに占める電子の個数を n〔個/$\mathrm{m^3}$〕とする。

□ (1)　1つの自由電子が金属棒内で発生した電場から受ける力の大きさを求めよ。また，その力の向きは電場の向きに対してどちら向きかを答えよ。

□ (2)　自由電子は金属棒内の陽イオンと衝突したとき速さが0になるとし，上で述べた加速と衝突は平均して Δt〔s〕の時間ごとにくり返されるものとする。この Δt の時間に自由電子が進む距離を求めよ。

□ (3)　自由電子の平均の速さを求めよ。

□ (4)　金属棒を流れる電流の強さを求めよ。

□ (5)　金属棒の抵抗を求めよ。

□ (6)　金属棒内のすべての自由電子が電場からされる仕事の大きさは，金属棒で発生するジュール熱の大きさに等しいことを示せ。

21 直流回路

テストに出る重要ポイント

- **直列回路**…抵抗 R_1〔Ω〕と R_2〔Ω〕を直列につないだときの合成抵抗を R〔Ω〕とすると，**合成抵抗**：$R = R_1 + R_2$
  コンデンサーの場合とは，直列，並列の式の形が逆になるので，注意すること。**直列回路では，各抵抗を流れる電流の強さが等しい。**各抵抗の両端の電圧は抵抗に比例する。

- **並列回路**…抵抗 R_1〔Ω〕と R_2〔Ω〕を並列につないだときの合成抵抗を R〔Ω〕とすると，**合成抵抗**：$\dfrac{1}{R} = \dfrac{1}{R_1} + \dfrac{1}{R_2}$
  並列回路では，各抵抗にかかる電圧が等しい。各抵抗を流れる電流の強さは抵抗に反比例する。

- **電池の起電力と内部抵抗**
  起電力 E〔V〕，内部抵抗 r〔Ω〕の電池に電流 I〔A〕が流れているときの端子電圧 V〔V〕は，

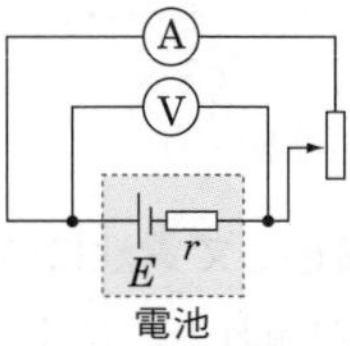

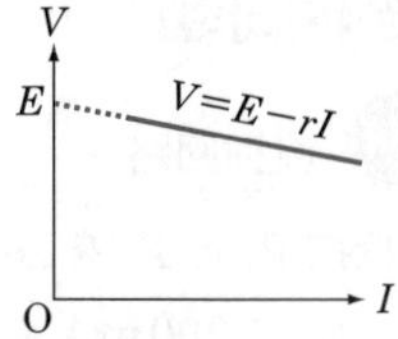

$$V = E - rI$$

内部抵抗 r〔Ω〕と外部抵抗 R〔Ω〕の和を回路の合成抵抗と考えて，オームの法則を用いてもよい。

- **キルヒホッフの法則**
  第1法則：回路の中の任意の分岐点で，
  （流れ込む電流の和）＝（流れ出る電流の和）
  第2法則：定常電流が流れている回路を1周するとき，
  （起電力の和）＝（電圧降下の和）

- **ホイートストンブリッジ**…図において，検流計Gに電流が流れないとき，

$$\frac{R_3}{R_1} = \frac{R_4}{R_2}$$

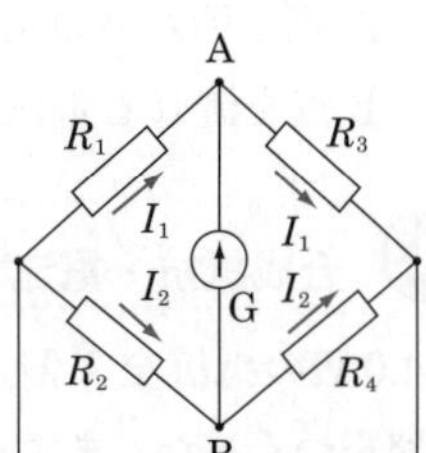

検流計Gを流れる電流が0のとき，R_1，R_3 には等しい電流 I_1 が流れ，R_2，R_4 にも等しい電流 I_2 が流れて，$R_1I_1 = R_2I_2$，$R_3I_1 = R_4I_2$

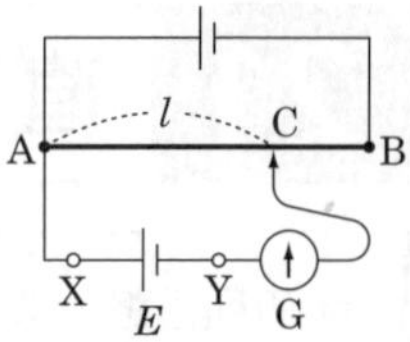

- **電位差計**…電池に電流が流れない状態で，電池の起電力を測る。検流計 G に電流が流れないとき，$E = klI$（k は比例定数）
- **コンデンサーを含む直流回路**…コンデンサーが充電されると，それと直列になっている抵抗には電流は流れない。コンデンサーと並列になった抵抗に電流が流れていれば，抵抗の電圧降下とコンデンサーの電圧は等しい。
- **電流計**…内部抵抗 r〔Ω〕の電流計と並列に $\dfrac{r}{n-1}$〔Ω〕の抵抗を接続すると，最大目盛りの n 倍まで測定できる。
- **電圧計**…内部抵抗 r〔Ω〕の電圧計と直列に $(n-1)r$〔Ω〕の抵抗を接続すると，最大目盛りの n 倍まで測定できる。

基本問題

解答 → 別冊 p.56

211 直列回路

できたらチェック。

抵抗 R_1 と R_2 を直列に接続して電池につないだところ，電流が流れた。

□ (1)　R_1 に 200 mA の電流が流れた。R_2 に流れる電流を求めよ。

□ (2)　R_1 と R_2 にかかる電圧がそれぞれ 1.5V と 4.5V であった。2 つの抵抗全体にかかる電圧を求めよ。

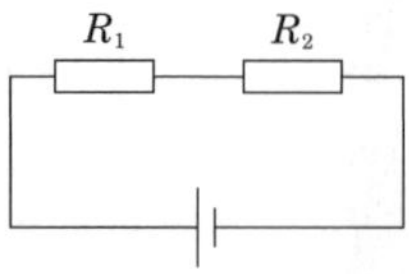

212 並列回路　テスト必出

4.0 Ω と 12 Ω の抵抗 R_1, R_2 を図のように接続し，24V の電池に接続した。次の問いに答えよ。

□ (1)　R_1 と R_2 の合成抵抗を求めよ。

□ (2)　A 点を流れる電流の大きさを求めよ。

□ (3)　B 点を流れる電流の大きさを求めよ。

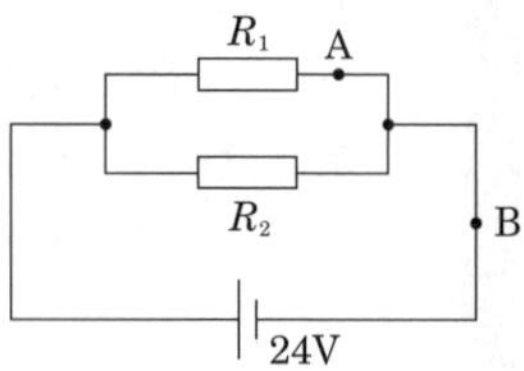

213 合成抵抗・電流・電圧

4.0 Ωの抵抗を 2 個，1.5V の電池を 2 個使っていろいろな回路をつくった。まず，電池を直列にして，これに 2 個の抵抗を直列につないだ。次に 2 個の抵抗を並列につなぎかえた。

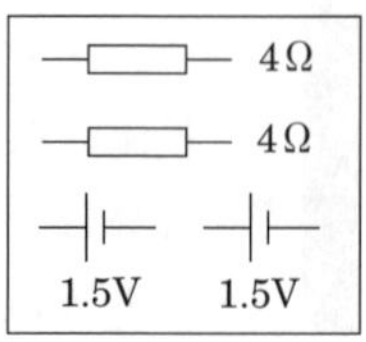

□ (1) 全体の電源電圧を求めよ。

□ (2) 2 個の抵抗を直列につないだときの合成抵抗を求めよ。

□ (3) 2 個の抵抗を並列につなぎかえたときの合成抵抗を求めよ。

□ (4) 2 個の抵抗を並列につなぎかえたときに回路に流れる電流は，抵抗を直列につないだときに回路に流れる電流の何倍か。

214 起電力と内部抵抗の関係

電池に電流を流すと，電極間の電圧は変化する。これは電池の内部抵抗によるものである。次の問いに記号で答えよ。

□ (1) 電池の起電力と内部抵抗の関係を調べる実験に最も適した回路はどれか。

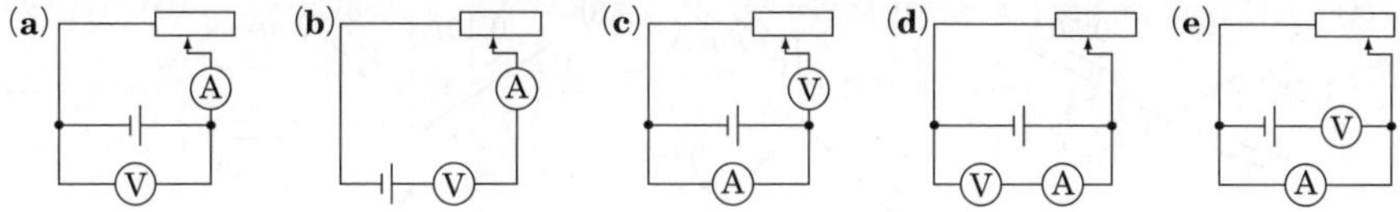

□ (2) 実験を行った結果を縦軸に電圧 V，横軸に電流 I をとって表すと，どのようなグラフが得られるか。

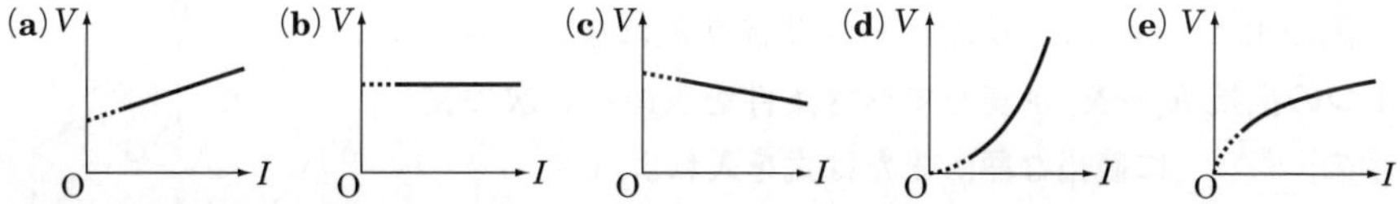

215 回路の電流と電圧

起電力 1.6V，内部抵抗 0.20 Ω の電池に 3.0 Ω の抵抗を接続した。

□ (1) 回路を流れる電流を求めよ。

□ (2) 電池の端子電圧を求めよ。

□ 216 電流の強さと向き 〈テスト必出〉

次の文中の［　　］に適当な語または式，数値を入れ，図の回路の各抵抗に流れる電流の強さと向きを求めよ。ただし，電池 E_1，E_2 の電圧はそれぞれ 40V，90V，また，抵抗 R_1，R_2，R_3 はそれぞれ 30 Ω，20 Ω，10 Ω である。

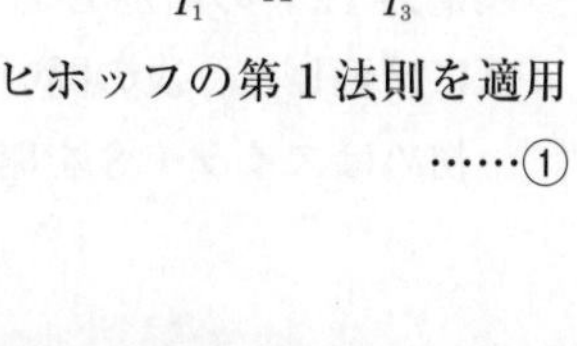

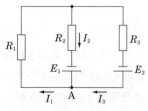

図の矢印のように電流の向きを仮定し，A 点にキルヒホッフの第 1 法則を適用すると，［(ア)］ ……①

回路 a (E_1 → A → R_1 → R_2) にキルヒホッフの第 2 法則を適用すると,

[(イ)] ……②

回路 b (E_2 → A → E_1 → R_2 → R_3) についても同様にして, [(ウ)] ……③

①, ②, ③を解くと, I_1 = [(エ)], I_2 = [(オ)], I_3 = [(カ)] となる。

よって, 符号を考慮すると, R_1 には [(キ)] 向き, R_2 には [(ク)] 向き, R_3 には [(ケ)] 向きの電流が流れることがわかる。

□ 217 回路の電流の向きと大きさ

図はそれぞれある回路の一部を示している。I_1, I_2, I_3 で示した電流の向きと強さを求めよ。

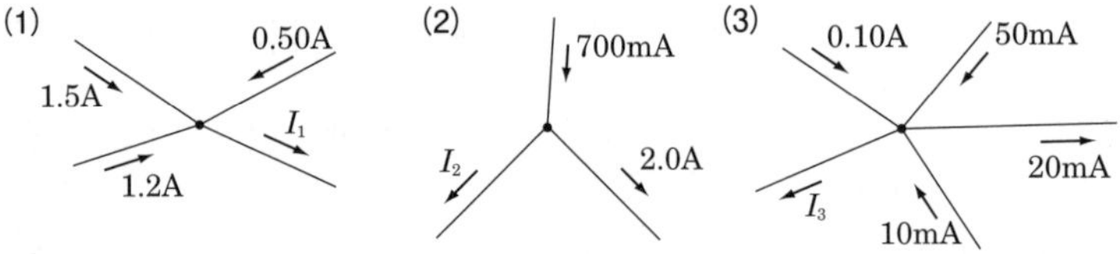

□ 218 抵抗が満たす条件

図のような回路で, 検流計 G に電流が流れないとき, 4 つの抵抗 R_1～R_4 が満たすべき条件を求める。次の文中の [　　] に適当な語, または式を入れよ。

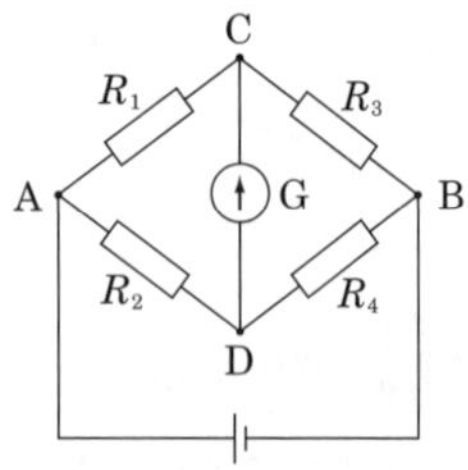

R_1 および R_2 に流れる電流を I_1, I_2 とする。G に電流が流れないから, R_3 に流れる電流は [(ア)], R_4 に流れる電流は [(イ)] である。

G の両端 C, D の電位は [(ウ)] から, AC と [(エ)] の電圧降下は等しい。したがって, R_1I_1 = [(オ)] ……①

また, CB と [(カ)] の電圧降下も等しいから, [(キ)] ……②

①, ②より I_1, I_2 を消去すると, $\dfrac{R_3}{R_1}$ = [(ク)] を得る。

219 抵抗とコンデンサーを含む回路 テスト必出

$R_1 = 1.0\ \Omega$, $R_2 = 3.0\ \Omega$, $R_3 = 2.0\ \Omega$ の抵抗, $C = 4.0\ \mu F$ のコンデンサー, 内部抵抗が無視できる起電力 12V の電池 E およびスイッチ S を図のように接続した。次の問いに答えよ。

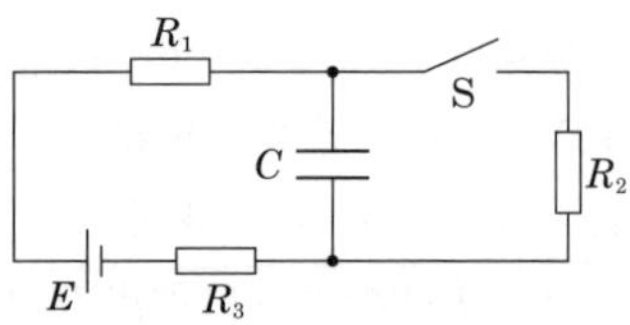

□ (1)　初めはスイッチ S を開けていた。コンデンサーにかかる電圧を求めよ。

その後スイッチSを閉じてから十分時間がたった。

□ (2) 抵抗 R_1 を流れる電流を求めよ。

□ (3) コンデンサーにたくわえられている電気量を求めよ。

□ **220** 電池の起電力

電池の起電力を求める方法について述べた次の文中の［　　］に，適当な式を入れよ。

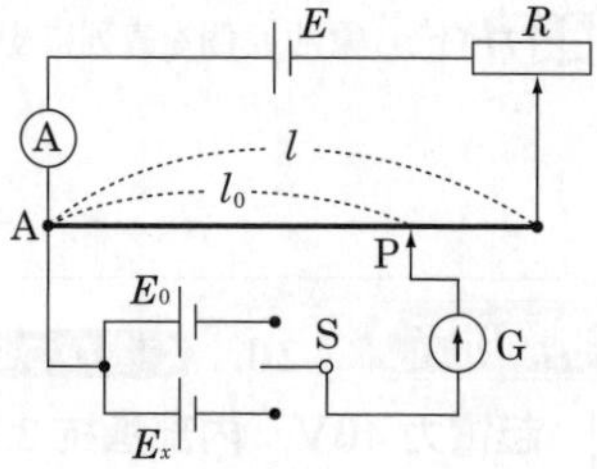

図は起電力のよくわかっている電池 E_0（標準電池）を用いて他の電池の起電力 E_x を求める回路である。スイッチSを E_x 側に入れたとき，AP = l で検流計Gが0を示したとする。電流 I は回路の下側には流れないから，APの1mあたりの抵抗を r〔Ω〕として，AP間の電位差は［(ア)］〔V〕となる。これは E_x に等しいから，E_x = ［(ア)］ ……①

また，スイッチSを E_0 側に入れたとき，AP = l_0 でGが0を示したとする。電流 I は回路の下側には流れないから，AP間の電位差は［(イ)］〔V〕となる。これは E_0 に等しいから， E_0 = ［(イ)］ ……②

①，②から，E_x は E_0 を使って E_x = ［(ウ)］ と表される。

□ **221** 電流計

内部抵抗0.90Ωで，50mAまで測定できる電流計がある。この電流計を500mAまで測定できるようにするためには，どうしたらよいかを簡単に説明せよ。

□ **222** 電圧計

内部抵抗10kΩで，3.0Vまで測定できる電圧計がある。この電圧計を30Vまで測定できるようにするためには，どうしたらよいかを簡単に説明せよ。

応用問題

できたらチェック。

解答 → 別冊 p.57

□ **223** 差がつく 次の文中の［　　］に適当な数値を入れよ。

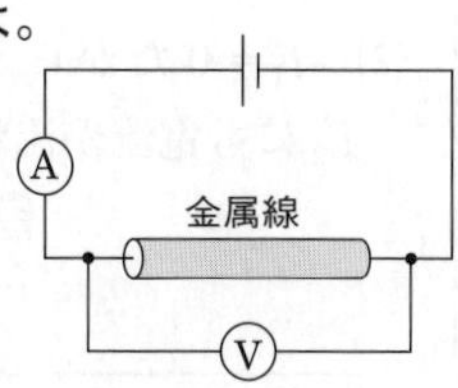

図の回路において，金属線は長さ $4l$〔m〕，断面積 $3S$〔m^2〕である。このとき，電圧計と電流計の読みはそれぞれ1.28V，1.6Aであった。次に，同じ材質で長さ $15l$〔m〕，断面積 $3S$〔m^2〕のものに取りかえると，電圧計と

電流計の読みはそれぞれ［　①　］V，0.50A となった。
以上の結果から，電池の起電力は［　②　］V，内部抵抗は［　③　］Ωである。

□ **224** **起電力 1.5V，内部抵抗 0.10Ω の電池が多数ある。これを用いて起電力 7.5V，内部抵抗 0.050Ω の電源をつくるにはどうしたらよいか。その方法を書け。**

ガイド　電池 n 個を直列にすれば，起電力は n 倍になるが，内部抵抗も n 倍になる。

例題研究》 20. 〈差がつく〉 **$R_1 = 18\,\Omega$，$R_2 = 8.0\,\Omega$，$R_3 = 39\,\Omega$ の抵抗，起電力 40V，内部抵抗 2.0Ω の電池 E_1，起電力 30V，内部抵抗 2.0Ω の電池 E_2，起電力 10V，内部抵抗 1.0Ω の電池 E_3 を図のように接続した。次の問いに答えよ。ただし，点 C は接地してある。**

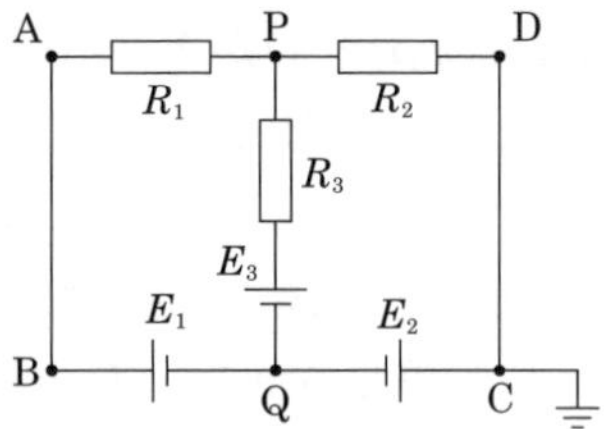

(1) R_1，R_2，R_3 を流れる電流の向きと大きさを求めよ。
(2) 点 P と点 Q の電位を求めよ。

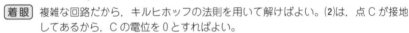

着眼　複雑な回路だから，キルヒホッフの法則を用いて解けばよい。(2)は，点 C が接地してあるから，C の電位を 0 とすればよい。

解き方　(1) R_1，R_2，R_3 を流れる電流をそれぞれ，I_1，I_2，I_3 とし，その向きを右図のように仮定する。

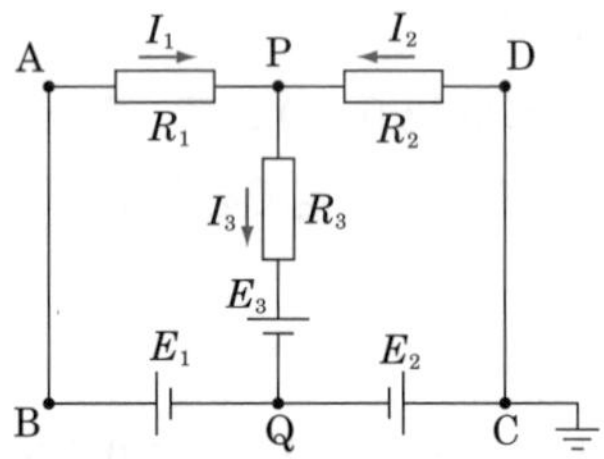

点 P について，キルヒホッフの第 1 法則を用いると，

$$I_1 + I_2 = I_3 \quad \cdots\cdots ①$$

回路 APQBA について，キルヒホッフの第 2 法則を用いると，

$$40\,\text{V} - 10\,\text{V} = (18\,\Omega + 2.0\,\Omega)\,I_1 + (39\,\Omega + 1.0\,\Omega)\,I_3 \quad \cdots\cdots ②$$

回路 DPQCD について，キルヒホッフの第 2 法則を用いると，

$$30\,\text{V} - 10\,\text{V} = (8.0\,\Omega + 2.0\,\Omega)\,I_2 + (39\,\Omega + 1.0\,\Omega)\,I_3 \quad \cdots\cdots ③$$

①，②，③より，$I_1 = 0.50\,\text{A}$，$I_2 = 0\,\text{A}$，$I_3 = 0.50\,\text{A}$

(2) $I_2 = 0$ だから，点 P の電位は点 C と同じで，0V である。また，電池 E_2 にも電流が流れていないから，点 Q の電位は点 C より 30V 低い。

答　(1) R_1：右向き，0.50A；R_2：0A；R_3：下向き，0.50A
(2) 点 P：0V，点 Q：−30V

225 図のような回路に 6 つの抵抗 R_1～R_6（それぞれに流れる電流を I_1～I_6 とする）と，起電力 E_1～E_3 の 3 つの電池が接続されている。

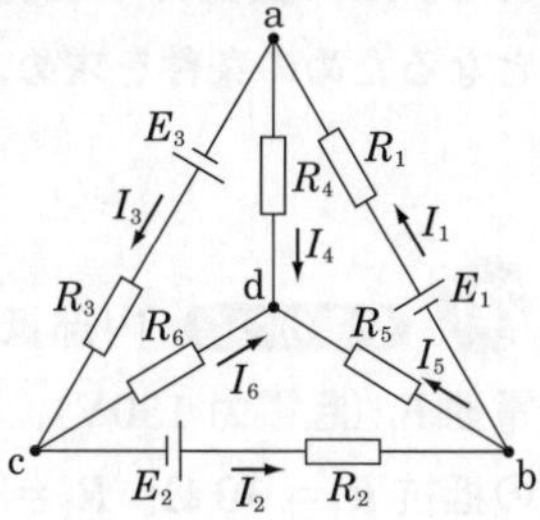

□ (1) a → d → b → a と 1 周する回路についてキルヒホッフの第 2 法則を適用して得られる式を書け。

□ (2) キルヒホッフの第 1 法則の考え方を用いて，I_4, I_5, I_6 を I_1, I_2, I_3 で表せ。

□ (3) 3 つの電池の起電力はいずれも 10V，6 つの抵抗はいずれも 5.0Ω である。I_1, I_2, I_3 の値を求めよ。

例題研究》 21. 〈差がつく〉 図の回路において，R_1 は 30 Ω，R_2 は 10 Ω の抵抗，R_3 は長さ l = 0.10 m，太さは一様で全抵抗 10 Ω の抵抗線で，S はその上をすべる接点である。電池 E は起電力 12V で，内部抵抗は無視できる。

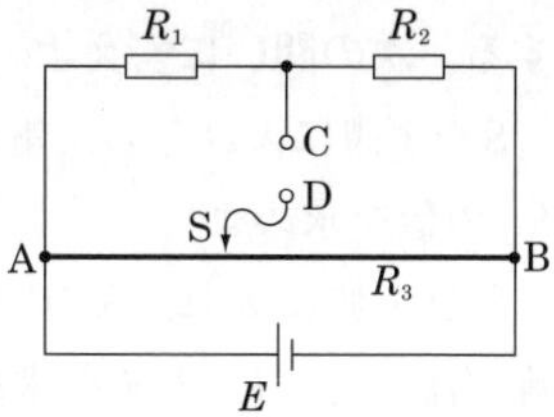

(1) 抵抗線 AB (R_3) を流れる電流を求めよ。

(2) S を抵抗線 AB の中点に置くと，C と D ではどちらの電位が高いか。

(3) CD 間に検流計を置くとき，その針がどちらにも振れないための S の位置は点 A から何 m の場所か。

着眼 (2) 電池 E の − 極を電位 0 の点とすると，点 C の電位は，R_2 の電圧降下に等しい。点 D の電位は BS の電圧降下に等しい。

(3) 検流計の針が振れないのは，C と D の電位が等しいときである。

解き方 (1) AB の両端には 12V の電圧がかかっているので，

$$I = \frac{E}{R_3} = \frac{12\text{V}}{10\ \Omega} = 1.2\text{A}$$

(2) 電池 E の − 極を電位 0 の点とする。直列抵抗の電圧降下は抵抗に比例するので，R_2 の電圧降下は，$12\text{V} \times \dfrac{10\ \Omega}{30\ \Omega + 10\ \Omega} = 3.0\text{V}$

よって，点 C の電位は 3.0V。点 D の電位は，AB の中点の電位と等しいから，$12\text{V} \times \dfrac{1}{2} = 6.0\text{V}$ となり，点 D の電位のほうが高い。

(3) AB は太さが一様だから，AS と BS の抵抗値はその長さに比例する。したがって，AS : BS = R_1 : R_2 になればよい。ゆえに，AS = 3BS

$$\text{AS} = 0.10\,\text{m} \times \frac{\text{AS}}{\text{AS} + \text{BS}} = 0.10\,\text{m} \times \frac{3\text{BS}}{3\text{BS} + \text{BS}} = 0.10\,\text{m} \times \frac{3}{4}$$

$$= 0.075\,\text{m}$$

答 (1) 1.2A (2) D (3) 0.075 m

□ **226** 抵抗 R_1～R_4 とスイッチ S を含む図のような回路がある。この回路で S の開閉にかかわらずに電流 I が一定となるための条件を求めよ。

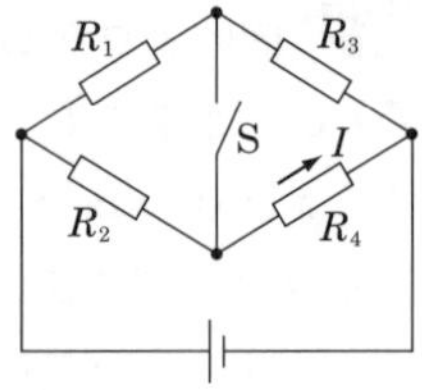

227 差がつく 内部抵抗の無視できる 2 つの電池 E_1（起電力 150V），E_2（起電力 60V）と 3 つの抵抗 $R_1=30\,\Omega$，$R_2=R_3=60\,\Omega$，および可変抵抗 R_V，電流計 A，スイッチ S を図のように接続する。次の問いに答えよ。

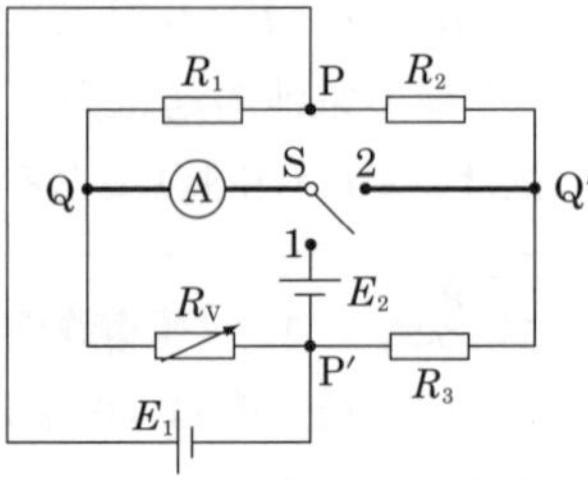

□ (1) S を 1 側に入れたら，電流計 A が 0 を指した。R_V の値を求めよ。

□ (2) S を 1 側に入れ，R_V の値を少し変えたら，電流計 A に右向きに 1.0A の電流が流れた。R_V の値を求めよ。

□ (3) S を 2 側に入れ，電流計 A が 0 を指すようにした。R_V の値を求めよ。

□ (4) S を 2 側に入れ，R_V を 60 Ω にした。このときの電流計 A の読みを求めよ。

□ **228** 次の文の［　　］に適切な数値を入れよ。

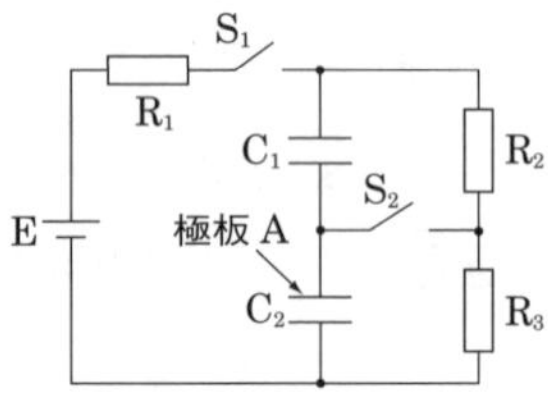

図のように抵抗 R_1，R_2，R_3 とコンデンサー C_1，C_2，およびスイッチ S_1，S_2 が内部抵抗の無視できる起電力 3.0V の電池 E に接続されている。ただし，抵抗 R_1，R_2，R_3 の抵抗値はそれぞれ 10 Ω，20 Ω，30 Ω であり，コンデンサー C_1，C_2 の電気容量はそれぞれ 1.0μF と 4.0μF で，初め両方のコンデンサーの電荷はないものとする。

S_2 を開いたままで，S_1 を閉じた。その直後に R_1 に流れる電流は［①］A である。S_1 を閉じてから，十分時間が経過した。R_2 の両端の電位差は［②］V である。C_2 の両端の電位差は［③］V であり，その極板 A にたくわえられる電気量は［④］C である。また，C_2 にたくわえられる静電エネルギーは［⑤］J である。次に，S_2 も閉じてから十分時間が経過した後，R_3 の両端の電位差は［⑥］V となり，C_2 の両端の電位差は［⑦］V となる。C_2 の極板 A にたくわえられる電気量は［⑧］C である。再び S_2 を開いた後，S_1 を開いた。十分時間が経過した後，C_2 の両端の電位差は［⑨］V となる。C_2 の極板 A にたくわえられる電気量は ⑩ Cである。

229 次の文を読み，問いに答えよ。

図1の回路で，電池の起電力，内部抵抗の測定を行った。可変抵抗器で回路に流れる電流の大きさI〔A〕を変え，そのときの電池の端子電圧V〔V〕を測定した。

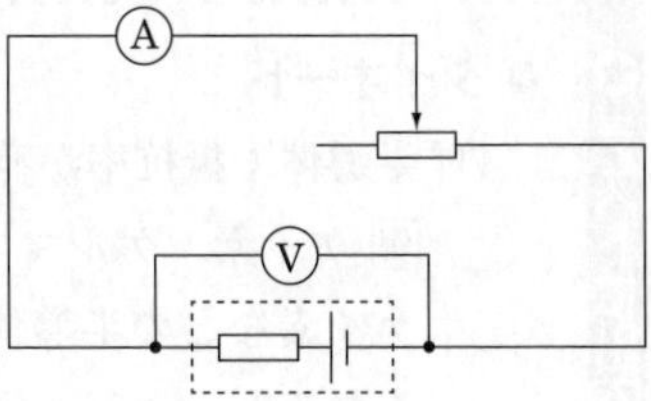

図1

□ (1) 電池の起電力をE〔V〕，内部抵抗をr〔Ω〕とする。回路に流れる電流I〔A〕，電池の端子電圧V〔V〕，E〔V〕およびr〔Ω〕の間の関係を求めよ。

□ (2) 測定の結果をグラフに表すと図2のようになった。このグラフを使って，電池の起電力E〔V〕，内部抵抗r〔Ω〕を求めよ。

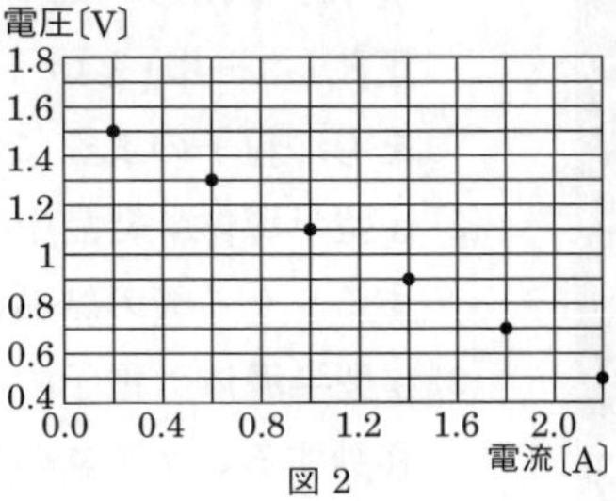

図2

ガイド (1) キルヒホッフの第2法則の式をつくる。可変抵抗における電圧降下は電池の端子電圧Vに等しい。

230 次の文を読み，問いに答えよ。

図は電位差計の概要を示したものである。ABは，単位長さあたりの抵抗がr〔Ω/m〕の，太さの一様な抵抗線である。その長さをl〔m〕とする。その抵抗線には電気抵抗がR_0〔Ω〕の抵抗，起電力がE_1〔V〕，E_S〔V〕，X〔V〕の3つの電池（それぞれの内部抵抗をR_1〔Ω〕，R_S〔Ω〕，R_X〔Ω〕とする），スイッチSならびに検流計Gが図のように接続されている。X〔V〕が，この電位差計で測りたい起電力である。まず，スイッチSをE_Sの電池側に接続し，可動接点Pを動かしてGに電流が流れないようにする。そのときのAPの長さをL_S〔m〕とする。次に，Sを起電力X〔V〕の電池側に切り替えて可動接点Pを動かし，Gに電流が流れないようにする。そのときのAPの長さをL〔m〕とする。

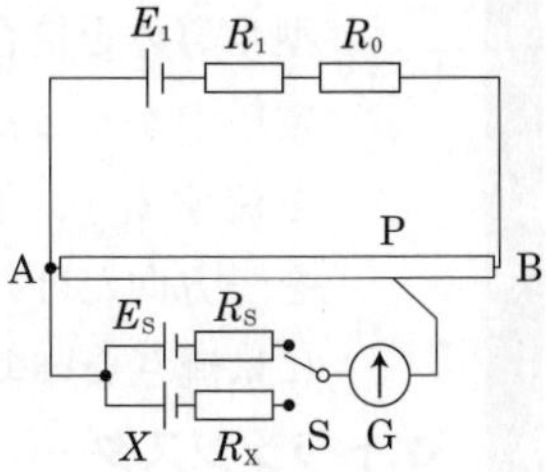

□ (1) Gに電流が流れないとき，R_0〔Ω〕の抵抗に流れる電流I〔A〕をE_1, R_1, R_0, r, lを用いて表せ。

□ (2) E_SとXをそれぞれ，r, I, L, L_Sの中の必要なものを用いて表せ。

□ (3) XをE_S, L, L_Sを用いて表せ。

22 半導体と非直線抵抗

テストに出る重要ポイント

ダイオード

(1) **半導体**：抵抗率が導体と不導体の中間の値を示す物質。

例 ケイ素，ゲルマニウム

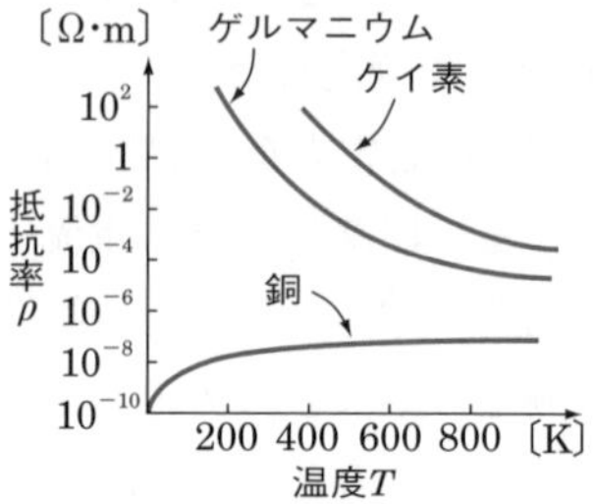

ケイ素などの半導体では，温度が高くなると，一部の電子が結晶内を自由に移動できるようになるので，抵抗率が下がる。電子が抜けた場所を**正孔（ホール）**という。正孔は正電荷をもつ粒子のように移動する。

(2) **n 型半導体**：結晶中の余った電子により電流を流す。負電荷が移動する。ケイ素の結晶に微量のリンなどを混ぜると，電子が余る。

(3) **p 型半導体**：電子の不足状態をつくり出して電流を流す。正電荷が移動する。ケイ素の結晶に微量のホウ素などを混ぜると，電子が不足して，正孔ができる。

(4) ダイオード：n 型半導体と p 型半導体を接合し，順方向の電圧がかかったときだけ電流を流す素子。**整流作用**（電流を一方向だけに流し，逆方向には流さないようにするはたらき）がある。

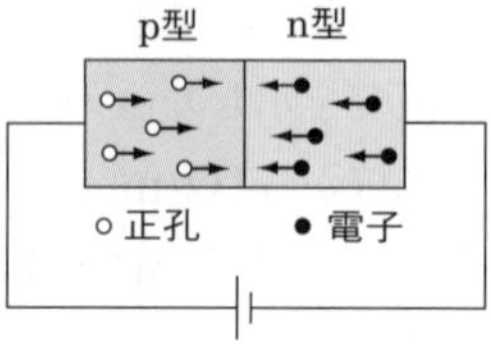

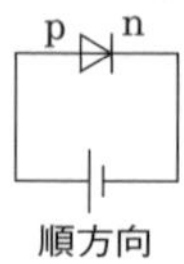

トランジスタ

トランジスタ…n 型半導体の間に薄い p 型半導体をはさんだり，p 型半導体の間に薄い n 型半導体をはさんだりしてつくった素子。**増幅作用**（微弱な電流を大きな電流にするはたらき）がある。

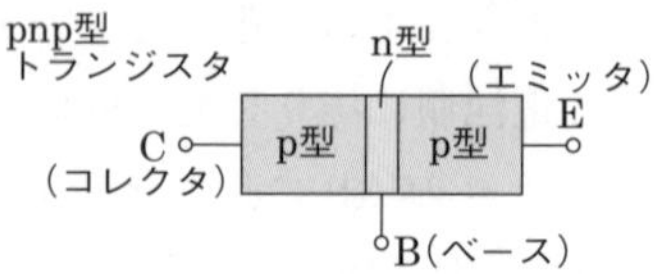

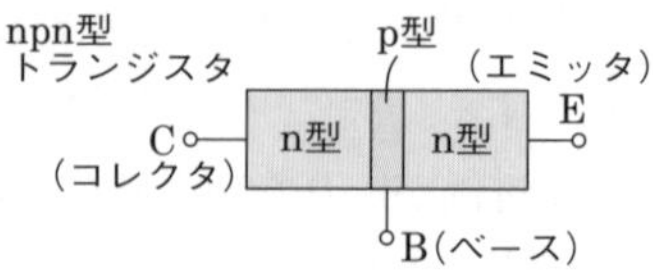

非直線抵抗

非直線抵抗…電圧と電流の関係を示すグラフが直線にならない抵抗。非オーム抵抗（オームの法則に従わない抵抗という意味）ともいう。

できたらチェック。 基本問題

解答 → 別冊 p.60

□ **231** ダイオード

図において E_1, E_2 は内部抵抗を無視できる電池，R_1, R_2 は抵抗である。D は順方向に電圧がかかっているときは抵抗が 0 を示すが，逆方向に電圧がかかっているときにはまったく電流を流さない理想的なダイオードである。ダイオード D に電流が流れないための条件を E_1, E_2, R_1 および R_2 を用いて表せ。

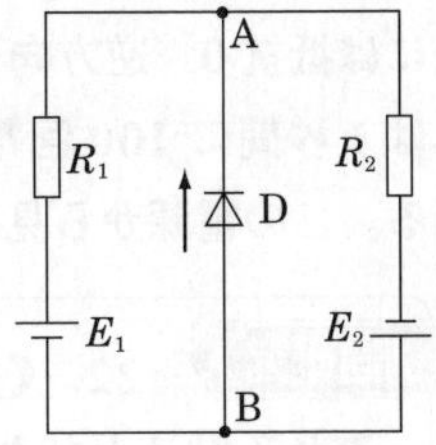

□ **232** トランジスタ

トランジスタについての次の文中の［　　］に適語を入れよ。ただし，番号が異なっていても同じ語句が入ることがあるので注意すること。

トランジスタには pnp 型トランジスタと［ ① ］型トランジスタがある。pnp 型トランジスタは 2 つの［ ② ］型半導体の間に薄い［ ③ ］型半導体を挿入して接合したものであり，［ ① ］型トランジスタは 2 つの［ ④ ］型半導体の間に薄い［ ⑤ ］型半導体を挿入して接合したものである。

□ **233** トランジスタのはたらき

次のア〜エの中から正しいものを 1 つ選べ。

ア　整流作用をもつのはトランジスタだけである。
イ　真空管に比べて，トランジスタは発熱が多い。
ウ　トランジスタでは微小な電流を制御することはできない。
エ　増幅作用はトランジスタの代表的なはたらきである。

234 非直線抵抗 〈テスト必出〉

電球に加えた電圧と流れる電流の関係をグラフにしたところ，図のようになった。この電球と 20 Ω の抵抗を直列に接続して 8.0V の電圧をかけた。次の問いに答えよ。

□ (1)　回路を流れる電流を I〔A〕，電球にかかる電圧を V〔V〕として，I と V の関係式をつくれ。
□ (2)　(1)で得られた式を，図中にグラフで表せ。
□ (3)　グラフの交点から電球を流れる電流を求めよ。

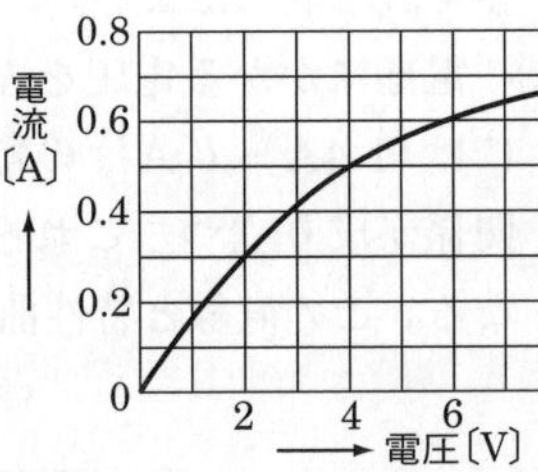

できたらチェック。

応用問題

解答 ➡ 別冊 p.61

□ **235** 〈差がつく〉 **図において，ダイオードDは順方向には抵抗0，逆方向には無限に大きい抵抗を示す。電源は1秒間に100回電流の向きが変わる性質をもっている。この電源から見た回路の全抵抗を求めよ。**

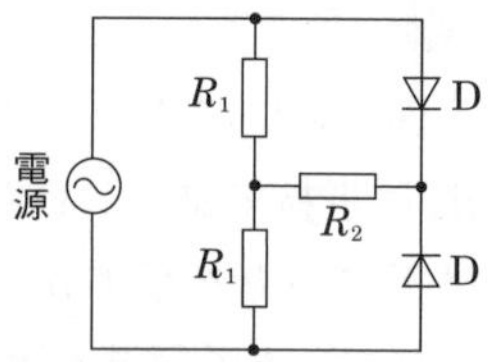

例題研究》　22. 〈差がつく〉 **ある電球について，流れる電流と加わる電圧の関係（特性曲線）を調べたら，右のグラフのようになった。次の問いに答えよ。**

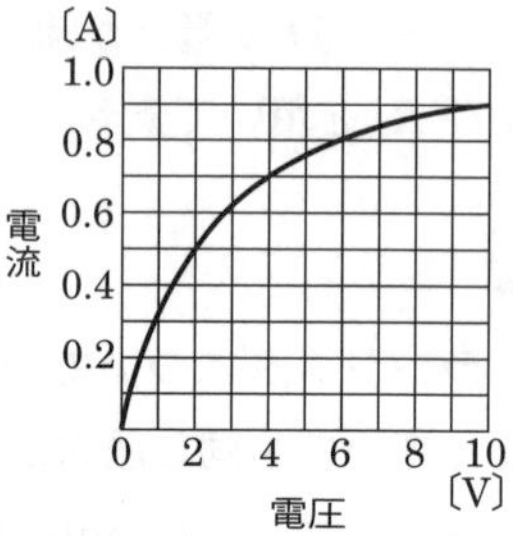

(1)　この電球を20Ωの一定な抵抗と直列につないで，起電力が12Vで内部抵抗の無視できる電池に接続した。このとき電球に流れる電流を求めよ。

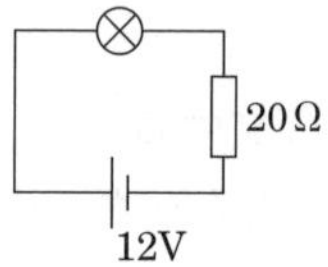

(2)　この電球を10Ωの一定な抵抗と並列につないで，起電力が不明で内部抵抗の無視できる電池に接続したところ，1.4Aの電流が流れた。このとき使用した電池の起電力を求めよ。

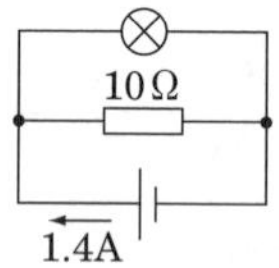

着眼　この電球の電流－電圧特性曲線は直線でないから，オームの法則は使えない。グラフを使って解く。

解き方　(1)　電球にかかる電圧を V〔V〕，流れる電流を I〔A〕とする。20Ωの抵抗にも同じ強さの電流が流れるから，20Ωの抵抗の両端の電圧〔V〕は $20\,\Omega \times I$ である。

したがって，$12\text{V} = 20\,\Omega \times I + V$

これを上のグラフにかき込むと，右図の(1)の直線になる。この直線と特性曲線との交点の電流値を読み取ればよい。

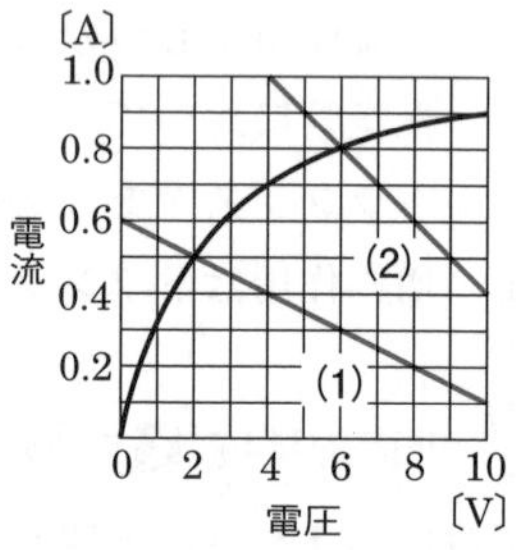

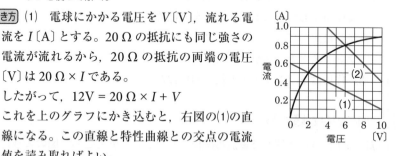

(2)　電球にかかる電圧を V〔V〕，流れる電流を I〔A〕とする。10Ωの抵抗には $(1.4\text{A} - I〔\text{A}〕)$ の電流が流れるから，$V = 10\,\Omega \times (1.4\text{A} - I〔\text{A}〕)$ の関係が成り立つ。これを問題のグラフにかき込むと，上図の(2)の直線になる。この直線と特性曲線との交点の電圧値を読み取ればよい。

答　(1) 0.50A　(2) 6.0V

□ **236** **100V，100W の電球の電流－電圧特性を調べたところ，図 1 のような結果を得た。この電球を 30 Ω と 50 Ω の 2 本の抵抗と電源に，図 2 のように接続した。30 Ω の抵抗に 1.8A の電流を流すために必要な電源の電圧を求めよ。**

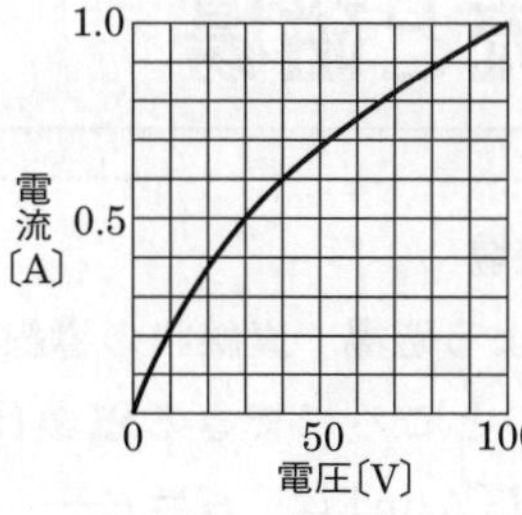

図 1

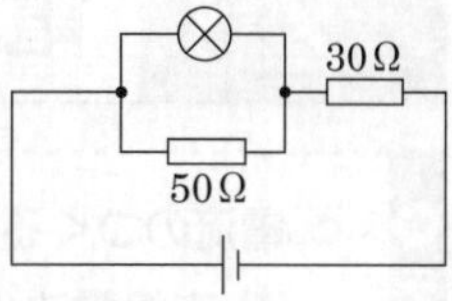

図 2

ガイド　電源の電圧は，電球の電圧と 30 Ω の抵抗の電圧の和に等しい。

237 **電球に加える電圧を高くするほど金属フィラメントは明るく輝く。ある豆電球の電圧と電流の関係を図 1 に示す。**

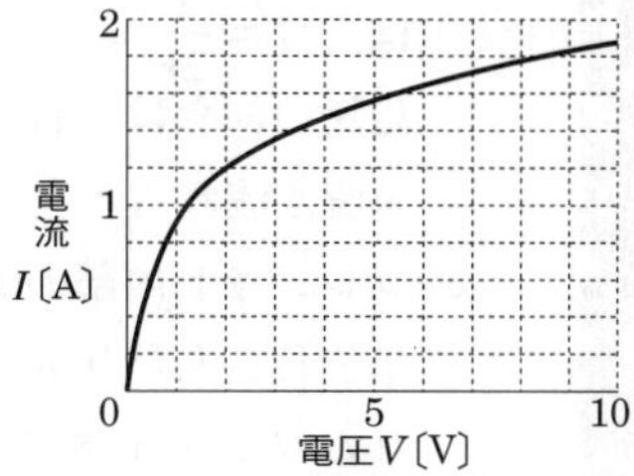

図 1

□ (1) ［　　］に入る語句を下の記号で答えよ。

図 1 において，電流が電圧に比例していない。その理由として，金属フィラメントにかける電圧を高くすると，金属フィラメント中の［ ① ］が強くなり，［ ② ］の［ ③ ］は増加する。それにともなって，［ ④ ］の熱運動が激しくなるため，［ ② ］の移動がさまたげられて，電気抵抗が［ ⑤ ］ためである。

ア　小さくなる　　イ　大きくなる　　ウ　変わらない
エ　静電エネルギー　　オ　運動エネルギー　　カ　位置エネルギー
キ　陽イオン　　ク　自由電子　　ケ　磁場　　コ　電場

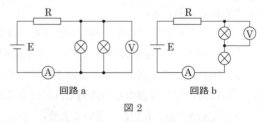

□ (2) 図 1 の関係をもつ豆電球を，内部抵抗が無視できる起電力 10.0V の電池 E，抵抗値 R〔Ω〕の抵抗 R を用いて図 2 の回路 a と b のように接続した。1 つの豆電球にかかる電圧 V〔V〕と流れる電流 I〔A〕の関係式を，a と b についてそれぞれ答えよ。

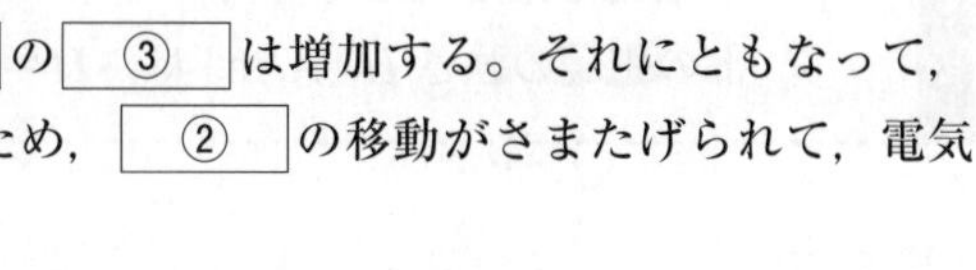

回路 a　　回路 b
図 2

□ (3) R の抵抗値が 5.0 Ω のとき，図 1 を用いて，a と b での 1 つの豆電球にかかる電圧 V_a および V_b と電流 I_a および I_b をそれぞれ求めよ。

23 電流と磁場

テストに出る重要ポイント

電流のつくる磁場

(1) **直線電流による磁場**：直線状の導線にI〔A〕の電流を流したとき，距離r〔m〕のところにできる磁場(磁界)の強さH〔A/m〕は，$H=\dfrac{I}{2\pi r}$
磁場の向きは，右ねじの進む向きに電流が流れるとき，右ねじの回転の向き。

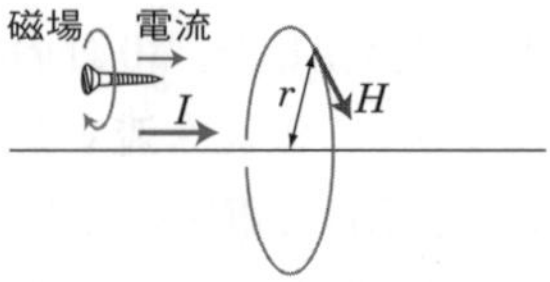

(2) **円電流による磁場**：半径r〔m〕の円形コイルにI〔A〕の電流を流したとき，中心の磁場の強さH〔A/m〕は，$H=\dfrac{I}{2r}$
磁場の向きは，右ねじの回転の向きに電流が流れるとき，右ねじの進む向き。

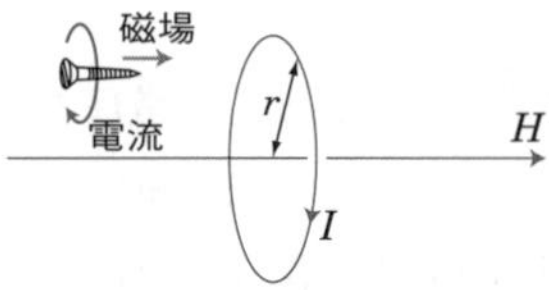

(3) **ソレノイド内部の磁場**：単位長さあたりn回巻かれたソレノイドにI〔A〕の電流を流したとき，内部の磁場の強さH〔A/m〕は，$H=nI$

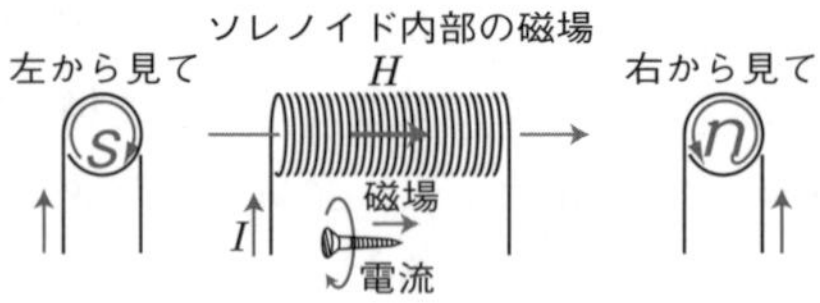

基本問題

解答 ➡ 別冊 p.62

238 直線電流の磁場

できたらチェック。

次の問いに答えよ。

□ (1) 十分に長い直線状の細い導線を流れる直流電流I〔A〕がつくる磁場$\vec{H}$は，電流に垂直な平面内に同心円状になっている。図において，電流の流れる向きはア，イのどちらか。

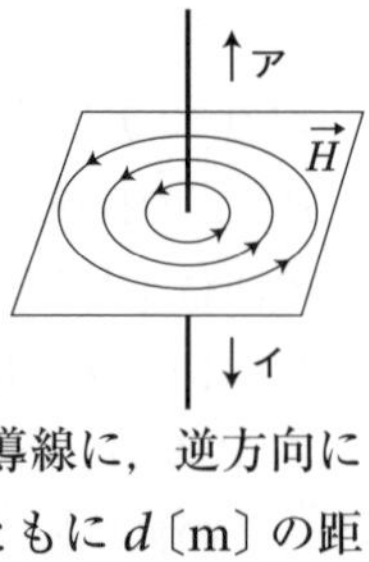

□ (2) 図において，導線からの距離L〔m〕の点における磁場の強さH〔A/m〕を，IとLを用いて表せ。

□ (3) 間隔が$2d$〔m〕の，十分に長い2本の平行な直線状の細い導線に，逆方向に同じ大きさの電流I〔A〕を流す。このとき，2本の導線からともにd〔m〕の距離にある点の，この2本の導線に流れる電流による磁場の強さを求めよ。

□ **239** 円電流の中心の磁場 テスト必出

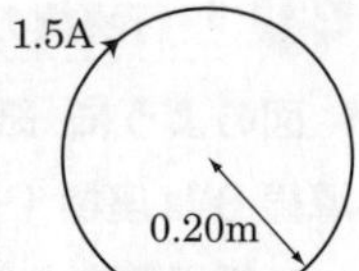

半径 0.20 m の円形コイルに 1.5A の電流を図の矢印の向きに流した。円形コイルの中心にできる磁場の強さを求めよ。また，磁場の向きは紙面の裏から表向きか，表から裏向きか。

□ **240** ソレノイド内部の磁場 テスト必出

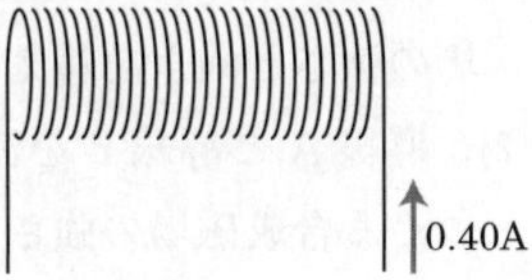

長さ 0.25 m の 500 回巻きのソレノイドに 0.40A の電流を流した。ソレノイド内部にできる磁場の強さと向きを答えよ。

例題研究》 **23. 南北に張られた導線の真下 0.10 m に方位磁石をおいて，導線に電流を流したところ，方位磁石は 30° 東側に振れて止まった。地球磁場の水平成分を 25A/m，磁針の大きさは無視できるものとして，次の問いに答えよ。**

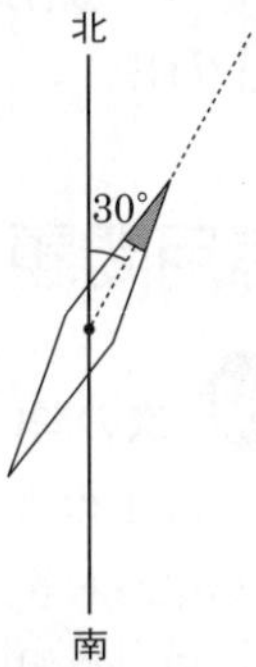

(1) 導線に流した電流の向きを答えよ。

(2) 方位磁石の位置に，導線を流れる電流がつくる磁場の強さはいくらか。

(3) 導線に流れる電流の強さはいくらか。

着眼 (1) 磁針が東に振れたことから，磁場の向きは東向きであることがわかる。

(2) 地球磁場の水平成分と直線電流がつくる磁場の合成磁場の向きが磁針の向き。

解き方 (1) 磁針が東に振れたので，直線電流が磁針の位置につくる磁場の向きは東向きである。したがって，右ねじの法則より，直線電流の向きは北から南の向きである。

(2) 直線電流が磁針の場所につくる磁場の強さを H〔A/m〕とすれば，

$$H = 25\text{A/m} \times \tan 30° = 25\text{A/m} \times \frac{1}{\sqrt{3}}$$

$$\fallingdotseq 14\text{A/m}$$

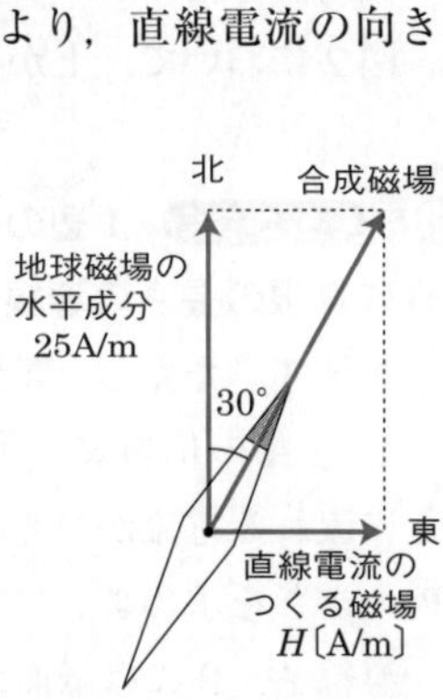

(3) 導線に流れる電流の強さを I〔A〕とすれば，

$$H = \frac{I}{2\pi r} \text{ より}, 25\text{A/m} \times \frac{1}{\sqrt{3}} = \frac{I}{2 \times 3.14 \times 0.10\text{m}}$$

よって，$I = \dfrac{25\text{A/m} \times 2 \times 3.14 \times 0.10\text{m}}{\sqrt{3}} \fallingdotseq 9.1\text{A}$

答 (1) 北から南の向き (2) 14A/m (3) 9.1A

241 平行導線の磁場 〈テスト必出〉

図のように，紙面に垂直に置かれた 2 本の導線がある。導線 A は座標 $(a, 0)$，導線 B は座標 $(-a, 0)$ を通っている。導線 A には紙面表向きに I〔A〕，導線 B には紙面裏向きに I〔A〕の電流を流した。次の問いに答えよ。

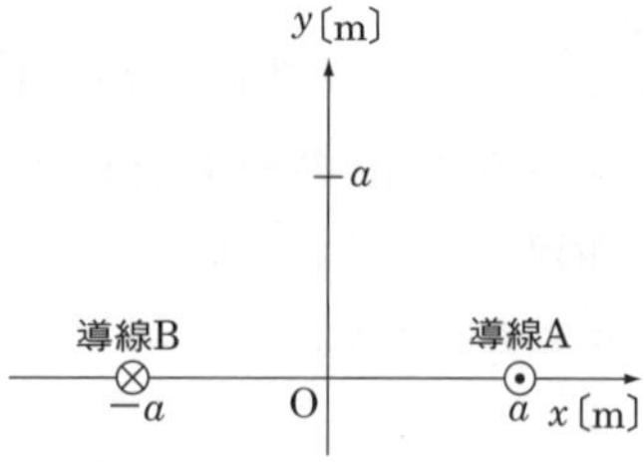

□ (1) 導線 A を流れる電流が原点 O につくる磁場の強さと向きを答えよ。

□ (2) 導線 A と導線 B を流れる電流が原点 O につくる合成磁場の強さと向きを答えよ。

□ (3) 導線 A と導線 B を流れる電流が点 $(0, a)$ につくる合成磁場の強さと向きを答えよ。

ガイド　(2), (3) 磁場はベクトルなので，合成磁場を求める場合はベクトル和を考える。

応用問題

解答 ➡ 別冊 p.63

できたらチェック。

242 次の問いに答えよ。

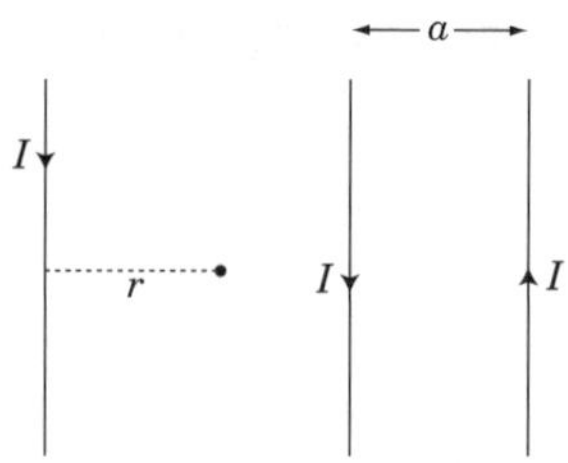

図 1　　図 2

□ (1) 図 1 のように，真空内に鉛直で十分長い直線導線があり，上から下に一定電流 I〔A〕が流れている。導線から水平距離 r〔m〕における磁場の強さ H〔N/Wb〕を求めよ。

□ (2) 図 1 において，上から下を見たときの磁力線の概略図を描け。

□ (3) 図 2 において，上から下を見たときの磁力線の概略図を描け。

243 〈差がつく〉

1 辺の長さが l〔m〕の正方形の頂点 A，B，C，D に，紙面に垂直に無限の長さの導線を置き，それぞれの導線に電流 I〔A〕を流す。ただし，真空の透磁率を μ_0〔N/A^2〕とする。

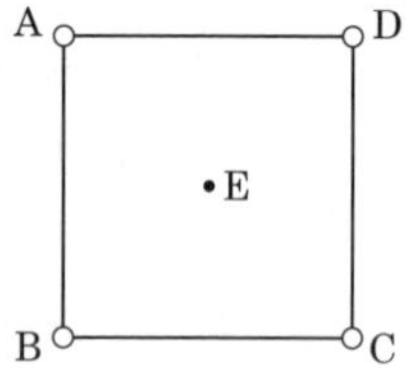

□ (1) 導線 A の位置に，導線 B，C，D に紙面裏から表向きに流れる電流がつくるそれぞれの磁場および合成磁場の大きさを求めよ。

□ (2) 導線 A，B には紙面裏から表向きに，導線 C，D には紙面表から裏向きに電流を流したとき，点 E の位置につくる合成磁場の大きさと向きについて述べよ。

ガイド　$H=\dfrac{I}{2\pi r}$ を利用する。

24 磁場が電流におよぼす力

★テストに出る重要ポイント

- **磁場と磁束密度**…磁場の強さ H〔A/m〕の場所の**磁束密度** B〔T〕は，

$$B = \mu H$$

μ を**透磁率**と呼ぶ。

- **磁場が電流におよぼす力**…磁束密度 B〔T〕の磁場内で磁場に対して角度 θ で置かれた長さ l〔m〕の導体棒に I〔A〕の電流を流したとき，導体棒にはたらく力の大きさ F〔N〕は，

$$F = IBl\sin\theta$$

力の向きは，磁場と電流とに垂直な方向で，**フレミングの左手の法則**を用いるとよい。

- **フレミングの左手の法則**…左手の親指，人さし指，中指を，図のように互いに垂直に開き，中指を電流 I，人さし指を磁束密度 B（磁場 H）の向きに向けると，親指が，電流が磁場から受ける力 F の向きを示す。

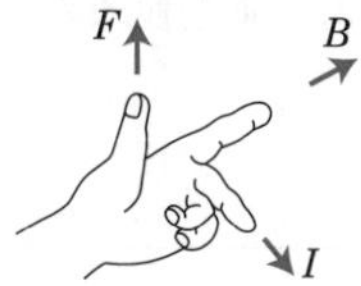

- **ローレンツ力**…磁束密度 B〔T〕の磁場の中を，電気量 q〔C〕の荷電粒子が磁場に対して角度 θ の方向に速さ v で運動するとき，荷電粒子にはたらく力の大きさ f〔N〕は，

$$f = qvB\sin\theta$$

基本問題

できたらチェック。

解答 ➡ 別冊 p.64

□ **244** 磁場中の導線にはたらく力

磁束密度 20T の磁場の中で，磁場に垂直に置かれた長さ 0.50 m の導線に，2.0A の電流を流した。導線にはたらく力の大きさを求めよ。

□ **245** 平行な導線間にはたらく力

0.40 m の間隔で平行に置かれた導線に，同じ方向に 1.5A の電流を流した。導線の単位長さあたりにはたらく力の大きさはいくらか。また，引力か斥力（反発力）か。ただし，透磁率を 1.3×10^{-7} N/A^2 とする。

例題研究》 24. テスト必出 **磁束密度 B〔T〕の一様な磁場の中で，質量 m〔kg〕，電気量 q〔C〕の正に帯電した荷電粒子を磁場に垂直に速さ v〔m/s〕で運動させたところ，荷電粒子は等速円運動を行った。**

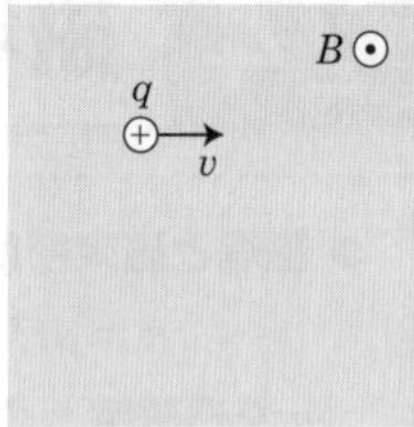

(1) 荷電粒子の円運動の半径を求めよ。

(2) 荷電粒子が1回転する時間を求めよ。

着眼 (1) 荷電粒子はローレンツ力によって等速円運動をするので，向心加速度 $\frac{v^2}{r}$ を用いて運動方程式をつくる。

解き方 (1) 円運動の半径を r〔m〕として運動方程式をつくると，

$$m\frac{v^2}{r} = qvB$$

となるので，$r = \dfrac{mv}{qB}$

(2) 荷電粒子が1回転する時間 T〔s〕は，$T = \dfrac{2\pi r}{v} = \dfrac{2\pi m}{qB}$

答 (1) $\dfrac{mv}{qB}$　(2) $\dfrac{2\pi m}{qB}$

246 磁場中の長方形コイル

次の文を読み，問いに答えよ。

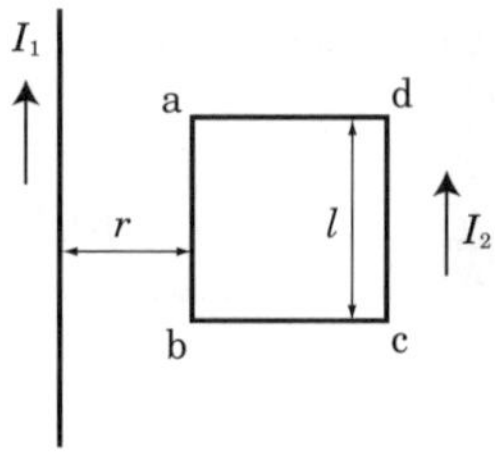

図に示すように，真空中で固定された無限に長く細い直線導線中を，大きさ I_1〔A〕をもつ直流電流が矢印の向きに流れている。また，その右側に1辺の長さが l〔m〕である正方形の閉じた回路 abcd が，直線導線と同じ平面上で辺 ab が直線導線と平行になるように固定されている。このとき，直線導線と辺 ab の距離は r〔m〕であり，真空の透磁率は μ_0〔N/A^2〕とする。

□ (1) 回路上，a および d 点における磁束密度の大きさ B〔T〕を求めよ。

□ (2) 次に，正方形回路に a → b → c → d → a の向きに微小な直流電流 I_2〔A〕を流す。このとき，回路の1辺 ab が受ける力の大きさ F_{ab}〔N〕を求めよ。

□ (3) 同様にして，回路の他の辺 cd が受ける力の大きさ F_{cd}〔N〕を求めよ。

□ (4) この正方形回路全体が，回路のある平面上で直線電流がつくる磁場から受ける合力の大きさ F_1〔N〕を求めよ。またこの合力のはたらく向きを，b → a，a → b，c → b，b → c のいずれかで答えよ。

応用問題

解答 ➡ 別冊 p.64

247 次の文を読み，問いに答えよ。

図のように，x 軸に沿って置かれた断面積 A〔m^2〕の導線に，x 軸の正方向に強さ I〔A〕の電流が流れている。電流を担うのは負電荷をもつ電子である。電子の電気量を $q=-e$〔C〕$(e>0)$，質量を m〔kg〕とし，単位体積あたりの電子数を n〔個/m^3〕とする。

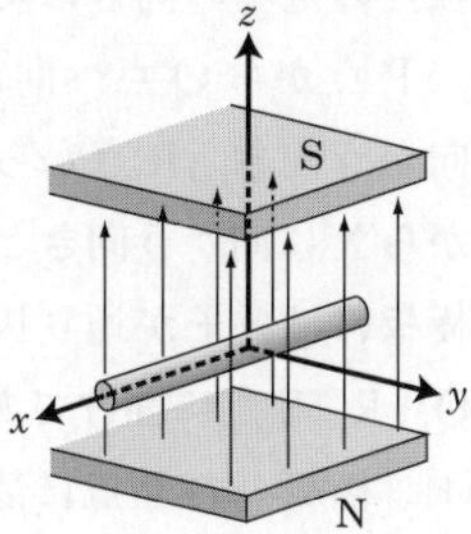

できたらチェック。

□ (1) 電子はすべて等しい速度で移動しているものとすると，電子が移動する速さと向きはどうなるか。

□ (2) 図の導線中の電子は，磁束密度 B〔T〕で z 軸正方向の磁場から力を受ける。電子にかかる力は導線に伝わるから，この力は導線が受ける力に等しい。導線の長さ L〔m〕の部分が磁場から受ける力の大きさと向きを求めよ。

248 次の文を読み，問いに答えよ。

図に示すような構造のモーターをつくり，導線OPQR（巻線と呼ぶ）に電流 i を流す。OPQRは長方形をなし，辺OPは x 軸に平行である。モーターの回転軸は辺PQの中点を通り，x 軸に平行である。辺OPの長さを a，辺PQの長さを d とする。整流子により，辺OPがS極側にあるときはO→P→Q→Rの向きに，辺OPがN極側にあるときはR→Q→P→Oの向きに電流が流れる。巻線を含む領域で，磁場は y 軸に平行であり，磁束密度の大きさは B で一様かつ一定とする。

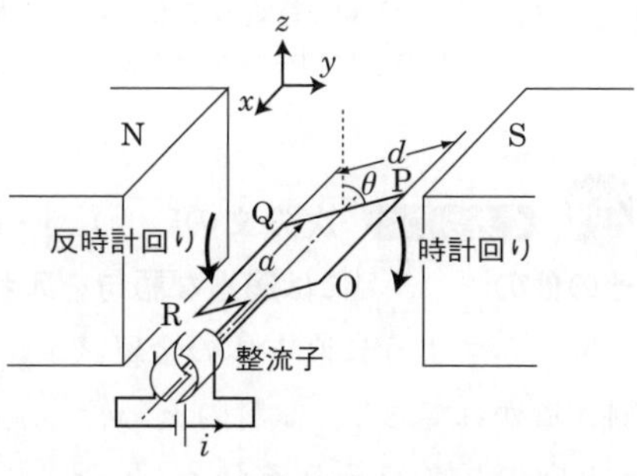

□ (1) 巻線の回転の向きは，図の時計回り，反時計回りのいずれであるか。

□ (2) 辺PQが z 軸方向となす角が θ であるとき，巻線にかかる偶力のモーメントを求めよ。

249 〈差がつく〉 次の文を読み，問いに答えよ。

次の図のような装置における，正電荷 q をもつ質量 m の粒子の運動を考える。間隔 d で平行におかれた極板間には，強さ E の一様な電場が極板と垂直に加えられており，その外側には，一定の磁場（磁束密度 B）が紙面の裏から表向きに加えられている。極板間の電場の向きは切り替えることができ，粒子がP点からQ点へ向かうときは極板XからYに向かう向き，R点からS点に向かうときは極板YからXに向かう向きとなるようにしてある。また，極板には粒子が通り抜けられるように小さな穴がQ，R，S点に開けてある。

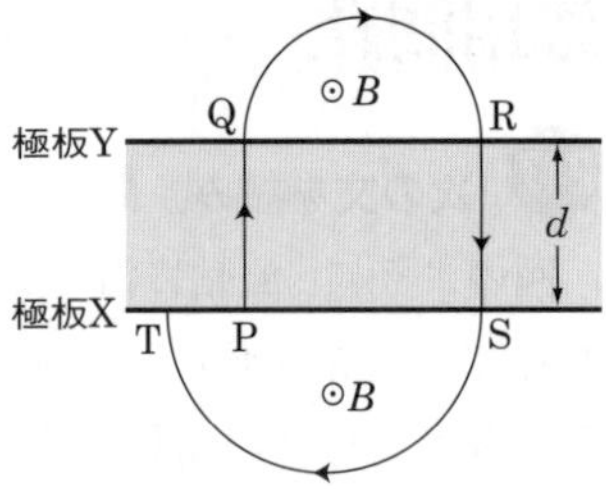

□ (1)　極板上のP点に静止していた粒子が加速され，Q点に到達したときの速さ v と到達するまでの時間 t を求めよ。

□ (2)　Q点を通過した粒子は半円を描いて運動する。その半径 r を求めよ。

□ (3)　R点からS点に向かう際，粒子はさらに加速される。S点に到達したときの粒子の速さは v の何倍か。

□ (4)　S点を通過した粒子は半円を描いて運動し，T点に到達する。距離PTを求めよ。

ガイド　(1) PQ間は電気力によって等加速度直線運動をする。
(2) 粒子はローレンツ力によって等速円運動をする。

□ **250** 差がつく **次の文の ① ・ ② と ⑥ ～ ⑧ には式を，その他の　　には適当な語句を入れよ。**

図に示すように直方体の金属試料が置かれており，試料の x，y，z 方向の長さをそれぞれ a，b，c とする。また，試料は単位体積あたり n 個の電子をもつものとする。すべての電極は図のように各試料面の中心に取りつけられている。

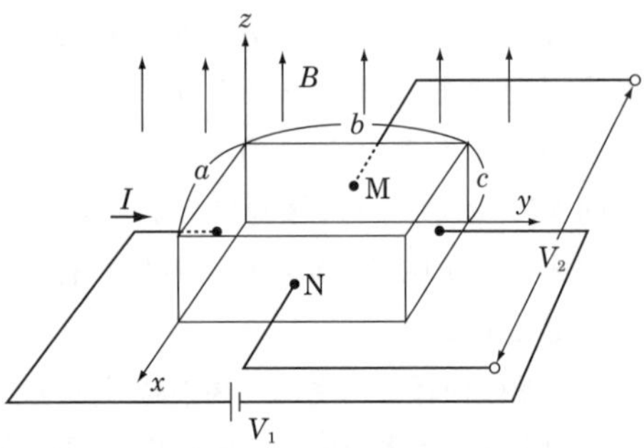

図のように試料に電圧 V_1 が加わり，y 軸の正の向きに大きさ I の一様な電流が流れている。電子の電気量の大きさを e，電子の平均の速さを v とすると，電流 I は ① と表される。

このような状態のもとで，z 軸の正の向きに磁束密度 B の一様な磁場を加えた。磁場中で電子が上記と同じ平均の速さ v で運動しているとすると，電子は大きさ ② の力を x 軸の ③ の向きに受ける。この力は ④ と呼ばれる。

その結果，電子は x 軸の［ ③ ］の向きに移動するため，電極NM間に電圧 V_2 が発生し，電極Mに対して電極Nの電位は［ ⑤ ］なる。この電圧 V_2 により x 軸に沿った大きさ［ ⑥ ］の電場が発生し，この電場により電子は力を受け，やがて磁場による力と電場による力がつり合うことになる。この状態を式で表すと，［ ⑦ ］となる。したがって電圧 V_2 の大きさは，I，B，n，e および試料の長さを用いると，［ ⑧ ］と表される。

□ **251** **次の文の［　　］にあてはまる式を記入せよ。**

質量 m，正の電気量 q の荷電粒子が，真空中を運動する。ただし，重力の影響は無視する。

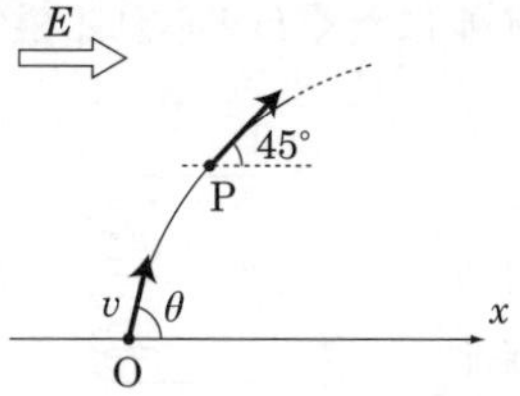

図 1

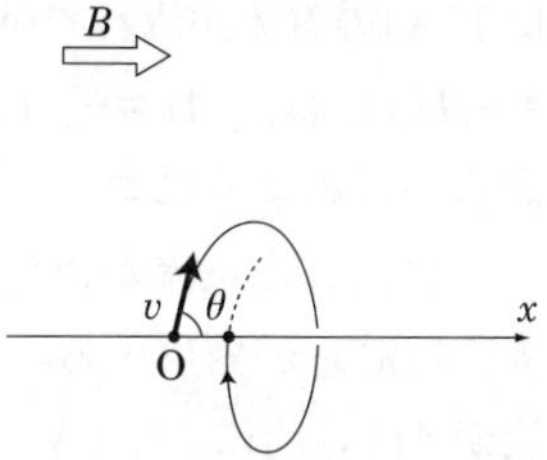

図 2

図1のように，強さ E の一様な電場が x 軸方向の正の向きに加えられている。荷電粒子を原点Oから速さ v で x 軸と角度 θ をなす方向に打ち出した。ただし，$45° < \theta < 90°$ であったとする。粒子は，x 軸の正の向きに［ ① ］の大きさの力を電場から受ける。このことから，粒子の x 軸方向の運動は，加速度が一定であり，加速度の大きさは［ ② ］と表すことができる。図1の点Pで粒子の運動の方向と x 軸のなす角度が45°になった。このとき，粒子の速度の x 軸に平行な成分と垂直な成分の大きさは等しいことを用いると，原点Oを出発して点Pまで粒子が到達するのに必要な時間は［ ③ ］と書ける。また，点Pの x 座標は［ ④ ］と書ける。

次に，図2のように，電場のかわりに磁束密度 B の一様な磁場を x 軸方向の正の向きに与えて，電場をかけたときと同様に，荷電粒子を原点Oから速さ v で x 軸と角度 θ をなす方向に打ち出した。このとき，θ が90°であれば，粒子は原点Oを出てから等速円運動をする。この円運動の半径は［ ⑤ ］となり，周期は［ ⑥ ］と書ける。一方，$0° < \theta < 90°$ であれば，粒子はらせん運動をし，x 軸を通過する。原点Oと粒子が最初に x 軸を通過する点との距離を求めると［ ⑦ ］となる。

25 電磁誘導

テストに出る重要ポイント

- **電磁誘導の法則**…n 回巻きのコイルを貫く磁束が，Δt〔s〕間に$\Delta\Phi$〔Wb〕変化すると，コイルに生じる誘導起電力 V〔V〕は，$V=-n\dfrac{\Delta\Phi}{\Delta t}$
- **自己誘導**…コイルに流れる電流がΔt〔s〕間にΔI〔A〕変化したとき，コイルに発生する誘導起電力 V_L〔V〕は，$V_L=-L\dfrac{\Delta I}{\Delta t}$
  L を**自己インダクタンス**と呼び，単位は**ヘンリー**〔H〕である。
- **コイルにたくわえられるエネルギー**…自己インダクタンス L〔H〕のコイルに I〔A〕の電流が流れているとき，コイルにたくわえられる磁気エネルギーU〔J〕は，　$U=\dfrac{1}{2}LI^2$
- **相互誘導**…図のようにコイルを置いたとき，コイル 1 に流れる電流が変化すると，コイル 2 に誘導起電力が発生する。コイル 1 に流れる電流がΔt〔s〕間にΔI_1〔A〕変化したとき，コイル 2 に発生する誘導起電力 V_M〔V〕は，
  $$V_M=-M\frac{\Delta I_1}{\Delta t}$$
  M を**相互インダクタンス**と呼び，単位は**ヘンリー**〔H〕である。

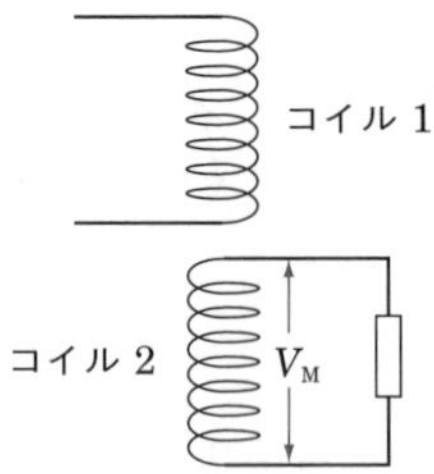

基本問題

解答 ⟹ 別冊 p.66

252 磁場内の導体棒の運動　〈テスト必出〉

長さ d〔m〕のまっすぐな導体棒 PQ が磁束密度 B〔T〕の一様な磁場に垂直に置かれている。図のように，導体棒 PQ が磁場と導体棒の両方に垂直な向きに速さ v〔m/s〕で運動している。導体棒の太さは無視できるとして，次の問いに答えよ。

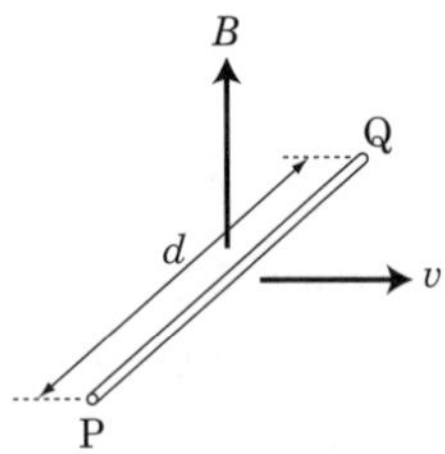

できたらチェック。

□ (1)　導体棒中の電気量 $-e$〔C〕の自由電子が磁場から受けるローレンツ力の大きさと向きを求めよ。

□ (2)　この力を受けて電子は導体内を動くために，P 端と Q 端の間に電位差が生じる。電位が高いのは P，Q のどちらか。

□ (3) 定常状態では，自由電子が受ける電場による力とローレンツ力はつり合う。導体内の電場の強さを求めよ。

□ (4) 導体棒の両端 PQ 間の電位差を求めよ。

例題研究》 25. 〈テスト必出〉 図のように，紙面の表から裏向きに磁束密度 B〔T〕の磁場が影の部分に加えられている。1辺の長さが a〔m〕の正方形の1巻きのコイル ABCD を，辺 AB が PQ に平行になるように置き，速さ v〔m/s〕で運動させた。

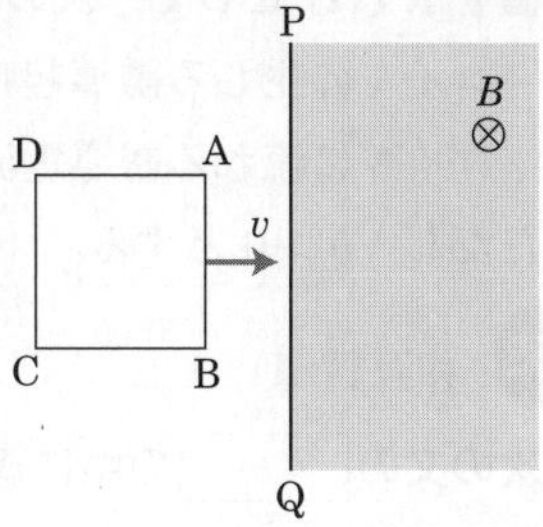

(1) コイルの一部が影の部分に入っているとき，コイルに生じる誘導起電力の大きさを求めよ。また，この起電力によって辺 AB を流れる電流の向きは A→B，B→A のどちらか。

(2) コイル全体が影の部分に入っているとき，コイルに生じる誘導起電力の大きさを求めよ。

着眼 (1) 辺 AB が磁力線を横切ると，AB 部分に誘導起電力が生じる。$V=vBl$ を用いる。誘導電流はコイルを貫く磁束の変化を妨げる向きに流れる。
(2) CD 部分にも誘導起電力が生じるようになる。

解き方 (1) 辺 AB が磁場に垂直に速さ v で運動しているので，辺 AB に生じる誘導起電力 V_{AB}〔V〕は，$V_{AB}=vBa$ である。コイルの他の辺は磁力線を横切らないので，誘導起電力は発生しない。
よって，コイル全体に生じる誘導起電力 V〔V〕は，$V=vBa$〔V〕
このとき，コイルを貫く紙面裏向きの磁束が増加するので，表向きに磁場ができるように誘導電流が流れる。よって，辺 AB を B→A に流れる。

(2) 辺 CD にも C→D の向きに誘導電流を流すように大きさ vBa の起電力が生じるので，辺 AB 部と打ち消しあい，コイル全体の誘導起電力は 0V

答 (1) 誘導起電力の大きさ：vBa〔V〕，電流の向き：B→A (2) 0V

253 磁場内の回転運動 〈テスト必出〉

図のように，長さ l〔m〕の導体棒 PQ が P 端を中心に一定の角速度 ω〔rad/s〕で磁場に垂直な平面内を回転している。導体棒の太さは無視できるとして，次の問いに答えよ。

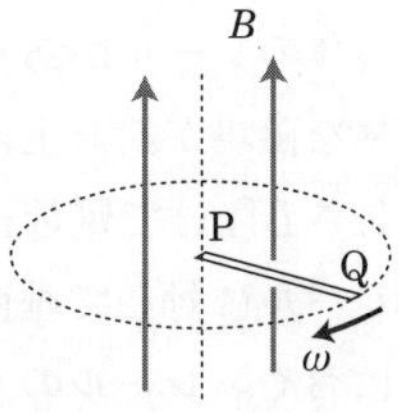

□ (1) 導体棒の両端間に生じる起電力の大きさを求めよ。

□ (2) 導体棒の端 P，Q で電位が高いのはどちらか。

254 コイルの誘導起電力

図のように，1辺が a〔m〕の1巻きの正方形コイルABCDに，磁束密度 $B(t)$ が $B(t)=bt$ で表すことができる磁場を，図の矢印の方向に加えた。コイルの抵抗値を R〔Ω〕として，次の問いに答えよ。

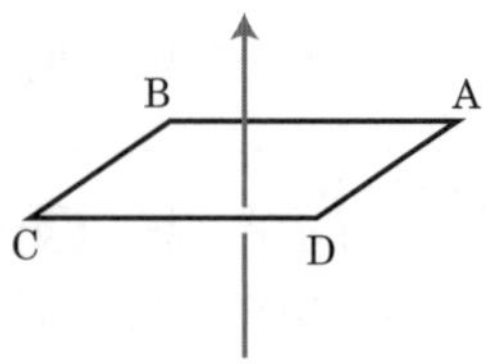

□ (1)　コイルに生じる誘導起電力の大きさを求めよ。

□ (2)　コイルに流れる誘導電流の向きはA→B→C→D, D→C→B→Aのどちらか。ただし，$b>0$ とする。

□ 255 相互誘導

次の文の［　　］の中に適切な式を入れよ。

図のような，リング状の鉄しんに N 回巻きのコイル1と M 回巻きのコイル2が巻かれた変圧器がある。コイル1では，f端に対するe端の電圧を V_1〔V〕，コイル2では，h端に対するg端の電圧を V_2〔V〕とする。またコイルで発生した磁束は鉄しん内に閉じ込められるものとする。

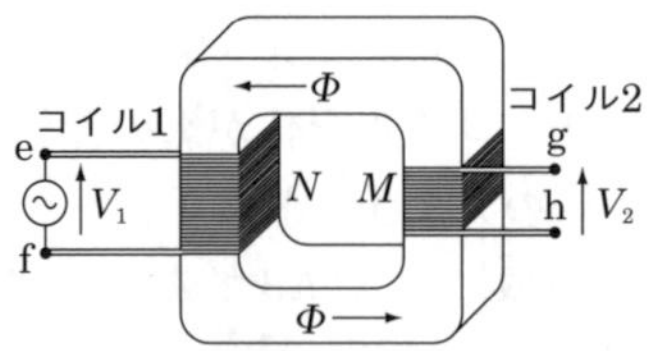

コイルの断面を垂直に貫く磁束が時間変化するとコイルには電圧が発生する。この変圧器で鉄しん内の磁束が時間 Δt〔s〕の間に $\Delta\Phi$〔Wb〕だけ変化するとき，図中の磁束の方向，電圧の極性を考えると，コイル1の電圧 V_1 は［　①　］〔V〕，コイル2の電圧 V_2 は［　②　］〔V〕となる。このため，V_1 と V_2 の比 $\dfrac{V_1}{V_2}$ は［　③　］となる。

応用問題

解答 ➡ 別冊 p.67

256 差がつく　次の文を読み，問いに答えよ。

図に示すように，間隔 L〔m〕で水平方向から角度 θ〔rad〕だけ傾けた2本の平行な導体のレールがある。磁束密度 B〔T〕の一様な磁場が鉛直上向きにかけられている。長さ L〔m〕で質量 m〔kg〕の導体棒PQを，レールに対して垂直になるようにレール上におく。レールの上端には抵抗値 R〔Ω〕の

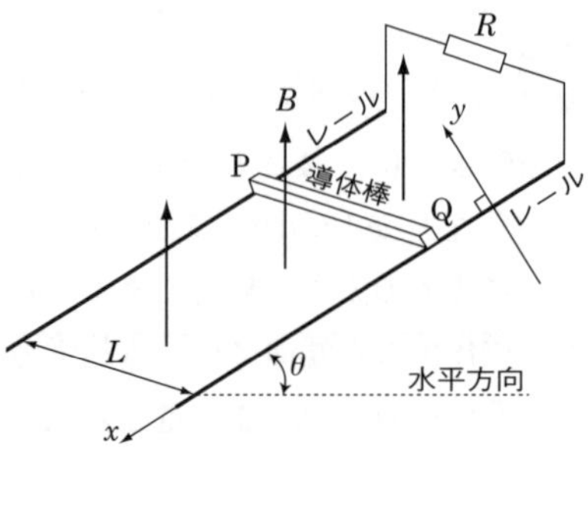

抵抗が接続されている。レールに沿って下向きを正として x 軸を，レールと導体棒の両者に対して垂直方向上向きを正として y 軸を定義する。重力は鉛直下向きに作用し，重力加速度の大きさを g〔m/s^2〕とする。導体棒はレール上を滑って移動できるが，レールと導体棒との間には摩擦があり，その動摩擦係数を μ' とする。導体棒は運動中もつねにレールに垂直であり，レールとの接触を保っているものとする。また，レールは十分に長く，運動中に導体棒が下端に達することはないものとする。レールと導体棒の電気抵抗，回路の自己誘導は無視できるものとする。答えには，m，g，θ，B，L，R，μ' のなかから適当な記号を用いること。重力の作用により，導体棒は x 軸の正の向きに動きはじめた。導体棒の x 方向の速度が v〔m/s〕の場合について考える。

できたらチェック。

□ (1) 導体棒に生じる誘導起電力の大きさを求めよ。

□ (2) 抵抗を含む回路に流れる誘導電流の大きさを求めよ。

□ (3) 導体棒の x 方向の加速度を a〔m/s^2〕として，x 方向の運動方程式を記せ。

□ (4) 導体棒の x 方向の速度が一定値 v_{f}〔m/s〕になったときの v_{f} の値を求めよ。

ガイド (3) 導体棒にはたらく力の向きは電流と磁場に垂直である。

257 次の文を読み，問いに答えよ。

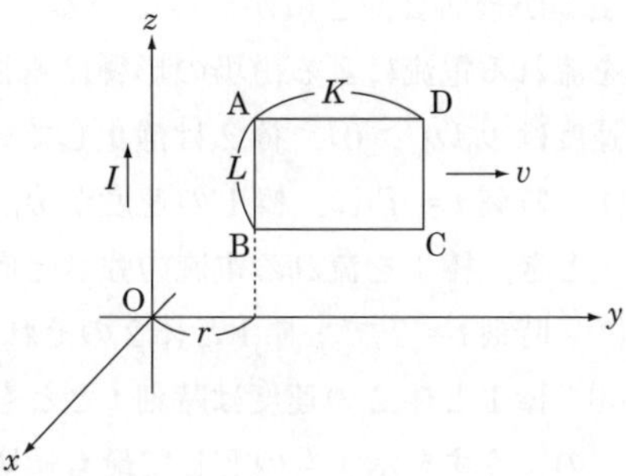

図のように，真空中で z 軸上に導線が置かれ，一定の電流 I が正の向きに流れている。細い金属線でつくられた長方形のループ ABCD を yz 平面内に置き，辺 AB を z 軸と平行にして y 軸の正の向きに一定速度 v で動かす。ある時刻で，辺 AB の位置が導線から r の距離にあった。このとき，ループに生じる起電力を考えよう。ただし，長方形の辺の長さを AB = CD = L，BC = DA = K とし，真空の透磁率を μ_0 とする。

□ (1) 導線を流れる電流 I による磁場 H の辺 AB の位置における強さを求めよ。

□ (2) 辺 AB 内に存在する 1 個の自由電子を考えよう。この電子は AB とともに，磁場中を一定の速度 v で運動する。電子の電気量を $-e\,(e>0)$ として，この電子が受ける力（ローレンツ力）F を求めよ。

□ (3) 電子が辺 AB の A から B まで動くとき，ローレンツ力 F がする仕事を求めよ。ただし，電子が A から B まで動く間にループの位置は変わらないとする。

□ (4)　電子がループを1周するときに，ローレンツ力がする仕事 W を求めよ。ただし，電子がループを1周する間にループの位置は変わらないとする。

□ (5)　ループに起電力が生ずれば，これにより電場が発生し，自由電子はこの電場から力を受け，ループ中を流れる。この力がした仕事は，(4)で求めた仕事 W にほかならない。このことより，ループに生じる起電力 V を求めよ。

ガイド　(4) 辺BCと辺DAにはたらく力の向きは運動方向に垂直なので仕事をしない。

258 次の文を読み，問いに答えよ。

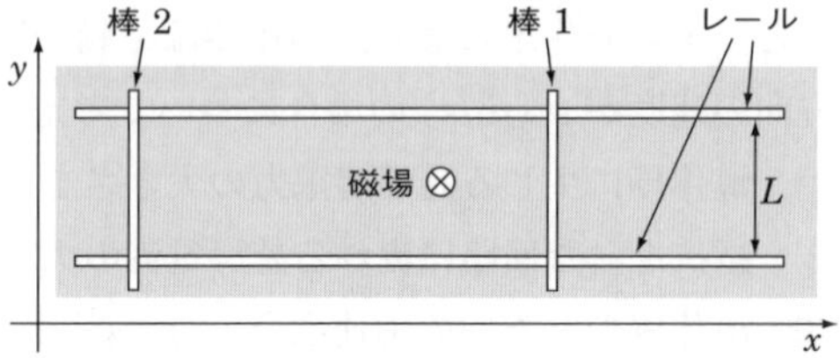

図に示すように，x 軸と平行に間隔 L で十分長いレールが敷かれており，その上に y 軸と平行に質量 m の棒1，2が置かれている。レールと棒1は電気抵抗が無視できる導体であり，棒1，棒2は y 軸と平行のまま x 軸方向になめらかに動くことができる。棒2は電気抵抗のある導体であり，棒2によるレール間の電気抵抗は R である。またレールの敷かれた面に対して垂直な方向に，一様で時間変化しない磁束密度 B の磁場が紙面裏向きにかかっている。ただし，xy 面は水平面であり，レールや棒を流れる電流による磁場の影響は無視できるものとする。時刻 $t=0$ で，棒1の速度は $v_0(v_0>0)$，棒2は静止していたとする。

□ (1)　時刻 $t=T$ に，棒1の速度が v_1，棒2の速度が $v_2(v_1>v_2)$ となった。このとき，棒1を流れる電流の強さと向きを求めよ。

□ (2)　時刻 $t=T$ で，棒1と棒2のそれぞれにはたらく力の大きさと向きを求めよ。

□ (3)　棒1と棒2の速度は時刻 t とともにどのように変化すると考えられるか。そのようすを示すものとして最も適切なグラフを下図のア～カから選べ。

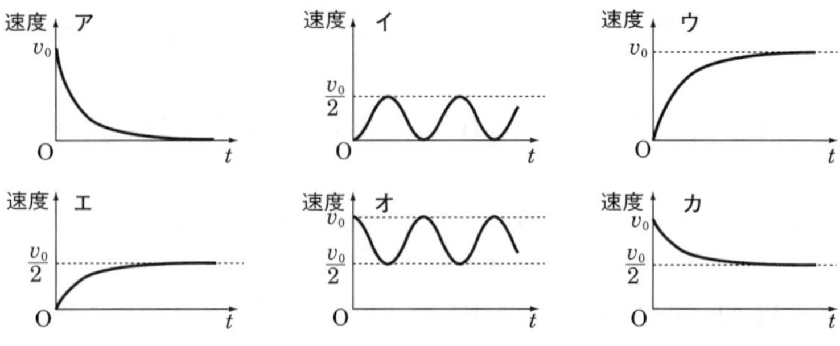

259 次の文を読み，問いに答えよ。

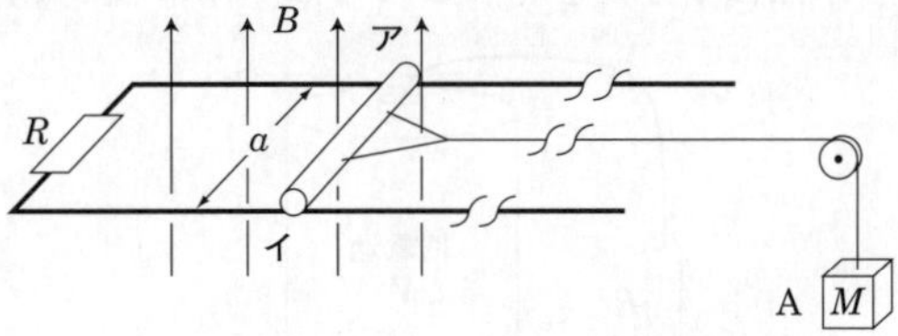

図のように，水平面内で平行に置かれた間隔が a の2本の長い導体レール上に，導体棒が置かれている。この導体棒には糸で滑車を経て質量 M の物体Aをつないである。2本のレールの間には鉛直上向きの一様で一定な磁束密度 B の磁場がかかっている。また，2本のレールの一端は抵抗値 R の抵抗で接続されている。物体Aから静かに手をはなすと，導体棒は水平方向に糸で引っ張られ，十分時間がたつと一定の速さ v になった。導体棒がこの一定の速さ v で運動しているとする。ただし，糸と滑車の質量は無視する。また，導体棒とレールは電気抵抗がなく常に電気的に接触しており，導体棒とレールの間の摩擦および滑車の摩擦はないとし，重力加速度の大きさを g とする。

□ (1)　導体棒に流れる電流の強さはいくらか。a，v，B，R を使って表せ。また，電流の流れる向きは図のア→イ，またはイ→アのどちらか。

□ (2)　導体棒が磁場から受ける力の大きさはいくらか。a, v, B, R を使って表せ。

□ (3)　糸の張力はいくらか。g，M を使って表せ。

□ (4)　この一定の速さ v を a，B，R，g，M を使って表せ。

□ (5)　抵抗での消費電力を，a，v，B，R を使って表せ。

□ (6)　物体Aが h だけ降下する間に，抵抗で発生するジュール熱が，物体Aと導体棒の力学的エネルギーの総和の減少量に等しいことを示せ。

260 次の文を読み，問いに答えよ。

図1のように，ボタン型磁石と薄いアルミニウム円板をはりあわせたものを，磁石の磁力を使って鉄釘(てつくぎ)を介して乾電池の負極につるした。乾電池の正極からリード線をのばし，抵抗を介してリード線の他端Pをアルミニウム円板の円周上の点に触れさせると，アルミニウム円板とボタン型磁石は回転をはじめた。その後，リード線とアルミニウム円板がすべりながら接触するようにリード線を保持すると，円板と磁石は回転しつづけた。ボタン型磁石は，図1のように上面がN極，下面がS極で，電気を通さない。アルミニウム円板の半径を a〔m〕，乾電池の起電力を V〔V〕，抵抗の抵抗値を R〔Ω〕，アルミニウム円板を貫く磁束密度 B〔T〕は円板面内で一様とする。ただし，リード線とアルミニウム円板の間の摩

擦，鉄釘と電池の間の摩擦は無視してよい。また，アルミニウム円板と鉄釘の間の摩擦は十分大きく，これらは一体になって回転するものとする。

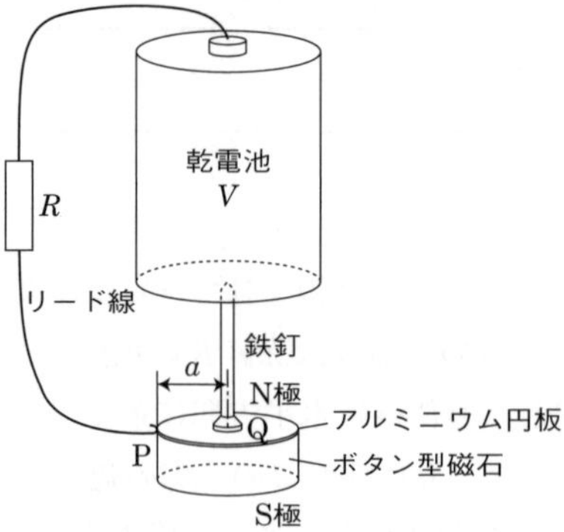

図 1

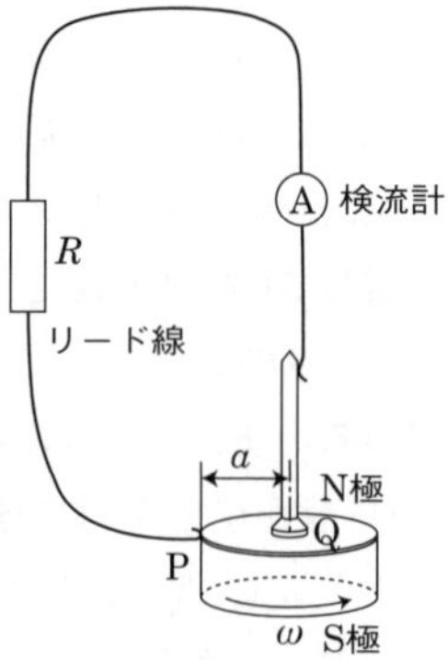

図 2

□ (1)　アルミニウム円板とボタン型磁石が回転する向きを答えよ。ただし，アルミニウム円板を流れる電流は，鉄釘との接合点とP点の間を直線的に流れると考えてよい。

□ (2)　図2のように，乾電池のかわりに検流計を置く。アルミニウム円板とボタン型磁石を図2の矢印の向きに力を加えて回転させると，検流計に電流が流れた。電流の流れる向きを答えよ。

□ (3)　(2)で生じていた起電力 E〔V〕の大きさは，ボタン型磁石の回転の角速度が ω〔rad/s〕のとき，$E = b\omega B$ と表せることを示し，係数 b を求めよ。ただし，釘は十分細いとしてよい。

□ (4)　図1において，十分時間がたつとアルミニウム円板とボタン型磁石の角速度はある一定値 ω_1〔rad/s〕になる。ω_1 を V，B，b を用いて表せ。

ガイド　(3) PQ が Δt 間に横切る磁束 $\Delta\Phi$ を求める。$E = \dfrac{\Delta\Phi}{\Delta t}$ である。

261　**次の文を読み，問いに答えよ。**

図のように，真空中に，大きな非常に長いコイル1があり，その中心部に小さなコイル2がコイル1と接しないように置かれている。コイル1は長さ L〔m〕，全巻き数 N_1 である。コイル2は半径 R〔m〕，全巻き数 N_2 である。真空の透磁率を μ_0〔N/A²〕とする。

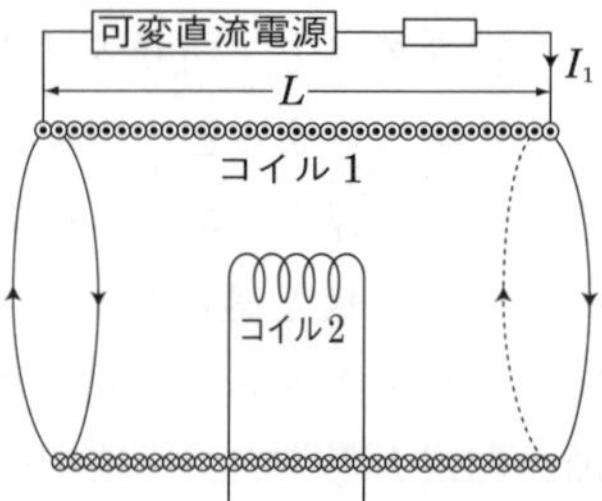

□ (1) コイル1に電流 I_1〔A〕を流したとき，コイル1の中心部に発生する磁場の強さ H_1〔A/m〕を求めよ。

□ (2) この磁場の強さ H_1 に対応する磁束密度の大きさ B_1 を求めよ（H_1 を用いない）。

□ (3) コイル2の1巻きを貫く磁束 $\Phi_{2\text{-}1}$〔Wb〕を求めよ（H_1 と B_1 を用いない）。

□ (4) コイル1の電流 I_1 が増大している間について考える。Δt〔s〕の間に，I_1 が矢印の向きに ΔI_1〔A〕だけ増加したとき，コイル2の1巻きを貫く磁束の増加分 $\Delta\Phi_{2\text{-}1}$〔Wb〕を求めよ（H_1 と B_1 を用いない）。

□ (5) (4)のように磁束が増大しているとき，コイル2の両端aとbのうち，電位が高いほうはどちらか。

□ (6) 電流が増加しているとき，コイル2に発生する誘導起電力の大きさ V_2〔V〕を求めよ（H_1 と B_1 を用いない）。

□ (7) コイル1とコイル2の相互インダクタンスの大きさ M〔H〕を求めよ（H_1, B_1, V_2, ΔI_1, Δt を用いない）。

262 次の文を読み，問いに答えよ。

図のように，ドーナツ状の真空の管を水平に置き，鉛直上向きに一様な磁束密度 B の磁場をかけたところ，真空の管内部に存在する電子が半径 R の等速円運動をした。電子の質量は m，電気量は $-e$ とする。電子の運動に対し，重力の影響は無視できるものとする。

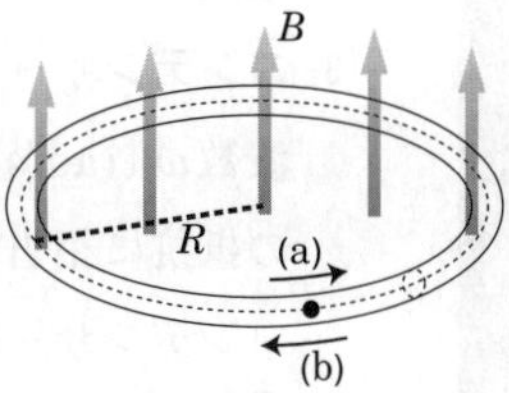

□ (1) 電子の運動する向きは図の(a)か(b)か，答えよ。

□ (2) 等速円運動をしている電子の速さを e, m, B, R を用いて表せ。

□ (3) 半径 R の円軌道面を貫く磁束の大きさを求めよ。

次に，時間 Δt の間に B を一様に ΔB（$\Delta B>0$）だけ変化させたところ，円周に沿って生じる誘導起電力による電場ができ，その電場によって，電子は半径 R の円軌道からわずかにずれるとともに，その速さを増大させた。Δt の間，電子と真空の管との衝突はなかったとする。

□ (4) 半径 R の円軌道に沿って1周あたりに生じる誘導起電力の大きさを求めよ。

□ (5) 誘導起電力によって生じる電場は，円周上一様である。この電場の強さを求めよ。

□ (6) Δt の間に，電子の速さはどれだけ増加したかを求めよ。ただし，電子の速度の中心方向の成分は円周方向の成分に比べて無視できる。

26 交流と電磁波

テストに出る重要ポイント

▶ 交流回路

(1) **抵抗を流れる交流**：抵抗値 R〔Ω〕の抵抗に $V=V_0\sin\omega t$〔V〕の交流電圧を加えると，抵抗には $I=I_0\sin\omega t$〔A〕の交流電流が流れる。$I_0=\dfrac{V_0}{R}$ で，I_0 は**電流の最大値**を表し，V_0 は**電圧の最大値**を表す。

このとき，抵抗で消費される電力 P〔W〕，電力の平均値 $\overline{P}$〔W〕は，

$$P=V_0I_0\sin^2\omega t=\frac{1}{2}V_0I_0(1-\cos 2\omega t),\quad \overline{P}=\frac{1}{2}V_0I_0$$

$V_e=\dfrac{1}{\sqrt{2}}V_0$，$I_e=\dfrac{1}{\sqrt{2}}I_0$ とおけば，$\overline{P}=\dfrac{1}{2}V_0I_0=V_eI_e$ と表せる。V_eのことを**交流電圧の実効値**，I_eのことを**交流電流の実効値**と呼ぶ。

(2) **コイルを流れる交流**：自己インダクタンス L〔H〕のコイルに角周波数 ω〔rad/s〕の交流電圧を加えたとき，ωL〔Ω〕はコイルの抵抗に相当する量で，コイルの**リアクタンス**と呼ばれる。**コイルに流れる電流はコイルにかかる電圧より位相が $\dfrac{\pi}{2}$ 遅れる。**

(3) **コンデンサーを流れる交流**：電気容量 C〔F〕のコンデンサーに角周波数 ω〔rad/s〕の交流電圧を加えたとき，$\dfrac{1}{\omega C}$〔Ω〕はコンデンサーの抵抗に相当する量で，コンデンサーの**リアクタンス**と呼ばれる。**コンデンサーに流れる電流はコンデンサーにかかる電圧より位相が $\dfrac{\pi}{2}$ 進む。**

(4) **共振回路**：図のような回路を**共振回路**と呼び，回路の**インピーダンス** Z は，

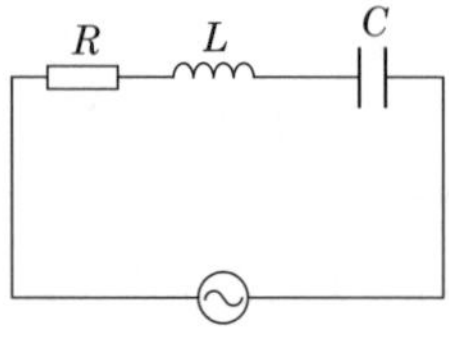

$$Z=\sqrt{R^2+\left(\omega L-\frac{1}{\omega C}\right)^2}$$

インピーダンス Z が最小のとき，回路には最大電流が流れて共振する。**共振周波数** f〔Hz〕は，$f=\dfrac{1}{2\pi\sqrt{LC}}$

▶ 電気振動…図のような，はじめ電荷をたくわえた電気容量 C〔F〕のコンデンサーと自己インダクタンス L〔H〕のコイルからなる回路における，電気振動の振動数 f〔Hz〕は，$f=\dfrac{1}{2\pi\sqrt{LC}}$

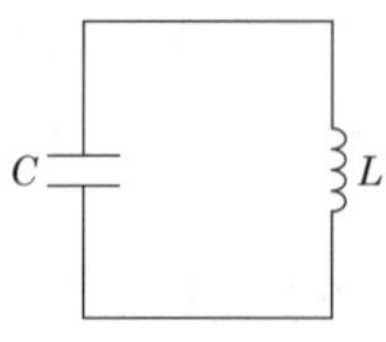

基本問題

解答 ➡ 別冊 p.71

263 誘導起電力

図のように，磁束密度 B〔T〕の磁場の中で，磁場に垂直な軸のまわりに AB $= a$〔m〕，BC $= b$〔m〕の1巻きの長方形状コイル ABCD を一定の角速度 ω〔rad/s〕で回転させる。以下の問いに答えよ。

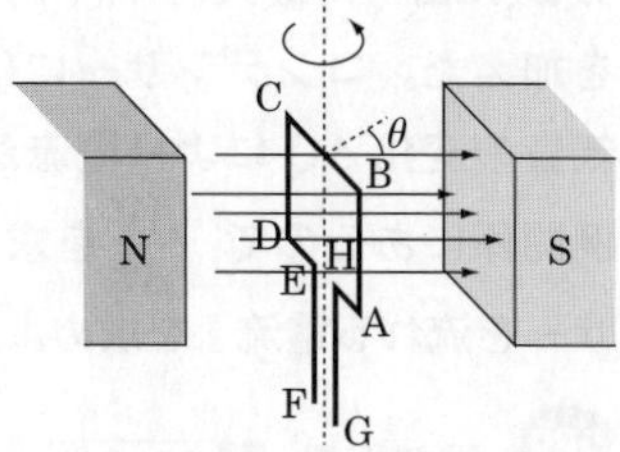

できたらチェック。

□ (1) 等速円運動している辺ABの速さを求めよ。

□ (2) $\theta = 0$ のとき $t = 0$ として，コイルの両端 F，G に発生する誘導起電力の大きさを求めよ。ただし，A→B→C→D の向きに電流が流れるときを正とする。

264 抵抗の電流と電力 〈テスト必出〉

図のように抵抗値 R〔Ω〕の抵抗に角周波数 ω〔rad/s〕，最大値 V_0〔V〕の交流電圧 $V = V_0 \sin\omega t$ を加えた。

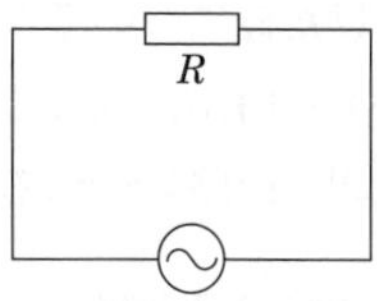

□ (1) 抵抗に流れる電流 I〔A〕を求めよ。

□ (2) 抵抗で消費される電力の平均値を求めよ。

265 コイルの電流と電力 〈テスト必出〉

図のように自己インダクタンス L〔H〕のコイルに角周波数 ω〔rad/s〕，最大値 V_0〔V〕の交流電圧 $V = V_0 \sin\omega t$ を加えた。

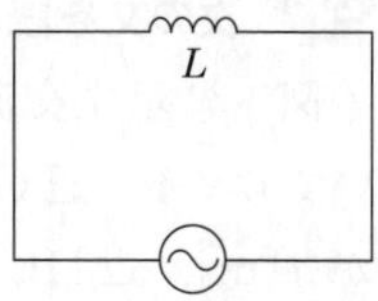

□ (1) コイルを流れる電流 I を求めよ。

□ (2) コイルで消費される電力の平均値を求めよ。

□ 266 コイルを流れる交流

次の文中の[ ]に，適当な数式または数値，語句を入れよ。

図に示すように，自己インダクタンス L のコイルを角周波数 ω の交流電源に接続した回路において，時刻 t にコイルを流れる電流は振幅を I_0 として $I = I_0 \sin\omega t$ と表される。時間 Δt 間に電流が ΔI 変化したとき，コイルには誘導起電力 $V_L =$ [①] が発生する。電源電圧 V は振幅を V_0 として $V = -V_L =$ [②] と表され，電流 I と電圧 V の位相は [③] ずれる。電源電圧の振幅は，$V_0 = I_0$ [④] である。[④] はコイルの [⑤] と呼ばれる。

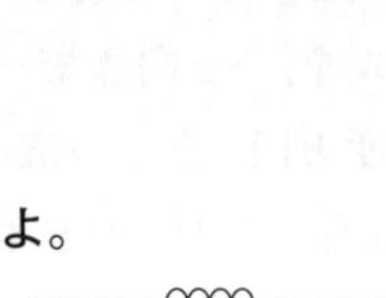

□ 267 コンデンサーを流れる交流

図のように電気容量 C〔F〕のコンデンサーに角周波数 ω〔rad/s〕，最大値 V_0〔V〕の交流電圧 $V = V_0 \sin\omega t$ を加えた。コンデンサーには，Δt の時間における電気量の変化 ΔQ により電流が生じる。ΔQ は ΔV と比例関係にあるので，$\dfrac{\Delta V}{\Delta t}$ を求めることによりコンデンサーを流れる電流 I を求めよ。

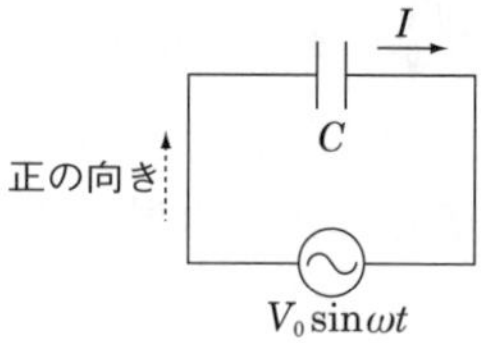

268 電気振動 テスト必出

図のように，自己インダクタンス L〔H〕のコイルと電気容量 C〔F〕のコンデンサーを接続した回路がある。最初コンデンサーには電気量 Q〔C〕の電荷がたくわえられていた。スイッチを閉じた後について，次の問いに答えよ。

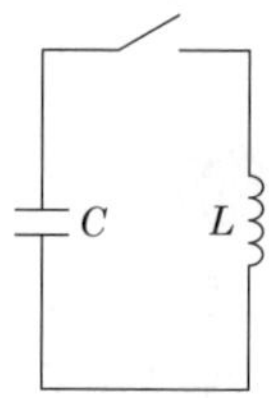

□ (1)　回路に流れる振動電流の周期を求めよ。

□ (2)　回路に流れる電流の最大値を求めよ。

応用問題 ……………………………… 解答 ➡ 別冊 p.72

269 次の文を読み，問いに答えよ。

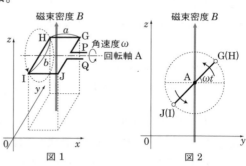

図1に示す交流発電機について考える。辺GH，IJの長さが a〔m〕，辺HI，JGの長さが b〔m〕の1回巻きの長方形コイルを，$+z$ 向きで一様な磁束密度 B〔T〕をもつ磁場中に置き，x 軸に平行な回転軸Aを中心に一定の角速度 ω〔rad/s〕で回転させる。図2に時刻 t〔s〕におけるコイルを端子PQ側から見た図を示す。コイル面GHIJは時刻 $t=0$ において磁力線に対して垂直の位置にあり，時刻 t において回転角 ωt まで回転する。a, b, t, B, ω のうちから必要なものを用いて答えること。

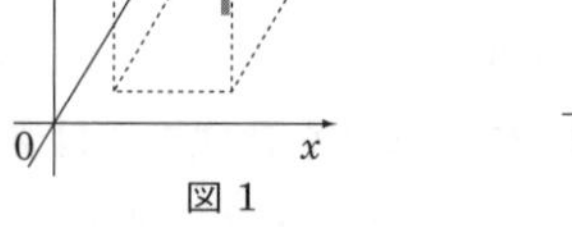

図1

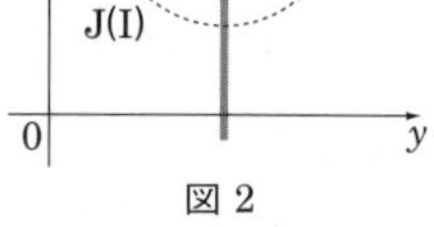

図2

できたらチェック。

□ (1)　時刻 t におけるコイルの辺GHの速度の y 成分の大きさを示せ。

□ (2)　辺GHの両端に生じる誘導起電力を求めよ。ただし，誘導起電力の向きはG→H→I→Jの向きに電流を流す方向を正とする。

□ (3) 端子 PQ に現れる時刻 t における交流電圧の瞬時値を求めよ。なお交流電圧の瞬時値とは時刻 t における交流電圧の値である。

□ (4) 端子 PQ に現れる交流電圧の実効値を求めよ。

例題研究》 **26.** 図のように，電気容量 C〔F〕の平行板コンデンサー，自己インダクタンス L のコイル，電気抵抗 R の抵抗を直列に接続した回路に角周波数 ω〔rad/s〕で電圧の振幅が一定の交流電源を接続する。

コイルの両端の電位差の最大値が V〔V〕であったとして，次の問いに答えよ。

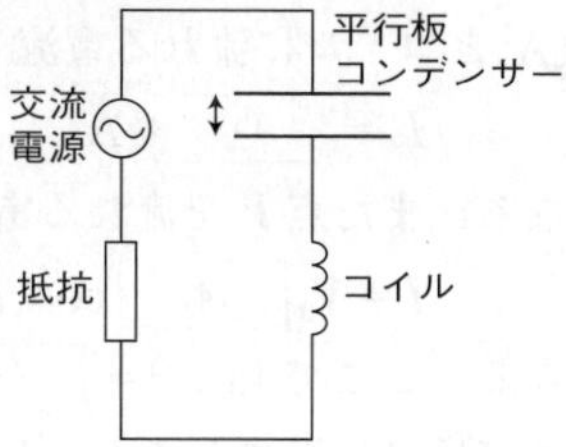

(1) 回路に流れる交流電流の振幅はいくらか。
(2) 回路で消費される平均の電力はいくらか。
(3) 回路に流れる交流電流の振幅が最大になるときの角周波数はいくらか。

着眼 (1) コイルに流れる電流の振幅（最大値）と回路に流れる電流の振幅は等しい。
(2) コンデンサーとコイルは電力を消費しない。
(3) 回路のインピーダンス（合成抵抗に相当する量）が最小になったときである。

解き方 (1) コイルの両端の電位差の最大値が V であるから，コイルに流れる電流の最大値 I_0 は，$V=\omega LI_0$ より，$I_0=\dfrac{V}{\omega L}$〔A〕

(2) 回路に流れる電流の実効値 I_e は $I_e=\dfrac{V}{\sqrt{2}\omega L}$ であるから，回路で消費される平均の電力 P は，$P=I_e{}^2R=\left(\dfrac{V}{\sqrt{2}\omega L}\right)^2R=\dfrac{V^2R}{2\omega^2L^2}$〔W〕

(3) 直列に接続されている電気素子には等しい電流が流れるので，ベクトル図をつくると右図のようになる。回路全体にかかる電圧の最大値 V_0〔V〕は

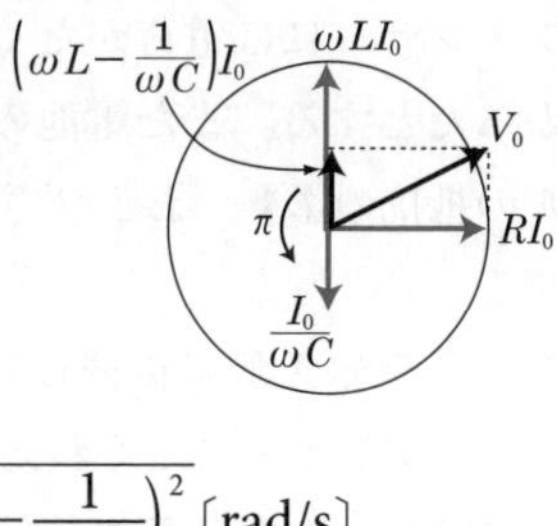

$$V_0=\sqrt{R^2+\left(\omega L-\frac{1}{\omega C}\right)^2}\,I_0$$

となり，回路のインピーダンスは，$\sqrt{R^2+\left(\omega L-\dfrac{1}{\omega C}\right)^2}$〔rad/s〕

インピーダンスが最小のとき回路に流れる電流は最大になるので，

$\omega L-\dfrac{1}{\omega C}=0$ より，$\omega^2LC=1$ ゆえに，$\omega=\dfrac{1}{\sqrt{LC}}$〔rad/s〕

答 (1) $\dfrac{V}{\omega L}$〔A〕 (2) $\dfrac{V^2R}{2\omega^2L^2}$〔W〕 (3) $\dfrac{1}{\sqrt{LC}}$〔rad/s〕

□ **270** 次の文の［　　］に入る適切な式を求めよ。

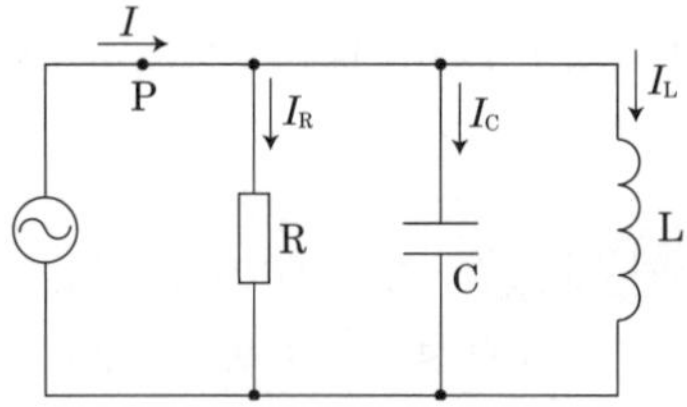

抵抗値 R〔Ω〕の抵抗 R，電気容量 C〔F〕のコンデンサーC，自己インダクタンス L〔H〕のコイル L を図のように並列に接続し，これに角周波数 ω〔rad/s〕の交流電圧 $V = V_0 \cos \omega t$〔V〕を加えると，抵抗に流れる電流 I_R〔A〕とコンデンサーに流れる電流 I_C〔A〕とコイルに流れる電流 I_L〔A〕では位相が異なり，それぞれ

$I_R =$［①］〔A〕，　$I_C =$［②］〔A〕，　$I_L =$［③］〔A〕

となる。また点 P を流れる電流 I は $I = I_R + I_C + I_L$ で求められ，

$I = V_0$［④］$\cos(\omega t - \theta)$〔A〕

となる。ここで $\tan \theta =$［⑤］と表すことができる。ただし，導線およびコイルの抵抗は無視できるものとする。

271 差がつく　次の文を読み，問いに答えよ。

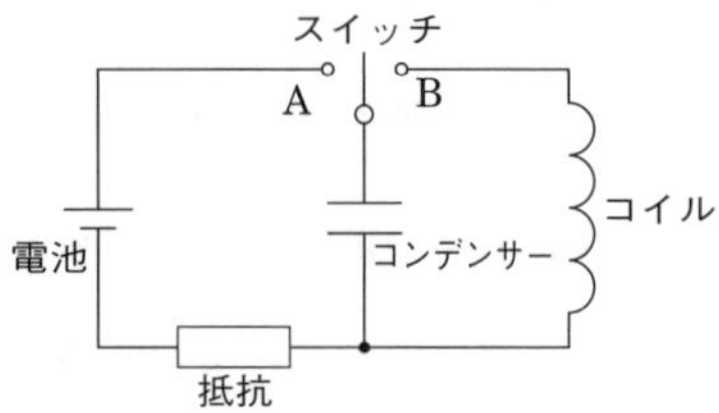

図のような起電力 V〔V〕の電池，抵抗値 R〔Ω〕の抵抗，自己インダクタンス L〔H〕のコイル，電気容量 C〔F〕のコンデンサー，スイッチからなる電気回路がある。最初にコンデンサーには電荷がたくわえられていなかったとする。また電池の内部抵抗やコイルの抵抗の影響，および電磁波として放出されるエネルギーは無視できるものとする。

スイッチを A 側に接続して，十分時間が経過した。

□ (1)　コンデンサーにたくわえられるエネルギーを求めよ。

次にスイッチを B 側に接続すると，振動電流が流れた。

□ (2)　振動電流の大きさの最大値を求めよ。

□ (3)　スイッチを B 側に接続してから振動電流の大きさが最初に最大になるまでにかかる時間を求めよ。

27 電子

★テストに出る重要ポイント

- **電場中の電子の運動**

(1) **電場に沿って運動する場合**：極板間の電位差がV〔V〕のとき，電気量$-e$〔C〕，質量m〔kg〕の電子を初速度0から加速すると，反対側の極板に達したときの速度v〔m/s〕は，$eV=\frac{1}{2}mv^2$より，

$$v=\sqrt{\frac{2eV}{m}}$$

電子が負極板A上にあるときもっていた**静電エネルギーeV〔J〕**が，正極板Bに達したとき，すべて電子の**運動エネルギー**になると考える。

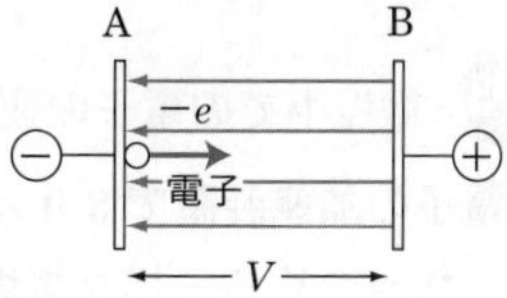

(2) **電場と垂直に運動する場合**

x方向：**等速直線運動**

y方向：**加速度$\frac{eE}{m}$の等加速度運動**（Eは電場の強さ）

電子は，x方向（電場と垂直な方向）ではまったく力を受けない。y方向（電場と同じ方向）ではeE〔N〕の力を受けるので，運動方程式は，

$$ma=eE$$

である。電子は電場中で**放物運動**を行う。

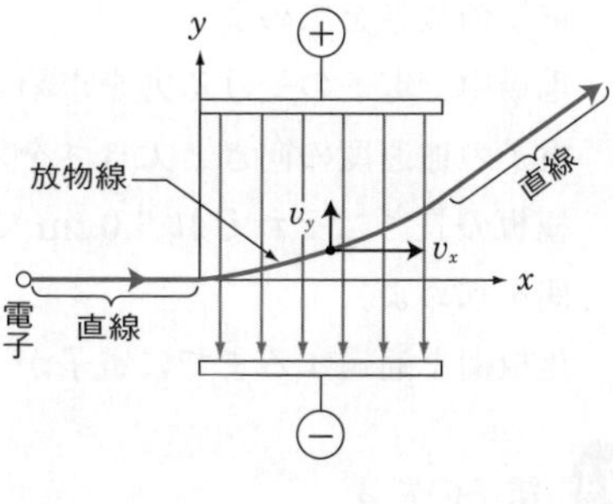

- **電子の比電荷**…荷電粒子の電気量と質量の比を**比電荷**という。

$$\frac{e}{m}=1.76\times10^{11}\,\mathrm{C/kg}$$

- **電気素量**…ミリカンにより発見された電気量の最小単位。

$$e=1.6\times10^{-19}\,\mathrm{C}$$

帯電体の電気量は，電気素量eの整数倍になっている。電気素量と電子の比電荷の値から，電子の質量mが求められる。

$$m=9.1\times10^{-31}\,\mathrm{kg}$$

基本問題

解答 → 別冊 p.73

272 電子の運動エネルギーと速さ

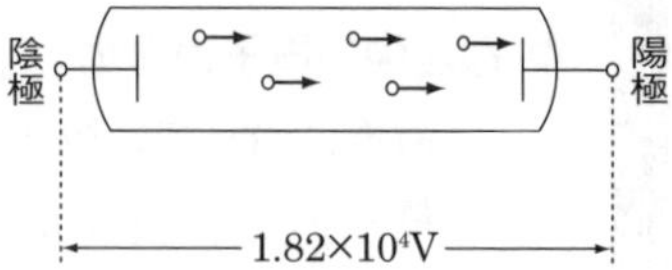

真空中で2枚の金属板を陽極と陰極にして，その間に 1.82×10^4 V の電圧を与えた。電子の質量を 9.1×10^{-31} kg，電気量を -1.60×10^{-19} C として，次の問いに答えよ。

できたらチェック。

□ (1) 電場のはたらきによって，電子が得る運動エネルギーを求めよ。

□ (2) 陽極に到達するときの電子の速さを求めよ。

273 電場中での電子の運動 〈テスト必出〉

電子の加速装置で 8.0×10^6 m/s まで加速された電子が，下の図のような平行な電極がつくる一様な電場に垂直に飛び込んだ。極板間隔は 4.0cm で，極板間には 1.2×10^2 V の電圧がかかっている。電子の質量を 9.1×10^{-31} kg，電気量を -1.60×10^{-19} C として，次の問いに答えよ。

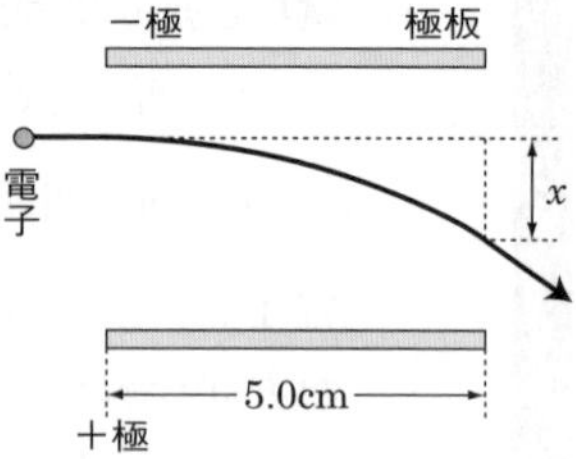

□ (1) 電場の強さを求めよ。

□ (2) 電場中で電子の受ける力を求めよ。

□ (3) 電子の加速度の向きと大きさを求めよ。

□ (4) 極板の長さはそれぞれ 5.0cm である。電子が極板間を通過するのに要する時間を求めよ。

□ (5) 極板間を通過するまでに電子が下方にずれる距離 x を求めよ。

□ 274 電子の質量

電子の比電荷は 1.76×10^{11} C/kg であり，電気量は 1.60×10^{-19} C である。電子の質量を求めよ。

□ 275 比電荷

電子の比電荷について述べた次の文のうち，正しいものを選べ。

ア　電子の比電荷を求める実験では重力の影響を考えに入れる必要がある。

イ　電子の比電荷の測定には α 線が使われる。

ウ　電子の比電荷を測定した結果は陰極で用いた金属の種類に関係する。

エ　比電荷は，電子 1kg あたり約 2×10^{11} C の電気量をもつことを示している。

276 ミリカンの実験 〈テスト必出〉

鉛直上向きの一様な電場 $E=4.9\times10^5\,\mathrm{V/m}$ の中に質量 $3.2\times10^{-9}\,\mathrm{kg}$ の油滴を静かに置いたら，静止した。

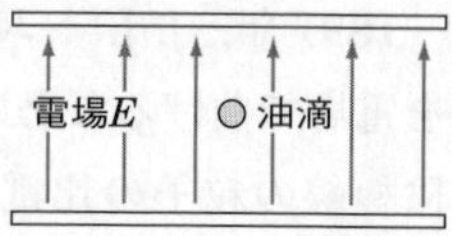

□ (1) 油滴がもつ電荷の符号を求めよ。

□ (2) 油滴に帯電している電気量を求めよ。ただし，重力加速度の大きさは $9.8\,\mathrm{m/s^2}$ とする。

□ 277 油滴の電荷

ミリカンの実験でいくつかの油滴の電気量を測定したところ，右のような結果を得た。これらの値はある数の整数倍になっていると考えて，その値を求めよ。

4.81×10^{-19} C	6.40×10^{-19} C
6.41×10^{-19} C	8.02×10^{-19} C
9.65×10^{-19} C	11.23×10^{-19} C
11.24×10^{-19} C	14.48×10^{-19} C
16.02×10^{-19} C	

応用問題

解答 ➡ 別冊 p.74

例題研究》 27. 真空中で，図のように電気量 Q〔C〕，質量 M〔kg〕の荷電粒子を速度 v〔m/s〕で x 方向に入射させる。y 方向に E〔V/m〕の一様な電場をかけるとき，次の問いに答えよ。

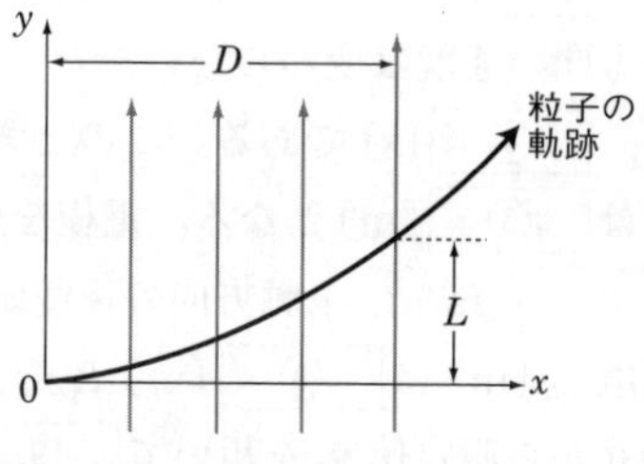

(1) x 方向に D〔m〕進むのに要する時間を求めよ。

(2) 粒子が y 方向に受ける加速度 a〔$\mathrm{m/s^2}$〕を求めよ。

(3) x 方向に D〔m〕進んだときの y 方向の変位 L〔m〕を求めよ。

着眼　荷電粒子が電場に垂直に飛び込むと，電場と垂直な方向には力を受けないので等速直線運動，電場の方向には一定の力を受けるので等加速度運動をする。

解き方 (1) 荷電粒子は，x 方向には力を受けないので，初速度 v〔m/s〕で等速直線運動をする。求める時間を t〔s〕とすると，$D=vt$ より，$t=\dfrac{D}{v}$〔s〕

(2) 電場から $F=QE$ の力を受けるから，$Ma=F$ より，$a=\dfrac{F}{M}=\dfrac{QE}{M}$〔$\mathrm{m/s^2}$〕

(3) $L=\dfrac{1}{2}at^2=\dfrac{1}{2}\times\dfrac{QE}{M}\times\left(\dfrac{D}{v}\right)^2=\dfrac{QED^2}{2Mv^2}$〔m〕

答 (1) $\dfrac{D}{v}$〔s〕 (2) $\dfrac{QE}{M}$〔$\mathrm{m/s^2}$〕 (3) $\dfrac{QED^2}{2Mv^2}$〔m〕

できたらチェック。□

278 文中に現れる記号を使って□をうめよ。

1897年，J. J. トムソンは，陰極線を電場で曲げることに初めて成功し，陰極線の粒子の比電荷を測定した。いま，質量 m〔kg〕，負電荷 $-q$〔C〕の荷電粒子の電場中での運動を考えよう。図のように，荷電粒子の進行方向に x 軸，進行方向と垂直に y 軸をとる。真空中で長さ l〔m〕，間隔 d〔m〕の平行な電極間 AB に電圧 V〔V〕をかけることにより，一様な電場をつくる。この電場と垂直に，x 軸に沿って速度 v〔m/s〕でこの荷電粒子を進入させる。荷電粒子は電極を通過した後は，直進して蛍光面上の点 P に達するものとする。ただし，x 軸と蛍光面との交点を O とし，電極の中心から蛍光面までの距離を L〔m〕とする。また，荷電粒子への重力の影響は無視できるものとする。

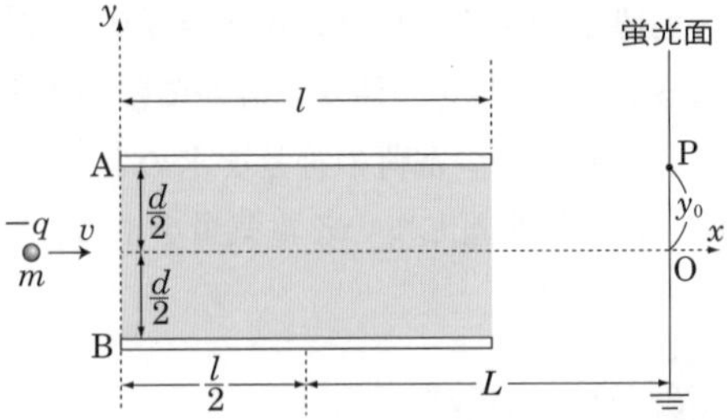

この荷電粒子が電極間の一様な電場 ① 〔V/m〕から受ける力は，y 軸方向に ② 〔N〕である。その粒子の加速度の大きさは ③ 〔m/s^2〕となる。x 軸方向の速度は変わらないから，この粒子が長さ l〔m〕の電極間を通過する時間は， ④ 〔s〕である。このとき，電極の右端で y 軸方向に x 軸からずれる距離は ⑤ 〔m〕となる。電極を通過した後の荷電粒子の x 軸方向の速度成分は ⑥ 〔m/s〕，y 軸方向の速度成分は ⑦ 〔m/s〕であることより，OP 間の距離 y_0〔m〕は ⑧ 〔m〕と表される。また，荷電粒子の比電荷 $\frac{q}{m}$ は ⑧ の式から測定値 y_0 を用いて ⑨ 〔C/kg〕と求めることができる。

279 〈差がつく〉 ミリカンは，油滴を帯電させる実験により，電気量の最小単位である電気素量 e〔C〕が存在することを示し，その値を測定することに成功した。図は油滴実験の模式図である。次の文を読み，問いに答えよ。

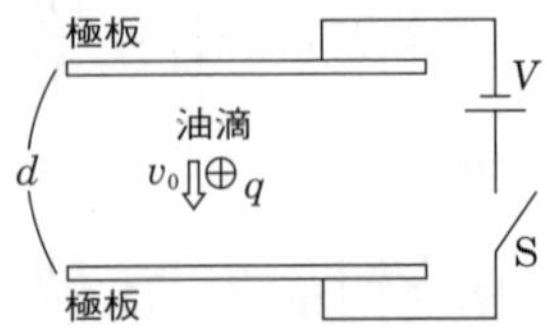

(a) スイッチSが開いている場合

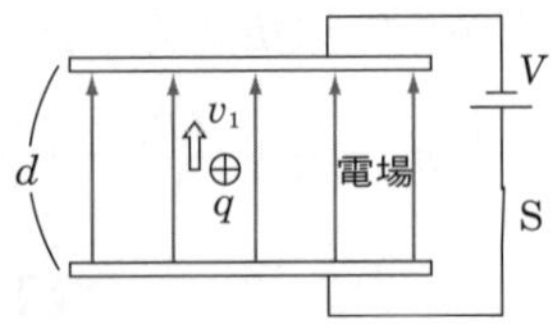

(b) スイッチSが閉じている場合

図に示すように，2つの十分に広い平行な極板間にある帯電した油滴の鉛直方向（紙面の上下方向）の運動を考える。両極板の距離を d〔m〕とする。両極板に接続された直流電源のスイッチSを閉じると，極板間の電位差を V ($V>0$)〔V〕に保つことができる。油滴の質量を m〔kg〕とし，その電気量を q ($q>0$)〔C〕とする。油滴は十分に小さく，その回転運動と空気による浮力は無視できるものとする。また，油滴の電気量は十分に小さく，それがつくる電場も無視できるとする。重力加速度の大きさを g〔m/s^2〕とし，次の問いに答えよ。解答を数値で答える場合には，単位をつけよ。

[1] 最初に，図(a)のようにスイッチSが開いている場合の油滴の運動を考える。極板は帯電しておらず，極板間に電場は発生していないものとする。

□ (1) 空気の抵抗力の大きさは油滴の速さに比例し，その比例定数を k〔kg/s〕とする。油滴の終端速度の大きさ v_0〔m/s〕を，m〔kg〕，g〔m/s^2〕，k〔kg/s〕で表せ。

[2] 次に，図(b)のようにスイッチSを閉じた場合を考える。スイッチSを閉じると，極板間に鉛直上向きの一様な電場が発生し，帯電した油滴が上昇をはじめた。この場合も，空気の抵抗力のために油滴はすぐに終端速度に達する。

□ (2) この場合に油滴にはたらく力は，電場から受ける力，重力，空気の抵抗力である。これら3つの力の関係から油滴の終端速度の大きさ v_1〔m/s〕を求めよ。ただし v_0〔m/s〕を含まない式で表すこと。

[3] 引き続き，スイッチSが閉じている場合を考える。油滴の周囲の空気にX線をあてると，空気をイオン化させることができる。油滴に空気中のイオンが付着して，油滴のもつ電気量が Δq ($\Delta q>0$)〔C〕だけ増加して ($q+\Delta q$)〔C〕となった場合を考える。ただし，イオンが付着した前後における油滴の質量の変化は無視できる。また，空気中のイオンと油滴の間にはたらく静電気力は考えない。

□ (3) 電気量が増加した後の油滴の終端速度の大きさを v_2〔m/s〕とする。v_2〔m/s〕を求めよ。ただし，v_0〔m/s〕と v_1〔m/s〕を含まない式で表すこと。

□ (4) Δq〔C〕を，v_1〔m/s〕，v_2〔m/s〕，k〔kg/s〕，d〔m〕，V〔V〕を用いて表せ。

□ (5) (4)で求めた式を用いると，実験から Δq〔C〕を求めることができる。実験を4回くり返し行った結果，それぞれの実験における Δq〔C〕の値が以下のように求められた。

Δq〔C〕の実験値：6.41×10^{-19} C，9.60×10^{-19} C，7.99×10^{-19} C，3.20×10^{-19} C

上記の4つの実験値を用いて，電気素量 e〔C〕の値を求めよ。ただし，e〔C〕は 1.0×10^{-19} C より大きいことがわかっている。

28 粒子性と波動性

テストに出る重要ポイント

粒子性

(1) **光量子説**：アインシュタインは，光は

$h\nu$〔J〕

のエネルギーをもつ粒子であると考え，この粒子を**光子（光量子）**と呼んだ。

(2) **光電効果**：金属に波長の短い光をあてると電子が飛び出す現象。光の振動数が**限界振動数**以上でないと光電効果が起きないことは，波動の性質からは説明できない。

(3) **コンプトン効果**：物質にX線を照射すると，照射したX線よりわずかに波長の長いX線が観測される現象。この現象はX線が粒子の性質をもつと考えることによって説明できる。

(4) **X線の発生**：高速の電子を陽極に衝突させると，陽極からX線が発生する。最短波長以下のX線が発生しないことは，X線の粒子性から説明できる。

波動性

(1) **物質波**：ド・ブロイは，運動量 p〔kg·m/s〕で運動している粒子は

$$\frac{h}{p}\text{〔m〕}$$

の波長をもっていると考えた。この波長を**ド・ブロイ波長**（物質波の波長）という。h は**プランク定数**である。

(2) **電子線回折**：電子線を物質に照射すると干渉を起こす。このことから，電子が波の性質をもっていることがわかる。

基本問題

解答 ➡ 別冊 p.75

280 光の振動数とエネルギー

できたらチェック。

波長 5.0×10^{-7} m の光を考える。光速を 3.0×10^{8} m/s，プランク定数を 6.6×10^{-34} J·s として，次の問いに答えよ。

□ (1) この光の振動数は何 Hz か。

□ (2) 光子のもつエネルギーは何 J か。

281 電子の運動量と波長

5.0×10^{4} V で加速された電子がある。電気素量を 1.6×10^{-19} C，電子の質量を 9.1×10^{-31} kg，プランク定数を 6.6×10^{-34} J·s として，次の問いに答えよ。

□ (1) 加速された電子のもつ運動量は何 kg·m/s か。

□ (2) 加速された電子の電子波の波長は何 m か。

例題研究》 28. テスト必出 波長 3.0×10^{-7} m の紫外線を金属にあてたところ，光電子の運動エネルギーの最大値は 1.4×10^{-19} J であった。光速を 3.0×10^{8} m/s，プランク定数を 6.6×10^{-34} J·s として，次の問いに答えよ。

(1) この金属の仕事関数は何 J か。 (2) 限界振動数は何 Hz か。

着眼 (1) 光電子の運動エネルギーの最大値 E_{max} と振動数 ν の関係は $E_{max} = h\nu - W$ で与えられ，W が仕事関数を表す。

(2) 光電子の運動エネルギーの最大値が 0 になるときの紫外線の振動数が限界振動数である。限界振動数の光子のもつエネルギーが仕事関数である。

解き方 (1) $E_{max} = h\nu - W$ より，

$$W = h\nu - E_{max} = 6.6 \times 10^{-34}\,\mathrm{J \cdot s} \times \frac{3.0 \times 10^{8}\,\mathrm{m/s}}{3.0 \times 10^{-7}\,\mathrm{m}} - 1.4 \times 10^{-19}\,\mathrm{J}$$
$$= 5.2 \times 10^{-19}\,\mathrm{J}$$

(2) 限界振動数を ν_0〔Hz〕とすれば，$W = h\nu_0$ であるから，

$$\nu_0 = \frac{W}{h} = \frac{5.2 \times 10^{-19}\,\mathrm{J}}{6.6 \times 10^{-34}\,\mathrm{J \cdot s}} \fallingdotseq 7.9 \times 10^{14}\,\mathrm{Hz}$$

答 (1) 5.2×10^{-19} J (2) 7.9×10^{14} Hz

282 X 線の最短波長 テスト必出

6.0×10^{4} V の電圧で加速された電子を陽極にあてたところ，X 線が発生した。電気素量を 1.6×10^{-19} C，電子の質量を 9.1×10^{-31} kg，プランク定数を 6.6×10^{-34} J·s，光速を 3.0×10^{8} m/s として，次の問いに答えよ。

□ (1) 電子が陽極に衝突するときの運動エネルギーは何 J か。

□ (2) 発生した X 線の最短波長は何 m か。

□ 283 結晶面の間隔 テスト必出

波長 6.4×10^{-11} m の X 線を結晶に照射し，反射光の強度を調べた。結晶面と照射 X 線との角度を徐々に大きくしていったところ，30° で初めて最も強い反射 X 線を観測した。結晶面の間隔は何 m か。

応用問題

解答 ➡ 別冊 p.76

284 図のように真空中の金属にいろいろな振動数 f〔Hz〕の光をあてると電子(光電子)が飛び出す。光の振動数 f と電極で集められた光電子の最大運動エネルギー E〔J〕の関係は表のようになった。

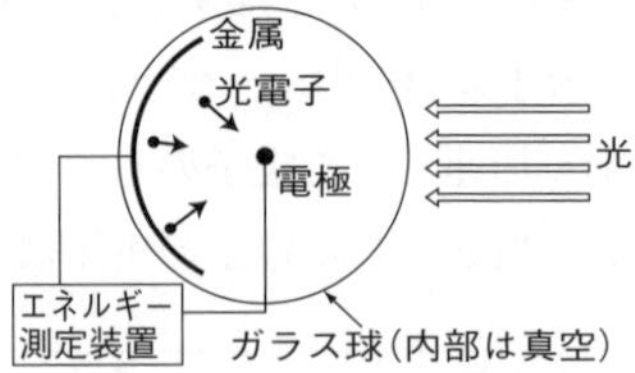

できたらチェック。

f〔Hz〕	4.50×10^{14}	5.00×10^{14}	5.50×10^{14}	6.00×10^{14}	6.50×10^{14}
E〔J〕	1.60×10^{-20}	4.80×10^{-20}	8.00×10^{-20}	11.2×10^{-20}	14.4×10^{-20}

□ (1) 表の数値を右のグラフに描き，光をあてても電子が飛び出さない光の振動数の最大値 f_0〔Hz〕を求めよ。

□ (2) f〔Hz〕と E〔J〕の関係は h, E_0 を定数として $E=hf+E_0$ で表されることがわかっている。この実験から得られる傾きの値 h はいくらか。

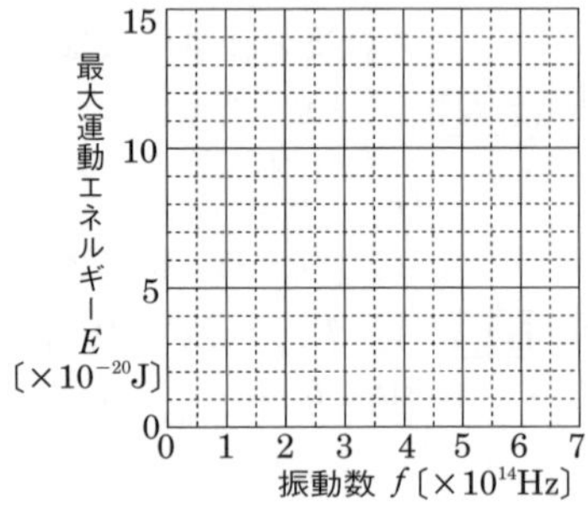

285 差がつく 次の文を読み，問いに答えよ。

光電管で図1に示す回路をつくり，振動数 ν〔Hz〕の単色光を陰極Kにあてたとき，その表面から飛び出して陽極Pに達する光電子による電流(光電流)を，PK間の電圧を変えて測定したところ，図2の結果を得た。

Kに照射する光の振動数 ν を変えて，光電流が流れなくなるときの電位を測定すると，図3の関係が得られた。ただし，以下の値を用いよ。

真空中の光の速さ 3.00×10^{8} m/s
電気素量 1.60×10^{-19} C
$1\text{eV}=1.60\times10^{-19}$ J

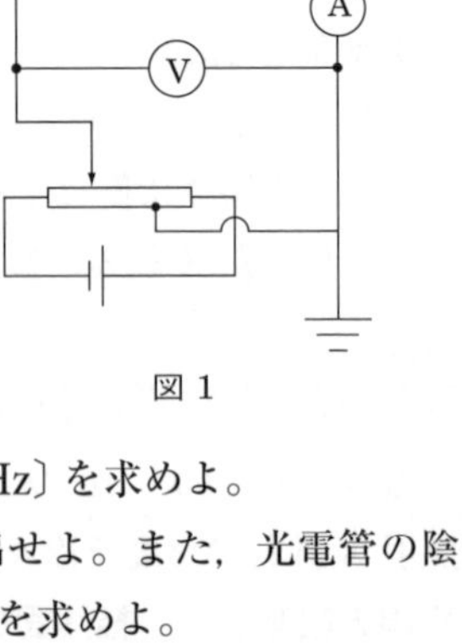

図1

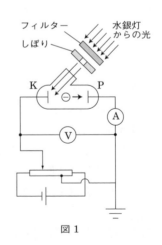

□ (1) 照射した単色光 ($\lambda=6.00\times10^{-7}$ m) の振動数 ν〔Hz〕を求めよ。

□ (2) 図3の結果から，プランク定数 h〔J·s〕の値を算出せよ。また，光電管の陰極Kの仕事関数 W〔eV〕と光電限界振動数 ν_m〔Hz〕を求めよ。

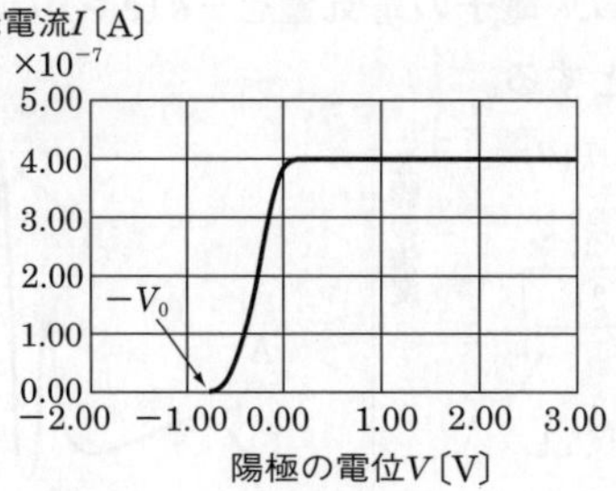

図 2

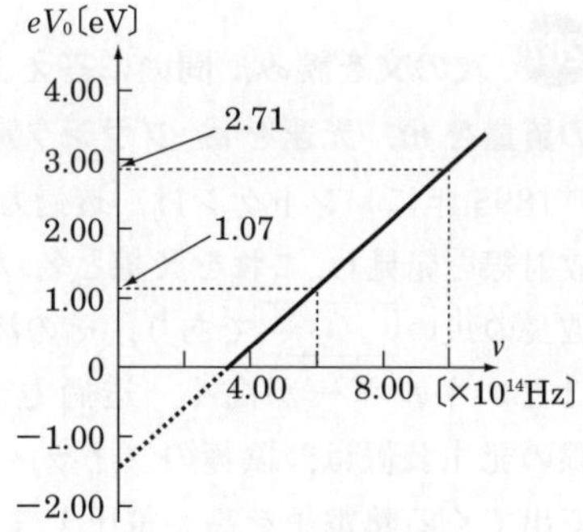

図 3

□ (3) この単色光($\lambda = 6.00 \times 10^{-7}$ m)の光子1個が電極Kの電子1個に与えたエネルギー値〔eV〕はいくらか。

□ (4) この単色光($\lambda = 6.00 \times 10^{-7}$ m)の強さをもとの強さの$\frac{1}{4}$倍に変えて照射した場合，図2で示すIとVの関係はどのようになるか。グラフの概略を示せ。

ガイド (2) 図3のグラフの傾きがプランク定数hになる。単位を〔eV〕から〔J〕になおす。

□ **286** 次の文中の［　　］にあてはまる式を記入せよ。

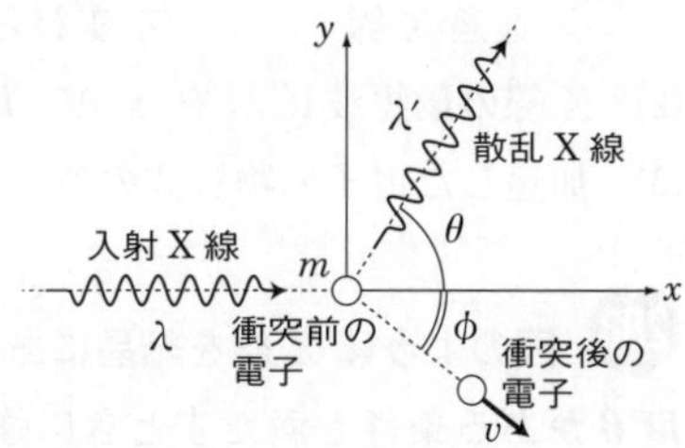

X線を物質にあてると，散乱されたX線の中に入射したX線と波長が同じX線のほか，それよりも長い波長のX線が観測される。この現象は，X線が波動の性質だけでなく，粒子の性質をもつと考えることで説明できる。

光子が物質中で静止している質量mの電子と衝突し，同一平面上で光子が角θの方向に散乱され，電子は角ϕの方向に散乱されるとする。弾性衝突であれば，衝突の前後で両者のエネルギーの和と運動量の和は保存される。光速をc，プランク定数をh，衝突後の，電子の速さをv，X線の波長をλ'とすると，エネルギーの保存から$\frac{hc}{\lambda}$ = ［①］が，運動量の保存から図のx軸方向に対して$\frac{h}{\lambda}$ = ［②］，y軸方向に対して0 = ［③］が成り立つ。ϕを消去し，散乱された電子の運動エネルギーを求めると，m，λ，λ'，h，θを用いて$\frac{1}{2}mv^2$ = ［④］となる。さらにvを消去し，$\lambda' \fallingdotseq \lambda$と近似すると$\lambda' - \lambda$ = ［⑤］$(1 - \cos\theta)$を得る。

287 **次の文を読み，問いに答えよ。ただし，電子の電気量を$-e\ (e>0)$，電子の質量をm，光速をc，プランク定数をhとする。**

1895年にレントゲンは，透過力の強い未知の放射線を発見し，これをX線と名づけた。X線は，波長の短い［①］であり，その波長が［②］ほどエネルギーが高く，透過力が［③］。X線の発生装置は，陰極のフィラメントを加熱して出てくる熱電子を高い電圧Vで加速して陽極の金属ターゲットに衝突させて，X線を発生する。

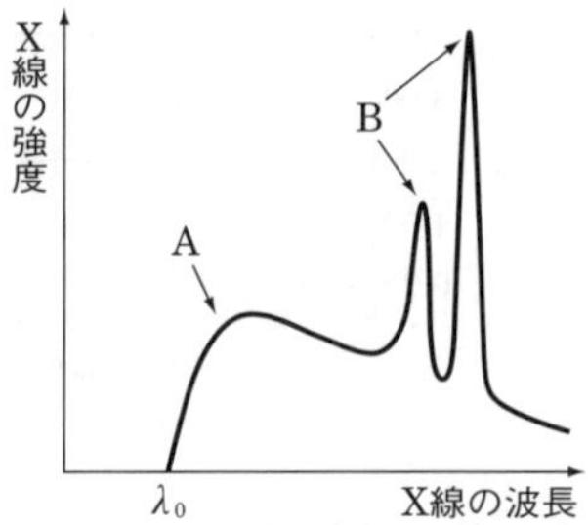

図は，陰極と陽極の電圧をVとしたときに得られるX線の強度と波長の関係を表したものである。この図のAの部分は［④］，Bの部分は［⑤］と呼ばれている。加速する電圧Vを変えると，Aの最短波長λ_0は［⑥］が，Bの部分の波長は［⑦］。

□ (1)　文中の［　］に入る最も正しいものを，次のア～セから選べ。

ア ド・ブロイ波　イ 物質波　ウ 電磁波　エ 衝撃波
オ 強い　カ 弱い　キ 短い　ク 長い
ケ 連続X線　コ 散乱X線　サ 固有(特性)X線
シ 透過X線　ス 変わらない　セ 変わる

□ (2)　X線の最短波長λ_0をe，V，h，cを用いて表せ。

□ (3)　加速した電子の物質波の波長λをe，V，h，mを用いて表せ。

288 **図のようにX線を結晶にあてると入射角度θがある条件を満たすときに強く反射する。この性質を利用して結晶の原子面間隔d〔m〕を求めることができる。**

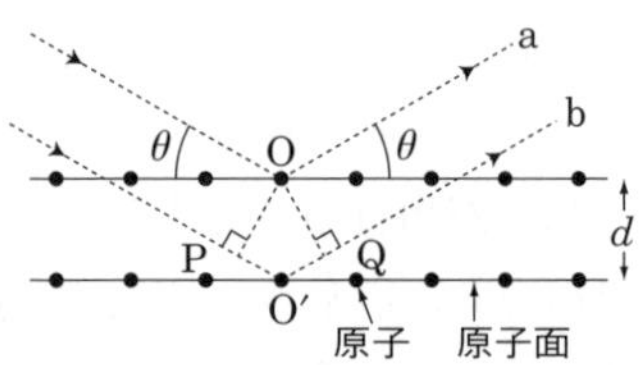

□ (1)　結晶の原子面間隔がdのとき，図のX線aとbの経路差$\Delta x = \mathrm{PO'} + \mathrm{O'Q}$を$\lambda$，$d$，$\theta$の中で必要なものを用いて表せ。ただし，点Oからbの経路におろした垂線とbの経路との交点をP, Qとする。

□ (2)　nを任意の自然数として，反射したX線が強め合う条件式をΔx，λ，nを用いて表せ。

□ (3)　波長7.1×10^{-11} mのX線を入射させると，$n=2$，$\theta=30°$のときに強く反射した。原子面間隔d〔m〕を求めよ。

29 原子の構造

☆ テストに出る重要ポイント

- **水素原子のスペクトル**…水素原子のスペクトル線の波長 λ〔m〕は，

$$\frac{1}{\lambda}=R\left(\frac{1}{{n_1}^2}-\frac{1}{{n_2}^2}\right)$$

によって与えられる。R はリュードベリ定数と呼ばれる。

$$R=1.10\times10^7/\mathrm{m}$$

(1) バルマー系列

$$n_1=2,\ n_2=3,\ 4,\ 5,\ \cdots$$

の場合で，可視光線領域の水素原子のスペクトルを表す。

(2) ライマン系列

$$n_1=1,\ n_2=2,\ 3,\ 4,\ \cdots$$

の場合で，紫外線領域の水素原子のスペクトルを表す。

(3) パッシェン系列

$$n_1=3,\ n_2=4,\ 5,\ 6,\ \cdots$$

の場合で，赤外線領域の水素原子のスペクトルを表す。

- **ボーア模型**

(1) **原子核のまわりの電子の運動**：水素原子の原子核（陽子）は $+e$〔C〕の電気量をもち，そのまわりを $-e$〔C〕の電気量をもつ電子が円運動している。電子の軌道半径を r〔m〕，電子の速さを v〔m/s〕，質量を m〔kg〕とすると，電子の運動方程式は，

$$m\frac{v^2}{r}=k_0\frac{e^2}{r^2}\quad（k_0\text{ はクーロンの法則の定数}）$$

(2) **量子条件**：電子の軌道半径は，その円周が電子波の波長の整数倍のものしか存在しない。

$$2\pi r=n\frac{h}{mv}\quad(n=1,\ 2,\ 3,\ \cdots)$$

(3) **振動数条件**：電子が高いエネルギー準位 E_n から E_m に移るとき，光子を１つ放出する。その光子の振動数を ν〔Hz〕とすれば，

$$E_n-E_m=h\nu$$

(4) **ボーア半径**：量子数 $n=1$ のときの電子軌道の半径 a_0 で，水素原子の大きさを表している。

$$r_n=\frac{h^2}{4\pi^2k_0me^2}\cdot n^2=a_0\cdot n^2\quad(n=1,\ 2,\ 3,\ \cdots)$$

できたらチェック。

基本問題

解答 ➡ 別冊 p.78

□ **289** 水素原子のスペクトル

次の文を読んで, □ に適した語句を入れよ。

水素原子のスペクトル線の波長 λ は, 次の関係を満たす。

$$\frac{1}{\lambda} = R\left(\frac{1}{n_1{}^2} - \frac{1}{n_2{}^2}\right)\quad (R\text{ はリュードベリ定数})$$

$n_1 = 1$ の場合は [①] 系列と呼ばれ [②] 領域のスペクトルを, $n_1 = 2$ の場合は [③] 系列と呼ばれ [④] 領域のスペクトルを, $n_1 = 3$ の場合は [⑤] 系列と呼ばれ [⑥] 領域のスペクトルを表している。

例題研究》 **29.** テスト必出 **ボーア模型について, 次の問いに答えよ。ただし, 電子の質量を m〔kg〕, 電気量を $-e$〔C〕, 速さを v〔m/s〕, クーロンの法則の比例定数を k_0〔N·m²/C²〕, プランク定数を h〔J·s〕, 真空中の光速を c〔m/s〕とする。**

(1) 電子が原子核のまわりを半径 r〔m〕の等速円運動をするとすれば, 電子の運動方程式はどのようになるか。

(2) 量子数を n として, ボーアの量子条件を記せ。

(3) 電子がエネルギー準位 E_n〔J〕から E_m〔J〕へ移ったときに放出される電磁波の波長 λ〔m〕を求めよ。

着眼 (1) 向心加速度 $\dfrac{v^2}{r}$ を用いて運動方程式をつくる。

(2) 速さ v で運動している電子波の波長は $\dfrac{h}{mv}$ であり, 電子の軌道の円周の長さは $\dfrac{h}{mv}$ の整数倍しかとれない。

(3) ボーアの振動数条件から, 電子のエネルギーの減少量に等しいエネルギー $h\nu = \dfrac{hc}{\lambda}$ をもつ光子が放出される。

解き方 (1) 電子は原子核(陽子)との静電気力によって等速円運動をしているので, 電子の運動方程式は, $m\dfrac{v^2}{r} = k_0\dfrac{e^2}{r^2}$

(2) 速さ v で運動している電子波の波長は $\dfrac{h}{mv}$ であるから, $2\pi r = n\dfrac{h}{mv}$

(3) ボーアの振動数条件より, $\dfrac{hc}{\lambda} = E_n - E_m$ であるから, $\lambda = \dfrac{hc}{E_n - E_m}$

答 (1) $m\dfrac{v^2}{r} = k_0\dfrac{e^2}{r^2}$ (2) $2\pi r = n\dfrac{h}{mv}$ (3) $\dfrac{hc}{E_n - E_m}$

応用問題

解答 → 別冊 p.78

290 次の文を読み，問いに答えよ。

分光器を使って水素原子の放出する線スペクトルを観測した。観測した可視光の線スペクトルは色が赤，青緑，青，紫の4本あり，そのうち3つの波長が 6.56×10^{-7} m，4.86×10^{-7} m，4.10×10^{-7} m であることを記録した。水素原子の線スペクトルは，次の規則にしたがうことが知られている。

$$\frac{1}{\lambda} = R\left(\frac{1}{m^2} - \frac{1}{k^2}\right) \qquad \left(\begin{array}{l} m = 1,\ 2,\ 3,\ \cdots \\ k = m+1,\ m+2,\ m+3,\ \cdots \end{array}\right)$$

λ は観測される線スペクトルの波長，R はリュードベリ定数で，$m = 2$ の場合は，可視光の範囲での一連の線スペクトルに対応し，バルマー系列と呼ばれている。観測した線スペクトルはすべてバルマー系列に属するものとする。

できたらチェック。

□ (1) 観測し，記録した3つの線スペクトルの波長の値に対し，$\frac{1}{m^2} - \frac{1}{k^2}$ と $\frac{1}{\lambda}$ との関係をグラフに表せ。このとき作図に使った線などは残しておくこと。ただし，$m = 2$ に対して $\frac{1}{m^2} - \frac{1}{k^2}$ の値は k の値の小さいほうから順にそれぞれ 0.138，0.188，0.210，0.222 であり，$\frac{1}{6.56} = 0.152$，$\frac{1}{4.86} = 0.206$，$\frac{1}{4.10} = 0.244$ である。

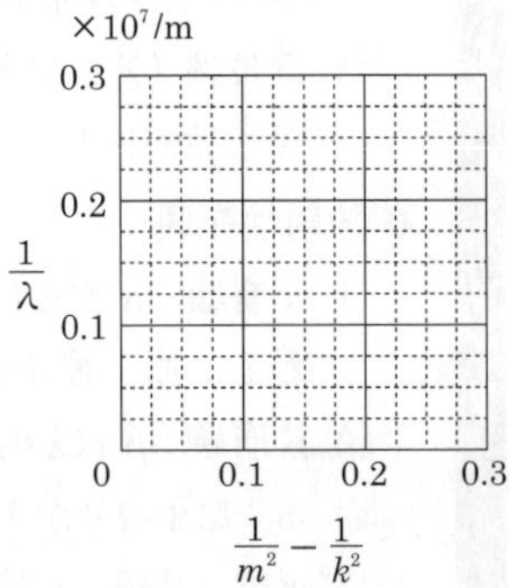

□ (2) R の値はいくらか。記録した線スペクトルの波長のうちいずれか1つを使え。

□ (3) 観測したが記録しなかった線スペクトルに対する k の値を答えよ。またこの線スペクトルの波長を求めよ。

□ (4) 水素原子内で電子（質量 m，電気量 $-e$）が，水素原子核（電気量 e）のまわりを速さ v で半径 r の等速円運動をしているとき，円運動の方程式を書け。ただし，クーロンの法則の比例定数を k_0 とする。

□ (5) 水素原子の中で電子が定常状態であれば量子条件 $v_n = \frac{nh}{2\pi m r_n}$ を満たす。ただし，v_n，r_n は量子数が n ($n = 1, 2, 3, \cdots$) のときの電子の速さと軌道半径，h はプランク定数である。このときの軌道半径 r_n と電子の全エネルギー E_n（運動エネルギーと位置エネルギーの和）を n，k_0，m，e，h を用いて表せ。

□ (6) リュードベリ定数を k_0，m，e，h と光速 c を用いて表せ。

30 原子核の変換

テストに出る重要ポイント

- **原子の構造**…原子番号 Z の原子は，$+Ze$ の正電荷をもつ原子核のまわりを Z 個の電子がまわっている。原子の直径は 10^{-10} m，原子核の直径は約 10^{-14} m で，原子の約 10000 分の 1。
- **原子核の構成**…原子核は**陽子**と**中性子**から構成される。
  (1) **核子**：陽子と中性子の総称。
  (2) **質量数**：原子核内の核子の数。原子番号 Z，質量数 A の原子核は，**Z 個の陽子，$(A-Z)$ 個の中性子**で構成される。
  (3) **原子核の表し方**：元素記号の左上に質量数，左下に原子番号を書く。
  例 ヘリウム原子核は，原子番号 2，質量数 4 で，${}^{4}_{2}He$ と表される。
  (4) **同位体（アイソトープ）**：原子番号が等しく，質量数が異なる原子。陽子数が同じで，中性子数がちがう。
- **放射性崩壊**
  (1) **α 崩壊**：α 線を出して別の原子核に変わる。原子番号が 2，質量数が 4 減少。
  (2) **β 崩壊**：β 線を出して別の原子核に変わる。原子番号が 1 増加，質量数は不変。
  (3) **α 線，β 線，γ 線の性質**
  右記の通り。

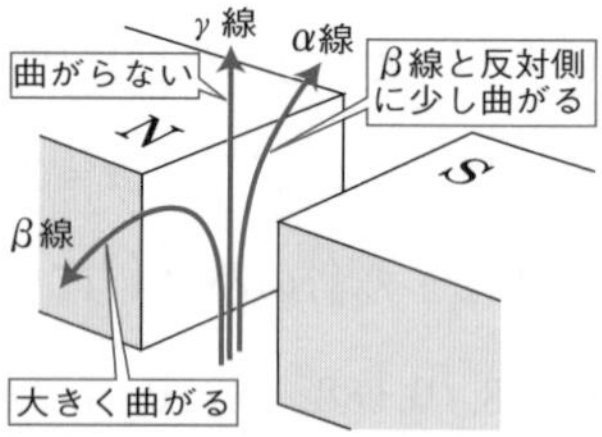

	実　体	電離作用	透過性
α 線	ヘリウム原子核	大	小
β 線	電　子	中	中
γ 線	電磁波	小	大

- **半減期**…崩壊によって原子核数が現在量の半分になるまでの時間。半減期 T の原子核 N_0 個を時間 t だけおいたときの原子核の数 N は，$N=N_0\left(\frac{1}{2}\right)^{\frac{t}{T}}$

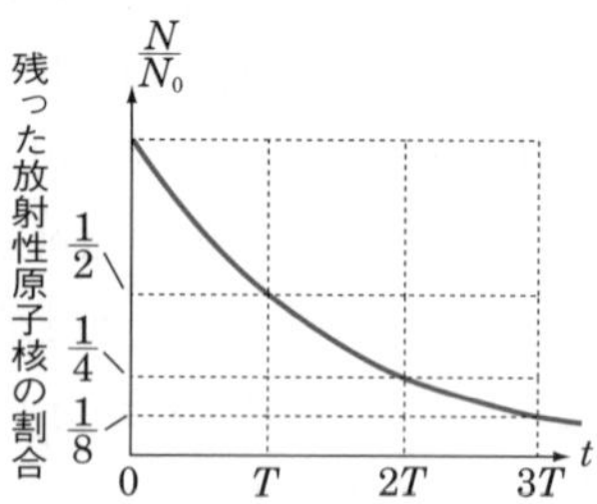

T：半減期

- **質量とエネルギーの等価性**…質量とエネルギーは等価で，質量 m〔kg〕の静止している物体は，mc^2〔J〕のエネルギーをもつ。
  $E=mc^2$　　c〔m/s〕：真空中の光速
- **結合エネルギー**…原子核の質量は，原子核を構成している核子がばらばらになっているときの質量の和より小さい。この質量の減少分 Δm

を質量欠損という。この質量欠損に相当するエネルギーΔmc^2を原子核の結合エネルギーという。

基本問題

解答 → 別冊 p.79

できたらチェック。

□ **291 原子の構造**

次の文中の□に適当な語句を入れよ。

原子は［①］とその周囲を回る電子から構成されている。［①］は，電気的に中性な［②］と$+e$の電気量をもつ［③］から構成されているので，［③］の数に応じた正の電気量をもつ。電子は$-e$の電気量をもち，多くの場合，その数は［③］の数に等しいので，原子は全体として電気的に中性である。

□ **292 原子番号と質量数**

次の文中の□に適当な式を入れよ。

質量数A，原子番号Zの原子の原子核は［①］個の陽子と［②］個の中性子からできている。また，この原子の電子は［③］個である。

□ **293 放射性崩壊** テスト必出

放射性崩壊を示す次の式の□に適当な記号または数値を入れよ。

α崩壊　［①］崩壊　β崩壊　［②］崩壊　［③］崩壊

$$^{238}_{[④]}\mathrm{U} \longrightarrow {}^{234}_{90}\mathrm{Th} \longrightarrow {}^{234}_{91}\mathrm{Pa} \longrightarrow {}^{[⑤]}_{[⑥]}\mathrm{U} \longrightarrow {}^{230}_{90}\mathrm{Th} \longrightarrow {}^{226}_{88}\mathrm{Ra}$$

□ **294 ラジウムの半減期** テスト必出

ラジウムの半減期は**1620**年である。**1.00 g**のラジウムはいまから**4860**年後には何**g**になるか。

□ **295 ウランの核分裂** テスト必出

次の核反応式はウラン原子核$^{235}_{92}\mathrm{U}$の核分裂の例として，中性子を吸収後**Sn**と**Mo**原子核に分裂する場合を示す。ここで，$^{1}_{0}\mathrm{n}$は中性子を表す。式の中の質量数A_1，A_2と原子番号Z_1，Z_2に適当な数字を入れ，核反応式を完結せよ。

$$^{235}_{92}\mathrm{U} + {}^{1}_{0}\mathrm{n} \longrightarrow {}^{A_1}_{Z_1}\mathrm{U} \longrightarrow {}^{A_2}_{50}\mathrm{Sn} + {}^{103}_{Z_2}\mathrm{Mo} + 2{}^{1}_{0}\mathrm{n}$$

□ **296 質量欠損とエネルギー** テスト必出

次の文中の［①］～［③］には数値，［④］には語句をそれぞれ入れよ。

ただし，$1\,u = 1.66 \times 10^{-27}\,kg$ とする。

^{4}He 原子核の質量を 4.00260u，陽子の質量を 1.00783u，中性子の質量を 1.00867u とすると，^{4}He 原子核の質量欠損は［ ① ］u である。

真空中の光速度を 3.0×10^8 m/s，電子の電気量を 1.6×10^{-19} C として，この質量欠損分をエネルギーに換算すると［ ② ］J，MeV 単位で表すと［ ③ ］MeVとなる。この質量欠損分に相当するエネルギーを［ ④ ］エネルギーという。

297 クォークの電気量

クォークの電気量は，u，c，t クォークが電気素量の $+\dfrac{2}{3}$ 倍で，d，s，b クォークは電気素量の $-\dfrac{1}{3}$ 倍で，反クォークの電荷はもとのクォークの逆符号である。このことから，以下のクォークで構成される粒子の電気量は電気素量の何倍になるか。u の反クォークは $\overline{u}$ のように，反クォークは ¯ の記号で示している。

□ (1) uud　□ (2) $u\overline{s}$　□ (3) uuc　□ (4) $b\overline{u}$　□ (5) $\overline{u}\overline{d}\overline{d}$

応用問題

解答 → 別冊 p.80

できたらチェック。

□ **298** 次の文中の空欄①は図中のア～ウのうち正しいものを 1 つ選び，②，③は数式を，④，⑤，⑥は数値を記入せよ。

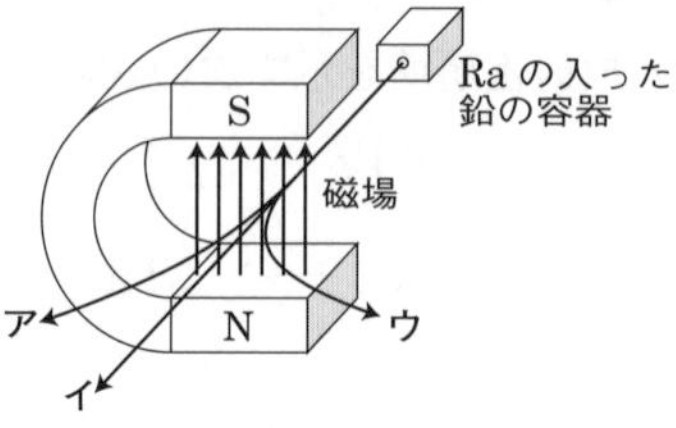

$^{226}_{88}$Ra は，α 線とよばれる放射線を放出して，$^{222}_{86}$Rn に放射性崩壊（α 崩壊）する原子核である。α 線を一様な磁場中に通すと図の［ ① ］の軌跡を描く。このことから，ラザフォードによって α 線の正体がヘリウム原子核であることが明らかにされた。α 崩壊ではヘリウム原子核が放出されるため，元の原子核の質量数を A，原子番号を Z とすると，α 崩壊後の原子核の質量数は［ ② ］，原子番号は［ ③ ］と表される。放射性崩壊には原子核内の中性子が陽子に変化して電子を放出する現象もある。これを β 崩壊といい，原子核は質量数が同じで原子番号が 1 だけ大きな原子核に変わる。$^{226}_{88}$Ra は最終的に安定な原子核である $^{206}_{82}$Pb に変化するが，$^{206}_{82}$Pb に変化するまでに α 崩壊を［ ④ ］回，β 崩壊を［ ⑤ ］回くり返す。放射性原子核は放射性崩壊して他の原子核に変わるため，元の原子核の数は時間とともに減少する。$^{226}_{88}$Ra の半減期は 1.60×10^3 年であるので，$\log_{10}2 = 0.301$ とすると，はじめあった $^{226}_{88}$Ra の数が $\dfrac{1}{10}$ 倍になるのは約［ ⑥ ］年後である。

例題研究》 30. 〈差がつく〉 **木の中には $^{12}_{6}C$ と $^{14}_{6}C$ が存在する。枯木の中では $^{12}_{6}C$ はほとんど変化しないが，$^{14}_{6}C$ はしだいに減少する。古い木材と生きている木の $\dfrac{^{14}_{6}C\text{の数}}{^{12}_{6}C\text{の数}}$ を比較したところ，古い木材は生きている木の $\dfrac{1}{\sqrt{2}}$ 倍であった。古い木材が生きていたのはいまから何年前か。$^{14}_{6}C$ の半減期は 5.7×10^3 年とする。**

着眼　木が生きているときは，$^{12}_{6}C$ と $^{14}_{6}C$ の割合は空気中の割合と等しい。木が死ぬと放射性原子核はしだいに崩壊して減少していく。

解き方　半減期を T〔年〕，経過した年数を t〔年〕とする。

古い木材の $\dfrac{^{14}_{6}C}{^{12}_{6}C}$ が生きている木の $\dfrac{1}{\sqrt{2}}$ 倍になったので，

$$\left(\frac{1}{2}\right)^{\frac{t}{T}}=\frac{1}{\sqrt{2}}=\left(\frac{1}{2}\right)^{\frac{1}{2}}\qquad \text{よって，}\ \frac{t}{T}=\frac{1}{2}$$

ゆえに，$t=\dfrac{1}{2}T=\dfrac{1}{2}\times5.7\times10^3\text{年}\fallingdotseq2.9\times10^3\text{年}$　　答 2.9×10^3年

299 次の文を読み，問いに答えよ。

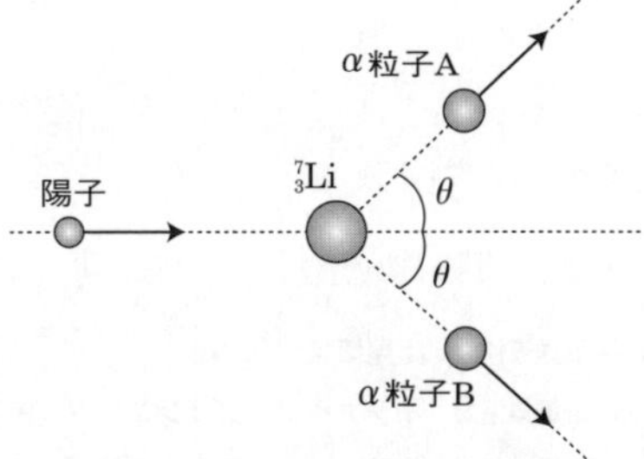

運動エネルギー E〔J〕の陽子1個を，静止したリチウム $^{7}_{3}Li$ の原子核1個に衝突させたところ，原子核反応を起こし，図に示すように2個の α 粒子AとBになった。α 粒子AとBは，それぞれ陽子の進行方向から斜め上向きおよび斜め下向きに角度 θ〔rad〕の方向に飛び出した。ただし，(1)～(3)は，陽子，$^{7}_{3}Li$ 原子核，α 粒子の質量をそれぞれ m_p〔kg〕，M〔kg〕，m_α〔kg〕，真空中の光の速さを c〔m/s〕として答えよ。(4)の答えは数値で求めよ。

□ (1) この原子核反応による核エネルギー ΔE〔J〕を m_p, M, m_α, c を用いて表せ。

□ (2) α 粒子Aの運動エネルギー E_α〔J〕を E，m_p，M，m_α，c を用いて表せ。

□ (3) $\cos\theta$ を E，m_p，M，m_α，c を用いて表せ。

□ (4) 陽子，$^{7}_{3}Li$ 原子核，α 粒子の質量は，原子質量単位uで表すと，それぞれ1.0073u，7.0144u，4.0015uである。(1)で求めた核エネルギー ΔE の値を計算せよ。必要ならば，炭素 $^{12}_{6}C$ 原子1molの質量を 1.20×10^{-2}kg，真空中の光速 $c=3.00\times10^8$m/s，アボガドロ定数 $N_A=6.02\times10^{23}$/mol とせよ。

□ 執筆協力　土屋博資
□ 編集協力　㈱ファイン・プランニング　㈲中村編集デスク　松本陽一郎
□ 図版作成　㈱ファイン・プランニング　小倉デザイン事務所

シグマベスト
シグマ基本問題集
物理

編　者　文英堂編集部
発行者　益井英郎
印刷所　図書印刷株式会社
発行所　株式会社文英堂
〒601-8121　京都市南区上鳥羽大物町28
〒162-0832　東京都新宿区岩戸町17
(代表)03-3269-4231

●落丁・乱丁はおとりかえします。

ΣBEST シグマベスト

シグマ基本問題集

物 理

正解答集

◎『検討』で問題の解き方が完璧にわかる

◎『テスト対策』で定期テスト対策も万全

● 数値を求める問題で特に指示のない場合，原則として有効数字２桁となるよう四捨五入した解答を示している。（→本冊 *p.3*）

文英堂

1 平面上の運動

基本問題 …………………… 本冊 *p.5*

❶

答 $v_x = 17\,\mathrm{m/s},\ v_y = 10\,\mathrm{m/s}$

検討 速度ベクトルを右図のように分解する。

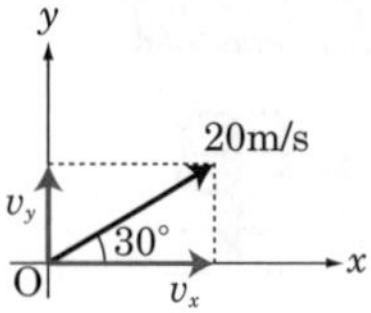

$v_x = 20\cos 30°$

$= 20 \times \dfrac{\sqrt{3}}{2}$

$= 10\sqrt{3} \fallingdotseq 17\,\mathrm{m/s}$

$v_y = 20\sin 30° = 20 \times \dfrac{1}{2} = 10\,\mathrm{m/s}$

❷

答 (1) **15 m/s**

(2) ***x* 成分：13 m/s，*y* 成分：7.5 m/s**

検討 (1) 右図のように，**2つの速度ベクトルを2辺とする平行四辺形をかく**と，対角線が合成速度のベクトルになる。この場合は，合成速度のベクトルともとの速度ベクトルとが正三角形をつくるので，合成速度の大きさも 15 m/s。

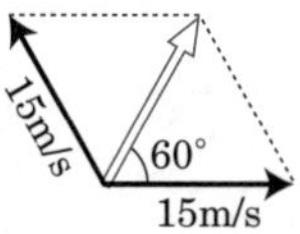

(2) 右図のように分解する。

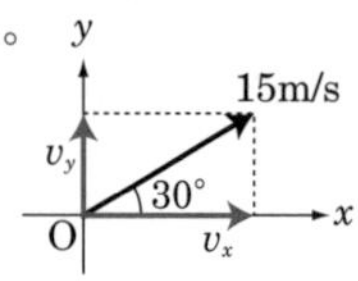

$v_x = 15\cos 30°$

$= 15 \times \dfrac{\sqrt{3}}{2}$

$\fallingdotseq 13\,\mathrm{m/s}$

$v_y = 15\sin 30° = 15 \times \dfrac{1}{2} = 7.5\,\mathrm{m/s}$

❸

答 (1) **1000 m**　(2) **100 m/s**

(3) **東向き：80 m/s，北向き：60 m/s**

検討 (1) OP 間の距離を求める。**三平方の定理**により，$\mathrm{OP} = \sqrt{800^2 + 600^2} = 1000\,\mathrm{m}$

(2) $v = \dfrac{x}{t} = \dfrac{1000}{10} = 100\,\mathrm{m/s}$

(3) 東向きには，10 秒間に 800 m 移動したので，$v_x = \dfrac{800}{10} = 80\,\mathrm{m/s}$

北向きには，10 秒間に 600 m 移動したので，

$v_y = \dfrac{600}{10} = 60\,\mathrm{m/s}$

❹

答 ① 相対速度　② $\vec{v}_\mathrm{B} - \vec{v}_\mathrm{A}$

❺

答 (1) **5.0 m/s**　(2) **35 m/s**　(3) **25 m/s**

検討 バスの速度の向きを正の向きとして，相対速度を求める。

(1) $20 - 15 = 5\,\mathrm{m/s}$

(2) $-20 - 15 = -35\,\mathrm{m/s}$（バスと逆向き）

(3) 自動車の速さを v とすると，

$v - 15 = 10$　　よって，$v = 25\,\mathrm{m/s}$

❻

答 (1) **1.4 秒**　(2) **21 m**　(3) **21 m/s**

検討 (1) **初速度の鉛直成分は 0** であるから，鉛直方向の**運動は自由落下と同じ**。

$10 = \dfrac{1}{2} \times 9.8 \times t^2$ より，$t \fallingdotseq \sqrt{2.04} \fallingdotseq 1.4\,\mathrm{s}$

(2) 水平方向には，15 m/s の等速直線運動をするから，　$x = vt = 15 \times 1.42 \fallingdotseq 21\,\mathrm{m}$

(3) 地面にぶつかるときの小球の速度の水平成分を v_x，鉛直成分を v_y とすると，

$v_x = 15\,\mathrm{m/s}$

$v_y = gt = 9.8 \times 1.42 \fallingdotseq 14.0\,\mathrm{m/s}$

よって，$v = \sqrt{v_x^2 + v_y^2} = \sqrt{15^2 + 14.0^2} \fallingdotseq 21\,\mathrm{m/s}$

❼

答 ① 放物　② 鉛直　③ 重　④ 等加速度

⑤ 等速　⑥ $v_0 t$　⑦ $\dfrac{1}{2}gt^2$　⑧ 時間

❽

答 ① 鉛直　② 重　③ 等加速度　④ 等速

⑤ $v_0\cos\theta$　⑥ $v_0\sin\theta - gt$　⑦ $v_0 t\cos\theta$

⑧ $v_0 t\sin\theta - \dfrac{1}{2}gt^2$　⑨ v_y

❾

答 (1) $a_x = 0,\ a_y = -g$

(2) ***x* 成分**：$v_0\cos\theta$，***y* 成分**：$v_0\sin\theta$

(3) $v_x = v_0\cos\theta,\ v_y = v_0\sin\theta - gt$

(4) $x = v_0 t\cos\theta,\ y = v_0 t\sin\theta - \dfrac{1}{2}gt^2$

(5) $y = (\tan\theta)x - \dfrac{g}{2{v_0}^2\cos^2\theta}x^2$

応用問題 ……………………… 本冊 p.7

10

答 (1) **12 m/s**

(2) **$\cos\theta = 0.60$，舟の速さ：8.0 m/s**

(3) **13 秒**

検討 (1) 右図のようにして，舟の速度と流速を合成する。岸から見た舟の速さは，この合成速度 v_1 で，

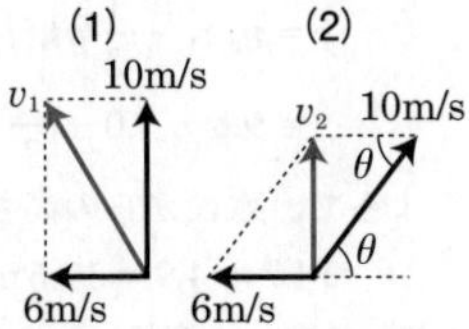

三平方の定理により，

$$v_1 = \sqrt{10^2 + 6.0^2} = \sqrt{136} \fallingdotseq 12\,\text{m/s}$$

(2) 上図(2)のように，舟の速度と流速の合成速度 v_2 が流れと垂直になればよい。図より，

$$\cos\theta = \frac{6.0}{10} = 0.60$$

また，$v_2 = \sqrt{10^2 - 6.0^2} = \sqrt{64} = 8.0\,\text{m/s}$

(3) 舟の合成速度の大きさは v_2 だから，

$$t = \frac{100}{v_2} = \frac{100}{8.0} = 12.5 \fallingdotseq 13\,\text{s}$$

11

答 (1) **速さ：30 km/h，向き：西向き**

(2) **速さ：3.5 m/s，**

　向き：真北より 60° 西から吹く風

(3) **$V - v$**

検討 (1) 東向きを正とし，相手の自動車の速さを v〔km/h〕とすると，相対速度は，

$10 = v - (-40)$　よって，$v = -30\,\text{km/h}$

負だから，実際は西向き。

(2) 自転車の速度を v_A，風速を v_B とすると，これらの相対速度 $\vec{v}$ が南向きであればよい。

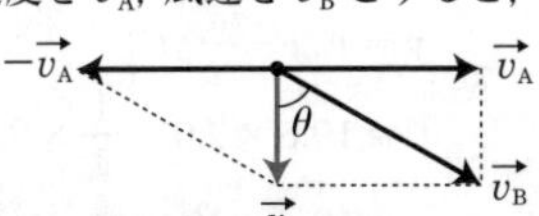

よって，右上図のような関係になり，$\vec{v_B}$ の大きさは，**三平方の定理**により，

$$v_B = \sqrt{v_A^2 + v^2} = \sqrt{3^2 + (\sqrt{3})^2}$$
$$= \sqrt{12} \fallingdotseq 3.5\,\text{m/s}$$

また θ は，$\tan\theta = \sqrt{3}$ より $\theta = 60°$ となる。

(3) 燃料の地球に対する速度を v_B とすると，燃料のロケットに対する相対速度は $-v$ だから，$-v = v_B - V$

よって，$v_B = V - v$

テスト対策

相対速度は，(相手の速度) − (自分の速度) で求める。速度はベクトルなので，ベクトルの差になる。一般的に「A に対する B の相対速度」は「B の速度 − A の速度」で求める。

12

答 (1) **$v_x = v_0$，$v_y = gt$**

(2) **$x = v_0 t$，$y = \dfrac{1}{2}gt^2$**

(3) **$y = \dfrac{g}{2{v_0}^2}x^2$**

検討 (1) x 成分は v_0 のまま変わらない。y 成分は自由落下と同じだから，$v_y = gt$

(2) x 座標は等速直線運動の場合と同じで，

$x = v_0 t$

y 座標は自由落下と同じだから，

$$y = \frac{1}{2}gt^2$$

(3) (2)の x，y の式から t を消去する。

13

答 (1) **49 m/s**　(2) **111 m/s**　(3) **9.0 秒**

(4) **900 m**

検討 小物体は 100 m/s の速さで飛んでいる飛行機から落とされたのだから，100 m/s で水平方向に投げ出されたのと同じである。

(1) **鉛直方向は自由落下と同じ**だから，

$v_y = gt = 9.8 \times 5.0 = 49\,\text{m/s}$

(2) 水平成分と鉛直成分を合成する。

$v = \sqrt{v_x^2 + v_y^2} = \sqrt{100^2 + 49^2} \fallingdotseq 111\,\text{m/s}$

(3) $y = \dfrac{1}{2}gt^2$ より，

$$t = \sqrt{\frac{2y}{g}} = \sqrt{\frac{2 \times 396.9}{9.8}} = 9.0\,\text{s}$$

(4) $x = v_x t = 100 \times 9.0 = 900\,\text{m}$

14

答 **5.0 m/s**

検討 小石の初速度を v_0，落下時間を t とすると，$v_0t = 10$，$19.6 = \frac{1}{2} \times 9.8t^2$

後者から $t = 2$ s となるので，$v_0 = 5.0$ m/s

15

答 **61 m**

検討 小石が海面に当たる速度の水平成分は，20 m/s だから，鉛直成分は，

$$v_y = 20 \tan 60° = 20\sqrt{3}$$

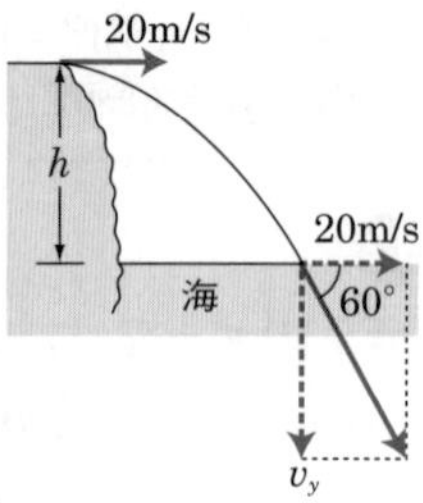

また，$v_y{}^2 - 0^2 = 2gh$

よって，$h = \frac{v_y{}^2}{2g} = \frac{20^2 \times 3}{2 \times 9.8} \fallingdotseq 61$ m

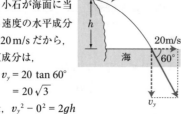

16

答 (1) **0.50 m/s** (2) **2.0 秒** (3) **0.15 m/s²** (4) ⑦

検討 (1) $v_x = 0.40$ m/s，$v_y = 0.30$ m/s だから，

$v = \sqrt{v_x{}^2 + v_y{}^2} = \sqrt{0.40^2 + 0.30^2} = 0.50$ m/s

(2) v_x は一定だから，v_y の絶対値が最小のときである。

(3) x 方向の加速度は 0 だから，y 方向の加速度を求める。図 1 の v_y-t グラフの**傾きが加速度を表す**。

$$a_y = \frac{-0.30 - 0.30}{4.0 - 0} = -0.15 \text{ m/s}^2$$

(4) (3)の結果が負であるから，y 軸の負の向き。

17

答 (1) **1.0秒** (2) **19.6 m** (3) **3.0秒** (4) **51 m**

検討 点 A を原点とし，水平方向，物体を投げ出す向きに x 軸，鉛直上向きに y 軸をとる。初速度の x 成分，y 成分をそれぞれ v_{0x}, v_{0y} とすると，

$$v_{0x} = 19.6 \cos 30° = 19.6 \times \frac{\sqrt{3}}{2} \fallingdotseq 17.0 \text{ m/s}$$

$$v_{0y} = 19.6 \sin 30° = 19.6 \times \frac{1}{2} = 9.8 \text{ m/s}$$

(1) **最高点では，速度の y 成分 $v_y = 0$ になる。**求める時間を t_1〔s〕とすると，

$$v_y = v_{0y} - gt_1 = 9.8 - 9.8t_1 = 0$$

よって，　$t_1 = 1.0$ s

(2) 点 B の原点(A)からの高さは，

$$y = v_{0y}t_1 - \frac{1}{2}gt_1{}^2 = 9.8 \times 1.0 - \frac{1}{2} \times 9.8 \times 1.0^2 = 4.9 \text{ m}$$

よって，水面からの高さは，

$$14.7 + 4.9 = 19.6 \text{ m}$$

(3) 点 C の y 座標は -14.7 m である。求める時間を t_2〔s〕として，鉛直方向の運動を考えると，

$$-14.7 = v_{0y}t_2 - \frac{1}{2}gt_2{}^2 = 9.8t_2 - \frac{1}{2} \times 9.8t_2{}^2$$

この 2 次方程式を解くと，$t_2 = 3.0$ s，-1.0 s

$t_2 = -1.0$ s は不適。

(4) 水平方向の運動を考えると，

$$DC = v_{0x}t_2 = 17.0 \times 3.0 = 51 \text{ m}$$

18

答 (1) **2.0 秒** (2) **20 m** (3) **36 m/s**

検討 (1) 放物運動の軌跡は対称的だから，**最高点までの時間は落下までの時間の半分**である。

(2) 初速度の大きさを v_0，その水平成分，鉛直成分をそれぞれ v_{0x}, v_{0y} とする。また，t〔s〕後の速度の x 成分，y 成分をそれぞれ v_x，v_y とする。最高点では，$v_y = 0$ となるから，

$$v_y = v_{0y} - gt = v_{0y} - 9.8 \times 2.0 = 0$$

よって，　$v_{0y} = 19.6$ m/s

最高点の高さは，

$$y = v_{0y}t - \frac{1}{2}gt^2 = 19.6 \times 2.0 - \frac{1}{2} \times 9.8 \times 2.0^2 = 19.6 \fallingdotseq 20 \text{ m}$$

(3) v_{0x} の大きさは，$v_{0x} \times 4.0 = 120$ より，

$v_{0x} = 30$ m/s

初速度の大きさは，

$$v_0 = \sqrt{v_{0x}{}^2 + v_{0y}{}^2} = \sqrt{30^2 + 19.6^2} \fallingdotseq 36 \text{ m/s}$$

19

答 (1) $\dfrac{at_0}{v_0}$ (2) $\dfrac{1}{2}at_0{}^2$ (3) $\dfrac{1}{2}a\left(1+\dfrac{a}{g}\right)t_0{}^2$
(4) $\sqrt{v_0{}^2+2gh}$

検討 (1) 投げ出されたときの小球の速度の x 成分は v_0，y 成分は at_0 だから，$\tan\theta=\dfrac{at_0}{v_0}$

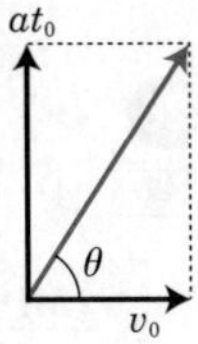

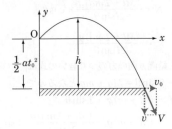

(2) 加速度 a で時間 t_0 の間，等加速度直線運動をするから，高さは，

$$y=\frac{1}{2}at_0{}^2$$

(3) 小球は下の図のような放物運動をする。地面から最高点までの高さを h とする。**最高点では速度の鉛直成分が0になる**から，鉛直方向の運動を考えると，

$$0^2-(at_0)^2=2\times(-g)\left(h-\frac{1}{2}at_0{}^2\right)$$

よって，$h=\dfrac{1}{2}a\left(1+\dfrac{a}{g}\right)t_0{}^2$

(4) 小球が地面に達したときの速度の y 成分を v とすると，$v^2-0^2=2gh$
よって，　$v^2=2gh$
速度の x 成分は v_0 だから，速度は

$$V=\sqrt{v_0{}^2+v^2}=\sqrt{v_0{}^2+2gh}$$

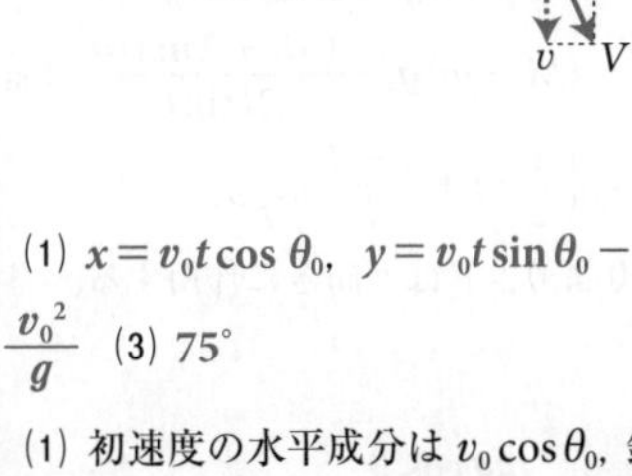

20

答 (1) $x=v_0t\cos\theta_0$，$y=v_0t\sin\theta_0-\dfrac{1}{2}gt^2$
(2) $\dfrac{v_0{}^2}{g}$ (3) 75°

検討 (1) 初速度の水平成分は $v_0\cos\theta_0$，鉛直成分は $v_0\sin\theta_0$ であり，水平方向は等速直線運動，鉛直方向は等加速度直線運動を行うので，

$$x=v_0t\cos\theta_0 \qquad y=v_0t\sin\theta_0-\frac{1}{2}gt^2$$

(2) 初めて地表に落ちるまでの時間を t_1 とすれば，地面の高さは0と考えてよいので，

$$0=v_0t_1\sin\theta_0-\frac{1}{2}gt_1{}^2$$

よって，$0=t_1\left(v_0\sin\theta_0-\dfrac{1}{2}gt_1\right)$

これから，$t_1=\dfrac{2v_0\sin\theta_0}{g}$

水平方向は等速直線運動を行うことから，

$$L=v_0\times\frac{2v_0\sin\theta_0}{g}\times\cos\theta_0$$
$$=\frac{2v_0{}^2\sin\theta_0\cos\theta_0}{g}$$
$$=\frac{v_0{}^2\sin2\theta_0}{g}$$

$\sin2\theta_0=1$ のとき，$L_{\max}=\dfrac{v_0{}^2}{g}$

(3) $\theta_0=15°$ のときの飛距離 L_{15} は，

$$L_{15}=\frac{v_0{}^2\sin(2\times15°)}{g}=\frac{v_0{}^2}{2g}$$

$0°<\theta_0<90°$ の範囲で飛距離が $\dfrac{v_0{}^2}{2g}$ になる θ_0 を求めると，$\dfrac{v_0{}^2}{2g}=\dfrac{v_0{}^2\sin2\theta_0}{g}$ より，

$$\sin2\theta_0=\frac{1}{2}$$

となるので，$2\theta_0=30°$，150°
よって，$\theta_0=15°$，75°

2 剛体のつり合い

基本問題 本冊 p.12

21

答 F_1：0N·m，F_2：−1.2N·m，F_3：0N·m，F_4：1.2N·m

検討 F_1 の力のモーメントを N_1 とすると，

$$N_1=6.0\times0\times\sin90°=0\text{N·m}$$

F_2 の力のモーメントを N_2 とすると，

$$N_2=-6.0\times0.20\times\sin90°=-1.2\text{N·m}$$

F_3 の力のモーメントを N_3 とすると，

$$N_3=6.0\times0.40\times\sin180°=0\text{N·m}$$

F_4 の力のモーメントを N_4 とすると，

$$N_4=6.0\times0.40\times\sin30°=1.2\text{N·m}$$

22

答　(1) 向き：下，大きさ：5.0N，
作用線の通る位置：Aより右に 0.72m
(2) 向き：下，大きさ：4.0N，
作用線の通る位置：Aより左に 0.60m

検討　(1) 合力は，下向きに 2.0 + 3.0 = 5.0N である。作用線を通る位置を，A点より右向きに x とすると，

$x：(1.2 - x) = 3.0：2.0$　　$x = 0.72\,\mathrm{m}$

(2) 合力は，下向きに 6.0 − 2.0 = 4.0N である。作用線を通る位置を，A点より左向きに x とすると，

$x：(1.2 + x) = 2.0：6.0$　　$x = 0.60\,\mathrm{m}$

23

答　3.0N

検討　点Aのまわりの重力のモーメントと，点Bにはたらく力のモーメントのつり合いを考える。求める力を F とすれば，

$0.30 \times 1.0 \times 9.8 = 1.0 \times F$

$F = 2.94 \fallingdotseq 3.0\,\mathrm{N}$

24

答　0.75m

検討　求める重心の位置を x_G とすると，

$$x_G = \frac{0.50 \times 0 + 0.30 \times 2.0}{0.50 + 0.30} = 0.75\,\mathrm{m}$$

応用問題 ････････････････････ 本冊 p.12

25

答　(1) $Mg(l-x)-P_2 l=0$，$P_1 l-Mgx=0$，
$M=\dfrac{P_1+P_2}{g}$　(2) $\dfrac{P_1}{P_1+P_2}l$

検討　(1) A端から重心までの距離は $l - x$ であるから，A端を回転軸とした力のモーメントのつり合いの式は，

$Mg(l-x) - P_2 l = 0$　　……①

B端を回転軸とした力のモーメントのつり合いの式は，　$P_1 l - Mgx = 0$　　……②

① − ②より，$Mgl - P_2 l - P_1 l = 0$

よって，$M = \dfrac{P_1 + P_2}{g}$

(2) ①，②の2式から M を消去すると，

$\dfrac{l-x}{x} = \dfrac{P_2}{P_1}$ となるので，$x = \dfrac{P_1}{P_1+P_2}l$

26

答　(1) $\dfrac{(Ml+2md)g}{2l\sin\theta}$

(2) $\dfrac{(Ml+2md)g}{2l\tan\theta}$

(3) $F=\left(\dfrac{1}{2}M+\dfrac{l-d}{l}m\right)g$

向き：上向き

検討　(1) 点Bのまわりの力のモーメントのつり合いを考える。点Bから張力の作用線までの距離は $l\sin\theta$，重力の作用線までの距離は $\dfrac{l}{2}$，小球にはたらく重力の作用線までの距離は d であるから，

$Tl\sin\theta = Mg \times \dfrac{l}{2} + mgd$

よって，$T = \dfrac{(Ml+2md)g}{2l\sin\theta}$

(2) 水平方向の力のつり合いの式は，
$N = T\cos\theta$ となるので，

$$N = \frac{(Ml+2md)g}{2l\sin\theta} \times \cos\theta$$
$$= \frac{(Ml+2md)g}{2l\tan\theta}$$

(3) 鉛直方向の力のつり合いの式は，
$F + T\sin\theta = Mg + mg$ となるので，

$$F = (M+m)g - T\sin\theta$$
$$= (M+m)g - \frac{(Ml+2md)g}{2l\sin\theta} \times \sin\theta$$
$$= \left(\frac{1}{2}M + \frac{l-d}{l}m\right)g$$

$F > 0$ より，F は上向きに作用する。

27

答　(1) $\dfrac{mg\cos\theta}{2\sin(\alpha-\theta)}$

(2) $F_1 = -T_0\cos\alpha$，$F_2 = mg - T_0\sin\alpha$

(3) $\dfrac{T_0}{mg} = \dfrac{\sqrt{3}}{2}$，$\dfrac{F_1}{mg} = -\dfrac{\sqrt{3}}{4}$，$\dfrac{F_2}{mg} = \dfrac{1}{4}$

検討 (1) 点Aのまわりの力のモーメントのつり合いを考える。点Aから張力の作用線までの距離は $l\sin(\alpha-\theta)$，棒にはたらく重力の作用線までの距離は $\frac{l}{2}\cos\theta$ となるので，

$$T_0 l\sin(\alpha-\theta) = mg\times\frac{l}{2}\cos\theta$$

よって，$T_0 = \dfrac{mg\cos\theta}{2\sin(\alpha-\theta)}$

(2) 水平方向の力のつり合いの式は，

$$F_1 + T_0\cos\alpha = 0$$

となるので，

$$F_1 = -T_0\cos\alpha$$

鉛直方向の力のつり合いの式は，

$$F_2 + T_0\sin\alpha - mg = 0$$

となるので，

$$F_2 = mg - T_0\sin\alpha$$

(3) (1)の結果を用いると，

$$\frac{T_0}{mg} = \frac{\cos 30^\circ}{2\sin(60^\circ-30^\circ)} = \frac{\sqrt{3}}{2}$$

(2)の結果を用いて，

$$\frac{F_1}{mg} = -\frac{T_0}{mg}\cos 60^\circ$$
$$= -\frac{\sqrt{3}}{2}\cos 60^\circ$$
$$= -\frac{\sqrt{3}}{4}$$

$$\frac{F_2}{mg} = \frac{mg - T_0\sin 60^\circ}{mg}$$
$$= 1 - \frac{T_0}{mg}\sin 60^\circ$$
$$= 1 - \frac{3}{4} = \frac{1}{4}$$

28

答 (1) **ABの中点aとBCの中点bを結ぶ直線上で，aより0.29mの位置。［Bより上に0.13m，右に0.23mの位置。］**

(2) **ABの中点EとCDの中点Fを結ぶ直線上でEより，$\frac{7}{18}a$ の位置。**

(3) **OとO′を結ぶ直線上で，Oより左に $\frac{r}{6}$ の位置。**

検討 (1) ABの中点をa，BCの中点をbとすると，重心はabの線上にある。重心の位置をaより x_G，棒の線密度を ρ とすると，abの長さは $\sqrt{0.3^2+0.4^2} = 0.5\,\text{m}$ で，その両端にそれぞれ 0.6ρ と 0.8ρ の物体があると考えれば，

$$x_G = \frac{0.6\rho\times 0 + 0.8\rho\times 0.5}{0.6\rho + 0.8\rho}$$
$$\fallingdotseq 0.29\,\text{m}$$

(別解) ABの向きの重心の位置 x_{G1} はBより，

$$x_{G1} = \frac{0.6\rho\times 0.3 + 0.8\rho\times 0}{0.6\rho + 0.8\rho}$$
$$\fallingdotseq 0.13\,\text{m}$$

BCの向きの重心の位置 x_{G2} はBより，

$$x_{G2} = \frac{0.6\rho\times 0 + 0.8\rho\times 0.4}{0.6\rho + 0.8\rho}$$
$$\fallingdotseq 0.23\,\text{m}$$

(2) ABの中点をE，CDの中点をF，△OABの質量を m とする。△OADと△OBCをあわせた板の重心はO，質量は $2m$ である。また，△OABの重心は，OE上のEより $x_G{}'$ の位置にあるとすると，OEを2:1に内分する点だから，

$$x_G{}' = \frac{a}{2}\times\frac{1}{3} = \frac{a}{6}$$

よって，全体の重心 x_G は，Eより，

$$x_G = \frac{m\times\frac{a}{6} + 2m\times\frac{a}{2}}{m+2m} = \frac{7}{18}a$$

(3) Oを中心とする円板の面積は πr^2，O′を中心とする円板の面積は $\frac{\pi r^2}{4}$ だから，質量の比は4:1である。Oを中心とする円板の質量を m，求める重心の位置を，OO′上でOより右に x_G の位置とすると

(Oを中心とする円板の重心)
＝(求める部分の重心)＋(O′を中心とする円板の重心)

だから，

$$0 = \frac{\frac{3}{4}m\times x_G + \frac{1}{4}m\times\frac{r}{2}}{\frac{3}{4}m + \frac{1}{4}m}$$

よって，$\frac{3}{4}x_G = -\frac{r}{8}$ より，

$$x_G = -\frac{r}{6}$$

3 運動量と力積

基本問題 本册 *p.15*

29

答　60 kg·m/s

検討　$mv = 3.0 \times 20 = 60$ kg·m/s

30

答　(1) 20N·s　(2) 2.0×10^2N

検討　(1) $Ft = 10 \times 2.0 = 20$N·s

(2) $F \times 0.20 = 40$ より，$F = 2.0 \times 10^2$N

31

答　-9.8N·s

検討　最高点に達するまでの時間を t〔s〕とすると，$0 = 19.6 - 9.8t$ より，　$t = 2.0$s

$(-mg)t = (-0.50 \times 9.8) \times 2.0 = -9.8$N·s

32

答　3.4N·s

検討　まず打たれた直後のボールの速さ v'〔m/s〕を求めると，

$0^2 - (v')^2 = 2 \times (-9.8) \times 19.6$

より，$v' = 19.6$m/s

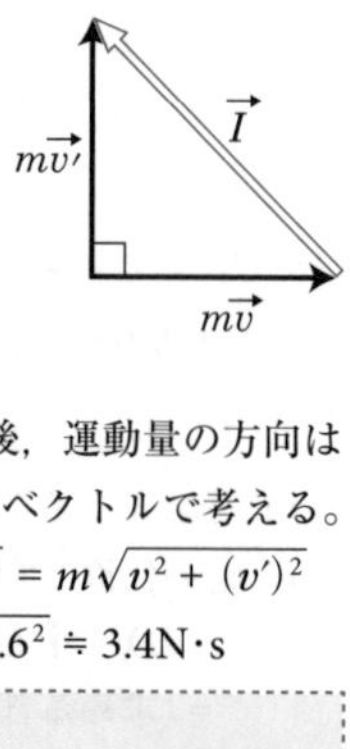

求める**力積 I はボールの運動量の変化に等しい**。

ボールをバットで打った後，運動量の方向は変わるので，上図のようにベクトルで考える。

$I = \sqrt{(mv)^2 + (mv')^2} = m\sqrt{v^2 + (v')^2}$
$= 0.12 \times \sqrt{20^2 + 19.6^2} \fallingdotseq 3.4$N·s

テスト対策

▶**運動量と力積の関係**

運動量が $\overrightarrow{mv_0}$ から $\overrightarrow{mv}$ に変化したとき，物体に加えられた力積 $\vec{F}t$ の間には，

$\overrightarrow{mv} - \overrightarrow{mv_0} = \vec{F}t$

の関係が成り立ち，物体は加えられた力積だけ運動量が変化することがわかる。力積を求める問題では，運動量の変化量から求めることが多い。

33

答　1.0×10^2N

検討　金づちは，運動する向きと逆向きの力を釘から受ける。金づちが運動する向きを正とすると，$0 - mv = -F \cdot \Delta t$

よって，$F = \dfrac{mv}{\Delta t} = \dfrac{0.5 \times 2.0}{\frac{1}{100}} = 1.0 \times 10^2$N

応用問題 本册 *p.16*

34

答　① y 軸　② 15N　③ 等速直線
④ x 軸と45°　⑤ 42N　⑥ x 軸　⑦ 20N·s

検討　①，② $0 < t < 2$ では，x 方向は等速運動，y 方向は等加速度運動することがグラフから読み取れるから，力を受けるのは y 方向で，大きさは，$F_1 = ma_y = 10 \times \dfrac{3}{2} = 15$N

③ $2 < t < 3$ では，x 方向も y 方向も等速運動だから，質点は等速直線運動をする。

④，⑤ $3 < t < 4$ では，v_x と v_y が同じように小さくなっていくので，速度ベクトルの向きは変わらず，大きさだけが小さくなる。したがって，速度ベクトルと反対の向きに一定の大きさの力がはたらいていることがわかる。このときの加速度の x, y 方向の成分 a_x, a_y は，$a_x = a_y = -3$m/s^2 であるから，加速度 a の大きさは，

$a = \sqrt{a_x{}^2 + a_y{}^2} = \sqrt{(-3)^2 + (-3)^2} = 3\sqrt{2}$

よって，力の大きさは，

$F_2 = ma = 10 \times 3\sqrt{2} \fallingdotseq 42$N

⑥，⑦ $t = 2$ の前後で，v_y は変化しないが，v_x は 1m/s から 3m/s に変化する。よって，力は x 軸方向にはたらき，力積の大きさは，

$Ft = mv_x' - mv_x = 10 \times 3 - 10 \times 1 = 20$N·s

35

答　(1) 3.0kg·m/s　(2) 5.0N·s
(3) x 成分：1.0N·s，y 成分：4.9N·s
(4) x 成分：-2.0kg·m/s，y 成分：4.9kg·m/s
(5) 運動量：5.3kg·m/s，速度：35m/s

検討 (1) 72 km/h を m/s になおすと,

$$72\,\mathrm{km/h} = \frac{72 \times 1000\,\mathrm{m}}{3600\,\mathrm{s}} = 20\,\mathrm{m/s}$$

よって，投手から投げられたボールの運動量の大きさは，$0.15 \times 20 = 3.0\,\mathrm{kg \cdot m/s}$

(2) **力積は F-t 図の面積によって与えられる**ので，図 3 の長方形の面積を計算すると，

$50 \times 0.10 = 5.0\,\mathrm{N \cdot s}$

(3) 図 2 の力積の大きさが $5.0\,\mathrm{N \cdot s}$ であるから，力積の x 成分は，

$5.0 \times \sin\theta_1 = 5.0 \times 0.20 = 1.0\,\mathrm{N \cdot s}$

力積の y 成分は，

$5.0 \times \cos\theta_1 = 5.0 \times 0.98 = 4.9\,\mathrm{N \cdot s}$

(4) **ボールの運動量は加えられた力積だけ変化する**ので，打たれた後のボールの運動量の x 成分は，$-3.0 + 1.0 = -2.0\,\mathrm{kg \cdot m/s}$

y 成分は，$0 + 4.9 = 4.9\,\mathrm{kg \cdot m/s}$

(5) 打たれた後のボールの運動量の大きさは，

$\sqrt{(-2.0)^2 + 4.9^2} \fallingdotseq 5.3\,\mathrm{kg \cdot m/s}$

速度の大きさは，$\dfrac{5.29}{0.15} \fallingdotseq 35\,\mathrm{m/s}$

テスト対策

F-t 図では，**面積が力積を表す**。右図では長方形の場合を示したが，長方形以外の場合でも同様である。

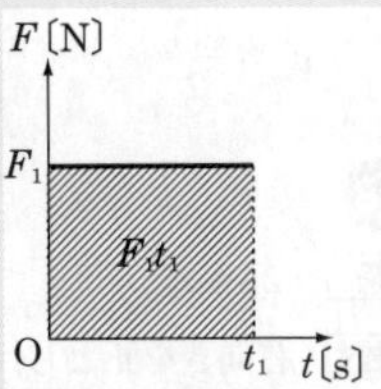

36

答 (1) $\dfrac{3}{2}mv$　(2) $\dfrac{1}{4}v$

検討 (1) 衝突によって小物体 A の速度は v から $-\dfrac{1}{2}v$ に変わったのだから，小物体 A の受けた力積は，

$$m \times \left(-\frac{1}{2}v\right) - mv = -\frac{3}{2}mv$$

作用反作用の法則より小物体 B の受けた力積は $\dfrac{3}{2}mv$ である。

(2) 小物体 B は加えられた力積だけ運動量が増加するので，衝突後の小物体 B の速さを v_B とすれば，$6mv_B = \dfrac{3}{2}mv$ より，

$$v_B = \frac{1}{4}v$$

4　運動量保存の法則

基本問題 ……………………… 本冊 p.19

37

答 ① 作用反作用　② $F \cdot \Delta t = m_2 v_2' - m_2 v_2$

③ $m_1 v_1 + m_2 v_2 = m_1 v_1' + m_2 v_2'$

④ 運動量保存

38

答 (1) mv_0　(2) $(m + M)v$　(3) $\dfrac{mv_0}{m + M}$

検討 (3) $mv_0 = (m + M)v$ より，$v = \dfrac{mv_0}{m + M}$

39

答 (1) **2.4 m/s**　(2) **2.0 m/s**

(3) 衝突前の A と同じ向きに **2.2 m/s**

検討 (1) 衝突後の速度を v'〔m/s〕とすると，**運動量保存の法則**より，$2.0 \times 6.0 = (2.0 + 3.0)v'$

よって，　$v' = 2.4\,\mathrm{m/s}$

(2) 衝突後の A の速度を v'〔m/s〕とすると，**運動量保存の法則**より，

$2.0 \times 10 = 2.0v' + 4.0 \times 6.0$

よって，　$v' = -2.0\,\mathrm{m/s}$（反対向きに進む）

(3) 衝突前の A の向きを正の向き，衝突後の速度を v' とすると，**運動量保存の法則**より，

$6.0 \times 5.0 + 4.0 \times (-2.0) = (6.0 + 4.0)v'$

よって，　$v' = 2.2\,\mathrm{m/s}$

$v' > 0$ であるから，衝突前の A と同じ向き。

40

答 **10 m/s**

検討 求める速さを v'〔m/s〕とすると，**運動量保存の法則**により，$0.10 \times 200 = (0.10 + 1.9)v'$

よって，　$v' = 10\,\mathrm{m/s}$

41

答　$\dfrac{m_1v_1 + m_2v_2}{m_1 + m_2}$

検討　爆発前の速度を V とすると，**運動量保存の法則**により，$(m_1 + m_2)V = m_1v_1 + m_2v_2$

よって，$V = \dfrac{m_1v_1 + m_2v_2}{m_1 + m_2}$

42

答　0.89

検討　床に衝突する直前，直後の小球の速さをそれぞれ v〔m/s〕，v'〔m/s〕とし，$h = 2.0\,\mathrm{m}$，$h' = 1.6\,\mathrm{m}$ とすると，

$v^2 - 0^2 = 2gh$　より，　$v = \sqrt{2gh}$

$0^2 - v'^2 = -2gh'$　より，　$v' = \sqrt{2gh'}$

よって，反発係数は，

$$e = \frac{v'}{v} = \frac{\sqrt{2gh'}}{\sqrt{2gh}} = \sqrt{\frac{h'}{h}} = \sqrt{\frac{1.6}{2.0}} \fallingdotseq 0.89$$

応用問題 ……………………… 本冊 p.20

43

答　衝突前の A と同じ向きに 8.0 m/s

検討　衝突前のAの進む向きを正の向きとし，衝突後の B の速度を v'〔m/s〕とすると，**運動量保存の法則**により，

$0.10 \times 30 + 0.20 \times (-10)$
$= 0.10 \times (-6.0) + 0.20\,v'$

よって，$v' = 8.0\,\mathrm{m/s}$

$v' > 0$ だから，衝突前の A と同じ向き。

44

答　右向きに 0.67 m/s

検討　求める速さを v'〔m/s〕とすると，A，B の床に対する速さは，それぞれ $(v' + 1.0)$，$(v' + 2.0)$ となる。右向きを正として，**運動量保存の法則**より，

$(M_0 + 2M_0 + 3M_0) \times 2.0$
$= M_0v' + 2M_0(v' + 1.0) + 3M_0(v' + 2.0)$

よって，　$v' = 0.67\,\mathrm{m/s}$

$v' > 0$ だから，右向き。

45

答　2.0 m/s

検討　最後はAとBが一体となって運動する。そのときの速度を v'〔m/s〕とすると，**運動量保存の法則**より，$5.0 \times 6.0 = (10 + 5.0)v'$

よって，　$v' = 2.0\,\mathrm{m/s}$

46

答　(1) $mv = mv_A \cos 60^\circ + mv_B \cos 30^\circ$

(2) $0 = mv_A \sin 60^\circ + m(-v_B \sin 30^\circ)$

(3) $v_A = \dfrac{1}{2}v$，$v_B = \dfrac{\sqrt{3}}{2}v$

47

答　(1) 右図

(2) $mv \cos 30^\circ = mv_B$

(3) $mv \cos 60^\circ = mv_A$

(4) $v_A = \dfrac{1}{2}v$，

$v_B = \dfrac{\sqrt{3}}{2}v$

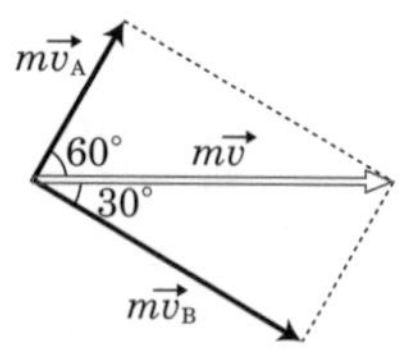

48

答　24 m/s

検討　右向きを正とし，衝突後の A，B の速度を v_A，v_B とすると，**運動量保存の法則**により，

$2.0u + 5.0 \times (-4.0) = 2.0\,v_A + 5.0\,v_B$

反発係数の式は，$0.20 = -\dfrac{v_A - v_B}{u - (-4.0)}$

上の 2 式から v_B を消去すると，$v_A = \dfrac{u - 24}{7}$

衝突後も A が右向きに進むためには，$v_A > 0$ でなければならないから，$\dfrac{u - 24}{7} > 0$

よって，$u > 24\,\mathrm{m/s}$

49

答　6.6 m/s

検討　衝突後の小球の速度は，面に平行な方向の成分は，**摩擦がないため衝突前と変わら**

ず，面に垂直な方向の成分だけが衝突前の0.50倍になる。衝突前の面に平行な速度成分，垂直な速度成分をそれぞれ v_x，v_y とすると，

$$v_x = 10\cos 60° = 10 \times \frac{1}{2} = 5.0\,\mathrm{m/s}$$

$$v_y = 10\sin 60° = 10 \times \frac{\sqrt{3}}{2} = 5\sqrt{3}\,\mathrm{m/s}$$

衝突後の面に垂直な速度成分 v_y' は，

$$v_y' = 0.50\,v_y = 0.50 \times 5\sqrt{3} = 2.5\sqrt{3}\,\mathrm{m/s}$$

よって，衝突後の速さ v は，

$$v = \sqrt{v_x{}^2 + v_y'{}^2} = \sqrt{5.0^2 + 2.5^2 \times 3} \fallingdotseq 6.6\,\mathrm{m/s}$$

50

答　(1) **糸a：$2mg$，糸b：$\sqrt{3}\,mg$**

(2) **大きさ：$2m(1+e)\sqrt{gl}$，向き：鉛直上向き**

(3) **$4el$**

検討　(1) 糸a，bの張力をそれぞれ T_a，T_b とし，水平方向と鉛直方向とについて，つり合いの式をたてると，

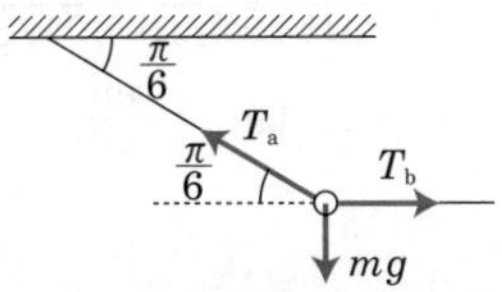

$$T_a\cos\frac{\pi}{6} = T_b$$

$$T_a\sin\frac{\pi}{6} = mg$$

この2式から，

$$T_a = 2mg,\quad T_b = \sqrt{3}\,mg$$

(2) **Aが床から受けた力積は，Aの鉛直方向の運動量の変化**に等しい。床との1回目の衝突の直前，直後のAの速度の鉛直成分の大きさをそれぞれ v_y，v_y' とすると，

$$v_y{}^2 - 0^2 = 2g \times 2l \quad より，\quad v_y = 2\sqrt{gl}$$

$$v_y' = ev_y = 2e\sqrt{gl}$$

よって，Aが床から受けた力積の大きさは，

$$Ft = mv_y' - m(-v_y) = m(v_y' + v_y) = m(2e\sqrt{gl} + 2\sqrt{gl}) = 2m(1+e)\sqrt{gl}$$

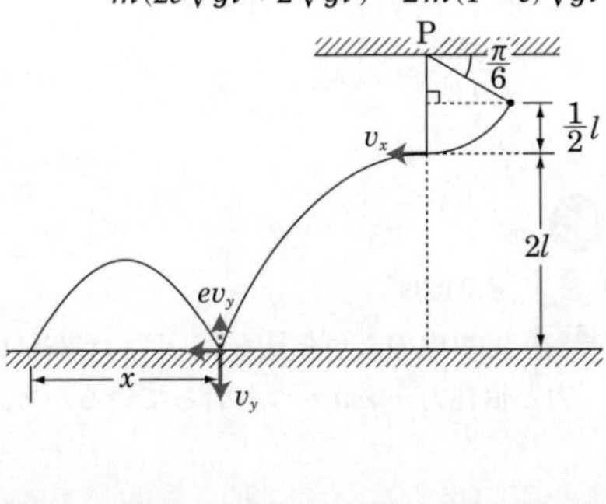

(3) 床はなめらかだから，**Aの速度の水平成分は，床との衝突によって変化しない。**

Aと床との1回目の衝突から2回目の衝突までの時間を t とすると，

$$ev_yt - \frac{1}{2}gt^2 = 0 \quad より，\ t = \frac{2ev_y}{g}\ (0は不適)$$

よって，求める距離 x は，

$$x = \sqrt{gl} \times t = \sqrt{gl} \times \frac{2ev_y}{g} = \sqrt{gl} \times \frac{2e \times 2\sqrt{gl}}{g} = 4el$$

51

答　(1) **$-\mu mgl$**　(2) **$\sqrt{v_0{}^2 - 2\mu gl}$**

(3) **$\dfrac{v_0{}^2}{2\mu g} - l$**

(4) **反発係数が1なので弾性衝突**

検討　(1) $W = -\mu mg \times l = -\mu mgl$

(2) Aの加速度 a は，**運動方程式**より，

$$ma = -\mu mg \qquad よって，\ a = -\mu g$$

衝突直前のAの速さを v とすると，

$$v^2 - v_0{}^2 = 2al = -2\mu gl$$

よって，$v = \sqrt{v_0{}^2 - 2\mu gl}$

(3) 衝突直後のBの速さを v' とすると，**運動量保存の法則**により，$mv + m \times 0 = m \times 0 + mv'$

よって，　$v' = v$

求める距離を x とすると，$0^2 - v'^2 = 2ax$

よって，

$$x = -\frac{v'^2}{2a} = \frac{v^2}{2\mu g} = \frac{v_0{}^2 - 2\mu gl}{2\mu g} = \frac{v_0{}^2}{2\mu g} - l$$

(4) AとBの衝突の際の反発係数 e は，

$$e = -\frac{v' - 0}{0 - v} = \frac{v'}{v} = \frac{v}{v} = 1$$

$e = 1$ だから，弾性衝突である。

52

答　(1) **$v = \sqrt{\dfrac{2Mgr}{M+m}}$**

$V = -m\sqrt{\dfrac{2gr}{M(M+m)}}$

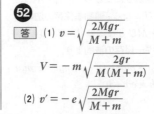

(2) **$v' = -e\sqrt{\dfrac{2Mgr}{M+m}}$**

$$V' = em\sqrt{\frac{2gr}{M(M+m)}}$$

(3) $(1-e^2)mgr$　(4) $U=0$, $h=e^2r+h_0$

検討 (1) 小球と台の水平方向の運動量は保存するので，**運動量保存の法則**より，

$0 = mv + MV$ ……①

小球と台を全体として考えると，保存力以外の力は垂直抗力であるが，垂直抗力は仕事をしないので，全体としての力学的エネルギーは保存する。**力学的エネルギー保存の法則**より，$mgr = \frac{1}{2}mv^2 + \frac{1}{2}MV^2$ ……②

①より，$V = -\frac{m}{M}v$ を②式に代入して，

$$mgr = \frac{1}{2}mv^2 + \frac{1}{2}M\left(-\frac{m}{M}v\right)^2$$

よって，$v = \sqrt{\frac{2Mgr}{M+m}}$

$$V = -\frac{m}{M}\sqrt{\frac{2Mgr}{M+m}} = -m\sqrt{\frac{2gr}{M(M+m)}}$$

(2) **運動量保存の法則**より，$0 = mv' + MV'$

反発係数の式より，$e = -\frac{v'-V'}{v-V}$

この2式より，

$$v' = -e\sqrt{\frac{2Mgr}{M+m}},\ V' = em\sqrt{\frac{2gr}{M(M+m)}}$$

(3) 衝突の直前直後では位置エネルギーは不変なので，失われた力学的エネルギーΔEは，

$$\Delta E = \left(\frac{1}{2}mv^2 + \frac{1}{2}MV^2\right) - \left(\frac{1}{2}mv'^2 + \frac{1}{2}MV'^2\right)$$

$$= mgr - \left(\frac{1}{2}mv'^2 + \frac{1}{2}MV'^2\right)$$

$$= (1-e^2)mgr$$

(4) 小球が最高点に達したとき，台に対する小球の相対速度が0になるので，台と小球の速さが等しくUになる。**運動量保存の法則**より，$0 = mU + MU$ となるので，$U = 0$

力学的エネルギー保存の法則より，

$$mg(h-h_0) = mgr - (1-e^2)mgr = e^2mgr$$

となるので，$h = e^2r + h_0$

53

答 (1) $MV = (M+m)W\cos\theta$

(2) $mv = (M+m)W\sin\theta$

(3) $\frac{\sqrt{M^2V^2+m^2v^2}}{M+m}$　(4) $\frac{mv}{MV}$

検討 (1) 衝突前後における運動量のx成分の関係は，$MV = (M+m)W\cos\theta$

(2) 衝突前後における運動量のy成分の関係は，

$mv = (M+m)W\sin\theta$

(3) θを消去するために，(1)と(2)で求めた式の両辺を2乗して辺々を加えると，

$$M^2V^2 + m^2v^2 = (M+m)^2W^2(\cos^2\theta + \sin^2\theta)$$

$\cos^2\theta + \sin^2\theta = 1$ であるから，

$$W = \frac{\sqrt{M^2V^2+m^2v^2}}{M+m}$$

(4) (1)と(2)で求めた式より，

$$\frac{mv}{MV} = \frac{(M+m)W\sin\theta}{(M+m)W\cos\theta}$$

よって，$\tan\theta = \frac{mv}{MV}$

5 慣性力

基本問題 本冊 p.26

54

答 72 kg

検討 重力 mg のほかに下向きの慣性力 ma を受けるので，体重計にかかる重さは，

$$mg + ma = m(g+a) = 60\times(9.8+1.96) = 705.6\,\mathrm{N}$$

よって，体重計の針の指す値は，

$$\frac{705.6}{9.8} = 72\,\mathrm{kg}$$

55

答 $4.0\,\mathrm{m/s^2}$

検討 電車内の人から見ると，ばねが右に引く力と慣性力 $-ma$ がつり合っているから，

$kx + (-ma) = 0$

よって，$a = \dfrac{kx}{m} = \dfrac{20 \times 0.30}{1.5} = 4.0\,\mathrm{m/s^2}$

56

答 (1) **0.098N** (2) **0.71 秒** (3) **0.25m**

検討 (1) $ma = 0.10 \times 0.98 = 0.098\,\mathrm{N}$

(2) 鉛直方向の運動は自由落下と同じだから，

$2.5 = \dfrac{1}{2} \times 9.8t^2$　　よって，$t \fallingdotseq 0.71\,\mathrm{s}$

(3) 水平方向には，加速度 $0.98\,\mathrm{m/s^2}$ で等加速度運動をするから，0.71 秒間に動く距離は，

$\dfrac{1}{2}at^2 = \dfrac{1}{2} \times 0.98 \times 0.71^2 \fallingdotseq 0.25\,\mathrm{m}$

応用問題

本冊 p.27

57

答 (1) しだいに速度が小さくなり，止まった後再びこちらに向かって動き出し，しだいに速度を増す等加速度運動。

(2) 等速直線運動 (3) **5.0 秒後**

検討 (1) 台車は慣性力を受けるので，押し出した向きと反対向きに $2.0\,\mathrm{m/s^2}$ の加速度を生じ，負の等加速度運動をする。

(2) 外から見ると，台車は水平方向の力がはたらかないので，等速直線運動をする。

(3) $v = v_0 - at$ の式を用いて，$0 = 10 - 2.0t$

よって，　$t = 5.0\,\mathrm{s}$

58

答 $\dfrac{a}{g}$

検討 おもりは鉛直方向に重力 mg，水平方向に慣性力 ma を受け，この合力と糸の張力 T がつり合う。右図より，

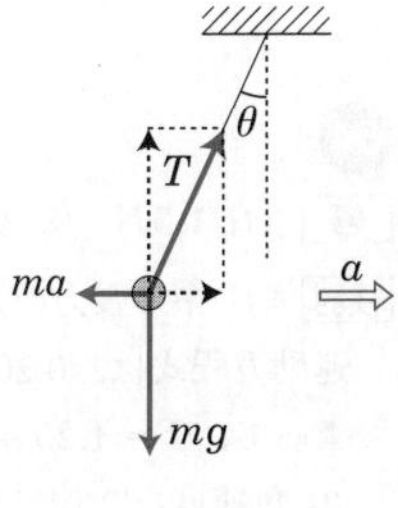

$\tan\theta = \dfrac{ma}{mg} = \dfrac{a}{g}$

59

答 (1) **12.0 m/s²** (2) **0.50 秒後**

検討 (1) エレベーターの中の人から見ると，ボールには重力 mg のほかに，**慣性力 ma が下向きにはたらく**。ボールの加速度を a' とすると，$ma' = mg + ma$

よって，$a' = g + a = 9.8 + 2.2 = 12.0\,\mathrm{m/s^2}$

(2) 最高点では速度が 0 になるから，

$0 = 6.0 - 12.0t$　　よって，$t = 0.50\,\mathrm{s}$

60

答 (1) $\dfrac{m}{2}(\sqrt{3}a - g)$　(2) $a > \dfrac{1}{\sqrt{3}}g$

(3) $2\sqrt{\dfrac{2h}{\sqrt{3}a - g}}$

検討 (1) 台とともに動く観測者が観測する物体にはたらく力は，重力，垂直抗力，慣性力で，重力の斜面に平行な方向の成分は斜面に平行で下向きに $mg\sin 30°$，垂直抗力は 0，慣性力は斜面に平行で上向きに $ma\cos 30°$ であるから，物体にはたらく力の斜面方向の成分は，

$$ma\cos 30° - mg\sin 30° = \frac{m}{2}(\sqrt{3}a - g)$$

(2) 台とともに動く観測者が観測するとき，物体に生じる加速度を α とすれば，運動方程式は，$m\alpha = \dfrac{m}{2}(\sqrt{3}a - g)$

よって，$\alpha = \dfrac{1}{2}(\sqrt{3}a - g)$

物体が斜面を上がるためには $\alpha > 0$ であればよいので，$\dfrac{1}{2}(\sqrt{3}a - g) > 0$

よって，$a > \dfrac{1}{\sqrt{3}}g$

(3) 台とともに動く観測者が観測したとき，物体の加速度は $\dfrac{1}{2}(\sqrt{3}a - g)$ である。等加速度直線運動の式より，台が動きはじめてから物体が斜面の頂点に達するまでの時間を t とすれば，斜面の長さが $\dfrac{h}{\sin 30°} = 2h$ であるから，

$$2h = \frac{1}{2} \times \frac{1}{2}(\sqrt{3}a - g) \times t^2$$

よって，$t = 2\sqrt{\dfrac{2h}{\sqrt{3}a - g}}$

61

答 (1) $\sqrt{V_0{}^2+2g(h_1-h_2)}$ (2) $\dfrac{m}{m+M}V_1$

(3) $\dfrac{\mu mg}{M}$ (4) $\dfrac{MV_1}{\mu(M+m)g}$

(5) $\dfrac{MV_1{}^2}{2\mu(M+m)g}$

検討 (1) **力学的エネルギー保存の法則**より，

$$\frac{1}{2}mV_0{}^2+mgh_1=\frac{1}{2}mV_1{}^2+mgh_2$$

となるので，$V_1=\sqrt{V_0{}^2+2g(h_1-h_2)}$

(2) 物体と台車どうしがおよぼし合う力で運動が変化するので，運動量が保存する。**運動量保存の法則**より，$mV_1=(m+M)V_2$

よって，$V_2=\dfrac{m}{m+M}V_1$

(3) 台車の運動方程式は，$Ma_M=\mu mg$ となるので，$a_M=\dfrac{\mu mg}{M}$

(4) 台車上から観測したとき，小物体に生じる加速度をβとすれば，運動方程式は，$m\beta=-\mu mg-ma_M$ となるので，

$$\beta=-\mu g-a_M=-\frac{\mu(M+m)g}{M}$$

等加速度直線運動の式より，

$$0=V_1-\frac{\mu(M+m)g}{M}t_0$$

よって，$t_0=\dfrac{MV_1}{\mu(M+m)g}$

(5) 等加速度直線運動の式より，

$$0-V_1{}^2=2\times\left(-\frac{\mu(M+m)g}{M}\right)\times l$$

よって，$l=\dfrac{MV_1{}^2}{2\mu(M+m)g}$

6 円運動

基本問題 本冊 p.30

62

答 (1) 10秒 (2) 0.096回/s

(3) 0.60 rad/s (4) 0.18 m/s² (5) 0.018 N

検討 (1) $T=\dfrac{2\pi r}{v}$ より，

$$T=\frac{2\times3.14\times0.50}{0.30}=10.46\fallingdotseq10\,\text{s}$$

(2) 回転数 $n=\dfrac{1}{T}$ より，

$$n=\frac{1}{10.46}=0.0956\fallingdotseq0.096\text{ 回/s}$$

(3) $v=r\omega$ より，$\omega=\dfrac{v}{r}=\dfrac{0.30}{0.50}=0.60\,\text{rad/s}$

(4) $a=\dfrac{v^2}{r}$ より，$a=\dfrac{0.30^2}{0.50}=0.18\,\text{m/s}^2$

(5) $F=ma=0.10\times0.18=0.018\,\text{N}$

63

答 (1) $r\omega\Delta t$ (2) $v=r\omega$

(3) $\Delta v=v\omega\Delta t$, $a=v\omega$, $a=\dfrac{v^2}{r}$

検討 (1) 微小時間Δtの間に，物体の回転した角度は$\omega\Delta t$である。半径に円周角をかけると円弧の長さが求められるので，

$$\Delta x=r\omega\Delta t$$

(2) $v=\dfrac{\Delta x}{\Delta t}$ であるから，

$$v=\frac{r\omega\Delta t}{\Delta t}=r\omega$$

(3) 物体が回転することによって，速度も$\omega\Delta t$だけ向きを変えるので，速度の変化量Δvは，半径vの円弧の長さに等しい。よって，$\Delta v=v\omega\Delta t$

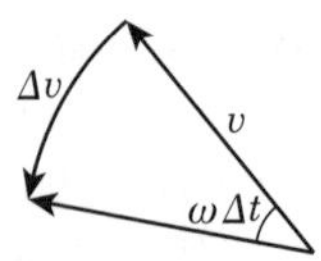

加速度aは，$a=\dfrac{\Delta v}{\Delta t}$ であるから，

$$a=\frac{v\omega\Delta t}{\Delta t}=v\omega$$

(2)の結果より，$\omega=\dfrac{v}{r}$を用いると，

$$a=v\cdot\frac{v}{r}=\frac{v^2}{r}$$

64

答 (1) 1.3 N (2) 4倍

検討 (1) 糸の張力の大きさをT〔N〕とすれば，運動方程式は，$0.20\times0.25\times5.0^2=T$

よって，$T=1.25\fallingdotseq1.3\,\text{N}$

(2) 角速度を2倍にする前の運動方程式は，

$mr\omega^2 = T$

角速度を2倍にしたときの張力の大きさをT'〔N〕とすれば，角速度が2倍になったときの運動方程式は，$mr(2\omega)^2 = T'$

よって，$\dfrac{T'}{T} = \dfrac{mr(2\omega)^2}{mr\omega^2} = 4$

65

答 (1) $ml\omega^2 = kx$ (2) $\dfrac{ml\omega^2}{k}$

検討 (1) 物体にはたらく力は弾性力kx，向心加速度は$l\omega^2$だから，運動方程式は，

$ml\omega^2 = kx$

(2) (1)の運動方程式より，$x = \dfrac{ml\omega^2}{k}$

応用問題 ••••••••••••••••••••• 本冊 p.32

66

答 (1) $\dfrac{v}{r}$ (2) $\dfrac{r+L}{r}$倍 (3) $\dfrac{mr\omega^2 + kL_0}{k - m\omega^2}$

検討 (1) $v = r\omega$より，$\omega = \dfrac{v}{r}$

(2) Aの速さをv_Aとすると，$v_A = (r+L)\omega$

よって，$\dfrac{v_A}{v} = \dfrac{r+L}{r}$

(3) ばねの伸びの長さは$L - L_0$であるから，運動方程式は，

$m(r+L)\omega^2 = k(L - L_0)$

よって，$L = \dfrac{mr\omega^2 + kL_0}{k - m\omega^2}$

67

答 (1) $h\tan\theta$ (2) $\dfrac{mg}{\sin\theta}$ (3) $\sqrt{gh}$

(4) $2\pi\tan\theta\sqrt{\dfrac{h}{g}}$

検討 (2) 重力と垂直抗力の合力は，円運動の中心を向く。垂直抗力の大きさをNとすれば，

$\sin\theta = \dfrac{mg}{N}$となるので，$N = \dfrac{mg}{\sin\theta}$

(3) 重力と垂直抗力の合力の大きさは$\dfrac{mg}{\tan\theta}$となるので，小球の速さをvとして，円運動の方程式をつくれば，$m \times \dfrac{v^2}{h\tan\theta} = \dfrac{mg}{\tan\theta}$

よって，$v = \sqrt{gh}$

(4) 円運動の周期Tは，

$$T = \frac{2\pi r}{v} = \frac{2\pi h\tan\theta}{\sqrt{gh}} = 2\pi\tan\theta\sqrt{\frac{h}{g}}$$

68

答 (1) $\sqrt{\dfrac{kx_0{}^2}{m} + 2gr(1-\cos\theta)}$

(2) $m\dfrac{v_B{}^2}{r} = mg\cos\theta - N$

(3) $\cos\theta_0 = \dfrac{kx_0{}^2}{3mgr} + \dfrac{2}{3}$

検討 (1) **力学的エネルギー保存の法則**より，

$$\frac{1}{2}kx_0{}^2 = \frac{1}{2}mv_B{}^2 - mgr(1-\cos\theta)$$

よって，$v_B = \sqrt{\dfrac{kx_0{}^2}{m} + 2gr(1-\cos\theta)}$

(2) 点Bでの向心加速度は$\dfrac{v_B{}^2}{r}$であり，重力の半径方向の成分は$mg\cos\theta$であるから，運動方程式は，$m\dfrac{v_B{}^2}{r} = mg\cos\theta - N$

(3) $N = 0$のとき小球が床から離れるので，このとき$\theta = \theta_0$である。(2)の運動方程式から，

$$N = mg\cos\theta - m\frac{v_B{}^2}{r}$$
$$= 3mg\cos\theta - \frac{kx_0{}^2}{r} - 2mg$$

よって，$0 = 3mg\cos\theta_0 - \dfrac{kx_0{}^2}{r} - 2mg$

これから，$\cos\theta_0 = \dfrac{kx_0{}^2}{3mgr} + \dfrac{2}{3}$

テスト対策

▶円運動の運動方程式

等速でない円運動を考えるとき，物体から見て円の中心方向の力だけを考えれば，速さを変える要素がないので，等速円運動の加速度$\dfrac{v^2}{r}$($= r\omega^2$)を用いて運動方程式をつくることができる。

$m\dfrac{v^2}{r} =$ (中心方向の力の合力)

これを円運動の運動方程式という。

69

答 (1) 速度：$\sqrt{v_0{}^2 - 2gl(1-\cos\theta)}$

張力：$\dfrac{mv_0{}^2}{l} - mg(2-3\cos\theta)$

(2) $\sqrt{5gl}$

検討 (1) 糸が鉛直線 OB と角度 θ をなすときの小球の速度の大きさを v とすれば，**力学的エネルギー保存の法則**より，

$$\frac{1}{2}mv_0{}^2 = \frac{1}{2}mv^2 + mgl(1-\cos\theta)$$

よって，$v = \sqrt{v_0{}^2 - 2gl(1-\cos\theta)}$

糸の張力の大きさを T として，円運動の方程式をつくれば，$m\dfrac{v^2}{l} = T - mg\cos\theta$

よって，

$$T = m\frac{v^2}{l} + mg\cos\theta$$
$$= \frac{m\{v_0{}^2 - 2gl(1-\cos\theta)\}}{l} + mg\cos\theta$$
$$= \frac{mv_0{}^2}{l} - mg(2-3\cos\theta)$$

(2) $T \geqq 0$ ならば，小球は円軌道を描く。(1)の結果より，$\theta = 180°$ のとき，張力 T は最小になるので，$\theta = 180°$ で $T \geqq 0$ であればよい。

$$\frac{mv_0{}^2}{l} - mg(2-3\cos 180°) \geqq 0$$

ゆえに，$v_0 \geqq \sqrt{5gl}$

よって，円軌道を描いて回転運動をするようになるための初速度の大きさの最小値 v_1 は $\sqrt{5gl}$ である。

7 単振動

基本問題 ……………………… 本冊 p.36

70

答 (1) $m(-\omega^2 x) = -kx$ (2) $2\pi\sqrt{\dfrac{m}{k}}$

検討 (1) 角振動数を ω としたとき，変位 x における単振動の加速度は $-\omega^2 x$ であり，おもりはばねから $-kx$ の弾性力を受けるので，運動方程式は，$m(-\omega^2 x) = -kx$

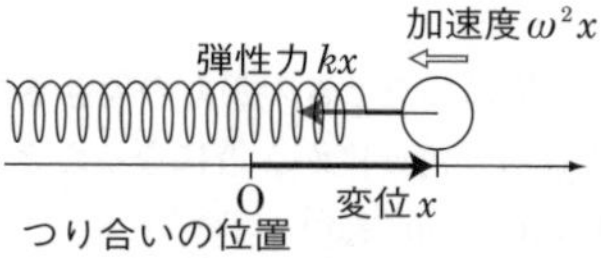

変位 x を正の位置で考える。弾性力は変位 x に比例する復元力になっているので，物体は単振動を行う。変位 x における加速度の大きさは $\omega^2 x$ である。向きを ± で表すと，加速度は $-\omega^2 x$，弾性力は $-kx$ である。

(2) (1)で求めた運動方程式より，$\omega = \sqrt{\dfrac{k}{m}}$

よって，単振動の周期 T は，

$$T = \frac{2\pi}{\omega} = \frac{2\pi}{\sqrt{\dfrac{k}{m}}} = 2\pi\sqrt{\frac{m}{k}}$$

テスト対策

単振動をしている物体が変位 x の位置にあるとき，角振動数を ω とすれば，**加速度は $-\omega^2 x$** である。単振動の周期を求めるときは，物体にはたらく合力 F を求め，運動方程式 $m(-\omega^2 x) = F$ をつくる。これから ω を求め，$T = \dfrac{2\pi}{\omega}$ を用いる。

71

答 (1) 0.63 秒 (2) 1.0 m/s

検討 (1) $T = 2\pi\sqrt{\dfrac{m}{k}}$ より，

$$T = 2 \times 3.14 \times \sqrt{\frac{2}{200}} = 0.628 ≒ 0.63\,\text{s}$$

(2) ばねを 0.10 m 縮めて静かにはなしたときの振幅 A は，$A = 0.10\,\text{m}$ で，振動の中心を通過するときの速さは $A\omega$ であるから，

$$A \times \frac{2\pi}{T} = 0.10 \times 10 = 1.0\,\text{m/s}$$

72

答 ① $l\sin\theta$ ② $-mg\tan\theta$ ③ $-\dfrac{mgx}{l}$

④ $-\omega^2 x$ ⑤ $\sqrt{\dfrac{g}{l}}$ ⑥ $2\pi\sqrt{\dfrac{l}{g}}$

検討 ③ ①，②より，$x = l\sin\theta ≒ l\theta$ であり，

$F = -mg\tan\theta ≒ -mg\theta$

であるから，$F=-mg\dfrac{x}{l}=-\dfrac{mgx}{l}$

⑤ 運動方程式は，$m(-\omega^2x)=-\dfrac{mgx}{l}$

であるから，$\omega=\sqrt{\dfrac{g}{l}}$

⑥ $T=\dfrac{2\pi}{\omega}$ より，$T=\dfrac{2\pi}{\sqrt{\dfrac{g}{l}}}=2\pi\sqrt{\dfrac{l}{g}}$

73

答　**0.90 秒**

検討　$T=2\pi\sqrt{\dfrac{l}{g}}$ より，

$T=2\times3.14\times\sqrt{\dfrac{0.20}{9.8}}=2\times3.14\times\dfrac{1}{7}$

$=0.897\fallingdotseq0.90\,\text{s}$

応用問題

本冊 p.38

74

答　(1) $\dfrac{a}{H}\rho$　(2) $2\pi\sqrt{\dfrac{a}{g}}$

検討　(1) 物体にはたらく力のつり合いの式は，

$\rho_1SHg=\rho Sag$　　よって，$\rho_1=\dfrac{a}{H}\rho$

(2) つり合いの位置から x 沈んだ状態のとき，物体にはたらく力の合力 F は，下向きを正として，重力が $\rho_1SHg(=\rho Sag)$，浮力が $-\rho S(a+x)g$ であるから，

$F=\rho Sag-\rho S(a+x)g=-\rho Sgx$

物体にはたらく力の合力は，変位 x に比例する復元力になっているので，物体は単振動する。単振動の角振動数を ω とすれば，変位 x のときの加速度は $-\omega^2x$ であるから，運動方程式は，$\rho Sa\times(-\omega^2x)=-\rho Sgx$

これから，$\omega=\sqrt{\dfrac{g}{a}}$

よって，物体の周期 T_1 は，

$T_1=\dfrac{2\pi}{\omega}=2\pi\sqrt{\dfrac{a}{g}}$

75

答　(1) $F=-3kx$，$T=2\pi\sqrt{\dfrac{m}{3k}}$

(2) $\dfrac{\pi}{3}\sqrt{\dfrac{m}{3k}}$　(3) $A=\dfrac{mg\sin\theta}{3k}$，$\omega=\sqrt{\dfrac{3k}{m}}$

(4) $\dfrac{1}{2}mv^2+\dfrac{3}{2}kA^2+\dfrac{3}{2}kx^2$　(5) $2A\sqrt{\dfrac{2k}{3m}}$

検討　(1) 変位 x でのおもりにかかる復元力 F は，$F=-kx-2kx=-3kx$

変位 x のときの加速度は $-\omega^2x$ であるから，運動方程式は，$m\times(-\omega^2x)=-3kx$

これから，$\omega=\sqrt{\dfrac{3k}{m}}$

よって，$T=\dfrac{2\pi}{\omega}=2\pi\sqrt{\dfrac{m}{3k}}$

(2) この単振動の変位を式で表すと，

$x=l_0\cos\omega t$ となるので，$\dfrac{l_0}{2}=l_0\cos\omega t_1$

これから，$\cos\omega t_1=\dfrac{1}{2}$

よって，$\omega t_1=\dfrac{\pi}{3}$

ゆえに，$t_1=\dfrac{\pi}{3\omega}=\dfrac{\pi}{3}\sqrt{\dfrac{m}{3k}}$

(3) つり合いの位置での伸びの長さが振幅 A になるので，力のつり合いの式をつくれば，

$kA+2kA=mg\sin\theta$　　……①

よって，$A=\dfrac{mg\sin\theta}{3k}$

つり合いの位置から x 変位したときの運動方程式をつくれば，

$m\times(-\omega^2x)$

$=k(A-x)+2k(A-x)-mg\sin\theta$

となるので，①より，$-m\omega^2x=-3kx$

よって，$\omega=\sqrt{\dfrac{3k}{m}}$

(4) 変位 x におけるおもりの力学的エネルギー E は，

$E=\dfrac{1}{2}mv^2+\dfrac{1}{2}k(A-x)^2$

$+\dfrac{1}{2}\times2k(A-x)^2+mgx\sin\theta$

$=\dfrac{1}{2}mv^2+\dfrac{3}{2}kA^2+\dfrac{3}{2}kx^2$

(5) **力学的エネルギー保存の法則**より，

$\dfrac{3}{2}kA^2+\dfrac{3}{2}kA^2$

$=\dfrac{1}{2}mv_1{}^2+\dfrac{3}{2}kA^2+\dfrac{3}{2}k\left(\dfrac{A}{3}\right)^2$

よって，$v_1 = 2A\sqrt{\dfrac{2k}{3m}}$

76

答 (1) 円板A：$ma = mg + T$
円板B：$mb = mg - T$

(2) g (3) $-\dfrac{2kx}{m}$ (4) $2\pi\sqrt{\dfrac{m}{2k}}$

検討 (1) 円板Aにはたらく力は，重力 mg と弾性力 T であるから，運動方程式は，

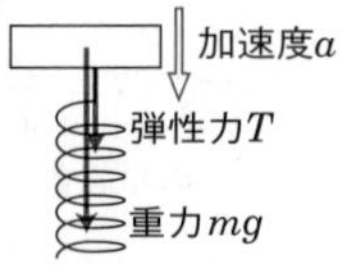

$ma = mg + T$ ……①

円板Bにはたらく力も，重力 mg と弾性力 T であるが，弾性力は上向きにはたらくので，運動方程式は，

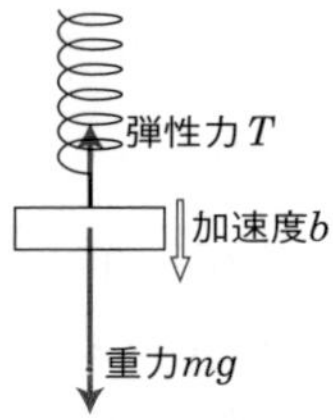

$mb = mg - T$ ……②

(2) ①＋②より，

$m(a + b) = 2mg$

となるので，$a + b = 2g$

両辺を2で割って，$\dfrac{1}{2}(a + b) = g$

(3) ②－①より，$m(b - a) = -2T$

よって，$b - a = -\dfrac{2T}{m}$

ばねの自然の長さからの伸びがxであるから，

$T = kx$ となるので，$b - a = -\dfrac{2kx}{m}$

(4) **円板Aから円板Bを見ると単振動をしている。**角振動数を ω とすれば，円板Aから見た円板Bの加速度は $-\omega^2 x$ となるので，

$-\omega^2 x = -\dfrac{2kx}{m}$

よって，$\omega = \sqrt{\dfrac{2k}{m}}$

単振動の周期は，$\dfrac{2\pi}{\omega} = 2\pi\sqrt{\dfrac{m}{2k}}$

77

答 (1) $\dfrac{4}{3}\pi\rho Gmr$ (2) $\sqrt{\dfrac{3\pi}{\rho G}}$

(3) $t_1 = \dfrac{1}{4}\sqrt{\dfrac{3\pi}{\rho G}}$，$v_1 = 2R\sqrt{\dfrac{\pi\rho G}{3}}$

検討 (1) 地球の中心Oから距離 r の位置において小球が地球から受ける力は，中心Oから距離 r 以内にある地球の部分の質量が，中心Oに集まったと仮定した場合に，小球が受ける万有引力に等しいので，

$$F = G\frac{m \times \frac{4}{3}\pi\rho r^3}{r^2} = \frac{4}{3}\pi\rho Gmr$$

(2) 小球にはたらく力は変位に比例する復元力になっているので，**小球は単振動をする。**小球の単振動の角振動数を ω とすれば，

$m(-\omega^2 r) = -\dfrac{4}{3}\pi\rho Gmr$

よって，$\omega = 2\sqrt{\dfrac{\pi\rho G}{3}}$

小球が運動開始後，初めて地点Aに戻るまでの時間 T は，単振動の周期になるので，

$$T = \frac{2\pi}{\omega} = \frac{2\pi}{2\sqrt{\frac{\pi\rho G}{3}}} = \sqrt{\frac{3\pi}{\rho G}}$$

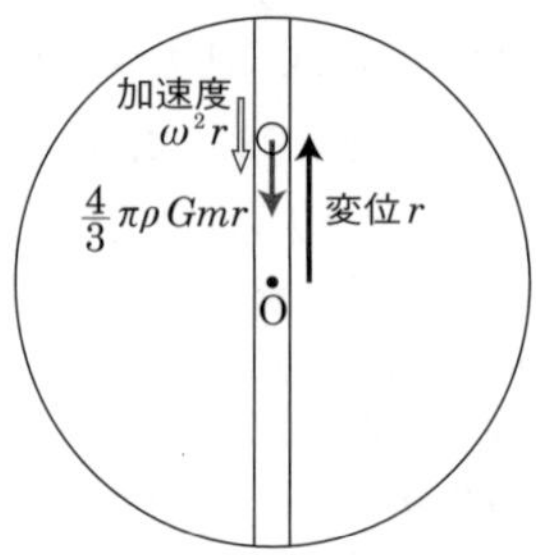

(3) 小球が地点Aから中心Oに最初に達するまでの時間は$\dfrac{1}{4}$周期になるので，

$t_1 = \dfrac{1}{4}T = \dfrac{1}{4}\sqrt{\dfrac{3\pi}{\rho G}}$

また，中心Oにおける速さは$R\omega$であるから，

$v_1 = R \times 2\sqrt{\dfrac{\pi\rho G}{3}} = 2R\sqrt{\dfrac{\pi\rho G}{3}}$

78

答 (1) $kl = mg$

(2) $3l$ (3) BC：$\dfrac{2}{3}l$，CD：$\dfrac{4}{3}l$

(4) $\sqrt{\dfrac{2l}{g}}$ (5) $\dfrac{\pi}{2}\sqrt{\dfrac{2l}{3g}}$

(6) $\dfrac{\pi}{6}\sqrt{\dfrac{2l}{3g}}$

(7) $\left(2\sqrt{3}+\dfrac{4\pi}{3}\right)\sqrt{\dfrac{2l}{3g}}$

検討 (1) 小球にはたらく力は，重力 mg と弾性力 kl であるから，力のつり合いの式は，

$$kl = mg$$

(2) AD の長さを l_{AD} とすれば，D 点に達したときのゴムひもの伸びの長さは $l_{AD}-l$ である。**力学的エネルギー保存の法則**より，

$$0=\frac{1}{2}k(l_{AD}-l)^2-\frac{2}{3}mgl_{AD}$$

$kl = mg$ を用いると，

$$0=\frac{1}{2}k(l_{AD}-l)^2-\frac{2}{3}kll_{AD}$$

これから，

$$3l_{AD}{}^2-10ll_{AD}+3l^2=0$$
$$(3l_{AD}-l)(l_{AD}-3l)=0$$

$l_{AD}>l$ より，$l_{AD}=3l$

(3) C 点はつり合いの位置なので，BC の長さを l_{BC} とすれば，C 点における力のつり合いの式は，$\dfrac{2}{3}mg = kl_{BC}$

$kl = mg$ を用いて，$l_{BC}=\dfrac{2}{3}l$

CD の長さを l_{CD} とすれば，

$$l_{CD}=3l-\left(l+\frac{2}{3}l\right)=\frac{4}{3}l$$

(4) AB 間は自由落下運動を行うので，

$$l=\frac{1}{2}gt_{AB}{}^2 \qquad よって，t_{AB}=\sqrt{\frac{2l}{g}}$$

(5) CD 間の運動は単振動の $\dfrac{1}{4}$ 周期にあたる。この単振動の周期 T は，

$$T=2\pi\sqrt{\frac{\frac{2}{3}m}{k}}=2\pi\sqrt{\frac{2m}{3k}}=2\pi\sqrt{\frac{2l}{3g}}$$

よって，$t_{CD}=\dfrac{1}{4}T=\dfrac{\pi}{2}\sqrt{\dfrac{2l}{3g}}$

(6) 点 C を中心とした単振動の変位を表す式は，$x=\dfrac{4}{3}l\sin\dfrac{2\pi}{T}t$ となるので，

$$\frac{2}{3}l=\frac{4}{3}l\sin\frac{2\pi}{T}t_{BC}$$

これから，$\dfrac{2\pi}{T}t_{BC}=\dfrac{\pi}{6}$

よって，$t_{BC}=\dfrac{T}{12}=\dfrac{\pi}{6}\sqrt{\dfrac{2l}{3g}}$

(7) 小球が AD 間で行う往復運動の周期 T は，

$$T=2\left(\sqrt{\frac{2l}{g}}+\frac{\pi}{2}\sqrt{\frac{2l}{3g}}+\frac{\pi}{6}\sqrt{\frac{2l}{3g}}\right)$$
$$=\left(2\sqrt{3}+\frac{4\pi}{3}\right)\sqrt{\frac{2l}{3g}}$$

8 万有引力

基本問題 ······················ 本冊 p.41

79

答 ① $\dfrac{2\pi}{T}$ ② $\dfrac{2\pi R}{T}$ ③ $\dfrac{4\pi^2R}{T^2}$

④ $\dfrac{4\pi^2RM}{T^2}$ ⑤ R^3 ⑥ $\dfrac{4\pi^2M}{kR^2}$

検討 ① 1 回転 2π〔rad〕を周期 T〔s〕で運動しているので，角速度 ω〔rad/s〕は，$\omega=\dfrac{2\pi}{T}$

② 周期 T〔s〕の間に，$2\pi R$〔m〕移動するので，速さ v〔m/s〕は，$v=\dfrac{2\pi R}{T}$

③ $a=r\omega^2$ より，$a=R\left(\dfrac{2\pi}{T}\right)^2=\dfrac{4\pi^2R}{T^2}$

④ $F=ma=M\dfrac{4\pi^2R}{T^2}=\dfrac{4\pi^2RM}{T^2}$

⑤ ケプラーの第 3 法則により，**周期の 2 乗と長半径の 3 乗が比例する**ので，$T^2=kR^3$

⑥ ⑤を④に代入して，$F=\dfrac{4\pi^2RM}{kR^3}=\dfrac{4\pi^2M}{kR^2}$

80

答 (1) $\sqrt{\dfrac{GM}{R}}$ (2) $\sqrt{\dfrac{2GM}{R}}$ (3) $\sqrt{2}$ 倍

検討 (1) 第 1 宇宙速度を v_1 とすれば，人工衛星の運動方程式は，$m\dfrac{v_1{}^2}{R}=G\dfrac{Mm}{R^2}$

よって，$v_1=\sqrt{\dfrac{GM}{R}}$

(2) 地上から打ち上げた人工衛星の速さを v_0, 人工衛星の無限遠方の速さを v とすれば，**力学的エネルギー保存の法則**より，

$$\frac{1}{2}mv_0{}^2-G\frac{Mm}{R}=\frac{1}{2}mv^2$$

人工衛星が無限遠方に達するための条件は，

$\dfrac{1}{2}mv^2 \geqq 0$ だから，$\dfrac{1}{2}m{v_0}^2 - G\dfrac{Mm}{R} \geqq 0$

よって，人工衛星が無限遠方に達するための v_0 の条件は，$v_0 \geqq \sqrt{\dfrac{2GM}{R}}$

第2宇宙速度 v_2 は人工衛星が無限遠方に達するための v_0 の最小の速さなので，

$$v_2 = \sqrt{\frac{2GM}{R}}$$

(3) (1)と(2)の結果より，$\dfrac{v_2}{v_1} = \dfrac{\sqrt{\dfrac{2GM}{R}}}{\sqrt{\dfrac{GM}{R}}} = \sqrt{2}$

81

答　(1) $\dfrac{2\pi}{T}$

(2) $m(R+H)\left(\dfrac{2\pi}{T}\right)^2 = G\dfrac{Mm}{(R+H)^2}$

(3) $\sqrt[3]{\dfrac{GMT^2}{4\pi^2}} - R$

検討　(1) 静止衛星の公転周期は地球の自転周期 T に等しいので，$\omega = \dfrac{2\pi}{T}$

(2) 静止衛星の回転半径は $R+H$ であるから，運動方程式は，$m(R+H)\omega^2 = G\dfrac{Mm}{(R+H)^2}$

この式に(1)の結果を代入して，

$$m(R+H)\left(\frac{2\pi}{T}\right)^2 = G\frac{Mm}{(R+H)^2}$$

(3) (2)の運動方程式から，$(R+H)^3 = \dfrac{GMT^2}{4\pi^2}$

よって，$H = \sqrt[3]{\dfrac{GMT^2}{4\pi^2}} - R$

応用問題

本冊 p.42

82

答　(1) $\sqrt{\dfrac{GM}{r}}$　(2) $-\dfrac{GMm}{2r}$

(3) $2\pi\sqrt{\dfrac{r^3}{GM}}$　(4) $\dfrac{4\pi^2}{GM}$

検討　(1) 人工衛星の運動方程式をつくれば，

$m\dfrac{v^2}{r} = G\dfrac{Mm}{r^2}$　　よって，$v = \sqrt{\dfrac{GM}{r}}$

(2) $E = \dfrac{1}{2}mv^2 - G\dfrac{Mm}{r}$

これに(1)の運動方程式より得られる $mv^2 = \dfrac{GMm}{r}$ を用いると，

$$E = \frac{1}{2} \times \frac{GMm}{r} - \frac{GMm}{r} = -\frac{GMm}{2r}$$

(3) 円運動の周期 T は，

$$T = \frac{2\pi r}{v} = \frac{2\pi r}{\sqrt{\dfrac{GM}{r}}} = 2\pi\sqrt{\frac{r^3}{GM}}$$

(4) (3)の結果の両辺を2乗して

$T^2 = 4\pi^2\dfrac{r^3}{GM}$　　よって，$\dfrac{T^2}{r^3} = \dfrac{4\pi^2}{GM}$

83

答　(1) $\dfrac{1-e}{1+e}$

(2) 近日点：$\dfrac{1}{2}m{v_1}^2 - \dfrac{GMm}{(1-e)a}$

遠日点：$\dfrac{1}{2}m{v_2}^2 - \dfrac{GMm}{(1+e)a}$

(3) $v_1 = \sqrt{\dfrac{(1+e)GM}{(1-e)a}}$，$v_2 = \sqrt{\dfrac{(1-e)GM}{(1+e)a}}$

検討　(1) **面積速度一定の法則**より，

$$\frac{1}{2}(a-c)v_1 = \frac{1}{2}(a+c)v_2$$

よって，$\dfrac{v_2}{v_1} = \dfrac{a-c}{a+c} = \dfrac{1-\dfrac{c}{a}}{1+\dfrac{c}{a}} = \dfrac{1-e}{1+e}$

(2) 近日点の力学的エネルギー E_1 は，

$$E_1 = \frac{1}{2}m{v_1}^2 - G\frac{Mm}{a-c} = \frac{1}{2}m{v_1}^2 - \frac{GMm}{a\left(1-\dfrac{c}{a}\right)} = \frac{1}{2}m{v_1}^2 - \frac{GMm}{(1-e)a}$$

遠日点の力学的エネルギー E_2 は，

$$E_2 = \frac{1}{2}m{v_2}^2 - G\frac{Mm}{a+c} = \frac{1}{2}m{v_2}^2 - \frac{GMm}{a\left(1+\dfrac{c}{a}\right)} = \frac{1}{2}m{v_2}^2 - \frac{GMm}{(1+e)a}$$

(3) (2)より，**力学的エネルギー保存の法則**は，

$$\frac{1}{2}m{v_1}^2 - \frac{GMm}{(1-e)a} = \frac{1}{2}m{v_2}^2 - \frac{GMm}{(1+e)a}$$

(1)より，$v_2 = \dfrac{1-e}{1+e}v_1$ を代入して，

$$\frac{1}{2}m{v_1}^2 - \frac{GMm}{(1-e)a}$$
$$= \frac{1}{2}m\left(\frac{1-e}{1+e}v_1\right)^2 - \frac{GMm}{(1+e)a}$$

よって，

$$\frac{1}{2}m{v_1}^2\left\{1-\frac{(1-e)^2}{(1+e)^2}\right\}$$
$$= \frac{GMm}{(1-e)a} - \frac{GMm}{(1+e)a}$$

これから，　$v_1 = \sqrt{\dfrac{(1+e)GM}{(1-e)a}}$

また，$v_2 = \dfrac{1-e}{1+e}\sqrt{\dfrac{(1+e)GM}{(1-e)a}}$

$$= \sqrt{\frac{(1-e)GM}{(1+e)a}}$$

84

答　(1) $\dfrac{GM}{R^2}$　(2) $\dfrac{GM}{R^2} - R\omega^2$

(3) $\sqrt[3]{\dfrac{GM}{\omega}}$　(4) $\sqrt{\dfrac{2GM(L-R)}{RL}}$

検討　(1) 北極点での重力加速度を g_N とすれば，

$mg_N = G\dfrac{Mm}{R^2}$ より，$g_N = \dfrac{GM}{R^2}$

(2) 赤道での重力加速度を g_E とすれば，遠心力を考えて，$mg_E = G\dfrac{Mm}{R^2} - mR\omega^2$

よって，$g_E = \dfrac{GM}{R^2} - R\omega^2$

(3) 静止衛星の運動方程式 $mL\omega^2 = G\dfrac{Mm}{L^2}$

より，$L^3 = \dfrac{GM}{\omega^2}$ となるので，$L = \sqrt[3]{\dfrac{GM}{\omega^2}}$

(4) 小物体が地表に到達したときの速さを v とすれば，**力学的エネルギー保存の法則**より，

$$\frac{1}{2}mv^2 - G\frac{Mm}{R} = -G\frac{Mm}{L}$$

これから，$\dfrac{1}{2}mv^2 = GMm\left(\dfrac{1}{R} - \dfrac{1}{L}\right)$

よって，$v = \sqrt{\dfrac{2GM(L-R)}{RL}}$

9 気体の法則と分子運動

基本問題 ･･････････････････････ 本冊 p.45

85

答　$2.47 \times 10^{-2}\,\mathrm{m^3}$

検討　気体の体積を V とすれば，理想気体の状態方程式は，

$$1.01 \times 10^5 \times V = 1.00 \times 8.31 \times (273 + 27)$$

よって，$V = \dfrac{1.00 \times 8.31 \times 300}{1.01 \times 10^5}$
$= 0.02468 \fallingdotseq 2.47 \times 10^{-2}\,\mathrm{m^3}$

応用問題 ･･････････････････････ 本冊 p.47

86

答　(1) 0.50 mol　(2) 312 K　(3) 28 cm　(4) 546 K

検討　(1) シリンダー内の気体の物質量を n〔mol〕，気体定数を R〔J/(mol･K)〕とすれば，理想気体の状態方程式は，

$$1.0 \times 10^5 \times 800 \times 10^{-4} \times 0.14 = n \times R \times 273$$

標準状態における理想気体の状態方程式は，

$$1.0 \times 10^5 \times 22.4 \times 10^{-3} = 1 \times R \times 273$$

よって，$n = \dfrac{800 \times 0.14 \times 10^{-4}}{22.4 \times 10^{-3}} = 0.50\,\mathrm{mol}$

(2) シリンダー内の気体の温度を T〔K〕とすれば，理想気体の状態方程式は，

$$1.0 \times 10^5 \times 800 \times 10^{-4} \times 0.16 = n \times R \times T$$

となるので，(1)の理想気体の状態方程式と合わせて考えると，$T = \dfrac{0.16}{0.14} \times 273 = 312\,\mathrm{K}$

(3) シリンダーの底からピストンまでの距離が L〔cm〕であるから，理想気体の状態方程式は，

$$1.0 \times 10^5 \times 800 \times 10^{-4} \times L \times 10^{-2} = R \times 273$$

であり，標準状態における理想気体の状態方程式とから，

$$L = \frac{22.4 \times 10^{-3}}{800 \times 10^{-4} \times 10^{-2}} = 28\,\mathrm{cm}$$

(4) シリンダーA内の気体の温度が T'〔K〕，圧力が p〔Pa〕になったとすれば，シリンダーB内の気体の圧力も p になるので，シリンダ

ーA 内の気体の理想気体の状態方程式は,

$$p\times800\times10^{-4}\times(0.14+0.070)=0.50\times R\times T'$$

シリンダーB 内の気体の状態方程式は,

$$p\times800\times10^{-4}\times(0.28-0.070)=R\times273$$

よって,

$$T'=\frac{0.14+0.070}{0.5\times(0.28-0.070)}\times273=546\,\mathrm{K}$$

87

答 ① $2mv\cos\theta$ ② 中心 O ③ $\dfrac{2a\cos\theta}{v}$

④ $\dfrac{v}{2a\cos\theta}$ ⑤ $\dfrac{mv^2}{a}$ ⑥ $\dfrac{Nmv^2t}{a}$

⑦ $\dfrac{Nmv^2}{a}$ ⑧ $\dfrac{Nmv^2}{4\pi a^3}$ ⑨ $\dfrac{Nmv^2}{3V}$

⑩ $\dfrac{1}{2}mv^2$ ⑪ NkT ⑫ $\dfrac{2K}{3k}$

検討 ①② **運動量の器壁に垂直な方向成分のみが変化する**。器壁に衝突する前の運動量が $mv\cos\theta$, 衝突後の運動量が逆向きに $mv\cos\theta$ であるから, 衝突による運動量変化は,

$$mv\cos\theta-(-mv\cos\theta)=2mv\cos\theta$$

③ 点B から点C までの距離は $2a\cos\theta$ であり, その間を速さ v で等速運動するので,

$$t=\frac{2a\cos\theta}{v}$$

④ 器壁に1回衝突してから次に衝突するまでに $\dfrac{2a\cos\theta}{v}$〔s〕かかるので, 1秒間に衝突する回数は, $\dfrac{1}{\frac{2a\cos\theta}{v}}=\dfrac{v}{2a\cos\theta}$

⑤ 1回の衝突で運動量が $2mv\cos\theta$ 変化し, 1秒間に $\dfrac{v}{2a\cos\theta}$ 回衝突するので, 1秒間の運動量変化の大きさは,

$$2mv\cos\theta\times\frac{v}{2a\cos\theta}=\frac{mv^2}{a}$$

⑥ 気体分子の運動量変化は器壁からの力積に等しく, 作用・反作用の法則より, 器壁は気体分子から同じ大きさの力積を受ける。よって, N 個の気体分子が器壁に与える力積は,

$$N\times\frac{mv^2}{a}\times t=\frac{Nmv^2t}{a}$$

⑦ 器壁におよぼす平均の力を $\overline{F}$ とすれば, 器壁が時間 t の間に受ける力積は $\overline{F}t$ である。

よって, $\overline{F}t=\dfrac{Nmv^2t}{a}$ となり, $\overline{F}=\dfrac{Nmv^2}{a}$

⑧ **圧力は単位面積あたりにはたらく力**で, 球形容器の内面の面積は $4\pi a^2$ であるから,

$$p=\frac{\overline{F}}{4\pi a^2}=\frac{\frac{Nmv^2}{a}}{4\pi a^2}=\frac{Nmv^2}{4\pi a^3}$$

⑨ 球の体積 V は $V=\dfrac{4}{3}\pi a^3$ なので,

$$4\pi a^3=3V$$

よって, ⑧より, $p=\dfrac{Nmv^2}{3V}$

⑩ $K=\dfrac{1}{2}mv^2$

⑪ アボガドロ定数を N_A とすれば, $n=\dfrac{N}{N_A}$

ボルツマン定数は $k=\dfrac{R}{N_A}$ であるから,

$$pV=\frac{N}{N_A}\times N_Ak\times T=NkT$$

⑫ ⑨, ⑩より, $pV=\dfrac{2}{3}KN$

⑪の結果を用いて, $NkT=\dfrac{2}{3}KN$

よって, $T=\dfrac{2K}{3k}$

88

答 ① $\dfrac{v_x}{2L}$ ② $\dfrac{mv_x{}^2}{L}$ ③ $\dfrac{N_Am\overline{v^2}}{3SL}$

④ $\dfrac{N_Am\overline{v^2}}{3R}$

検討 ① 分子は x 軸方向に $2L$ 進むごとにピストンに衝突する。時間 t の間に v_xt 進むことになるので, 時間 t の間にピストンに衝突する回数は $\dfrac{v_xt}{2L}$ である。

② 時間 t の間に気体分子がピストンに加える力積 $\overline{f}t$ は,

$$\overline{f}t=2mv_x\times\frac{v_xt}{2L}=\frac{mv_x{}^2t}{L}$$

よって, $\overline{f}=\dfrac{mv_x{}^2}{L}$

③ 1 mol には N_A 個の分子が含まれているので, 気体分子全体がピストンに加える力の大きさ F は, $F=\dfrac{N_Am\overline{v_x{}^2}}{L}=\dfrac{N_Am\overline{v^2}}{3L}$

圧力は単位面積あたりにはたらく力なので，

$$p=\frac{F}{S}=\frac{N_A m\overline{v^2}}{3SL}$$

④ 理想気体の状態方程式は，$pSL=RT$ となるので，$\frac{N_A m\overline{v^2}}{3SL}\times SL=RT$

よって，$T=\frac{N_A m\overline{v^2}}{3R}$

89

答 (1) $-(v_x+2w)$ (2) $2mwv_x$

(3) $\frac{N_A m\overline{v^2}wt}{3L}$

検討 (1) 衝突した後の分子の速度の x 成分を v_x' とすれば，分子は壁と弾性衝突をするので，**反発係数の式**から，

$$1=-\frac{v_x'-(-w)}{v_x-(-w)}$$

よって，$v_x'=-(v_x+2w)$

(2) 運動エネルギーの増加量 ΔE は，

$$\Delta E=\frac{1}{2}m(v_x+2w)^2-\frac{1}{2}mv_x^2$$
$$=2mwv_x+2mw^2 \fallingdotseq 2mwv_x$$

(3) 時間 t の間に $\frac{v_xt}{2L}$ 回衝突するので，1 個の分子の運動エネルギー増加量は，

$$2mwv_x\times\frac{v_xt}{2L}=\frac{mwv_x^2t}{L}$$

$\overline{v_x^2}=\frac{1}{3}\overline{v^2}$ の関係を用いると，全分子の運動エネルギーの増加量は，

$$N_A\times\frac{mw\overline{v_x^2}t}{L}=N_A\times\frac{mw\overline{v^2}t}{3L}=\frac{N_A m\overline{v^2}wt}{3L}$$

10 気体の内部エネルギーと仕事

基本問題 ･････････････････････ 本冊 p.50

90

答 $P_0S\Delta l$

検討 $W=p\Delta V$ より，気体がした仕事 W は，
$W=P_0S\Delta l$

91

答 (1) $P_0+\frac{Mg}{S}$ (2) $\frac{(P_0S+Mg)L}{nR}$

(3) $\frac{nR\Delta T}{P_0S+Mg}$ (4) $nR\Delta T$

検討 (1) シリンダー内の気体の圧力を P〔Pa〕とし，ピストンにはたらく力のつり合いを考えれば，$PS=P_0S+Mg$

よって，$P=P_0+\frac{Mg}{S}$

(2) 状態方程式をつくれば，$PSL=nRT$

よって，$T=\frac{PSL}{nR}=\frac{(P_0S+Mg)L}{nR}$

(3) シリンダー内の気体の温度を ΔT 上昇させたときのピストンの動いた距離を ΔL とすれば，状態方程式は，$PS(L+\Delta L)=nR(T+\Delta T)$ となるので，(1)の式と合わせて，

$$\left(P_0+\frac{Mg}{S}\right)S\Delta L=nR\Delta T$$

よって，$\Delta L=\frac{nR\Delta T}{P_0S+Mg}$

(4) $W=p\Delta V$ より，気体がした仕事 W は，
$W=PS\Delta L=nR\Delta T$

テスト対策

ピストンのついたシリンダー内の気体の圧力は，**ピストンにはたらく力のつり合いとして求める**ことが多い。圧力 p〔Pa〕の気体が面積 S〔m^2〕に加える力の大きさ F〔N〕は，$F=pS$ である。この式と圧力以外の力も含めて**力のつり合いの式**をつくる。

92

答 32 倍

検討 理想気体の断熱変化では，ポアソンの法則が使える。変化後の気体の圧力を p' とすれば，$pV^{\frac{5}{3}}=p'\left(\frac{V}{8}\right)^{\frac{5}{3}}$

よって，$\frac{p'}{p}=\left(\frac{V}{\frac{V}{8}}\right)^{\frac{5}{3}}=8^{\frac{5}{3}}=2^5=32$

応用問題 ･･････････････････････ 本冊 p.52

93

答　(1) $\frac{3}{2}nR(T_1-T_0)$　(2) $\frac{4T_1}{T_0}$

(3) $7T_1$　(4) $3nR(4T_1-T_0)$

検討　(1) 単原子分子理想気体の内部エネルギー U は $U=\frac{3}{2}nRT$ で与えられるので，内部エネルギーの増加量 ΔU_A は，

$$\Delta U_A=\frac{3}{2}nRT_1-\frac{3}{2}nRT_0=\frac{3}{2}nR(T_1-T_0)$$

(2) A内の気体の最初の状態の圧力を p_0，体積を V_0 とすると，状態方程式は，

$$p_0V_0=nRT_0$$

状態が変化した後の圧力を p とすれば，変化した後の状態方程式は，$p\times\frac{1}{4}V_0=nRT_1$

よって，$\frac{p}{p_0}=\frac{4T_1}{T_0}$

(3) 変化後のBの体積は $\frac{7}{4}V_0$ となるので，変化後のB内の気体の温度を T_B とすれば，状態方程式は，$p\times\frac{7}{4}V_0=nRT_B$

(2)の結果を使うと，$\frac{4T_1}{T_0}p_0\times\frac{7}{4}V_0=nRT_B$

これにB内の気体の最初の状態の状態方程式 $p_0V_0=nRT_0$ を用いて，$T_B=7T_1$

(4) 気体Aと気体B全体としては，外に仕事をしていないので，気体に加えられた熱量 Q は内部エネルギーの増加量に等しい。気体Bの内部エネルギーの増加量 ΔU_B は，

$$\Delta U_B=\frac{3}{2}nR(7T_1-T_0)$$

よって，

$$Q=\Delta U_A+\Delta U_B$$
$$=\frac{3}{2}nR(T_1-T_0)+\frac{3}{2}nR(7T_1-T_0)$$
$$=3nR(4T_1-T_0)$$

94

答　(1) $\frac{C_V(P_1-P_2)V_1}{R}$　(2) $P_2(V_2-V_1)$

(3) 関係：$T_A>T_C$

理由：断熱変化なので，気体が仕事をした分だけ内部エネルギーが減少し温度が下がる。よって，温度はCのほうがAより低い。

検討　(1) 状態Aにおける温度を T_A とすれば，状態方程式は，$P_1V_1=RT_A$

となるので，$T_A=\frac{P_1V_1}{R}$

状態Bにおける温度を T_B とすれば，状態方程式は，$P_2V_1=RT_B$

となるので，$T_B=\frac{P_2V_1}{R}$

A→Bの変化は定積変化なので，$Q=nC_V\Delta T$ より，放出した熱量は，

$$Q_{AB}=C_V(T_A-T_B)$$
$$=C_V\left(\frac{P_1V_1}{R}-\frac{P_2V_1}{R}\right)=\frac{C_V(P_1-P_2)V_1}{R}$$

(2) B→Cは定圧変化なので，$W=p\Delta V$ より，

$$W_{BC}=P_2(V_2-V_1)$$

(3) A→Cは断熱変化なので，$Q_{AC}=0$ である。**熱力学第1法則**より，内部エネルギーの増加量を ΔU_{AC}，気体のした仕事を W_{AC} とすれば，$\Delta U_{AC}=Q_{AC}-W_{AC}=-W_{AC}<0$

となり，内部エネルギーは減少する。内部エネルギーは温度のみによって決まるので，内部エネルギーが減少すると温度は下がる。

95

答　(1) $p_0S\Delta x$　(2) $\frac{p_0S\Delta x}{nR}$

(3) $\frac{C_pp_0S\Delta x}{R}$　(4) $\frac{(C_p-R)p_0S\Delta x}{R}$

検討　(1) ピストンは容器内の気体の圧力を常に大気圧と一致させるように動くので，気体は定圧変化である。$W=p\Delta V$ より，

$$W=p_0S\Delta x$$

(2) 加熱前，シリンダーの左端からピストンまでの距離を L，気体の温度を T とすれば，加熱前の状態方程式は，$p_0SL=nRT$

加熱後の状態方程式は，

$$p_0S(L+\Delta x)=nR(T+\Delta T)$$

よって，$p_0S\Delta x=nR\Delta T$

これから，$\Delta T=\frac{p_0S\Delta x}{nR}$

(3) $Q = nC_p\Delta T$ より，

$$Q = nC_p\Delta T = nC_p \times \frac{p_0S\Delta x}{nR} = \frac{C_pp_0S\Delta x}{R}$$

(4) **熱力学第1法則**より，内部エネルギーの増加量ΔUは，

$$\Delta U = \frac{C_pp_0S\Delta x}{R} - p_0S\Delta x = \frac{(C_p - R)p_0S\Delta x}{R}$$

96

答 (1) p_A：2倍，p_B：2倍，p_C：$\frac{1}{3}$倍，

p_D：1倍

(2)「検討」の図参照　(3) 流入する，$10RT_0$

(4) 減る，$\frac{15}{2}RT_0$

検討 (1) 温度T_0，体積V_0のときの圧力をp_0とするので，状態方程式は，$p_0V_0 = RT_0$

状態Aの理想気体の状態方程式は，

$p_A \times V_0 = R \times 2T_0$

状態Bの理想気体の状態方程式は，

$p_B \times 3V_0 = R \times 6T_0$

状態Cの理想気体の状態方程式は，

$p_C \times 3V_0 = R \times T_0$

状態Dの理想気体の状態方程式は，

$p_D \times V_0 = R \times T_0$

よって，

$$p_A = \frac{2RT_0}{V_0} = 2p_0 \qquad p_B = \frac{6RT_0}{3V_0} = 2p_0$$

$$p_C = \frac{RT_0}{3V_0} = \frac{1}{3}p_0 \qquad p_D = \frac{RT_0}{V_0} = p_0$$

(2) 理想気体の状態方程式$pV = nRT$を変形すると，$V = \frac{nR}{p}T$となり，**V-T図において，状態AからBのように直線で表される場合，**$\frac{nR}{p}$ = 一定　となって，**定圧変化**であることがわかる。このときの圧力は(1)より$2p_0$である。

状態BからCは体積$3V_0$の定積変化，状態CからDは温度T_0の等温変化，状態DからAは体積V_0の定積変化である。よって，p-V図は図のようになる。

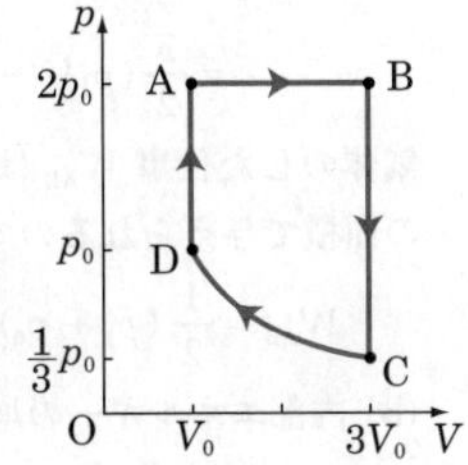

(3) 気体は単原子分子理想気体であることから，A→Bの変化における内部エネルギーの増加量ΔU_{AB}は，

$$\Delta U_{AB} = \frac{3}{2}R \times 6T_0 - \frac{3}{2}R \times 2T_0 = 6RT_0$$

A→Bの変化において気体のした仕事W_{AB}は，

$$W_{AB} = 2p_0 \times (3V_0 - V_0) = 4p_0V_0 = 4RT_0$$

熱力学第1法則より，$\Delta U_{AB} = Q_{AB} - W_{AB}$であるから，

$$Q_{AB} = \Delta U_{AB} + W_{AB} = 6RT_0 + 4RT_0 = 10RT_0$$

$Q_{AB} > 0$より，熱量が流入したことがわかる。

(4) B→Cの変化において内部エネルギーの増加量ΔU_{BC}は，

$$\Delta U_{BC} = \frac{3}{2}R \times T_0 - \frac{3}{2}R \times 6T_0 = -\frac{15}{2}RT_0$$

となり，$\Delta U_{BC} < 0$であることから，内部エネルギーは減少することがわかる。

テスト対策

▶内部エネルギー

気体の定積モル比熱がC_Vのとき，気体の内部エネルギーUは，$U = nC_VT$で与えられる。

単原子分子理想気体では，$C_V = \frac{3}{2}R$であるから，$U = \frac{3}{2}nRT$となる。

97

答 ① Q　② $n\Delta T$　③ 熱力学第1　④ ΔU　⑤ p　⑥ C_V　⑦ ΔV　⑧ R

検討 ①，② 定圧モル比熱の定義より，

$Q = nC_p\Delta T$であるから，$C_p = \frac{Q}{n\Delta T}$

④，⑤ このとき気体のした仕事Wは，

$W = p\Delta V$だから，**熱力学第1法則**より，

$$\Delta U = Q - p\Delta V$$

よって，$Q = \Delta U + p\Delta V$

⑥ 定積変化のとき$\Delta V = 0$であることを考慮すると，気体のした仕事は0であるから，**熱力学第1法則**より，$\Delta U = Q$

定積モル比熱C_Vを用いると，$Q = nC_V\Delta T$

よって，$\Delta U = nC_V \Delta T$

⑦ 温度が T のときの理想気体の状態方程式は，

$pV = nRT$

温度が ΔT 上昇し体積が ΔV 膨張したときの状態方程式は，$p(V + \Delta V) = nR(T + \Delta T)$

よって，$p\Delta V = nR\Delta T$

⑧ 式(1)～(4)から，$nC_V\Delta T = nC_p\Delta T - nR\Delta T$ となるので，$nC_p\Delta T = nC_V\Delta T + nR\Delta T$

よって，$C_p = C_V + R$

98

答 ① $\rho_0 V_1$　② $\dfrac{(T_2 - T_1)\rho_0 V_1}{T_2}$

検討 ① 気温 T_1，圧力 1atm の気体の密度が ρ_0 であるから，体積 V_1 の気球内の気体の質量は $\rho_0 V_1$ である。

② 気球内の気体の温度が T_2 になったとき，気体の体積が V_1 から V_2 に膨張し，気体の密度が ρ になったとすれば，$\rho_0 V_1 = \rho V_2$

また，**シャルルの法則**より，$\dfrac{V_1}{T_1} = \dfrac{V_2}{T_2}$

よって，$\rho = \dfrac{T_1}{T_2}\rho_0$

気球内部の空気の温度が T_2〔K〕を超えたとき，熱気球は浮上を開始したのだから，

$Wg + \rho V_1 g = \rho_0 V_1 g$

これから，$Wg = \rho_0 V_1 g - \dfrac{T_1}{T_2}\rho_0 V_1 g$

よって，$W = \dfrac{(T_2 - T_1)\rho_0 V_1}{T_2}$

99

答 (1) $V = V_0 + Sx$，$p = p_0 + \dfrac{k}{S}x$

(2) $p = p_0 + \dfrac{k}{S^2}(V - V_0)$

(3) 右図

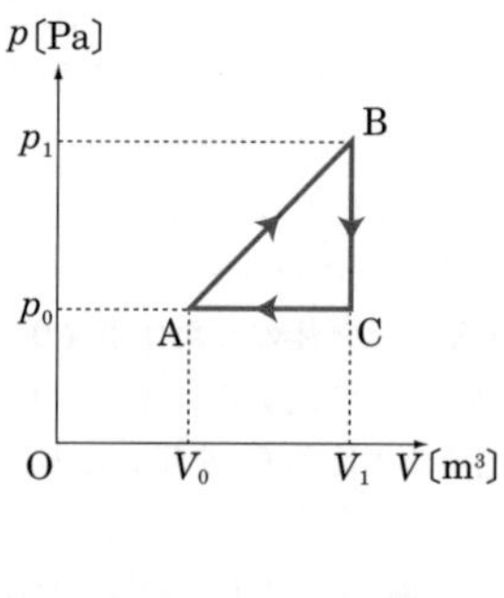

(4) (a) $\Delta U_{AB} = \dfrac{3}{2}(p_1V_1 - p_0V_0)$

$W_{AB} = \dfrac{1}{2}(p_1 + p_0)(V_1 - V_0)$

(b) $\Delta U_{BC} = \dfrac{3}{2}(p_0 - p_1)V_1$，$W_{BC} = 0$

(c) $\Delta U_{CA} = \dfrac{3}{2}p_0(V_0 - V_1)$

$W_{CA} = p_0(V_0 - V_1)$

(5) $\dfrac{3}{2}(p_1V_1 - p_0V_0) + \dfrac{1}{2}(p_1 + p_0)(V_1 - V_0)$

または式を整理して，

$2(p_1V_1 - p_0V_0) + \dfrac{1}{2}(p_0V_1 - p_1V_0)$

検討 (1) ばねの縮みが x のとき体積の増加量は Sx であるから，$V = V_0 + Sx$

ピストンにはたらく力のつり合いの式は，

$pS = p_0S + kx$

よって，$p = p_0 + \dfrac{k}{S}x$

(2) (1)の結果より，x を消去すると，

$p = p_0 + \dfrac{k}{S^2}Sx = p_0 + \dfrac{k}{S^2}(V - V_0)$

(3) (2)の結果より A→B の変化は，

$p = p_0 - \dfrac{k}{S^2}V_0 + \dfrac{k}{S^2}V$

となるので，直線で表される。

B→C は定積変化，C→A は定圧変化なので，p-V 図は答の図のようになる。

(4) 状態 A の状態方程式は，$p_0V_0 = nRT_0$

状態 B の状態方程式は，$p_1V_1 = nRT_B$

状態 C の状態方程式は，$p_0V_1 = nRT_C$

以上の結果を，(a)～(c)に用いる。

(a) 内部エネルギーの増加量 ΔU_{AB} は，

$$\Delta U_{AB} = \frac{3}{2}nRT_B - \frac{3}{2}nRT_0 = \frac{3}{2}p_1V_1 - \frac{3}{2}p_0V_0 = \frac{3}{2}(p_1V_1 - p_0V_0)$$

気体のした仕事 W_{AB} は，(3)の p-V 図の台形の面積で与えられるので，

$W_{AB} = \dfrac{1}{2}(p_1 + p_0)(V_1 - V_0)$

(b) 内部エネルギーの増加量 ΔU_{BC} は，

$$\Delta U_{BC} = \frac{3}{2}nRT_C - \frac{3}{2}nRT_B$$
$$= \frac{3}{2}p_0V_1 - \frac{3}{2}p_1V_1$$
$$= \frac{3}{2}(p_0 - p_1)V_1$$

気体のした仕事 W_{BC} は，B→C は定積変化なので，$W_{BC} = 0$

(c) 内部エネルギーの増加量 ΔU_{CA} は，

$$\Delta U_{CA} = \frac{3}{2}nRT_0 - \frac{3}{2}nRT_C$$
$$= \frac{3}{2}p_0V_0 - \frac{3}{2}p_0V_1$$
$$= \frac{3}{2}p_0(V_0 - V_1)$$

気体のした仕事 W_{CA} は，C→A は定圧変化なので，$W_{CA} = p_0(V_0 - V_1)$

(5) A→B の変化で気体に与えられた熱量を Q_{AB} とすれば，**熱力学第1法則**より，

$\Delta U_{AB} = Q_{AB} - W_{AB}$ となるので，

$$Q_{AB} = \Delta U_{AB} + W_{AB}$$
$$= \frac{3}{2}(p_1V_1 - p_0V_0)$$
$$+ \frac{1}{2}(p_1 + p_0)(V_1 - V_0)$$
$$> 0$$

B→C の変化で気体に与えられた熱量を Q_{BC} とすれば，**熱力学第1法則**より，

$\Delta U_{BC} = Q_{BC} - W_{BC}$ となるので，

$$Q_{BC} = \Delta U_{BC} + W_{BC} = \frac{3}{2}(p_0 - p_1)V_1 < 0$$

C→A の変化で気体に与えられた熱量を Q_{CA} とすれば，**熱力学第1法則**より，

$\Delta U_{CA} = Q_{CA} - W_{CA}$ となるので，

$$Q_{CA} = \Delta U_{CA} + W_{CA}$$
$$= \frac{3}{2}p_0(V_0 - V_1) + p_0(V_0 - V_1)$$
$$= \frac{5}{2}p_0(V_0 - V_1) < 0$$

よって，気体に熱を加えたのは A→B の変化で，その熱量は Q_{AB} である。

100

答 (1) $\frac{5}{3}$ (2) $P_0 + \frac{mg}{S}$

(3) $\left(\frac{P_0S}{P_0S + mg}\right)^{\frac{3}{5}}$ (4) $\left(\frac{P_0S + mg}{P_0S}\right)^{\frac{2}{5}}$

(5) $C_VT_0\left\{\left(\frac{P_0S + mg}{P_0S}\right)^{\frac{2}{5}} - 1\right\}$

検討 (1) 断熱変化で，内部気体の温度 T と体積 V の間に $TV^{\frac{2}{3}} =$ 一定

の関係が成り立ち，状態方程式は，$PV = RT$

これから，$T = \frac{PV}{R}$ を $TV^{\frac{2}{3}} =$ 一定 に代入して，

$$\frac{PV}{R}V^{\frac{2}{3}} = \text{一定}$$

R は気体定数なので，$PV^{\frac{5}{3}} =$ 一定

よって，$\alpha = \frac{5}{3}$

(2) シリンダーを鉛直に立てたときの，ピストンにはたらく力のつり合いの式は，

$$P_1S = P_0S + mg$$

となるので，$P_1 = P_0 + \frac{mg}{S}$

(3) 断熱変化の式より，$P_0(SL_0)^{\frac{5}{3}} = P_1(SL_1)^{\frac{5}{3}}$ であるから，

$$\frac{L_1}{L_0} = \left(\frac{P_0}{P_1}\right)^{\frac{3}{5}} = \left(\frac{P_0S}{P_0S + mg}\right)^{\frac{3}{5}}$$

(4) シリンダーが水平に置かれているときの状態方程式は，$P_0SL_0 = RT_0$

シリンダーを鉛直に立てたときの状態方程式は，$P_1SL_1 = RT_1$

よって，

$$\frac{T_1}{T_0} = \frac{P_1L_1}{P_0L_0} = \frac{P_1}{P_0} \times \left(\frac{P_0}{P_1}\right)^{\frac{3}{5}}$$
$$= \left(\frac{P_1}{P_0}\right)^{\frac{2}{5}} = \left(\frac{P_0S + mg}{P_0S}\right)^{\frac{2}{5}}$$

(5) 内部の気体は断熱されているので，シリンダー内の気体の受けた仕事 W は，**熱力学第1法則**より，

$$W = \Delta U = C_V\Delta T$$
$$= C_V(T_1 - T_0)$$
$$= C_VT_0\left(\frac{T_1}{T_0} - 1\right)$$
$$= C_VT_0\left\{\left(\frac{P_0S + mg}{P_0S}\right)^{\frac{2}{5}} - 1\right\}$$

11 波の伝わり方

基本問題 本冊 p.58

101

答　振幅：0.10 m，波長：12 m，
伝わる速さ：2.0 m/s，振動数：0.17 Hz，
周期：6.0 s

検討　振幅と周期はグラフを読み取る。グラフから，A から B へ伝わるのにかかる時間が 1.5 s であることがわかるので，AB 間の距離が 3.0 m であることと合わせて，波の伝わる速さ v は，$v=\dfrac{3.0}{1.5}=2.0\,\mathrm{m/s}$
波は 1 回振動する時間(周期)で 1 波長伝わるので，波長 λ は，$\lambda=2.0\times6.0=12\,\mathrm{m}$
振動数 f は，$f=\dfrac{1}{T}=\dfrac{1}{6.0}\fallingdotseq0.17\,\mathrm{Hz}$

102

答　(1) $\dfrac{v_1}{v_2}=n$　(2) $\dfrac{\sin\theta_1}{\sin\theta_2}=n$
(3) 下図

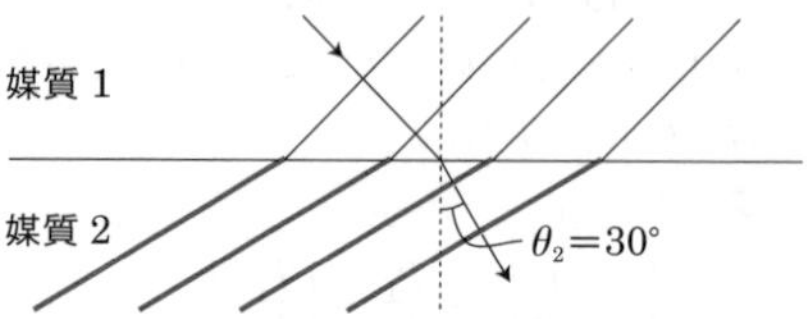

検討　(1) 屈折率は，波の伝わる速さの比で表され，$\dfrac{v_1}{v_2}=n$
(2) **屈折の法則**より，$\dfrac{\sin\theta_1}{\sin\theta_2}=n$
(3) (2)より，$\dfrac{\sin45°}{\sin\theta_2}=\sqrt{2}$ であるから，

$$\sin\theta_2=\frac{\sin45°}{\sqrt{2}}=\frac{1}{2}\qquad よって，\theta_2=30°$$

103

答　① 振幅　② 周期　③ $\dfrac{x}{v}$　④ $\dfrac{x}{v}$
⑤ $t-\dfrac{x}{v}$　⑥ $t-\dfrac{x}{v}$

104

答　(1) 振幅：2.0 cm，波長：20 cm，
周期：0.40 s，速さ：50 cm/s
(2) $y=2\sin2\pi\left(\dfrac{5}{2}t-\dfrac{x}{20}\right)$　(3) 下図

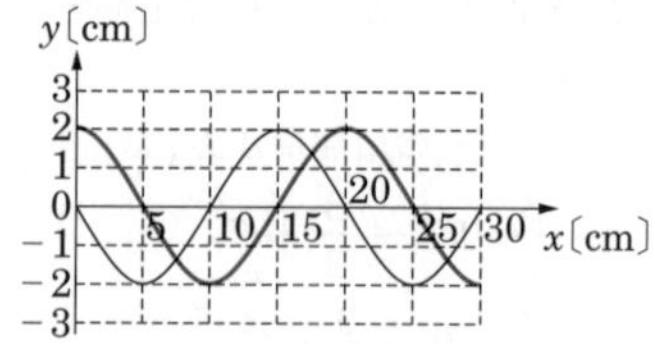

検討　(1) 振幅は波形の高さを読み取り，波長は谷から谷までの距離を読み取る。
周期 T は，$T=\dfrac{1}{f}=\dfrac{1}{2.5}=0.40\,\mathrm{s}$
速さ v は，$v=f\lambda=2.5\times20=50\,\mathrm{cm/s}$
(2) **原点の媒質の初期位相は 0** であり，x 軸の正の向きに進むので，$t=0$ から微小時間後の変位は正であるから，時刻 t における原点の媒質の変位 y は，

$$y=2\sin\frac{2\pi}{T}t$$

座標 x の点の媒質の変位 y は，原点での時刻 $t-\dfrac{x}{v}$ における変位に等しいから，

$$y=2\sin\frac{2\pi}{T}\left(t-\frac{x}{v}\right)$$
$$=2\sin2\pi\left(\frac{t}{T}-\frac{x}{\lambda}\right)$$
$$=2\sin2\pi\left(\frac{t}{0.40}-\frac{x}{20}\right)$$
$$=2\sin2\pi\left(\frac{5}{2}t-\frac{x}{20}\right)$$

(別解)　図より $t=0$ における波形は，

$$y=-2\sin\frac{2\pi}{\lambda}x$$

時刻 t における位置 x の変位は時刻 0 における位置 $x-vt$ での変位に等しいので，

$$y=-2\sin\frac{2\pi}{\lambda}(x-vt)$$
$$=-2\sin2\pi\left(\frac{x}{\lambda}-\frac{vt}{\lambda}\right)$$

$$= -2\sin 2\pi\left(\frac{x}{20} - \frac{50t}{20}\right)$$

$$= 2\sin 2\pi\left(\frac{5}{2}t - \frac{x}{20}\right)$$

(3) 0.10 s 後には，波は，$50 \times 0.10 = 5.0$ cm だけ右に進んでいる。

応用問題 本冊 p.59

105

答 (1) 振幅：**2.0 cm**，波長：**4.0 cm**

(2) 速さ：**1.0 cm/s**，周期：**4.0 s**

(3) $y = 2\sin\frac{\pi}{2}t$ (4) 下図

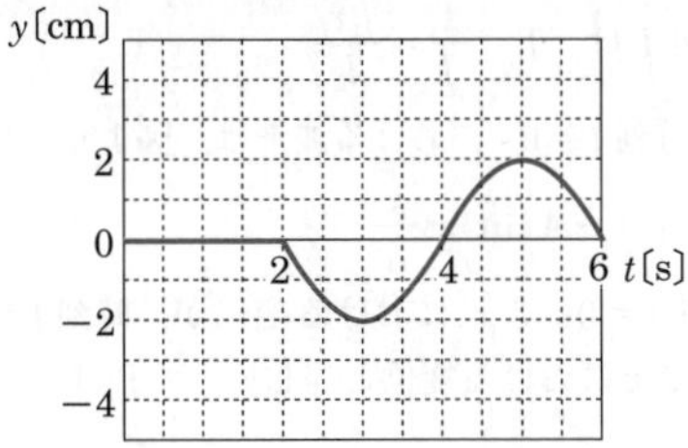

(5) 下図

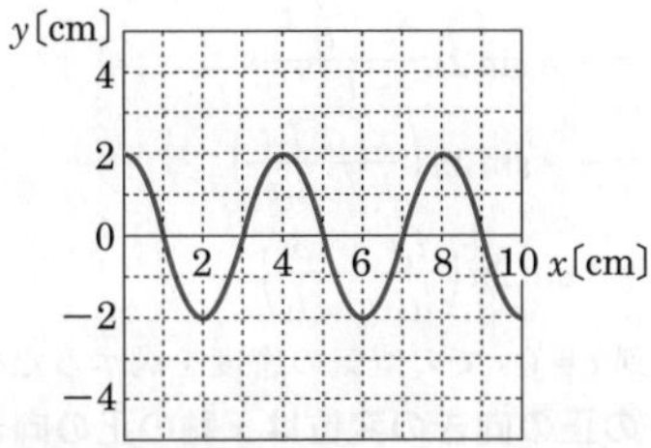

検討 (1) 振幅と波長は図から読み取る。

(2) 時刻 $t = 0$ s のときに位置 P にあった波の先端は，時刻 $t = 2.0$ s に位置 Q に達し，PQ の距離は 2.0 cm であるから，波の伝わる速さ v は，$v = \frac{2.0}{2.0} = 1.0$ cm/s

波が 1 波長伝わるのにかかる時間が周期 T であるから，$T = \frac{\lambda}{v} = \frac{4.0}{1.0} = 4.0$ s

(3) 原点 O では，時刻 $t = 0$ s のとき $y = 0$ cm でその後，波の山がやってくるので，媒質は正に変位する。よって，

$$y = 2.0\sin\frac{2\pi}{4.0}t = 2\sin\frac{\pi}{2}t$$

(4) 時刻 $t = 2.0$ s まで振動せず，その後谷が通過する。よって，位置 Q の変位 y を時刻 t の関数として図示すると，答の図のようになる。

(5) 時刻 $t = 9.0$ s までに波は，$1.0 \times 9.0 = 9.0$ cm 伝わるので，時刻 $t = 9.0$ s における波形は答の図のようになる。

106

答 (1) 下図

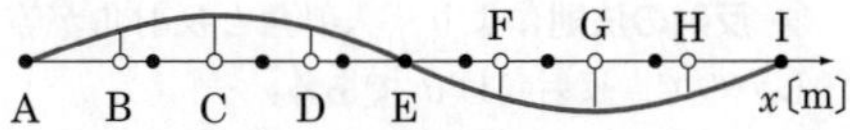

(2) 密：**E**，疎：**A，I** (3) **E**

(4) 波長：**8.0 m**，振動数：**0.25 Hz**，
周期：**4.0 s** (5) 密：**G**，疎：**C**

検討 (1) 図の(a)にあった媒質が図の(b)に変位している。この変位を反時計回りに 90° 回転させ，なめらかな曲線でつなぐと横波表示になる。

(2) 図(b)から密な部分は E，疎な部分は A と I であることがわかる。

(3) **媒質の速さが最大になるのは振動の中心の位置**で，A，E，I の 3 か所である。その中で正の向きに変位するのは，この後に正の向きに変位している D の振動がくる E である。

(4) (1)の横波表示が最も見やすく，波長は 8.0 m であることがわかる。波の伝わる速さが 2.0 m/s であるから，$v = f\lambda$ より，

$$f = \frac{v}{\lambda} = \frac{2.0}{8.0} = 0.25\text{Hz}$$

周期 T は，$T = \frac{1}{f} = \frac{1}{0.25} = 4.0$ s

(5) 1.0 秒で 2.0 m 伝わるので，密の場所 E は G まで，疎の場所 A は C まで伝わる。

107

答 ① vT ② $\frac{\sin\theta_1}{\sin\theta_2}$ ③ $\frac{\sin\theta_2}{\sin\theta_1}v$

④ $\frac{\sin\theta_2}{\sin\theta_1}vT$ ⑤ θ_1

検討 ① 波は，媒質が 1 回振動する時間（周期）で 1 波長伝わるので，$\lambda = vT$

② **屈折の法則**より，$n=\dfrac{\sin\theta_1}{\sin\theta_2}$

③ 領域Ⅱでの波の伝わる速さを v_2 とすれば，屈折率は速さの比で表すことができる。

よって，$n=\dfrac{v}{v_2}$。②の結果と合わせて，

$\dfrac{\sin\theta_1}{\sin\theta_2}=\dfrac{v}{v_2}$ となるので，$v_2=\dfrac{\sin\theta_2}{\sin\theta_1}v$

④ 領域Ⅱでの波長 λ_2 は，

$$\lambda_2=v_2T=\frac{\sin\theta_2}{\sin\theta_1}vT$$

⑤ **反射の法則**により，入射角と反射角が等しいので，反射角は θ_1 である。

108

答　① $4d$　② $\dfrac{d}{t_1}$　③ $\dfrac{1}{4t_1}$　④ $\dfrac{xt_1}{d}$

⑤ $t-\dfrac{xt_1}{d}$　⑥ $y=-A\sin\dfrac{\pi}{2}\left(\dfrac{t}{t_1}-\dfrac{x}{d}\right)$

検討　① 波長は，波形の図から $4d$ とわかる。

② 図から，時間 t_1 で距離 d 伝わることがわかるので，波の速さ v は，$v=\dfrac{d}{t_1}$

③ 1秒間で変位が正で最大になる回数は振動数に等しいので，$v=f\lambda$ より，

$$f=\frac{v}{\lambda}=\frac{\frac{d}{t_1}}{4d}=\frac{1}{4t_1}$$

④ 原点Oから位置 x に波が伝わるのにかかる時間は，$\dfrac{x}{v}=\dfrac{x}{\frac{d}{t_1}}=\dfrac{xt_1}{d}$

⑤ 原点では他の点に伝わる時間だけ早い時刻に振動しているので，時刻 t における位置 x での媒質の変位は，時刻 $t-\dfrac{xt_1}{d}$ における原点での媒質の変位に等しい。

⑥ 原点は $y=-A\sin 2\pi ft$ の振動をしているので，時刻 t における位置 x での変位 y は，

$$y=-A\sin 2\pi f\left(t-\frac{xt_1}{d}\right)$$

$$=-A\sin\frac{\pi}{2}\left(\frac{t}{t_1}-\frac{x}{d}\right)$$

109

答　⑴ 振幅：A，波長：l_1，速さ：$\dfrac{l_2}{t_1}$，

振動数：$\dfrac{l_2}{l_1t_1}$，周期：$\dfrac{l_1t_1}{l_2}$

⑵ $y=A\sin 2\pi\left(\dfrac{l_2t}{l_1t_1}-\dfrac{x}{l_1}\right)$

⑶ 最大：a，最小：e，

媒質の速さが0である位置：c

検討　⑴ 図より，振幅 A，波長 l_1 である。また，t_1〔s〕間に距離 l_2 だけ移動するので，波の伝わる速さ v は，$v=\dfrac{l_2}{t_1}$

振動数 f は，$f=\dfrac{v}{\lambda}=\dfrac{\frac{l_2}{t_1}}{l_1}=\dfrac{l_2}{l_1t_1}$

周期 T は，$T=\dfrac{1}{f}=\dfrac{l_1t_1}{l_2}$

⑵ 時刻 $t=0$ s における波形は，図より

$$y=-A\sin 2\pi\frac{x}{l_1}$$

時刻 $t=0$ s で x' における変位が，時刻 $t=t$〔s〕で x における変位と等しいとすれば

$x-x'=\dfrac{l_2}{t_1}t$ となるので

$$y=-A\sin 2\pi\frac{x-\frac{l_2}{t_1}t}{l_1}$$

$$=-A\sin 2\pi\left(\frac{x}{l_1}-\frac{l_2t}{l_1t_1}\right)$$

$$=A\sin 2\pi\left(\frac{l_2t}{l_1t_1}-\frac{x}{l_1}\right)$$

⑶ 時刻 $t=0$ s での空気の密度を調べるために，**y の正の向きの変位は x 軸の正の向きに，y の負の向きの変位は x 軸の負の向きにかき直す**と，空気の密度は a で最大，e で最小。媒質の速さが0になるのは変位の大きさが最大の c である。

110

答　⑴ ① 0.20　② 0.40　③ 2.0

⑵ 下図　⑶ ④ 30

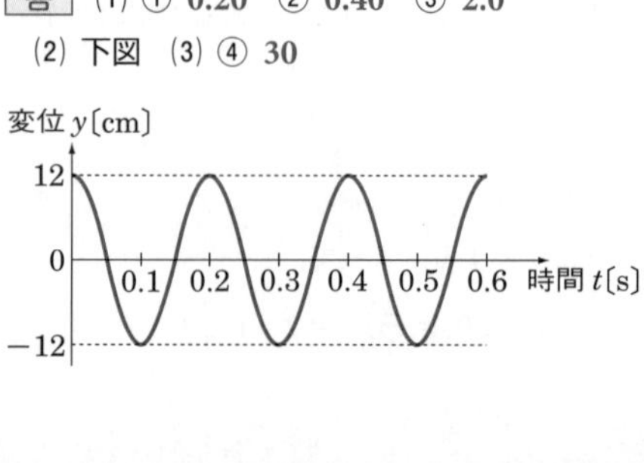

(4) ⑤ $\dfrac{x}{v}$ ⑥ $t-\dfrac{x}{v}$ ⑦ $t-\dfrac{x}{v}$

⑧ $\dfrac{t}{T}-\dfrac{x}{\lambda}$ ⑨ $\dfrac{t}{T}+\dfrac{x}{\lambda}$

検討 (1) ① $T=\dfrac{1}{f}$より，$T=\dfrac{1}{5.0}=0.20\,\mathrm{s}$

② 波形の図から波長は40 cm = 0.40 mである。

③ $v=f\lambda$より，$v=5.0\times0.40=2.0\,\mathrm{m/s}$

(2) $x=40\,\mathrm{cm}$の位置では，時刻$t=0\,\mathrm{s}$では変位12 cmの波の山の位置である。時刻$t=0.60\,\mathrm{s}$までは，$\dfrac{0.60}{0.20}=3$周期分の振動になる。

(3) ④ 0.55 sで波は，$2.0\times0.55=1.1\,\mathrm{m}$伝わる。波は$\dfrac{1.1}{0.40}=\left(2+\dfrac{3}{4}\right)$波長分移動するので，図1から$\dfrac{3}{4}$波長分ずらしたものと同じ波形になる。よって，$x=0$〜$50\,\mathrm{cm}$で変位$y$が正の向きに最大になるのは$x=30\,\mathrm{cm}$。

(4) ⑤ 原点Oから位置xまで波が伝わるのにかかる時間は$\dfrac{x}{v}$である。

⑥ 位置xでの時刻tにおける変位は，原点Oより時間$\dfrac{x}{v}$だけ遅れて振動するので，原点Oの時刻$t-\dfrac{x}{v}$における変位に等しい。

⑦, ⑧ 原点Oの変位は$y=A\sin2\pi\dfrac{t}{T}$で表される。位置xでの時刻tにおける変位は，原点Oの時刻$t-\dfrac{x}{v}$における変位に等しいので，原点Oの式のtを$t-\dfrac{x}{v}$におきかえればよい。よって，

$$y=A\sin2\pi\frac{t-\frac{x}{v}}{T}=A\sin2\pi\left(\frac{t}{T}-\frac{x}{vT}\right)=A\sin2\pi\left(\frac{t}{T}-\frac{x}{\lambda}\right)$$

⑨ 波がx軸の負の向きに伝わるとき，位置xでの時刻tにおける変位は，位置xから原点Oまで伝わる時間$\dfrac{x}{v}$だけ早く振動するので，原点Oの時刻$t+\dfrac{x}{v}$における変位に等しい。

よって，

$$y=A\sin2\pi\frac{t+\frac{x}{v}}{T}=A\sin2\pi\left(\frac{t}{T}+\frac{x}{vT}\right)=A\sin2\pi\left(\frac{t}{T}+\frac{x}{\lambda}\right)$$

テスト対策

▶正弦波の式の求め方（x軸の正の向きに波が進む場合）

(1) 時刻0における波形の式またはグラフが示されている場合

① グラフの場合は式に直す。

② **時刻tにおける位置xの変位は時刻0における位置$x-vt$の変位に等しいので，①で求めた式のxを$x-vt$とする。**

(2) 原点における振動の式またはグラフが示されている場合

① グラフの場合は式に直す。

② **位置xの時刻tにおける変位は時刻$t-\dfrac{x}{v}$における原点の変位に等しいので，①で求めた式のtを$t-\dfrac{x}{v}$とする。**

12 音の伝わり方

基本問題

本冊 p.64

111

答 (1) **343.5 m/s** (2) **0.687 m**

検討 (1) 室温が20℃なので，

$V=331.5+0.6\times20=343.5\,\mathrm{m/s}$

(2) $v=f\lambda$より，$\lambda=\dfrac{v}{f}=\dfrac{343.5}{500}=0.687\,\mathrm{m}$

112

答 (1) **1.0 m** (2) **340 Hz**

検討 (1) O点から移動してP点で最初に強い音を観測したので，BP − AP = λである。

$\mathrm{AP}=\sqrt{2.5^2+6.0^2}=6.5\,\mathrm{m}$

$\mathrm{BP}=\sqrt{4.5^2+6.0^2}=7.5\,\mathrm{m}$

よって，$\lambda = 7.5 - 6.5 = 1.0\,\mathrm{m}$

(2) $v = f\lambda$より，$f = \frac{v}{\lambda} = \frac{340}{1.0} = 340\mathrm{Hz}$

113

答　(1) **3.6m**　(2) **94Hz**

検討　(1) 管を引き出した長さの2倍が経路差になり，$d = 90\,\mathrm{cm}$引き出したときに，Oから聞こえる音がはじめて最小になったことから，$\frac{\lambda}{2} = 2 \times 0.90\,\mathrm{m}$

よって，$\lambda = 2 \times 2 \times 0.90 = 3.6\,\mathrm{m}$

(2) $v = f\lambda$より，$f = \frac{v}{\lambda} = \frac{340}{3.6} \fallingdotseq 94.4\mathrm{Hz}$

114

答　**436Hz**

検討　おんさBのほうが音が低く聞こえていたことから，おんさBの振動数f_Bは，

$$f_B = 440 - \frac{8}{2} = 436\mathrm{Hz}$$

応用問題 …………………… 本冊 p.65

115

答　(1) $\frac{V}{f_S}$　(2) **3.2m**　(3) **強く聞こえる。**

検討　(1) $v = f\lambda$より，$\lambda = \frac{V}{f_S}$

(2) D点で音が強く聞こえ，その後，弱くなり，P点で再び音が強く聞こえたことから，$DB - DA = \lambda_S$であることがわかる。

$DB = \sqrt{4.0^2 + 6.0^2} = 2\sqrt{13}\,\mathrm{m}$, $DA = 4.0\,\mathrm{m}$

よって，$\lambda_S = 2\sqrt{13} - 4.0 = 3.2\,\mathrm{m}$

(3) $EA = DB$，$EB = DA$より，

$EA - EB = 3.2\,\mathrm{m}$

となり，E点でも強め合うことがわかる。

116

答　(1) $8.8 \times 10^4\mathrm{Hz}$　(2) $1.4 \times 10^3\,\mathrm{m/s}$　(3) **0.25**

検討　(1) $v = f\lambda$ より

$$f = \frac{v}{\lambda} = \frac{350}{4.0 \times 10^{-3}} = 8.75 \times 10^4 \fallingdotseq 8.8 \times 10^4\mathrm{Hz}$$

(2) $v = f\lambda$より

$$v = 8.75 \times 10^4 \times 16.0 \times 10^{-3} = 1.4 \times 10^3\,\mathrm{m/s}$$

(3) $n = \frac{\lambda_1}{\lambda_2}$より，　$n = \frac{4.0}{16.0} = 0.25$

117

答　(1) $\frac{d^2}{2L}$　(2) $\frac{d^2}{L}$　(3) $\frac{f_1 d^2}{L}$

検討　(1) 経路差は，

$$AC - BC = \sqrt{L^2 + d^2} - L = L\sqrt{1 + \frac{d^2}{L^2}} - L \fallingdotseq L\left(1 + \frac{d^2}{2L^2}\right) - L = \frac{d^2}{2L}$$

(2) 音の大きさは，点Pで最大で，Pから離れると徐々に小さくなり，点Cおよび点Dで最小になったことから，

$$\frac{d^2}{2L} = \frac{\lambda}{2}$$

よって，$\lambda = \frac{d^2}{L}$

(3) $v = f\lambda$より音速Vは，

$$V = f_1 \times \frac{d^2}{L} = \frac{f_1 d^2}{L}$$

13 ドップラー効果

基本問題 …………………… 本冊 p.68

118

答　① $\frac{l}{V}$　② $u\Delta t$　③ $l - u\Delta t$

④ $\frac{l}{V} + \frac{V-u}{V}\Delta t$　⑤ $\frac{V}{V-u}f$　⑥ $\frac{V}{V+u}f$

検討　① 距離lを音速Vで伝わるので，点PからQ点に音が伝わる時間は$\frac{l}{V}$である。

② 音源は速さuで運動するので，時間Δtで移動する距離は$u\Delta t$である。

③ 時間Δt後の音源と観測者との距離は

$l - u\Delta t$ である。

④ 時刻 Δt に音源が出した音が観測者まで届くのにかかる時間は $\dfrac{l-u\Delta t}{V}$ であるから，観測者に届く時刻 t_2 は，

$$t_2 = \Delta t + \frac{l-u\Delta t}{V} = \frac{l}{V} + \frac{V-u}{V}\Delta t$$

⑤ 時間 Δt の間に音源が出した波の数は $f\Delta t$ で，観測者はその波を時間

$$t_2 - t_1 = \left(\frac{l}{V} + \frac{V-u}{V}\Delta t\right) - \frac{l}{V} = \frac{V-u}{V}\Delta t$$

で聞くことになるので，観測者が観測する音の振動数を f_Q とすれば，$f_Q \times \dfrac{V-u}{V}\Delta t$ 個の波を聞くことになる。

よって，$f_Q \times \dfrac{V-u}{V}\Delta t = f\Delta t$

ゆえに，$f_Q = \dfrac{V}{V-u}f$

⑥ 音源が速さ u で，観測者から遠ざかる場合，時刻 $t=0$ で出た音が観測者に届く時刻は t_1 で，観測者に近づく場合と変わらないが，時間 Δt の間に音源は観測者から $u\Delta t$ だけ遠ざかるので，時刻 Δt における音源と観測者との距離は $l + u\Delta t$ となる。時刻 Δt に音源を出た音を観測者が聞く時刻 t_2' は，

$$t_2' = \Delta t + \frac{l+u\Delta t}{V} = \frac{l}{V} + \frac{V+u}{V}\Delta t$$

このとき観測者が観測する音の振動数を f_Q' とすれば，$f_Q'(t_2' - t_1) = f\Delta t$

ここで，

$$t_2' - t_1 = \left(\frac{l}{V} + \frac{V+u}{V}\Delta t\right) - \frac{l}{V} = \frac{V+u}{V}\Delta t$$

よって，$f_Q' = \dfrac{V}{V+u}f$

119

答 (1) $\dfrac{V}{f_0}$ (2) $\dfrac{V+u}{V}f_0$

検討 (1) $v = f\lambda$ より，$\lambda = \dfrac{V}{f_0}$

(2) 観測者を時間 Δt の間に通過した波の長さは $V\Delta t + u\Delta t$ であるから，時間 Δt の間に観測者を通過した波の数は，

$$\frac{V\Delta t + u\Delta t}{\lambda} = \frac{V\Delta t + u\Delta t}{\dfrac{V}{f_0}} = \frac{V+u}{V}f_0\Delta t$$

1秒間に通過する波の数が振動数になるので，観測者が観測する音の振動数 f は，

$$f = \frac{\dfrac{V+u}{V}f_0\Delta t}{\Delta t} = \frac{V+u}{V}f_0$$

120

答 (1) $U+V$ (2) $\dfrac{x_0}{U+V}$

(3) $\dfrac{2U+2V-v}{(U+V)^2}x_0$ (4) $\dfrac{U+V}{U+V-v}f_0$

検討 (1) 媒質が速さ U で運動しているとき，音は媒質に対して速さ V で伝わるので，風が観測者に向かって吹いていることを考慮して，観測者から見た音の伝わる速さは，$U+V$ である。

(2) 距離 x_0 を速さ $U+V$ で伝わるのにかかる時間は $\dfrac{x_0}{U+V}$ なので，$t_1 = \dfrac{x_0}{U+V}$

(3) 時刻 t_1 までに音源は vt_1 だけ移動しているので，音源から観測者まで伝わるのにかかる時間は $\dfrac{x_0 - vt_1}{U+V}$ である。音を発した時刻が t_1 であるから，観測者が聞く時刻 t_2 は，

$$t_2 = t_1 + \frac{x_0 - vt_1}{U+V}$$
$$= \frac{2x_0}{U+V} - \frac{vx_0}{(U+V)^2}$$
$$= \frac{2U+2V-v}{(U+V)^2}x_0$$

(4) 時刻0から t_1 までに発した音を，観測者は時刻 t_1 から t_2 まで聞くことになるので，

$$f(t_2 - t_1) = f_0 t_1$$

ここで，

$$t_2 - t_1 = \frac{2U+2V-v}{(U+V)^2}x_0 - \frac{x_0}{U+V}$$
$$= \frac{(U+V-v)x_0}{(U+V)^2}$$

だから，$f \times \dfrac{(U+V-v)x_0}{(U+V)^2} = f_0 \times \dfrac{x_0}{U+V}$

よって，$f = \dfrac{U+V}{U+V-v}f_0$

121

答　(1) $\dfrac{V-v\cos\theta}{V}f_0$　(2) f_0

検討　(1) 音源と観測者を結ぶ線分方向の速度成分で考えれば，一直線上のドップラー効果の式が使える。観測者の PA 方向の速度成分が $v\cos\theta$であるから，観測者が観測する振動数fは，

$$f=\frac{V-v\cos\theta}{V}f_0$$

(2) 点 O を通過するとき，$\theta=90°$ になるので，観測者が観測する振動数fは，

$$f=\frac{V-v\cos 90°}{V}f_0=f_0$$

テスト対策

▶ドップラー効果の式

$f=\dfrac{V-v_O}{V-v_S}f_0$ の形でおぼえる。図にかいたときに，すべてのベクトルが同じ向きを向いているのが利点である。音の伝わる方向を正 (+) として，v_O と v_S の速度ベクトルに + と − をつけて考える。

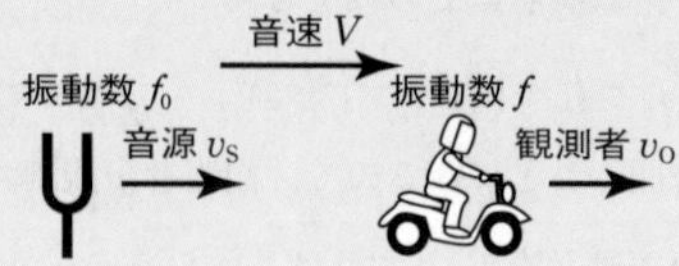

応用問題

本冊 p.69

122

答　(1) $\dfrac{V+v}{V}f$　(2) $\dfrac{(V-v)V}{(V+v)f}$

(3) $\dfrac{V+v}{V-v}f$　(4) $\dfrac{V-v}{2vf}$

検討　(1) **ドップラー効果の式** $f=\dfrac{V-v}{V-u}f_0$ より，$f_R=\dfrac{V-(-v)}{V}f=\dfrac{V+v}{V}f$

(2) 反射板を振動数f_Rの音源と考えればよいので，時間Δtで音が伝わる距離は $V\Delta t$，反射板の移動する距離は $v\Delta t$ であるから，$V\Delta t-v\Delta t$ の中に $f_R\Delta t$ 波長分の波が含まれている。よって，

$$\lambda_S=\frac{V\Delta t-v\Delta t}{f_R\Delta t}=\frac{V-v}{\dfrac{V+v}{V}f}=\frac{(V-v)V}{(V+v)f}$$

(3) 速さ V で伝わる波長λ_Sの波を観測するので，$v=f\lambda$より，

$$f_S=\frac{V}{\lambda_S}=\frac{V}{\dfrac{(V-v)V}{(V+v)f}}=\frac{V+v}{V-v}f$$

(4) 1 秒間のうなりの回数は，

$$f_S-f=\frac{V+v}{V-v}f-f=\frac{2v}{V-v}f$$

であるから，うなりの周期 T_B は，

$$T_B=\frac{1}{f_S-f}=\frac{1}{\dfrac{2v}{V-v}f}=\frac{V-v}{2vf}$$

123

答　① $\sqrt{L^2+a^2}$

② $\dfrac{\sqrt{L^2+a^2}}{V}$

③ $\sqrt{L^2+a^2}-u\Delta t\cos\theta$

④ $\dfrac{\sqrt{L^2+a^2}}{V}+\dfrac{V-u\cos\theta}{V}\Delta t$

⑤ $\dfrac{V}{V-u\cos\theta}f$

検討　① **三平方の定理**より PQ 間の距離は $\sqrt{L^2+a^2}$ である。

② 距離 $\sqrt{L^2+a^2}$ を音が伝わるのにかかる時間は $\dfrac{\sqrt{L^2+a^2}}{V}$ である。

③ OR 間の距離は $L-u\Delta t$ であるから，RQ 間の距離は**三平方の定理**より，

$$\begin{aligned}
&\sqrt{(L-u\Delta t)^2+a^2}\\
&=\sqrt{L^2-2uL\Delta t+u^2(\Delta t)^2+a^2}\\
&\fallingdotseq\sqrt{L^2+a^2-2uL\Delta t}\\
&=\sqrt{L^2+a^2}\times\sqrt{1-\frac{2uL\Delta t}{L^2+a^2}}\\
&\fallingdotseq\sqrt{L^2+a^2}\left(1-\frac{uL\Delta t}{L^2+a^2}\right)\\
&=\sqrt{L^2+a^2}-u\Delta t\frac{L}{\sqrt{L^2+a^2}}\\
&=\sqrt{L^2+a^2}-u\Delta t\cos\theta
\end{aligned}$$

④ 点Rから出た音が点Qに伝わる時刻t_2は，

$$t_2 = \Delta t + \frac{\sqrt{L^2+a^2} - u\Delta t\cos\theta}{V}$$

$$= \frac{\sqrt{L^2+a^2}}{V} + \frac{V - u\cos\theta}{V}\Delta t$$

⑤ 時間 $t_2 - t_1$ の間に $f\Delta t$ 個の波を観測するので，$f'(t_2 - t_1) = f\Delta t$ である。

$t_2 - t_1$

$$= \left(\frac{\sqrt{L^2+a^2}}{V} + \frac{V - u\cos\theta}{V}\Delta t\right) - \frac{\sqrt{L^2+a^2}}{V}$$

$$= \frac{V - u\cos\theta}{V}\Delta t$$

より，$f' \times \dfrac{V - u\cos\theta}{V}\Delta t = f\Delta t$

よって，$f' = \dfrac{V}{V - u\cos\theta} f$

14 光の進み方

基本問題 ・・・・・・・・・・・・・・・・・ 本冊 p.71

124

答 2θ

検討 鏡を θ 回転させると，法線も θ 回転するので，入射角が θ 変化して $i+\theta$ となる。反射角も $i+\theta$ であるから，反射光が変化する角 ϕ は，$\phi = 2(i+\theta) - 2i = 2\theta$

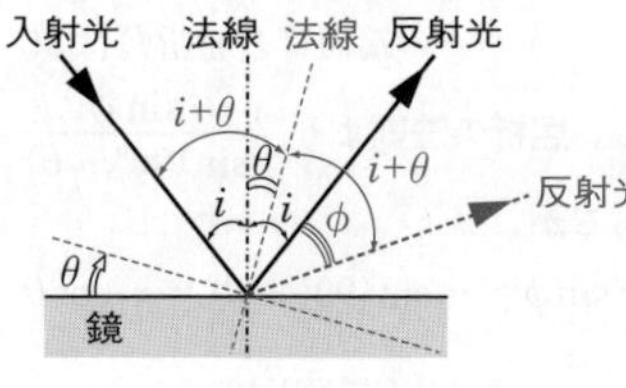

125

答 ① n　② $\dfrac{\mathrm{OQ}}{\mathrm{OP}}$　③ $\dfrac{\mathrm{OQ}}{\mathrm{OP'}}$　④ $\dfrac{1}{n}$　⑤ $\dfrac{h}{n}$

126

答 (1) ① θ_1　② 屈折の法則[スネルの法則]　③ $\dfrac{\sin\theta_1}{\sin\theta_2} = \dfrac{n_2}{n_1}$　④ 大きい　⑤ 90　⑥ 全反射　⑦ 臨界角　(2) $n_{12} = \dfrac{n_2}{n_1}$

検討 (2) **絶対屈折率は真空に対する相対屈折率と考える。** 真空中での光の速さを c，媒質1での光の速さを v_1，媒質2での光の速さを v_2 とすれば，$n_1 = \dfrac{c}{v_1}$，$n_2 = \dfrac{c}{v_2}$，$n_{12} = \dfrac{v_1}{v_2}$

よって，$n_{12} = \dfrac{\dfrac{c}{n_1}}{\dfrac{c}{n_2}} = \dfrac{n_2}{n_1}$

応用問題 ・・・・・・・・・・・・・・・・・ 本冊 p.73

127

答 (1) 溶液 B 内にある場合：$\dfrac{D}{n_\mathrm{B}}$

溶液 A 内にある場合：$\dfrac{d}{n_\mathrm{B}} + \dfrac{D-d}{n_\mathrm{A}}$

(2) $R \geqq \dfrac{L_1 - d}{\sqrt{n_\mathrm{A}{}^2 - 1}} + \dfrac{d}{\sqrt{n_\mathrm{B}{}^2 - 1}}$

検討 (1) 溶液 B 内にある場合：図のように，空気中での法線と光線とのなす角を θ，溶液 B 内での法線と光線とのなす角を θ_B とすれば，**屈折の法則**より，$\dfrac{\sin\theta}{\sin\theta_\mathrm{B}} = n_\mathrm{B}$

法線と境界面との交点を O′ とすれば，

$$\mathrm{OO'} = D\tan\theta_\mathrm{B} = D'\tan\theta$$

$\theta \ll 1$ とすれば，$\sin\theta \fallingdotseq \tan\theta$，$\sin\theta_\mathrm{B} \fallingdotseq \tan\theta_\mathrm{B}$ と近似できるので，

$$n_\mathrm{B} = \frac{\sin\theta}{\sin\theta_\mathrm{B}} \fallingdotseq \frac{\tan\theta}{\tan\theta_\mathrm{B}} = \frac{D}{D'}$$

よって，$D' = \dfrac{D}{n_\mathrm{B}}$

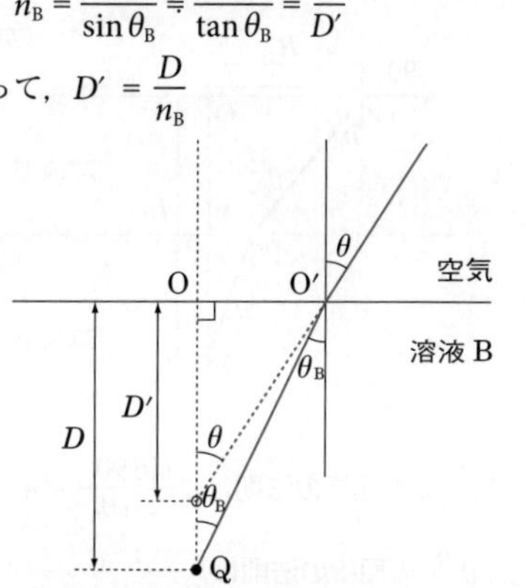

溶液 A 内にある場合：次図のように，溶液 A 内で法線と光線とのなす角を θ_A とすれば，**屈折の法則より**，$\dfrac{\sin\theta_\mathrm{B}}{\sin\theta_\mathrm{A}} = \dfrac{n_\mathrm{A}}{n_\mathrm{B}}$

次図の $\mathrm{PQ} = D - d$ であるから，

$$\mathrm{PP'} = (D-d)\tan\theta_\mathrm{A} = D_\mathrm{A}\tan\theta_\mathrm{B}$$

これに，$\tan\theta_B \fallingdotseq \sin\theta_B$，$\tan\theta_A \fallingdotseq \sin\theta_A$ の近似を使えば，$(D-d)\sin\theta_A = D_A\sin\theta_B$

よって，

$$\frac{D_A}{n_B} = \frac{D_A\sin\theta_B}{n_A\sin\theta_A} = \frac{(D-d)\sin\theta_A}{n_A\sin\theta_A} = \frac{D-d}{n_A}$$

この後は，溶液 B 内で深さ $d + D_A$ に物体があると考えればよいので，

$$D' = \frac{d+D_A}{n_B} = \frac{d}{n_B} + \frac{D_A}{n_B} = \frac{d}{n_B} + \frac{D-d}{n_A}$$

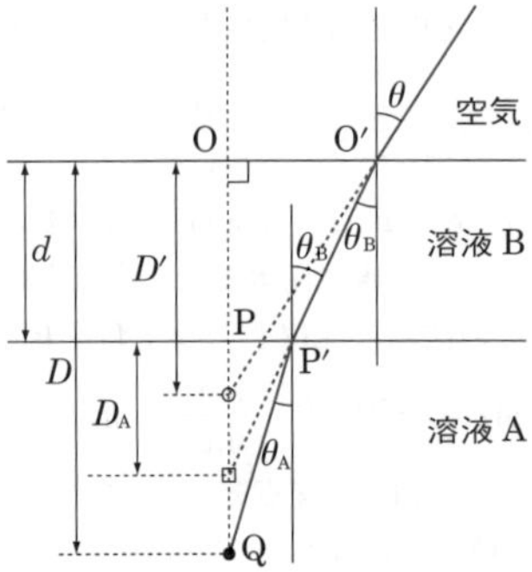

(2) 図のように，点 O′ にくる光線が臨界角になるとき，円板の半径 R は最小になる。

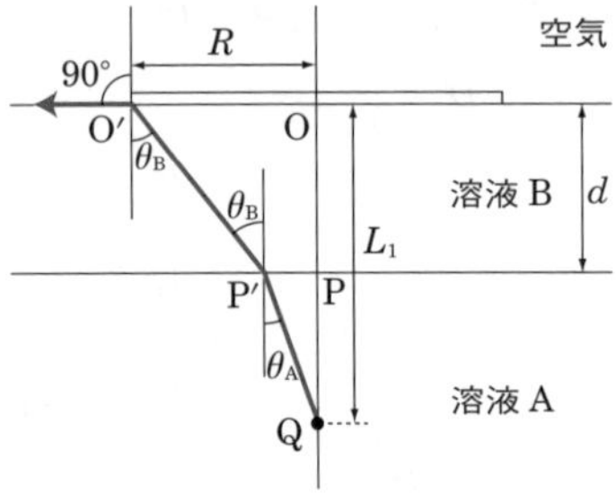

点 O′ での**屈折の法則**は，$\dfrac{\sin 90°}{\sin\theta_B} = n_B$

点 P′ での**屈折の法則**は，$\dfrac{\sin\theta_B}{\sin\theta_A} = \dfrac{n_A}{n_B}$

この 2 式から，$\sin\theta_B = \dfrac{1}{n_B}$，$\sin\theta_A = \dfrac{1}{n_A}$

となるので，

$$\tan\theta_B = \frac{1}{\sqrt{n_B^2-1}}，\tan\theta_A = \frac{1}{\sqrt{n_A^2-1}}$$

これから，このときの半径 R_m は，

$$R_m = (L_1-d)\tan\theta_A + d\tan\theta_B = \frac{L_1-d}{\sqrt{n_A^2-1}} + \frac{d}{\sqrt{n_B^2-1}}$$

よって，光が円板によって遮られる条件は，

$$R \geqq \frac{L_1-d}{\sqrt{n_A^2-1}} + \frac{d}{\sqrt{n_B^2-1}}$$

テスト対策

▶屈折の法則

屈折率 n_1 の媒質 I から入射角 θ_1 で入射した光が，屈折率 n_2 の媒質 II へ屈折角 θ_2 で進んだとき，$n_1\sin\theta_1 = n_2\sin\theta_2$ ……①

の関係が成り立つ。この式を変形すれば，

$$\frac{\sin\theta_1}{\sin\theta_2} = \frac{n_2}{n_1}(=n_{12}) \quad ……②$$

となり，**屈折の法則**を表している。①式のほうが左辺が媒質 I，右辺が媒質 II になるので記憶しやすい。なお，②式の n_{12} は媒質 I に対する媒質 II の相対屈折率である。

128

答 (1) $\dfrac{n_2}{n_1}$ (2) $\sqrt{n_1^2-n_2^2}$

検討 (1) $\dfrac{\sin 90°}{\sin\theta_m} = \dfrac{n_1}{n_2}$ より $\sin\theta_m = \dfrac{n_2}{n_1}$

(2) ファイバーの端面での屈折角は $90°-\theta$ である。**屈折の法則**より，$\dfrac{\sin\phi}{\sin(90°-\theta)} = n_1$

であるから

$$\sin\phi = n_1\sin(90°-\theta) = n_1\cos\theta = n_1\sqrt{1-\sin^2\theta}$$

よって，$\sin^2\theta = 1 - \dfrac{\sin^2\phi}{n_1^2}$

コアとクラッドの境界で入射光が全反射されるためには，$\sin\theta \geqq \sin\theta_m$

すなわち $\sin^2\theta \geqq \sin^2\theta_m$ であればよいので，

$$1 - \frac{\sin^2\phi}{n_1^2} \geqq \sin^2\theta_m = \frac{n_2^2}{n_1^2}$$

よって，$\sin^2\phi \leqq n_1^2 - n_2^2$

$\sin\phi$ が $\sqrt{n_1^2-n_2^2}$ 以下であればコアとクラッドの境界で入射光が全反射されるので，

$$\sin\phi_m = \sqrt{n_1^2-n_2^2}$$

15 レンズのはたらき

基本問題

本冊 p.74

129

答　(1) 種類：凸レンズ，焦点距離：10cm

(2) 種類：凹レンズ，焦点距離：120cm

検討　(1) **レンズの式**に，$a = 30\,\text{cm}$, $b = 15\,\text{cm}$ を代入すると，

$$\frac{1}{30} + \frac{1}{15} = \frac{1}{f}\quad \text{よって，} f = 10\,\text{cm}$$

$f > 0$ だから，凸レンズである。

(2) **レンズの式**に，$a = 40\,\text{cm}$, $b = -30\,\text{cm}$ を代入すると，

$$\frac{1}{40} + \frac{1}{-30} = \frac{1}{f}\quad \text{よって，} f = -120\,\text{cm}$$

$f < 0$ だから，凹レンズである。

130

答　(1) 下図

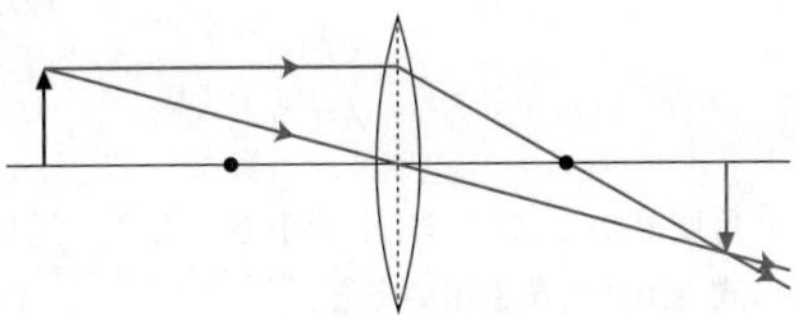

(2) 下図

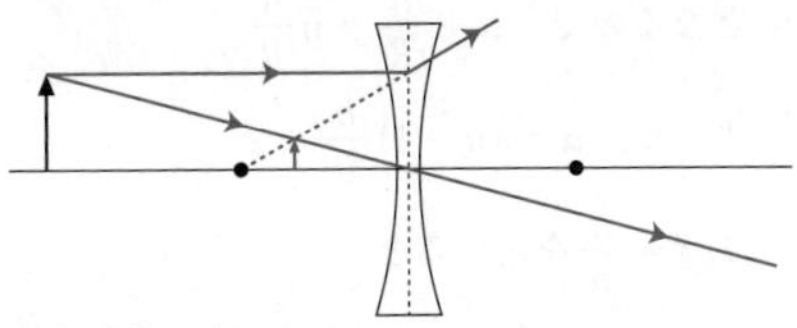

検討　作図に使う光線は，次の通りである。

●凸レンズの場合

① 光軸に平行にきた光は，レンズを通過した後，焦点を通る。

② レンズの中心を通る光は，直進する。

③ 焦点を通ってきた光は，レンズを通過した後，光軸に平行に進む。

●凹レンズの場合

① 光軸に平行にきた光は，レンズを通過した後，手前側の焦点からきたように進む。

② レンズの中心を通る光は，直進する。

③ レンズの反対側の焦点に向かってきた光は，レンズを通過した後，光軸に平行に進む。

この中の２本を使って作図すればよい。ここでは，どちらの図も①と②を用いて作図した。

131

答　(1) レンズの左側 50cm のところに大きさ 8.0cm の像ができる。(2) 虚像

検討　像のできる位置をレンズから b〔cm〕とすれば，**レンズの式**より

$$\frac{1}{25} + \frac{1}{b} = \frac{1}{50}\quad \text{よって，}\ b = -50\,\text{cm}$$

像の倍率は，$\left|\dfrac{b}{a}\right| = \left|\dfrac{-50}{25}\right| = 2.0$ 倍

となるので，像の大きさは，

$$2.0 \times 4.0 = 8.0\,\text{cm}$$

$b < 0$ であるから，像の種類は虚像である。

132

答　① OB′　② b　③ B′A′　④ $b - f$

⑤ $\dfrac{b-f}{f}$　⑥ $\dfrac{1}{a} + \dfrac{1}{b} = \dfrac{1}{f}$

検討　⑥ $\dfrac{b}{a} = \dfrac{b-f}{f}$ の両辺を b で割れば，

$\dfrac{1}{a} = \dfrac{1}{f} - \dfrac{1}{b}$ となるので，$\dfrac{1}{a} + \dfrac{1}{b} = \dfrac{1}{f}$

133

答　(1) 下図

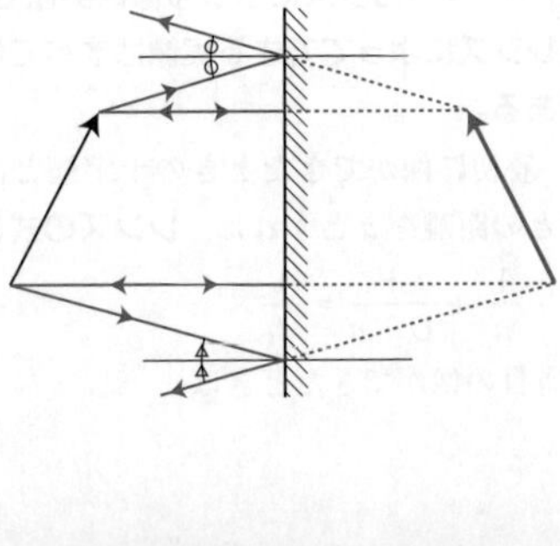

(2) 右図

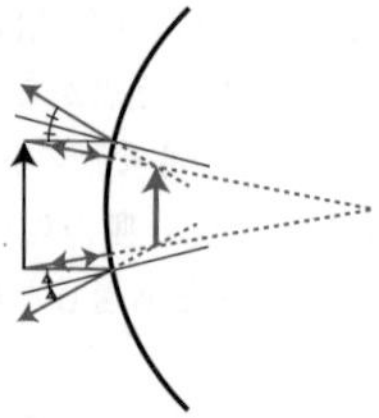

検討 鏡面に法線を立て，**反射の法則**にしたがって作図する。

応用問題 …………………… 本冊 p.76

134

答 (1) レンズ L_1 の右側 120 cm のところに大きさ 12 cm の実像ができる。
(2) レンズ L_2 の右側 22.5 cm のところ。

検討 (1) 像の位置をレンズ L_1 から b〔cm〕とすれば，**レンズの式**より，$\frac{1}{40}+\frac{1}{b}=\frac{1}{30}$
となるので，$b=120\,\text{cm}$
像の倍率は，$\left|\frac{b}{a}\right|=\left|\frac{120}{40}\right|=3.0$ 倍
よって，像の大きさは，$3.0\times4.0=12\,\text{cm}$
$b>0$ であるから，像の種類は実像である。
(2) 像の位置をレンズ L_2 から b'〔cm〕とすれば，**レンズの式**より，

$$\frac{1}{-(120-30)}+\frac{1}{b'}=\frac{1}{30}$$

となるので，$b'=22.5\,\text{cm}$

135

答 (1) どちらも実像で倒立像
(2) $f=\frac{D^2-d^2}{4D}$ (3) $f<\frac{D}{4}$

検討 (1) **すりガラスにうつる像は実像である。凸レンズによってできる実像はすべて倒立像である。**
(2) 最初に像ができたときの十字網と凸レンズとの距離を a とすれば，**レンズの式**により

$$\frac{1}{a}+\frac{1}{D-a}=\frac{1}{f} \quad \cdots\cdots①$$

2番目の像ができたときは，

$$\frac{1}{a+d}+\frac{1}{D-(a+d)}=\frac{1}{f} \quad \cdots\cdots②$$

①，②より，$a=\frac{D-d}{2}$ ……③
③を①に代入して，fを求めると，

$$f=\frac{D^2-d^2}{4D} \quad \cdots\cdots④$$

(3) 像が2回できるためには，$d>0$ でなければならない。よって，④より，

$$d^2=D^2-4Df>0$$

$D>0$ であるから，$f<\frac{D}{4}$

136

答 (1) $(n-1)\frac{h}{R}$ (2) $\frac{R}{n-1}$

検討 (1) レンズ球面への入射角を β とすれば，屈折角は $\alpha+\beta$ になるので，**屈折の法則**より，$\frac{\sin(\alpha+\beta)}{\sin\beta}=n$ となる。また，$\sin\beta=\frac{h}{R}$

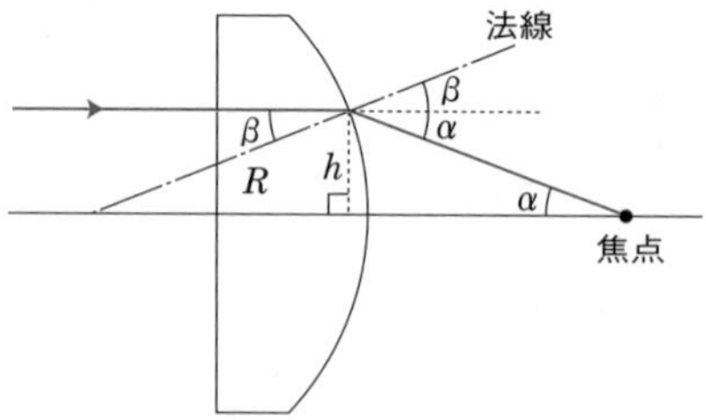

角度 θ が1に比べて十分小さいとき，近似公式 $\sin\theta\fallingdotseq\theta$ を用いると，

$$\frac{\alpha+\beta}{\beta}\fallingdotseq n \qquad \beta\fallingdotseq\frac{h}{R}$$

となるので，$\alpha+\frac{h}{R}=n\frac{h}{R}$

よって，$\alpha=(n-1)\frac{h}{R}$

(2) $f=\frac{h}{\alpha}$ を用いると，

$$f=\frac{h}{(n-1)\frac{h}{R}}=\frac{R}{n-1}$$

137

答 (1) 位置：$-15\,\text{cm}$，長さ：7.5 cm
(2) 位置：$-6.7\,\text{cm}$，長さ：3.3 cm
(3) 長さ：30 cm，位置：$-60\,\text{cm}$

検討 (1) 凸レンズによってできる像の位置を

b とすれば，**レンズの式**より，$\frac{1}{10}+\frac{1}{b}=\frac{1}{30}$

これから，$\frac{1}{b}=\frac{1}{30}-\frac{1}{10}=-\frac{1}{15}$

よって，$b=-15\,\text{cm}$

像の大きさは，$5.0\times\left|\frac{-15}{10}\right|=7.5\,\text{cm}$

(2) 凹レンズによってできる像の位置を b とすれば，**レンズの式**より，$\frac{1}{10}+\frac{1}{b}=\frac{1}{-20}$

これから，$\frac{1}{b}=-\frac{1}{20}-\frac{1}{10}=-\frac{3}{20}$

よって，$b=-\frac{20}{3}\fallingdotseq-6.7\,\text{cm}$

像の大きさは，$5.0\times\left|\frac{-\frac{20}{3}}{10}\right|=\frac{10}{3}\fallingdotseq3.3\,\text{cm}$

(3) 物体を置く位置を a とすれば，**レンズの式**より，$\frac{1}{a}+\frac{1}{-15}=\frac{1}{-20}$

これから，$\frac{1}{a}=-\frac{1}{20}+\frac{1}{15}=\frac{1}{60}$

よって，$a=60\,\text{cm}$

レンズの式ではレンズの左側 a の位置に像を置くこととして式がつくられている。この問題では，物体や像の位置を座標で表しているので，像を置く位置は $-60\,\text{cm}$ である。

物体の大きさを l とすれば，$l\times\left|\frac{-15}{60}\right|=7.5$

よって，$l=7.5\times\frac{60}{15}=30\,\text{cm}$

138

答　(1) 正立像　(2) $\frac{(a_2-f_2)f_1}{(a_1-f_1)f_2}d_1$

(3) **80 cm**

検討　(1) 凸レンズ1によってできる像の位置をレンズから b_1 の位置とすれば，**レンズの式**より，$\frac{1}{a_1}+\frac{1}{b_1}=\frac{1}{f_1}$

これから，$\frac{1}{b_1}=\frac{1}{f_1}-\frac{1}{a_1}=\frac{a_1-f_1}{a_1f_1}$

よって，$b_1=\frac{a_1f_1}{a_1-f_1}>0$

凸レンズ2と凸レンズ1による像との距離を b_2 とすれば，**レンズの式**より，$\frac{1}{b_2}+\frac{1}{a_2}=\frac{1}{f_2}$

これから，$\frac{1}{b_2}=\frac{1}{f_2}-\frac{1}{a_2}=\frac{a_2-f_2}{a_2f_2}$

よって，$b_2=\frac{a_2f_2}{a_2-f_2}>0$

凸レンズ1により倒立の実像がつくられ，凸レンズ2によって倒立の実像がつくられるので，スクリーン上には正立の実像ができる。

(2) **倍率の式**を用いれば，

$$d_2=\left|\frac{b_1}{a_1}\right|\times\left|\frac{a_2}{b_2}\right|\times d_1$$
$$=\frac{\frac{a_1f_1}{a_1-f_1}}{a_1}\times\frac{a_2}{\frac{a_2f_2}{a_2-f_2}}\times d_1$$
$$=\frac{(a_2-f_2)f_1}{(a_1-f_1)f_2}d_1$$

(3) $L=b_1+b_2$ であるから，

$$L=\frac{a_1f_1}{a_1-f_1}+\frac{a_2f_2}{a_2-f_2}$$
$$=\frac{2f_1\times f_1}{2f_1-f_1}+\frac{1.5f_2\times f_2}{1.5f_2-f_2}$$
$$=2f_1+3f_2$$
$$=2\times10+3\times20=80\,\text{cm}$$

16 光の回折と干渉

基本問題 本冊 p.79

139

答　① 回折　② 干渉　③ 位相

④ $\frac{\lambda}{2}$　⑤ $\frac{5}{7}$

検討　④ 暗線ができるのは，

$$\mathbf{S_2B-S_1B=(2\mathit{m}+1)\cdot\frac{\lambda}{2}\ (\mathit{m}=0,1,2,\cdots)}$$

のときである。$m=0$ のとき，

$$S_2B-S_1B=\frac{\lambda}{2}$$

⑤ 題意により，

$$S_2B-S_1B=(2\times2+1)\cdot\frac{\lambda_1}{2}=\frac{5}{2}\lambda_1$$
$$S_2B-S_1B=(2\times3+1)\cdot\frac{\lambda_2}{2}=\frac{7}{2}\lambda_2$$

$\frac{5}{2}\lambda_1=\frac{7}{2}\lambda_2$ より，$\frac{\lambda_2}{\lambda_1}=\frac{5}{7}$

140

答　2000本

検討　$d\sin\theta = m\lambda$ において，$m=1$ として

$$d = \frac{500\times10^{-9}}{\sin 6^\circ} = \frac{5\times10^{-7}}{0.10} = 5\times10^{-6}\,\mathrm{m} = 5\times10^{-4}\,\mathrm{cm}$$

よって，1cmあたり

$$\frac{1}{d} = \frac{1}{5\times10^{-4}} = 2000\text{本}$$

141

答　(1) $\dfrac{\lambda}{n}$　(2) 点**C**：π，点**D**：0

(3) $2d\cos\phi$

(4) $\Delta l = (2m+1)\dfrac{\lambda}{2n}$　($m=0, 1, 2, \cdots$)

検討　(3) 右図で，媒質Ⅱの底面に関してCと対称な点をPとすると，△CDPは二等辺三角形で，DC＝DPであるから

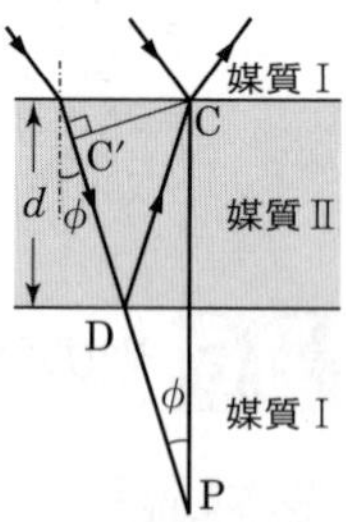

$$\Delta l = \mathrm{C'D} + \mathrm{DC} = \mathrm{C'D} + \mathrm{DP} = \mathrm{C'P} = \mathrm{CP}\cos\phi = 2d\cos\phi$$

(4) 道のり Δl の中に含まれる波の数は，

$$\frac{\Delta l}{\dfrac{\lambda}{n}} = \frac{n\times\Delta l}{\lambda}$$

であるから，2つの光の位相差は，

$$2\pi\times\frac{n\times\Delta l}{\lambda} - \pi$$

この値が 2π の整数倍のとき，2つの光はEで強め合うから，

$$2\pi\times\frac{n\times\Delta l}{\lambda} - \pi = m\cdot 2\pi$$

$$(m=0, 1, 2, \cdots)$$

よって，

$$\Delta l = (2m+1)\frac{\lambda}{2n} \qquad (m=0, 1, 2, \cdots)$$

142

答　$\dfrac{\lambda}{2n}$

検討　$n>$ ガラスの屈折率 >1（空気の屈折率）だから，薄膜の表面で反射する光は，反射するとき位相が π ずれる。薄膜の厚さを d とすると，薄膜の表面と下面で反射する光の道のりの差は，光学距離で $n\times2d$ であるから，2つの光が互いに弱め合う条件は，

$$n\times2d = 2m\cdot\frac{\lambda}{2}$$

$$(m=1, 2, \cdots)$$

$m=1$ のとき，d が最小となるから，厚さの最小値 $d_{\min}$ は，

$$d_{\min} = \frac{\lambda}{2n}$$

テスト対策

▶**光学距離**

光学距離＝屈折率×幾何学距離

光学距離とは，真空中にするとどのくらいの長さになるかを表すものである。

たとえば，真空中での波長を λ，屈折率 n_1 の媒質内での波長を λ_1 とすれば，$\lambda = n_1\lambda_1$ となり，λ_1 は真空中の波長 λ を用いれば，$\lambda_1 = \dfrac{\lambda}{n_1}$ であることがわかる。

応用問題

本冊 *p.81*

143

答　(1) $n = \dfrac{\sin i}{\sin r}$　(2) $2nd\cos r$

(3) $\Delta L = (2m-1)\dfrac{\lambda}{2}$

検討　(1) **屈折の法則**より，$n = \dfrac{\sin i}{\sin r}$

(2) 点Cから薄膜の上面に垂線をおろし，その交点をOとする。△BCOから，BCの長さは，$\mathrm{BC} = \dfrac{d}{\cos r}$

BC＝CDより，経路BCDの経路の長さは，

$$2\times\frac{d}{\cos r} = \frac{2d}{\cos r}$$

経路PDの長さは，$PD = BD\sin i$

△BCOから，$BO = d\tan r$となるので，

$BD = 2d\tan r$

よって，$PD = 2d\tan r \times \sin i$

(1)より，$\sin i = n\sin r$であるから，

$$PD = 2d\tan r \times n\sin r = 2nd\frac{\sin^2 r}{\cos r}$$

光学距離を考えて光路差ΔLを求めると，

$$\Delta L = n\frac{2d}{\cos r} - 2nd\frac{\sin^2 r}{\cos r}$$

$$= 2nd\frac{1-\sin^2 r}{\cos r} = 2nd\frac{\cos^2 r}{\cos r}$$

$$= 2nd\cos r$$

(3) 点Dで反射した光は位相がπずれるので，両波が干渉によって強め合う条件は，

$$\Delta L = (2m-1)\frac{\lambda}{2}$$

144

答 (1) $\frac{2dx}{L} = (2m+1)\frac{\lambda}{2}$　(2) $\frac{L\lambda}{2d}$

(3) $\frac{1}{n}$倍

検討 (1) 点Pの位置での空気層の厚さは$\frac{dx}{L}$であるから，経路差は，$2\times\frac{dx}{L} = \frac{2dx}{L}$

下のガラス板で反射する光の位相がπずれるので，点Pの位置で明線が観測される条件は，$\frac{2dx}{L} = (2m+1)\frac{\lambda}{2}$

(2) 点Pの1つ右側にできる明線の条件は，

$$\frac{2d(x+a)}{L} = \{2(m+1)+1\}\frac{\lambda}{2}$$

であるから，点Pの明線の条件の式と辺々引き算すると，$\frac{2da}{L} = \lambda$

よって，$a = \frac{L\lambda}{2d}$

(3) 屈折率nの液体の中では波長が$\frac{\lambda}{n}$となるので，(2)で求めた式のλを$\frac{\lambda}{n}$と置き換えればよい。よって，$\frac{b}{a} = \frac{1}{n}$

145

答 (1) $R-\sqrt{R^2-r^2}$　(2) $\frac{r^2}{2R}$

(3) $\sqrt{\frac{(2k-1)R\lambda}{2}}$

検討 (1) 点AからOPに垂線をおろしたときの交点をCとすれば，$PC = R-d$

三平方の定理を用いると，$PC = \sqrt{R^2-r^2}$

よって，$\sqrt{R^2-r^2} = R-d$

これから，$d = R-\sqrt{R^2-r^2}$

(2) 近似式$\sqrt{1+x} \fallingdotseq 1+\frac{1}{2}x$を用いると，

$$d = R - R\sqrt{1-\frac{r^2}{R^2}} \fallingdotseq R - R\left(1-\frac{r^2}{2R^2}\right)$$

$$= R - R + \frac{r^2}{2R} = \frac{r^2}{2R}$$

(3) 半径rの位置での経路差は，

$$2d = 2\times\frac{r^2}{2R} = \frac{r^2}{R}$$

平面ガラスで反射する光の位相がπずれるので，半径rの位置でk番目の明線が観測される条件は，$\frac{r^2}{R} = (2k-1)\frac{\lambda}{2}$

よって，$r = \sqrt{\frac{(2k-1)R\lambda}{2}}$

146

答 (1) mを整数として，

明線：$l_2 - l_1 = m\lambda$

暗線：$l_2 - l_1 = (2m+1)\frac{\lambda}{2}$

(2) $\frac{L\lambda}{d}$

(3) $\frac{dx}{L} = (2m-1)\frac{\lambda}{2}$　$(m = 1, 2, 3, \cdots)$

検討 (1) スリットS_1とS_2から出る光の位相は等しいので，点Pに明線ができる条件は，

$$l_2 - l_1 = m\lambda$$

暗線ができる条件は，$l_2 - l_1 = (2m+1)\frac{\lambda}{2}$

ただし，mは整数である。

(2) 近似式$\sqrt{1+a} \fallingdotseq 1+\frac{1}{2}a$を用いて，

$$l_1 = \sqrt{L^2+\left(x-\frac{d}{2}\right)^2}$$

$$= L\sqrt{1+\frac{1}{L^2}\left(x-\frac{d}{2}\right)^2}$$

$$\fallingdotseq L\left\{1+\frac{1}{2L^2}\left(x-\frac{d}{2}\right)^2\right\}$$
$$=L+\frac{1}{2L}\left(x-\frac{d}{2}\right)^2$$
$$l_2=\sqrt{L^2+\left(x+\frac{d}{2}\right)^2}$$
$$=L\sqrt{1+\frac{1}{L^2}\left(x+\frac{d}{2}\right)^2}$$
$$\fallingdotseq L\left\{1+\frac{1}{2L^2}\left(x+\frac{d}{2}\right)^2\right\}$$
$$=L+\frac{1}{2L}\left(x+\frac{d}{2}\right)^2$$

となるので，

$$l_2-l_1=\left\{L+\frac{1}{2L}\left(x+\frac{d}{2}\right)^2\right\}-\left\{L+\frac{1}{2L}\left(x-\frac{d}{2}\right)^2\right\}$$
$$=\frac{dx}{L}$$

よって，明線のできる条件は，$\dfrac{dx}{L}=m\lambda$

明線の間隔をΔxとすれば，この明線の1本隣に明線のできる条件は，

$$\frac{d(x+\Delta x)}{L}=(m+1)\lambda$$

この2式を辺々引き算すると，$\dfrac{d\Delta x}{L}=\lambda$

よって，$\Delta x=\dfrac{L\lambda}{d}$

(3) 鏡によって，スリットS_1の像がS_2と同じ位置にできるので，鏡で反射する光の経路長はl_2に等しい。よって，このときの経路差は$\dfrac{dx}{L}$である。しかし，鏡で反射する光の位相がπずれるので，明線をつくる条件は，

$$\frac{dx}{L}=(2m-1)\frac{\lambda}{2}$$

ただし，mは正の整数である。

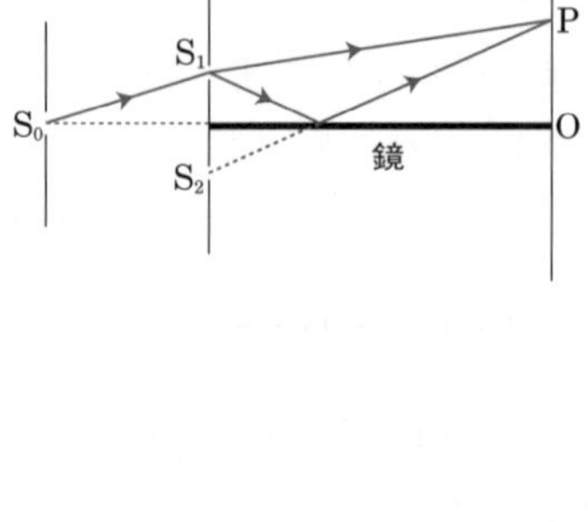

17 静電気力と電場・電位

基本問題 ……………………… 本冊 p.84

147

答　2倍のとき：$\dfrac{1}{4}$倍，半分のとき：4倍

検討　**クーロンの法則**により，静電気力は電荷間の距離の2乗に反比例する。

148

答　大きさ：$4.3\times10\,\text{N}$
向き：互いに引き合う向き

検討　$F=k_0\dfrac{q_1q_2}{r^2}$

$$=9.0\times10^9\times\frac{6.0\times10^{-6}\times(-8.0\times10^{-6})}{0.10^2}$$
$$\fallingdotseq -4.3\times10\,\text{N}$$

$F<0$のときは引力となる。

149

答　① 負　② 正　③ 異　④ 引き合う

検討　正に帯電した物体を金属に近づけると，金属内の自由電子が帯電体に引きつけられるので，帯電体に近い側は負に帯電し，遠い側は正に帯電する。異種の電荷間の距離のほうが同種の電荷間の距離より短いので，引力のほうが斥力より大きくなって，引き合う。

150

答　(1) 現象：静電誘導，電気：負電気
(2) 小さくなる。

検討　(1) 負に帯電した塩化ビニル棒をはく検電器の金属板に近づけると，自由電子がはくのほうに押しやられるので，はくは負に帯電し，金属板は正に帯電する。

〔はく検電器〕

(2) 金属板に指をふれると，はくにたまっていた電子が指を伝って地面に逃げるので，はくの電荷はなくなる。金属板は正に帯電したままである。

151

答　2.0×10^3N/C

検討　$E = \dfrac{F}{q} = \dfrac{1.0 \times 10^{-4}}{5.0 \times 10^{-8}}$

$= 2.0 \times 10^3$N/C

152

答　電荷：負電荷，大きさ：3.0×10^{-6}C

検討　正電荷は電場と同じ向きの力を受ける。

$E = \dfrac{F}{q}$ より，

$q = \dfrac{F}{E} = \dfrac{1.2 \times 10^{-2}}{4.0 \times 10^3}$

$= 3.0 \times 10^{-6}$C

153

答　(1) A → B　(2) $\dfrac{2.7 \times 10^2}{r^2}$〔N/C〕

検討　(1) **電気力線は正電荷から出る。**電場の向きは電気力線の向きと同じ。

(2) $E = k_0\dfrac{q}{r^2} = 9.0 \times 10^9 \times \dfrac{3.0 \times 10^{-8}}{r^2}$

$= \dfrac{2.7 \times 10^2}{r^2}$〔N/C〕

154

答　次図

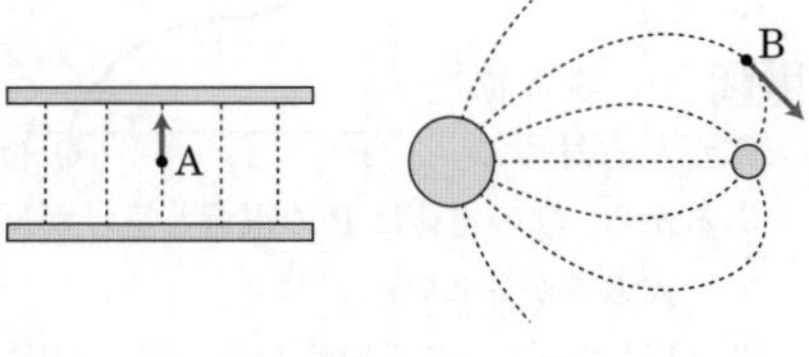

検討　電場の向きは**電気力線の接線の向き**である。

155

答　3.2×10^{-17}J

検討　**電荷がもつエネルギーUは，電荷が電場からされた仕事Wに等しい。**

$U = W = qV = 3.2 \times 10^{-19} \times 100$

$= 3.2 \times 10^{-17}$J

極板間の距離は無関係である。

156

答　4.0×10^{-3}J

検討　$W = qV = 4.0 \times 10^{-6} \times 1000$

$= 4.0 \times 10^{-3}$J

157

答　(1) 4.5×10^{-2}J　(2) 1.0×10^2V

検討　(1) 電荷qが電場Eから受ける力は，$F = qE$であるから，電荷qを静電気力Fに逆らって距離dだけ動かす仕事Wは，

$W = Fd = qEd$

$= 3.0 \times 10^{-4} \times 5.0 \times 10^2 \times 0.30$

$= 4.5 \times 10^{-2}$J

(2) $V = Ed = 5.0 \times 10^2 \times 0.20 = 1.0 \times 10^2$V

158

答　(1) 1.4×10^5V　(2) 9.6×10^{-1}J

検討　(1) $V = k_0\dfrac{Q}{r} = 9.0 \times 10^9 \times \dfrac{8.0 \times 10^{-6}}{0.50}$

$\fallingdotseq 1.4 \times 10^5$V

(2) 求める位置エネルギーUは，電荷q'を電位0の点からその点まで運ぶ仕事Wに等しいから，

$U = W = q'V' = q' \cdot k_0\dfrac{Q}{r} = k_0\dfrac{q'Q}{r}$

$= 9.0 \times 10^9 \times \dfrac{4.0 \times 10^{-6} \times 8.0 \times 10^{-6}}{0.30}$

$= 9.6 \times 10^{-1}$J

159

答　下図

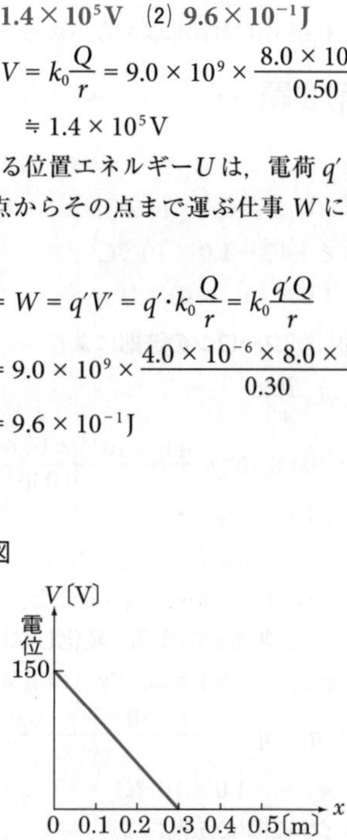

検討　平行電極板の間の電場は一様な電場であると考えられるから，$V = Ed$が成り立つ。

したがって，電位と距離の関係は直線で表される。電位は，A で 150V，B で 0V だから，この 2 点を直線で結べばよい。

160

答 ① $k_0\dfrac{Q_1}{d^2}$ ② 2 ③ $k_0\dfrac{Q_1Q_2}{2d}$ ④ $k_0\dfrac{Q_1Q_2}{2d}$

検討 ② 点 A, B での位置エネルギーをそれぞれ，W_A，W_B とすると，

$$W_A = qV = Q_2 \times k_0\frac{Q_1}{d} = k_0\frac{Q_1Q_2}{d}$$

$$W_B = qV = Q_2 \times k_0\frac{Q_1}{2d} = k_0\frac{Q_1Q_2}{2d}$$

よって，$\dfrac{W_A}{W_B} = 2$ 倍

③ 求める仕事 W は，

$$W = W_A - W_B = k_0\frac{Q_1Q_2}{d} - k_0\frac{Q_1Q_2}{2d}$$

$$= k_0\frac{Q_1Q_2}{2d}$$

④ 仕事 W は経路によらないから，③と同じ。

応用問題 ・・・・・・・・・・・・・・・・・・・・ 本冊 *p.87*

161

答 (1) **2.4×10^{-4}N の引力**

(2) **ともに -1.0×10^{-9}C**

(3) **1.0×10^{-5}N の斥力**

検討 (1) **クーロンの法則**により，

$$F = k_0\frac{q_1q_2}{r^2}$$

$$= 9.0 \times 10^9 \times \frac{4.0 \times 10^{-9} \times (-6.0 \times 10^{-9})}{0.030^2}$$

$$= -2.4 \times 10^{-4}\text{N}$$

$F < 0$ であるから，引力である。

(2) 2 つの金属球を接触させると，電荷は移動するが，**電気量の総和は変化しない**。接触した後は，2 つの金属球が等量の電気量をもつ。

$$q_1 = q_2 = \frac{4.0 \times 10^{-9} + (-6.0 \times 10^{-9})}{2}$$

$$= -1.0 \times 10^{-9}\text{C}$$

(3) **クーロンの法則**により，

$$F = k_0\frac{q_1q_2}{r^2} = 9.0 \times 10^9 \times \frac{(-1.0 \times 10^{-9})^2}{0.030^2}$$

$$= 1.0 \times 10^{-5}\text{N}$$

162

答 (1) **1.0×10^2V**

(2) **仕事：1.6×10^{-2}J，電位差：50V**

検討 (1) $V = Ed$

$$= 5.0 \times 10^3 \times 0.020$$

$$= 1.0 \times 10^2\text{V}$$

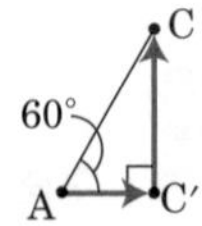

(2) 電荷を A から C まで動かすのに，右図のように，A → C′ → C と動かすとすると，C′ → C は電荷を電場の方向と垂直に動かすから，この間の仕事は 0。つまり，求める仕事は，電荷を A から C′ まで動かす仕事に等しい。よって，

$$W = F \times AC' = qE \times AC\cos 60°$$

$$= 3.2 \times 10^{-4} \times 5.0 \times 10^3 \times 0.020 \times \frac{1}{2}$$

$$= 1.6 \times 10^{-2}\text{J}$$

AC 間の電位差を V とすると，$W = qV$ より，

$$V = \frac{W}{q} = \frac{1.6 \times 10^{-2}}{3.2 \times 10^{-4}} = 50\text{V}$$

163

答 (1) **$-q$**

(2) **A：6.0V**

B：2.0V

(3) 右図

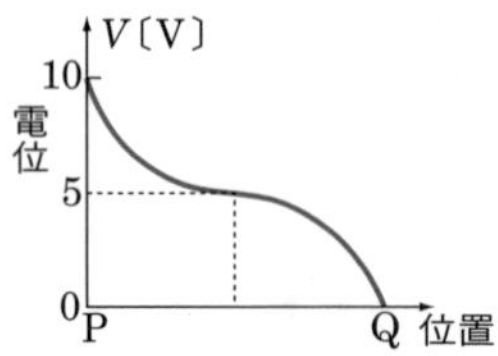

検討 (1) 等電位線が左右対称であるから，Q の電荷は P の電荷と符号が反対で，大きさが等しい。

(2) Q はアースされているから，電位は 0V である。等電位線が 1.0V 間隔にかかれているから，Q から等電位線の数をかぞえればよい。

(3) Q の電位が 0V，P の電位が 10V である。P，Q の中点は 5V だから，グラフはこの点を通らなければならない。等電位線の間隔が広いところは，グラフの傾きが小さい。

164

答 (1) $\dfrac{k_0q}{4a^2}$，次図 (2) $\dfrac{k_0q}{2a}$，次図

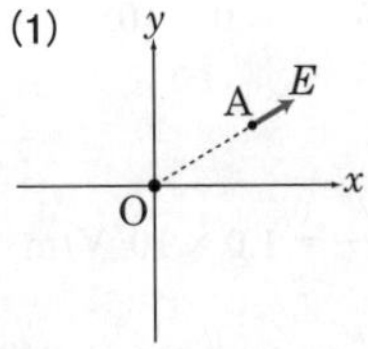

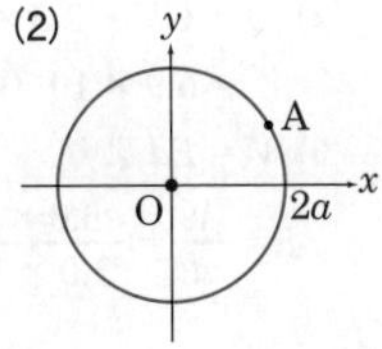

検討 (1) 点Aまでの距離は，

$$\sqrt{3a^2+a^2}=2a$$

であるから，点Aにおける電場の強さ E は，

$$E=k_0\frac{q}{(2a)^2}=\frac{k_0q}{4a^2}$$

(2) 点Aの電位 V は，$V=k_0\dfrac{q}{2a}$

165

答 (1) $k\dfrac{q}{\sqrt{(x-a)^2+y^2}}+k\dfrac{q}{\sqrt{(x+a)^2+y^2}}$

(2) **210V**　(3) **640N/C**　(4) **160V**

(5) **0.16m/s**

検討 (1) 点 $(a,\ 0)$ と点 $(x,\ y)$ との距離は $\sqrt{(x-a)^2+y^2}$ であるから，点 $(a,\ 0)$ の点電荷 q による点 $(x,\ y)$ での電位 V_1 は，

$$V_1=k\frac{q}{\sqrt{(x-a)^2+y^2}}$$

点 $(-a,\ 0)$ と点 $(x,\ y)$ との距離は $\sqrt{(x+a)^2+y^2}$ であるから，点 $(-a,\ 0)$ の点電荷 q による点 $(x,\ y)$ での電位 V_2 は，

$$V_2=k\frac{q}{\sqrt{(x+a)^2+y^2}}$$

電位はスカラーなので，2つの点電荷による点 $(x,\ y)$ での電位 V は，

$$V=k\frac{q}{\sqrt{(x-a)^2+y^2}}+k\frac{q}{\sqrt{(x+a)^2+y^2}}$$

(2) 2つの点電荷による点 $(b,\ 0)$ での電位 V_b は，

$$V_b=k\frac{q}{b-a}+k\frac{q}{b+a}=\frac{2kqb}{(b-a)(b+a)}$$

$$=\frac{2\times9.0\times10^9\times4.0\times10^{-9}\times0.42}{(0.42-0.18)(0.42+0.18)}$$

$$=210\,\mathrm{V}$$

(3) 点 $(a,\ 0)$ の電気量 q の点電荷が点 $(0,\ c)$ につくる電場の強さ E_a は，

$$E_a=k\frac{q}{a^2+c^2}=\frac{9.0\times10^9\times4.0\times10^{-9}}{0.18^2+0.24^2}$$

$$=400\,\mathrm{N/C}$$

点 $(-a,\ 0)$ の点電荷 q が点 $(0,\ c)$ につくる電場の強さ E_b も，距離が等しいので400N/Cとなる。電場はベクトルなので，2つの点電荷が点 $(0,\ c)$ につくる電場 E_c を求めるには，ベクトル和を計算すればよい。

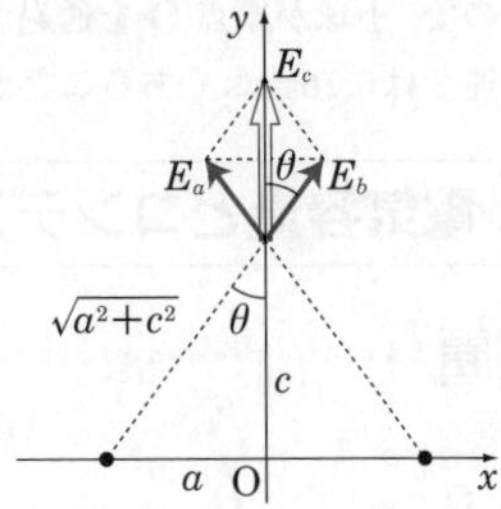

y 軸とのなす角を θ とすれば，図より，

$$E_c=2\times400\times\cos\theta$$

また，$\cos\theta=\dfrac{c}{\sqrt{a^2+c^2}}=\dfrac{0.24}{0.3}=0.8$

よって，$E_c=2\times400\times0.8=640\,\mathrm{N/C}$

(4) 2つの点電荷による点 $(0,\ c)$ での電位 V_c は，

$$V_c=2\times k\frac{q}{\sqrt{a^2+c^2}}$$

$$=2\times9.0\times10^9\times\frac{4.0\times10^{-9}}{0.3}$$

$$=240\,\mathrm{V}$$

点Oでの電位 V_O は，

$$V_\mathrm{O}=2\times k\frac{q}{a}$$

$$=2\times9.0\times10^9\times\frac{4.0\times10^{-9}}{0.18}$$

$$=400\,\mathrm{V}$$

よって，原点Oと点 $(0,\ c)$ の間の電位差 V_OC は，$V_\mathrm{OC}=400-240=160\,\mathrm{V}$

(5) 原点Oに達したときの小球の速さを v_0 とすれば，小球が原点を通過する条件は $\dfrac{1}{2}mv_0{}^2>0$ である。点 $(0,\ c)$ での小球の速さを v とすれば，**エネルギー保存の法則**より，

$$\frac{1}{2}mv^2=\frac{1}{2}mv_0{}^2+eV_\mathrm{OC}$$

小球が原点Oを通過するためには，

$$\frac{1}{2}mv_0{}^2=\frac{1}{2}mv^2-eV_\mathrm{OC}>0$$

であればよい。よって，$\frac{1}{2}mv^2 > eV_{OC}$

これを v について解くと，

$$v > \sqrt{\frac{2eV_{OC}}{m}} = \sqrt{\frac{2 \times 1.6 \times 10^{-7} \times 160}{2.0 \times 10^{-3}}} = 0.16\,\mathrm{m/s}$$

となるので，小球が原点Oを通過するための最小の速さは0.16m/sであることがわかる。

18 電気容量とコンデンサー

基本問題 本冊 p.91

166

答 ① $\frac{Q}{S}$ ② $4\pi k_0\frac{Q}{S}$ ③ 電場 ④ Ed

⑤ $4\pi k_0\frac{Q}{S}d$ ⑥ CV ⑦ 比例 ⑧ 比例

⑨ 反比例

167

答 2.4×10^{-8}C

検討 $Q = CV$

$= 24 \times 10^{-12} \times 1000 = 2.4 \times 10^{-8}\,\mathrm{C}$

168

答 1.0×10^{-11}F

検討 $C = \frac{Q}{V} = \frac{5.0 \times 10^{-9}}{500}$

$= 1.0 \times 10^{-11}\,\mathrm{F}$

169

答 0.40V

検討 $V = \frac{Q}{C} = \frac{4.8 \times 10^{-6}}{12 \times 10^{-6}} = 0.40\,\mathrm{V}$

170

答 (1) 2.3×10^{-9}F (2) 6.9×10^{-7}C

(3) 1.0×10^{7}V/m

検討 (1) $C = \varepsilon_0\frac{S}{d}$

$= 8.85 \times 10^{-12} \times \frac{3.14 \times (5.0 \times 10^{-2})^2}{3.0 \times 10^{-5}}$

$\fallingdotseq 2.3 \times 10^{-9}\,\mathrm{F}$

(2) $Q = CV = 2.3 \times 10^{-9} \times 3.0 \times 10^{2}$

$= 6.9 \times 10^{-7}\,\mathrm{C}$

(3) $V = Ed$ より，

$E = \frac{V}{d} = \frac{3.0 \times 10^{2}}{3.0 \times 10^{-5}} = 1.0 \times 10^{7}\,\mathrm{V/m}$

171

答 8.9×10^{-10}F

検討 $C = \varepsilon_r\varepsilon_0\frac{S}{d}$

$= 2.5 \times 8.85 \times 10^{-12} \times \frac{40 \times 10^{-4}}{0.10 \times 10^{-3}}$

$\fallingdotseq 8.9 \times 10^{-10}\,\mathrm{F}$

172

答 3.0

検討 $C = \varepsilon_r C_0$ より，$\varepsilon_r = \frac{C}{C_0} = \frac{72}{24} = 3.0$

173

答 (1) 5.0J (2) 2.4×10^{-3}J

(3) 2.5×10^{-2}J

検討 (1) $U = \frac{1}{2}QV = \frac{1}{2} \times 0.010 \times 1000$

$= 5.0\,\mathrm{J}$

(2) $U = \frac{1}{2}\cdot\frac{Q^2}{C} = \frac{1}{2} \times \frac{(2.4 \times 10^{-4})^2}{12 \times 10^{-6}}$

$= 2.4 \times 10^{-3}\,\mathrm{J}$

(3) $U = \frac{1}{2}CV^2 = \frac{1}{2} \times 5.0 \times 10^{-6} \times 100^2$

$= 2.5 \times 10^{-2}\,\mathrm{J}$

174

答 オ

検討 静電エネルギーを表す式は，

$$U = \frac{1}{2}QV = \frac{1}{2}CV^2 = \frac{1}{2}\cdot\frac{Q^2}{C}$$

のように，いろいろあるが，このなかで，C，Q，U の関係を表すのは，

$$U = \frac{1}{2}\cdot\frac{Q^2}{C}$$

である。C を定数と考えると，U は Q の2次関数であることがわかる。

応用問題 ……………………… 本冊 p.92

175

答　$\dfrac{7\varepsilon_0 S}{d}$

検討　8枚の金属板を並べると，2枚の金属板にはさまれたすき間が7個できる。それぞれをコンデンサーの極板間のすき間と考えると，7個のコンデンサーができることになる。

1個のコンデンサーの電気容量は $\varepsilon_0\dfrac{S}{d}$ だから，

全体の電気容量は，$7\times\varepsilon_0\dfrac{S}{d}=\dfrac{7\varepsilon_0 S}{d}$

176

答　(1) $\dfrac{V}{d_0}$　(2) $\dfrac{\varepsilon_0 SV^2}{2d_0{}^2}$

(3) 静電エネルギーの変化：

$$\frac{1}{2}\varepsilon_0 SV^2\left(\frac{1}{d}-\frac{1}{d_0}\right)$$

電源が放出したエネルギー：

$$\varepsilon_0 SV^2\left(\frac{1}{d}-\frac{1}{d_0}\right)$$

検討　(1) $V=Ed_0$ より，$E=\dfrac{V}{d_0}$

(2) 一方の極板上の電荷が，他方の極板上の電荷がつくる電場から力を受けると考える。1枚の極板上の電荷がつくる電場の強さ E' は，

$$E'=\frac{E}{2}=\frac{V}{2d_0}$$

1枚の極板上の電気量 Q は，$Q=CV=\varepsilon_0\dfrac{S}{d_0}\cdot V$

であるから，求める力 F は，

$$F=QE'=\varepsilon_0\frac{S}{d_0}\cdot V\times\frac{V}{2d_0}=\frac{\varepsilon_0 SV^2}{2d_0{}^2}$$

(3) 極板の間隔を変える前と後の静電エネルギーをそれぞれ，U，U' とすると，

$$U=\frac{1}{2}\varepsilon_0\frac{S}{d_0}V^2\qquad U'=\frac{1}{2}\varepsilon_0\frac{S}{d}V^2$$

であるから，静電エネルギーの変化量 ΔU は，

$$\Delta U=U'-U=\frac{1}{2}\varepsilon_0\frac{S}{d}V^2-\frac{1}{2}\varepsilon_0\frac{S}{d_0}V^2$$
$$=\frac{1}{2}\varepsilon_0 SV^2\left(\frac{1}{d}-\frac{1}{d_0}\right)$$

次に，極板の間隔を変える前と後の電気量をそれぞれ Q，Q' とすると，

$$Q=\varepsilon_0\frac{S}{d_0}V\qquad Q'=\varepsilon_0\frac{S}{d}V$$

電源が放出したエネルギーは，

$$Q'V-QV=\varepsilon_0\frac{S}{d}V^2-\varepsilon_0\frac{S}{d_0}V^2$$
$$=\varepsilon_0 SV^2\left(\frac{1}{d}-\frac{1}{d_0}\right)$$

177

答　(1) ① $2CV$　② $\dfrac{2V}{d}$　③ CV^2

(2) ① $\dfrac{V}{d}$　② $\dfrac{V}{2}$　③ $\dfrac{1}{4}CV^2$

④ 引き込もうとする向き

検討　(1) 極板の面積を S，空気の誘電率を ε とすれば，金属板を挿入する前の電気容量 C は，

$$C=\varepsilon\frac{S}{d}$$

金属板を挿入した後のコンデンサーの電気容量を C_1 とすれば，$C_1=\varepsilon\dfrac{S}{\frac{d}{2}}=2\varepsilon\dfrac{S}{d}=2C$

① 電池をつないだままであり，極板間の電圧は V であるから，極板にたくわえられている電気量 Q は，$Q=C_1V=2CV$

② 極板間には一様な電場ができるので，極板間の電場の強さ E_1 は，$E_1=\dfrac{V}{\frac{d}{2}}=\dfrac{2V}{d}$

③ 静電エネルギー U は，$U=\dfrac{1}{2}C_1V^2=CV^2$

(2) ① 充電したコンデンサーを電池から切り離した後，極板にたくわえられている電気量は変化しないので，極板から出る電気力線の本数は変わらない。すなわち，金属板を入れる前と後とで極板間の電場の強さ E_2 は変わらない。よって，$E_2=\dfrac{V}{d}$

② 極板にたくわえられている電気量 Q_0 は，

$$Q_0=CV$$

金属板を入れた後の電気容量は $2C$ であるから，コンデンサーの極板間の電位差を V_2 とすれば，$Q_0=2CV_2$

よって，$V_2 = \dfrac{Q_0}{2C} = \dfrac{V}{2}$

③ 静電エネルギーU_2は，

$$U_2 = \frac{1}{2} \times 2C \times \left(\frac{V}{2}\right)^2 = \frac{1}{4}CV^2$$

④ 金属板を挿入する前の静電エネルギーは$\dfrac{1}{2}CV^2$であるから，金属板を挿入することによってエネルギーが減少する。これから，**金属板を入れるときに外力のした仕事が負**であることがわかる。外力の向きは金属板の移動方向と反対になるので，金属板がコンデンサーから受ける力は金属板の移動方向，すなわち引き込もうとする向きである。

178

答 ⑴ $\dfrac{V}{d}$ ⑵ $\varepsilon_0\dfrac{S}{d}$ ⑶ $\dfrac{\varepsilon_0 SV}{d}$

⑷ $\dfrac{\varepsilon_0 SV^2}{2d}$

⑸ 電気量：変化した。変化後：$\dfrac{\varepsilon_0 SV}{d+\Delta d}$

⑹ $\dfrac{V}{d+\Delta d}$ ⑺ $\dfrac{\varepsilon_0 SV}{d}$ ⑻ $\dfrac{V}{d}$

⑼ 静電エネルギー：大きい，差：$\dfrac{\varepsilon_0 SV^2 \Delta d}{2d^2}$

⑽ $\dfrac{\varepsilon_0 SV^2}{2d^2}$

検討 ⑴ 電極間には一様な電場ができるので，電極間の電場の強さEは，$E = \dfrac{V}{d}$

⑵ $C = \varepsilon\dfrac{S}{d}$より，このコンデンサーの電気容量は，$\varepsilon_0\dfrac{S}{d}$である。

⑶ $Q = CV$より，コンデンサーにたくわえられる電気量Qは，$Q = \varepsilon_0\dfrac{S}{d} \times V = \dfrac{\varepsilon_0 SV}{d}$

正電極には正の電荷がたくわえられる。

⑷ $U = \dfrac{1}{2}CV^2$より，コンデンサーにたくわえられている静電エネルギーUは，

$$U = \frac{1}{2} \times \varepsilon_0\frac{S}{d} \times V^2 = \frac{\varepsilon_0 SV^2}{2d}$$

⑸ 極板の間隔を$d + \Delta d$に変えたことによって，コンデンサーの電気容量は$\varepsilon_0\dfrac{S}{d+\Delta d}$に変わる。電池をつないだままなので，コンデンサーにかかる電圧Vは変わらない。

よって，コンデンサーにたくわえられる電気量Q'は，$Q' = \varepsilon_0\dfrac{S}{d+\Delta d} \times V = \dfrac{\varepsilon_0 SV}{d+\Delta d}$

（補足） 電気量の増加量ΔQを求めると，

$$\Delta Q = Q' - Q = \frac{\varepsilon_0 SV}{d+\Delta d} - \frac{\varepsilon_0 SV}{d} = -\frac{\varepsilon_0 SV\Delta d}{d(d+\Delta d)}$$

よって，電気量は$\dfrac{\varepsilon_0 SV\Delta d}{d(d+\Delta d)}$減少する。

⑹ 極板の間隔を$d + \Delta d$に変えた後の極板間の電場の強さE'は，$E' = \dfrac{V}{d+\Delta d}$

⑺ 電池をはずすと電荷は移動しないので，極板の間隔を変えてもコンデンサーにたくわえられている電気量は変わらない。

⑻ 電気量が変わらなければ，極板から出る(入る)電気力線の本数は変わらないので，電場の強さも変わらない。

⑼ コンデンサーの電気量は変わらないが，電気容量は変化するので，静電エネルギーも変化する。$U = \dfrac{Q^2}{2C}$より，極板間隔が変化した後の静電エネルギーU'は，

$$U' = \frac{\left(\dfrac{\varepsilon_0 SV}{d}\right)^2}{2 \times \varepsilon_0\dfrac{S}{d+\Delta d}} = \frac{(d+\Delta d)\,\varepsilon_0 SV^2}{2d^2}$$

よって，静電エネルギーの増加量ΔUは，

$$\Delta U = U' - U = \frac{(d+\Delta d)\,\varepsilon_0 SV^2}{2d^2} - \frac{\varepsilon_0 SV^2}{2d} = \frac{\varepsilon_0 SV^2}{2d}\left(\frac{d+\Delta d}{d} - 1\right) = \frac{\varepsilon_0 SV^2\Delta d}{2d^2}$$

すなわち，$\dfrac{\varepsilon_0 SV^2\Delta d}{2d^2}$だけ増加する。

⑽ このとき，外力Fのした仕事は$F\Delta d$であり，静電エネルギーは外力のした仕事量だけ増加するので，$F\Delta d = \dfrac{\varepsilon_0 SV^2\Delta d}{2d^2}$

よって，$F = \dfrac{\varepsilon_0 SV^2}{2d^2}$

19 コンデンサーの接続

基本問題 本冊 p.96

179

答　**24 pF**

検討　合成容量を C〔pF〕とすると，

$\frac{1}{C}=\frac{1}{40}+\frac{1}{60}=\frac{1}{24}$　よって，$C=24\,\mathrm{pF}$

180

答　**1.2×10^{-6}F，$\frac{1}{2}$倍**

検討　合成容量を C〔F〕とすると，

$$\frac{1}{C}=\frac{1}{2.4\times10^{-6}}\times2$$

よって，$C=1.2\times10^{-6}\,\mathrm{F}$

一般に，電気容量 C_0 のコンデンサーを2個直列に接続したときの合成容量を C とすると，

$$\frac{1}{C}=\frac{1}{C_0}+\frac{1}{C_0}=\frac{2}{C_0}\quad よって，C=\frac{C_0}{2}$$

181

答　(1) $\frac{4}{3}$ μF　(2) $\frac{20}{19}$ μF　(3) $\frac{10}{7}$ μF　(4) $\frac{20}{19}$ μF

検討　(1) 求める合成容量を C_1〔μF〕とすると，

$\frac{1}{C_1}=\frac{1}{4}+\frac{1}{2}=\frac{3}{4}$　よって，$C_1=\frac{4}{3}\,\mu\mathrm{F}$

(2) C_1 と C も直列だから，求める合成容量を C_2〔μF〕とすると，

$$\frac{1}{C_2}=\frac{1}{C_1}+\frac{1}{5}=\frac{3}{4}+\frac{1}{5}=\frac{19}{20}$$

よって，$C_2=\frac{20}{19}\,\mu\mathrm{F}$

(3) 求める合成容量を C_3〔μF〕とすると，

$\frac{1}{C_3}=\frac{1}{2}+\frac{1}{5}=\frac{7}{10}$　よって，$C_3=\frac{10}{7}\,\mu\mathrm{F}$

(4) A と C_3 も直列だから，求める合成容量を C_4〔μF〕とすると，

$$\frac{1}{C_4}=\frac{1}{4}+\frac{1}{C_3}=\frac{1}{4}+\frac{7}{10}=\frac{19}{20}$$

よって，$C_4=\frac{20}{19}\,\mu\mathrm{F}$

C_2 と C_4 はどちらも3個のコンデンサーの直列合成容量になるので，等しい値になる。

182

答　**1.5 F**

検討　合成容量を C〔F〕とすると，

$C=0.50+1.0=1.5\,\mathrm{F}$

183

答　**C_1：1.6×10^{-4}C，80V**

C_2：6.0×10^{-5}C，20V

C_3：1.0×10^{-4}C，20V

検討　C_2 と C_3 の合成容量を C_{23} とすると，

$C_{23}=3.0+5.0=8.0\,\mu\mathrm{F}$

全体の合成容量を C〔μF〕とすると，

$$\frac{1}{C}=\frac{1}{C_1}+\frac{1}{C_{23}}=\frac{1}{2}+\frac{1}{8}=\frac{5}{8}$$

よって，$C=1.6\,\mu\mathrm{F}$

C_1, C_2, C_3 にたくわえられる電気量を Q_1, Q_2, Q_3，それぞれの電圧を V_1，V_2，V_3 とすると，$V_2=V_3$ であるから，

$Q_1=C_1V_1=2.0\times10^{-6}V_1$　……①

$Q_2=C_2V_2=3.0\times10^{-6}V_2$　……②

$Q_3=C_3V_2=5.0\times10^{-6}V_2$　……③

$V_1+V_2=100$　……④

$Q_1=Q_2+Q_3$　……⑤

コンデンサー全体にたくわえられる電気量 Q は，

$Q=CV=1.6\times10^{-6}\times100=1.6\times10^{-4}\,\mathrm{C}$

$Q_1=Q$ だから，$Q_1=1.6\times10^{-4}\,\mathrm{C}$　……⑥

①，⑥から，$1.6\times10^{-4}=2.0\times10^{-6}V_1$

よって，$V_1=80\,\mathrm{V}$　……⑦

④，⑦から，$V_2=100-80=20\,\mathrm{V}$　……⑧

⑧を②，③に代入して，

$Q_2=3.0\times10^{-6}\times20=6.0\times10^{-5}\,\mathrm{C}$

$Q_3=5.0\times10^{-6}\times20=1.0\times10^{-4}\,\mathrm{C}$

184

答　① V　② C_1V　③ C_2V　④ $(C_1+C_2)V$　⑤ C_1+C_2　⑥ $\frac{Q}{C_1}+\frac{Q}{C_2}$　⑦ $\frac{1}{C_1}+\frac{1}{C_2}$

185

答　(1) **800 V**　(2) **1200 V**

検討　(1) **並列接続では，耐電圧の低いAの耐電圧が全体の耐電圧になる。**

(2) A，Bの電気容量を C_A，C_B，直列につないだときのそれぞれの電圧を V_A，V_B とすると，A，Bにたくわえられる電気量 Q は等しいから，$Q = C_A V_A = C_B V_B$

これより，$\dfrac{V_A}{V_B} = \dfrac{C_B}{C_A} = \dfrac{6}{3} = 2$

よって，$V_A = 2V_B$

$V_A = 800\,\text{V}$ のとき，$V_B = 400\,\text{V}$ となり，

$V_B \leqq 1200\,\text{V}$ を満たすから，

$$V_A + V_B = 800 + 400 = 1200\,\text{V}$$

が全体の耐電圧となる。V_B が400Vより大きくなると，V_A が800Vより大きくなるので，Aの耐電圧を超えてしまう。

186

答　(1) $\dfrac{4}{3}C$　(2) 極板A：$\dfrac{3}{4}V$　金属板：$\dfrac{V}{4}$

(3) $\dfrac{4}{3}C$

検討　(1) 極板A, Bの間に金属板を挿入すると，極板Aと金属板のA側の面Pの間，および極板Bと金属板のB側の面Qの間にコンデンサーが形成され，これらが直列につながったのと同じになる。平行板コンデンサーの電気容量は極板間の距離に反比例するから，AP間の容量は $2C$，BQ間の容量は $4C$ である。全体の合成容量を C' とすると，

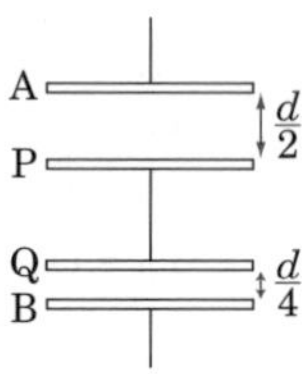

$$\frac{1}{C'} = \frac{1}{2C} + \frac{1}{4C} = \frac{3}{4C}\qquad よって，\ C' = \frac{4}{3}C$$

(2) 最初にたくわえられた電気量 Q は，$Q = CV$

電源が切ってあるから，金属板を挿入しても，電気量 Q は変わらない。金属板を挿入した後の極板Aの電位を V' とすれば，$Q = C'V'$ より，

$$V' = \frac{Q}{C'} = CV \times \frac{3}{4C} = \frac{3}{4}V$$

金属板の電位を V'' とすると，**直列につないだコンデンサーの電圧は電気容量に反比例する**から，AP間とBQ間の極板間の電圧の比は，$V_{AP} : V_{BQ} = C_{BQ} : C_{AP} = 4C : 2C = 2 : 1$

よって，BQ間の電圧は，

$$V_{BQ} = \frac{1}{2+1} \times V' = \frac{1}{3} \times \frac{3}{4}V = \frac{V}{4}\ (= V'')$$

(3) このときの電気容量 C'' は，極板間の距離が最初の $\dfrac{3}{4}$ 倍になったのと同じだから，

$$C'' = \frac{4}{3}C$$

C' と C'' が同じことから，金属板をどこに挿入しても結果は同じであるといえる。

187

答　① 比例　② 反比例　③ $\dfrac{1}{2}$　④ $\dfrac{C_0}{2}$

⑤ 2　⑥ C_0　⑦ 5　⑧ $5C_0$　⑨ $\dfrac{1}{C_2} + \dfrac{1}{C_3}$

⑩ $\dfrac{5}{6}C_0$　⑪ $C_1 + C_4$　⑫ $\dfrac{4}{3}C_0$　⑬ $\dfrac{4}{3}$

188

答　(1) $\mathbf{4.0 \times 10^{-6}\,C}$　(2) **1.0 V**

(3) $\mathbf{4.7 \times 10^{-6}\,C}$

検討　(1) S_2 を開いたまま S_1 だけを閉じると，直列になった C_1 と C_3 に等しい電気量がたくわえられる。この電気量を Q とすれば，C_1 と C_3 の電圧の和が6.0Vになるから，

$$\frac{Q}{1.0 \times 10^{-6}} + \frac{Q}{2.0 \times 10^{-6}} = 6.0$$

よって，　$Q = 4.0 \times 10^{-6}\,\text{C}$

(2) S_1 を開き，S_2 を閉じると，C_3 の電荷の一部が C_2 に流れるが，**電気量の総和は変化しない。** C_2，C_3 の電圧を V_2，V_3 とすると，

$$2.0 \times 10^{-6} V_2 + 2.0 \times 10^{-6} V_3 = 4.0 \times 10^{-6}\,\text{C}$$

よって，　$V_2 + V_3 = 2.0\,\text{V}$　……①

回路を $S_2 \to C_3 \to C_2 \to S_2$ とまわるときの電圧の変化を考えると，$-V_3 + V_2 = 0$

よって，　$V_2 = V_3$　……②

①，②より，　$V_2 = 1.0\,\text{V}$

(3) S_2 を開き S_1 を閉じると，電池から C_1 に電

荷が加えられるとともに，C_1 から C_3 に一部の電荷が移動するが，C_1 の負極板と C_3 の正極板にたくわえられている**電気量の総和は変化しない。** C_1 にたくわえられる電気量を Q_1，C_3 にたくわえられる電気量を Q_3 とすると，

$$-Q_1 + Q_3 = -4.0\times10^{-6} + 2.0\times10^{-6} = -2.0\times10^{-6}\,\mathrm{C}$$

よって，　$Q_3 = Q_1 - 2.0\times10^{-6}\,\mathrm{C}$

回路を $S_1 \to C_1 \to C_3 \to S_1$ とまわるときの電圧の変化を考えると，

$$6.0 - \frac{Q_1}{1.0\times10^{-6}} - \frac{Q_1 - 2.0\times10^{-6}}{2.0\times10^{-6}} = 0$$

よって，$Q_1 \fallingdotseq 4.7\times10^{-6}\,\mathrm{C}$

テスト対策

▶**コンデンサーの回路の考え方**

①変化の前後で**電気量保存の式**をつくる。

$$(+Q_1) + (+Q_2) = (+Q_1') + (+Q_2')$$

②各コンデンサーで $\boldsymbol{Q = CV}$ の式をつくる。

$$Q_1' = C_1V_1 \qquad Q_2' = C_2V_2$$

③キルヒホッフの第2法則の式をつくる。

$$0 = -V_1 + V_2$$

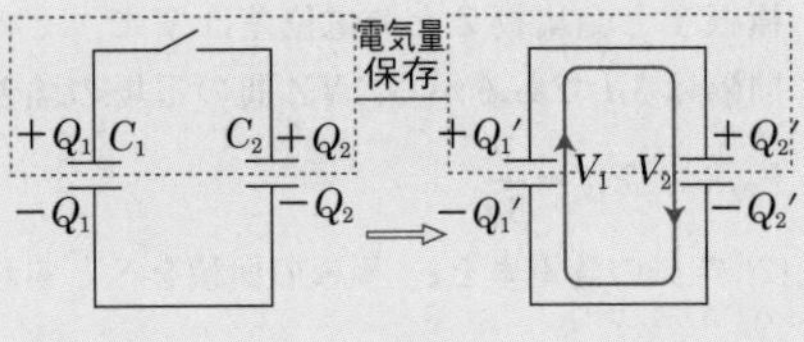

応用問題 ……………… 本冊 *p.99*

189

答　(1) **6.0μF**　(2) **2.0μF**　(3) **AB間：4.0V　BC間：2.0V**　(4) **コンデンサー：C_1，電気量：1.2×10^{-5}C**

検討　(1) C_2 と C_3 の合成容量を C_{23}〔μF〕とすると，$C_{23} = C_2 + C_3 = 2.0 + 4.0 = 6.0\,\mu\mathrm{F}$

(2) C_1 と C_{23} が直列になっているから，合成容量を C〔μF〕とすると，

$$\frac{1}{C} = \frac{1}{C_1} + \frac{1}{C_{23}} = \frac{1}{3.0} + \frac{1}{6.0}$$

よって，　$C = 2.0\,\mu\mathrm{F}$

(3) AB間，BC間の電圧を V_1，V_2 とすると，たくわえられている電気量 Q は，

$$Q = C_1V_1 = C_{23}V_2$$

これから，$\dfrac{V_1}{V_2} = \dfrac{C_{23}}{C_1} = \dfrac{6.0}{3.0}$

よって，$V_1 = 2V_2$　……①

また，$V_1 + V_2 = 6.0$　……②

①，②から，　$V_1 = 4.0\,\mathrm{V}$　$V_2 = 2.0\,\mathrm{V}$

(4) C_2 と C_3 の電気量の和と C_1 の電気量が等しいから，C_1 が最も多くの電気量をたくわえている。その電気量は，

$$Q = C_1V_1 = 3.0\times10^{-6}\times4.0 = 1.2\times10^{-5}\,\mathrm{C}$$

190

答　個数：**18**個，接続：下図

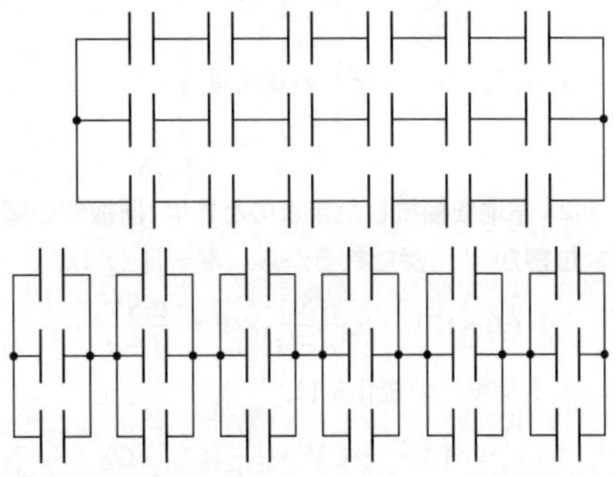

検討　耐電圧400Vのコンデンサーをつないで，耐電圧を6倍の2400Vにするためには，コンデンサーを6個直列につなげばよい。この合成容量は，$12\,\mu\mathrm{F}\times\dfrac{1}{6} = 2\,\mu\mathrm{F}$

合成容量をこの3倍の6.0μFにするためには，6個直列につないだものを3組並列につなげばよい。あるいは，コンデンサー3個を並列につなぐと，合成容量は，

$$12\,\mu\mathrm{F}\times3 = 36\,\mu\mathrm{F}$$

で，耐電圧は400Vになる。これを6組直列につなぐと，合成容量は $36\,\mu\mathrm{F}\times\dfrac{1}{6} = 6.0\,\mu\mathrm{F}$，耐電圧は $400\,\mathrm{V}\times6 = 2400\,\mathrm{V}$ になる。

191

答 (1) 電気量：Q

エネルギー：$\dfrac{Q^2t}{2\varepsilon_0 S}$ 減少

(2) 電気量：$\dfrac{\varepsilon_0 SV}{d-t}$

エネルギー：$\dfrac{\varepsilon_0 SV^2t}{2d(d-t)}$ 増加

検討 (1) **電池をはずすと，たくわえられた電気量 Q は変化しない。**金属板を挿入する前の電気容量 C は，$C=\varepsilon_0\dfrac{S}{d}$ であるから，エネルギー U は，$U=\dfrac{Q^2}{2C}=\dfrac{dQ^2}{2\varepsilon_0 S}$

金属板を挿入すると，極板間隔が $(d-t)$ になるので，電気容量 C' は，$C'=\varepsilon_0\dfrac{S}{d-t}$ となり，エネルギー U' は，

$$U'=\frac{Q^2}{2C'}=\frac{(d-t)Q^2}{2\varepsilon_0 S}$$

よって，エネルギーの変化量 ΔU は，

$$\Delta U=U'-U=\frac{(d-t)Q^2}{2\varepsilon_0 S}-\frac{dQ^2}{2\varepsilon_0 S}=-\frac{Q^2t}{2\varepsilon_0 S}$$

(2) **電池を接続したままのときは，極板間の電位差が V に保たれる**から，電気量 Q' は，

$$Q'=C'V=\varepsilon_0\frac{S}{d-t}\times V=\frac{\varepsilon_0 SV}{d-t}$$

エネルギーの変化量は，

$$\frac{1}{2}C'V^2-\frac{1}{2}CV^2=\frac{V^2}{2}(C'-C)$$
$$=\frac{V^2}{2}\left(\frac{\varepsilon_0 S}{d-t}-\frac{\varepsilon_0 S}{d}\right)=\frac{\varepsilon_0 SV^2t}{2d(d-t)}$$

192

答 電位差：3.6V，極板：右側

検討 スイッチSを閉じると，電池とA，Bの間およびAとBの間で電荷が移動するが，**電気量保存の法則**により，**Aの右の極板とBの左の極板の電気量の和は一定に保たれる。**Aに最初にたくわえられていた電気量は，

$$Q=CV=3.0\times10^{-6}\times12=36\times10^{-6}\,\mathrm{C}$$

スイッチSを閉じた後A，Bにたくわえられる電気量を Q_A，Q_B とし，Bの左の極板を正極板と考えると，**電気量保存の法則**により，

$$-Q_A+Q_B=-36\times10^{-6}+0$$

よって，$Q_B=Q_A-36\times10^{-6}$

回路をS→A→B→電池→Sとまわるときの電圧の変化を考えると，

$$-\frac{Q_A}{3.0\times10^{-6}}-\frac{Q_A-36\times10^{-6}}{2.0\times10^{-6}}+6.0=0$$

よって，$Q_A=28.8\times10^{-6}\,\mathrm{C}$

Bの左の極板にたくわえられた電気量は，

$$Q_B=28.8\times10^{-6}-36\times10^{-6}$$
$$=-7.2\times10^{-6}\,\mathrm{C}$$

で，負である。したがって，右の極板のほうが高電位で，電位差は，$Q=CV$ より，

$$V=\frac{Q_B}{C_B}=\frac{7.2\times10^{-6}}{2.0\times10^{-6}}=3.6\,\mathrm{V}$$

193

答 (1) XZ間：$\dfrac{V}{d}$，YZ間：$\dfrac{V}{3d}$ (2) $\dfrac{16}{3}CV$

検討 (1) 極板Xと金属板Zとの電位差は V で，その間隔は d であるから，XZ間の電場の強さ E_{XZ} は，$E_{XZ}=\dfrac{V}{d}$

極板Yと金属板Zとの電位差は V で，その間隔は $3d$ であるから，YZ間の電場の強さ E_{YZ} は，$E_{YZ}=\dfrac{V}{3d}$

(2) 空気の誘電率を ε，極板の面積を S とすれば，$C=\varepsilon\dfrac{S}{4d}$

極板X，金属板Zでできるコンデンサーの電気容量 C_{XZ} は，$C_{XZ}=\varepsilon\dfrac{S}{d}=4\varepsilon\dfrac{S}{4d}=4C$

極板Y，金属板Zでできるコンデンサーの電気容量 C_{YZ} は，

$$C_{YZ}=\varepsilon\frac{S}{3d}=\frac{4}{3}\cdot\varepsilon\frac{S}{4d}=\frac{4}{3}C$$

極板X，金属板Zでできるコンデンサーにたくわえられる電気量 Q_{XZ} は，$Q_{XZ}=4CV$

極板Y，金属板Zでできるコンデンサーにたくわえられる電気量 Q_{YZ} は，$Q_{YZ}=\dfrac{4}{3}CV$

金属板Z上にたくわえられた電気量 Q は，

$$Q=Q_{XZ}+Q_{YZ}=4CV+\frac{4}{3}CV=\frac{16}{3}CV$$

194

答　(1) $\boldsymbol{\frac{V_0}{R}}$　(2) ① $\boldsymbol{CV_0}$　② $\boldsymbol{\frac{1}{2}CV_0{}^2}$

③ $\boldsymbol{CV_0{}^2}$　④ $\boldsymbol{\frac{1}{2}CV_0{}^2}$

(3) ① $\boldsymbol{\frac{2}{3}CV_0}$　② $\boldsymbol{\frac{1}{9}CV_0{}^2}$　③ $\boldsymbol{\frac{1}{3}CV_0{}^2}$

検討　(1) S_1 を閉じた直後，コンデンサーにはまだ電気量はたくわえられていないので，$Q=CV$ より，コンデンサーにかかる電圧 V_C は，$0=CV_C$ となり，$V_C=0V$ であることがわかる。このとき回路に流れる電流を I_0 として，**キルヒホッフの第2法則**を用いれば，

$$V_0=RI_0+0\quad よって，I_0=\frac{V_0}{R}$$

(2) S_1 を閉じてから十分に長い時間が経過すると，コンデンサーには電流が流れなくなる。

① 回路には電流が流れないので，抵抗 R_1 での電圧降下は0V である。よって，電源の電圧はすべてコンデンサーにかかる。コンデンサーにたくわえられる電気量 Q は，$Q=CV_0$

② $U=\frac{1}{2}CV^2$ より，コンデンサーC_1 にたくわえられた静電エネルギーU は，

$$U=\frac{1}{2}CV_0{}^2$$

③ $W=qV$ より，電池のした仕事 W は，

$$W=CV_0\times V_0=CV_0{}^2$$

④ 電池のした仕事 W は，コンデンサーにたくわえられる静電エネルギーU と抵抗で発生するジュール熱 J になるので，エネルギー保存の考えを使って，$W=U+J$ となる。

よって，

$$J=W-U$$
$$=CV_0{}^2-\frac{1}{2}CV_0{}^2=\frac{1}{2}CV_0{}^2$$

(3) S_2 を閉じてから十分に長い時間が経過したときの，コンデンサー C_1 にかかる電圧を V_1，たくわえられた電気量を Q_1，コンデンサーC_2 にかかる電圧を V_2，たくわえられた電気量を Q_2 とすれば，**電気量保存の法則**より，

$$CV_0=Q_1+Q_2$$

$Q=CV$ の式より，$Q_1=CV_1$，$Q_2=2CV_2$

これから，$CV_0=CV_1+2CV_2$

キルヒホッフの第2法則より $0=-V_1+V_2$

よって，$V_1=V_2=\frac{1}{3}V_0$

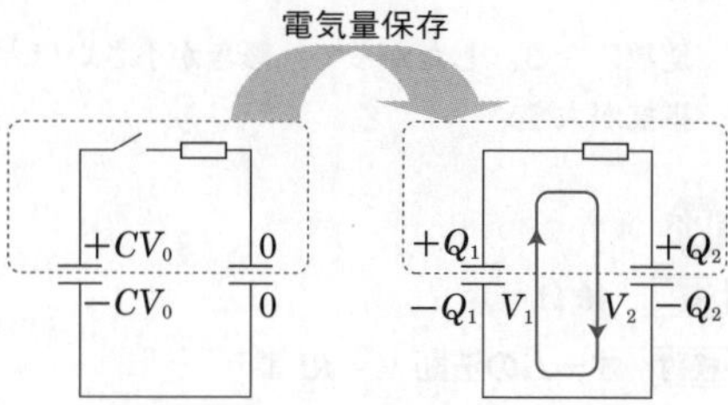

① $Q=CV$ より，$Q_2=2C\times\frac{1}{3}V_0=\frac{2}{3}CV_0$

② $U=\frac{1}{2}CV^2$ より，コンデンサー C_2 にたくわえられた静電エネルギー U_2 は，

$$U_2=\frac{1}{2}\times 2C\times\left(\frac{1}{3}V_0\right)^2=\frac{1}{9}CV_0{}^2$$

③ コンデンサー C_1 にたくわえられた静電エネルギー U_1 は，

$$U_1=\frac{1}{2}\times C\times\left(\frac{1}{3}V_0\right)^2=\frac{1}{18}CV_0{}^2$$

抵抗 R_2 で発生したジュール熱を J' とすれば，エネルギー保存を考えて，$U=U_1+U_2+J'$ となるので，

$$J'=U-U_1-U_2$$
$$=\frac{1}{2}CV_0{}^2-\frac{1}{18}CV_0{}^2-\frac{1}{9}CV_0{}^2$$
$$=\frac{1}{3}CV_0{}^2$$

20 電流と仕事

基本問題 ……………………　本冊 p.104

195

答　① $\boldsymbol{nvS}$　② $\boldsymbol{envS}$

196

答　$\boldsymbol{4.5\times10^3C}$

検討　$Q=It=5.0\times(15\times60)=4.5\times10^3C$

時間を秒に換算するのを忘れないように。

197

答　(1) 1本　(2) E　(3) A

検討　このグラフの傾きは $\frac{I}{V}$ だから，抵抗の逆数になる。したがって，傾きが小さいほど抵抗が大きい。

198

答　40 Ω

検討　**オームの法則** $V = RI$ より，

$$R = \frac{V}{I} = \frac{12}{0.30} = 40\ \Omega$$

電流をアンペア(A)単位になおすこと。

199

答　4.0×10^3 V

検討　**オームの法則**により，

$$V = RI = 2.0 \times 10^3 \times 2.0 = 4.0 \times 10^3\ \mathrm{V}$$

200

答　5.0×10^{-3} A

検討　**オームの法則** $V = RI$ より，

$$I = \frac{V}{R} = \frac{2.5}{500} = 5.0 \times 10^{-3}\ \mathrm{A}$$

201

答　① $\frac{V}{l}$　② $\frac{eV}{l}$　③ $\frac{e^2nSV}{al}$

④ $\frac{al}{e^2nS}$　⑤ オーム

検討　① 求める電場を E とすると，

$V = El$　　よって，$E = \frac{V}{l}$

② $F = eE = e \times \frac{V}{l} = \frac{eV}{l}$

③ 抵抗力 au と電場による力がつり合うから，

$au = \frac{eV}{l}$　　よって，$u = \frac{eV}{al}$

電流は，$I = enuS$ と表されるから，

$$I = enuS = enS \times \frac{eV}{al} = \frac{e^2nSV}{al}$$

④ ③の結果より，$V = \frac{al}{e^2nS} \cdot I$

202

答　**A：2.2×10^2 Ω，B：28 Ω**

検討　A の抵抗は，

$$R = \rho\frac{l}{S} = 1.1 \times 10^{-6} \times \frac{6.28}{3.14 \times (1.0 \times 10^{-4})^2}$$
$$= 2.2 \times 10^2\ \Omega$$

B は半径が A の 2 倍だから，断面積が 4 倍，長さは A の $\frac{1}{2}$ 倍である。**抵抗は長さに比例し，断面積に反比例する**から，B の抵抗は，

$$R' = 2.2 \times 10^2 \times \frac{1}{2} \times \frac{1}{4} \fallingdotseq 28\ \Omega$$

203

答　5.0×10^{-5} Ω·m

検討　$R = \rho\frac{l}{S}$ より，

$$\rho = \frac{RS}{l} = \frac{100 \times 1.0 \times 10^{-6}}{2.0} = 5.0 \times 10^{-5}\ \Omega\cdot\mathrm{m}$$

204

答　(1) 45 Ω　(2) 1.1×10^3 J　(3) 2倍

検討　(1) **オームの法則**により，

$$R = \frac{V}{I} = \frac{9.0}{0.20} = 45\ \Omega$$

(2) $Q = I^2Rt = 0.20^2 \times 45 \times (10 \times 60)$

$\fallingdotseq 1.1 \times 10^3$ J

(3) ニクロム線の長さを半分にすると，抵抗値が半分になるので，電圧が同じなら，電流は 2 倍になる。$Q = I^2Rt$ より，**ジュール熱は電流の 2 乗と抵抗の積に比例する**ので，このときの発熱量 Q' は，

$$Q' = 2^2 \times \frac{1}{2} \times Q = 2Q$$

205

答　80 V

検討　$P = \frac{V^2}{R}$ の式を用いると，

$$320 = \frac{V^2}{20}$$

よって，　$V = 80$ V

206

答　① ア　② ウ　③ キ　④ シ　⑤ シ

検討　③ **オームの法則**より，導線の抵抗値 R は，$R = \frac{2.0}{4.0} = 0.50\,\Omega$

$R = \rho\frac{l}{S}$ より，

$$0.50 = \rho \times \frac{3.1}{3.14 \times (2.0 \times 10^{-3})^2}$$

よって，

$$\rho = \frac{3.14 \times (2.0 \times 10^{-3})^2}{3.1} \times 0.50$$
$$\fallingdotseq 2.0 \times 10^{-6}\,\Omega\cdot\text{m}$$

④ 電流がする仕事 W は，$W = IVt$ で求められるので，$2.0 \times 4.0 \times 10 = 8.0 \times 10\,\text{J}$

⑤ $P = \frac{W}{t}$ より，$\frac{8.0 \times 10}{10} = 8.0\,\text{W}$

（別解）$P = IV$ より，$2.0 \times 4.0 = 8.0\,\text{W}$

テスト対策

抵抗線の抵抗値は，抵抗線の材質，長さ，太さによって変わる。

材質 → 抵抗率 ρ〔$\Omega\cdot$m〕
長さ → 長さ l〔m〕
太さ → 断面積 S〔m^2〕

の抵抗線の抵抗値 R〔Ω〕は，$\boldsymbol{R = \rho\frac{l}{S}}$

応用問題 ･････････････････ 本冊 *p.106*

207

答　$7.4 \times 10^{-6}\,\text{m/s}$

検討　$I = envS$ より，

$$v = \frac{I}{enS}$$
$$= \frac{100 \times 10^{-3}}{1.6\times10^{-19}\times8.5\times10^{28}\times1.0\times10^{-6}}$$
$$\fallingdotseq 7.4 \times 10^{-6}\,\text{m/s}$$

208

答　(1) **100 V**　(2) **60 V**

検討　(1) 電流は 200 Ω と 300 Ω の抵抗だけを流れる。電池の電圧は 200 Ω と 300 Ω の抵抗の両端の電圧の和に等しいから，

$$V = 200 \times 0.2 + 300 \times 0.2 = 100\,\text{V}$$

(2) 100 Ω の抵抗には電流が流れていないので，電圧は 0。したがって，AB の電位差は 300 Ω の抵抗の両端の電圧に等しい。

$$V' = 300 \times 0.2 = 60\,\text{V}$$

209

答　52℃

検討　導体の温度が 10℃のときの抵抗値を R_1〔Ω〕とすると，**オームの法則**により，

$$5.0 = R_1 \times 2.0$$

よって，$R_1 = 2.5\,\Omega$

これから R_0 は，

$$2.5 = R_0(1.0 + 5.0 \times 10^{-3} \times 10)$$

よって，$R_0 \fallingdotseq 2.38\,\Omega$

3.0V の電圧をかけたときの抵抗 R_2〔Ω〕は，

$$3.0 = R_2 \times 1.0 \text{ より，}\quad R_2 = 3.0\,\Omega$$

よって，導体の温度 t は，

$$3.0 = 2.38 \times (1.0 + 5.0 \times 10^{-3}t)$$

これから，$t \fallingdotseq 52$℃

210

答　(1) 大きさ：$\frac{eV}{L}$，向き：電場と逆向き

(2) $\frac{eV(\Delta t)^2}{2mL}$　(3) $\frac{eV\Delta t}{2mL}$

(4) $\frac{e^2nSV\Delta t}{2mL}$　(5) $\frac{2mL}{e^2nS\Delta t}$

(6)「検討」参照

検討　(1) 金属棒内は一様な電場ができる。金属棒の両端の電位差は V で長さは L であるから，金属棒内の電場の強さ E は，

$$E = \frac{V}{L}$$

電子は $-e$ の電気量をもっているので，電子にはたらく力は電場の向きと逆向きでその大きさ F は，

$$F = e \times \frac{V}{L} = \frac{eV}{L}$$

(2) 電子が電場から受ける力によって，電子は加速度運動を行い，その加速度の大きさを a

とおいて運動方程式をつくると，$ma = \frac{eV}{L}$ となるので，加速度の大きさは，$a = \frac{eV}{mL}$ となり，等加速度であることがわかる。

よって，Δt 間で自由電子が進む距離 x は，

$$x = \frac{1}{2} \times \frac{eV}{mL} \times (\Delta t)^2 = \frac{eV(\Delta t)^2}{2mL}$$

(3) 自由電子の平均の速さを $\overline{v}$ とすれば，

$$\overline{v} = \frac{x}{\Delta t} = \frac{\frac{eV(\Delta t)^2}{2mL}}{\Delta t} = \frac{eV\Delta t}{2mL}$$

(4) 金属棒を流れる電流の大きさ I は，

$$I = enS\overline{v} = enS \times \frac{eV\Delta t}{2mL} = \frac{e^2nSV\Delta t}{2mL}$$

(5) 金属棒の抵抗を R とすれば，**オームの法則**より $V = RI$ となる。これを(4)の結果に代入すると，

$$I = \frac{e^2nSRI\Delta t}{2mL}$$

よって，$R = \frac{2mL}{e^2nS\Delta t}$

(6) 金属棒内の自由電子が Δt〔s〕の間に電場からされる仕事は $W = Fx$ より，

$$W = \frac{eV}{L} \times \frac{eV(\Delta t)^2}{2mL} = \frac{e^2V^2(\Delta t)^2}{2mL^2}$$

金属棒内の自由電子の数は nSL であるから，Δt〔s〕の間に金属棒内のすべての自由電子が電場からされる仕事 W' は，

$$W' = nSL \times \frac{e^2V^2(\Delta t)^2}{2mL^2} = \frac{e^2nSV^2(\Delta t)^2}{2mL}$$

また，Δt〔s〕の間に金属棒で発生するジュール熱 Q は，

$$Q = IV\Delta t = \frac{e^2nSV\Delta t}{2mL} \times V \times \Delta t = \frac{e^2nSV^2(\Delta t)^2}{2mL}$$

よって，金属棒内のすべての自由電子が電場からされる仕事と金属棒で発生するジュール熱は等しいことがわかる。

21 直流回路

基本問題 本冊 p.110

211

答 (1) **200 mA** (2) **6.0 V**

検討 (1) 抵抗が直列に接続されている回路を流れる電流はどこでも等しい。

212

答 (1) **3.0 Ω** (2) **6.0 A** (3) **8.0 A**

検討 (1) 合成抵抗を R〔Ω〕とすれば，

$$\frac{1}{R} = \frac{1}{4.0} + \frac{1}{12} = \frac{1}{3.0} \quad よって, R = 3.0\,\Omega$$

(2) R_1 には電池の電圧 24V がそのままかかっているから，求める電流 I_A は，

$$I_A = \frac{V}{R_1} = \frac{24}{4.0} = 6.0\,\text{A}$$

(3) 求める電流 I_B は，R_1 と R_2 の合成抵抗を流れる電流であるから，$I_B = \frac{V}{R} = \frac{24}{3.0} = 8.0\,\text{A}$

213

答 (1) **3.0 V** (2) **8.0 Ω**
(3) **2.0 Ω** (4) **4.0 倍**

検討 (1) $1.5 + 1.5 = 3.0\,\text{V}$

(2) $R = R_1 + R_2 = 4.0 + 4.0 = 8.0\,\Omega$

(3) $\frac{1}{R} = \frac{1}{R_1} + \frac{1}{R_2} = \frac{1}{4.0} + \frac{1}{4.0} = \frac{1}{2.0}$ より，
$R = 2.0\,\Omega$

(4) 合成抵抗が $\frac{2.0}{8.0}$ 倍になるから，電流は $\frac{8.0}{2.0} = 4.0$ 倍になる。

214

答 (1) **(a)** (2) **(c)**

検討 (1) 電流計は直列，電圧計は並列につなぐ。

(2) 起電力 E，内部抵抗 r の電池に電流 I が流れているときの電極間の電圧(端子電圧) V は，$V = E - rI$ と表される。この式からわかるように，V は I の1次関数で，グラフは傾

きが $-r$ $(-r<0)$ の直線となる。

215

答 (1) **0.50 A** (2) **1.5 V**

検討 (1) 回路の抵抗が，$R = 3.0 + 0.20 = 3.2\,\Omega$ になったときと考えて，**オームの法則**より，

$$I = \frac{E}{R} = \frac{1.6}{3.2} = 0.50\,\text{A}$$

(2) $V = E - rI = 1.6 - 0.20 \times 0.50 = 1.5\,\text{V}$

216

答 (ア) $I_1 = I_2 + I_3$ (イ) $40 = 30I_1 + 20I_2$
(ウ) $90 - 40 = -20I_2 + 10I_3$ (エ) **2.0**
(オ) **−1.0** (カ) **3.0** (キ) **上** (ク) **上** (ケ) **下**

検討 **キルヒホッフの第2法則**を適用するとき，仮定した電流の向きと回路をまわる向きが反対になる抵抗の電圧降下は負にする。また，電池の起電力の向き(電池から流れ出る電流の向き)と回路をまわる向きとが反対になるときも，起電力を負で表す。

(ク) 電流の値が負になったときは，その電流の向きが仮定した向きと反対である。

217

答 (1) 向き：矢印の向き，大きさ：**3.2 A**
(2) 向き：矢印と反対の向き，大きさ：**1.3 A**
(3) 向き：矢印の向き，大きさ：**140 mA**

検討 **キルヒホッフの第1法則を用いる。**

(1) $I_1 = 1.5 + 0.50 + 1.2 = 3.2\,\text{A}$
$I_1 > 0$ だから，仮定した矢印の向き。

(2) $I_2 + 2.0 = 0.70$ より，$I_2 = -1.3\,\text{A}$
$I_2 < 0$ だから，仮定した矢印と反対の向き。

(3) $I_3 + 20 = 10 + 50 + 100$ より，$I_3 = 140\,\text{mA}$
$I_3 > 0$ だから，仮定した矢印の向き。

218

答 (ア) I_1 (イ) I_2 (ウ) **等しい** (エ) **AD**
(オ) R_2I_2 (カ) **DB** (キ) $R_3I_1 = R_4I_2$ (ク) $\dfrac{R_4}{R_2}$

219

答 (1) **12 V** (2) **2.0 A** (3) $2.4 \times 10^{-5}\,\text{C}$

検討 (1) スイッチSが開いているときは，回路に電流は流れず，コンデンサーには，電池の起電力に等しい電圧がかかっている。

(2) スイッチSを閉じると，R_1, R_2, R_3 が直列につながった回路ができる。合成抵抗 R は，

$$R = R_1 + R_2 + R_3 = 1.0 + 3.0 + 2.0 = 6.0\,\Omega$$

電流は，$I = \dfrac{V}{R} = \dfrac{12}{6.0} = 2.0\,\text{A}$

(3) コンデンサー C には R_2 による電圧降下に等しい電圧がかかっている。その大きさは，

$$V' = R_2I = 3.0 \times 2.0 = 6.0\,\text{V}$$

よって，求める電気量 Q は，

$$Q = CV = 4.0 \times 10^{-6} \times 6.0 = 2.4 \times 10^{-5}\,\text{C}$$

220

答 (ア) rlI (イ) rl_0I (ウ) $\dfrac{l}{l_0}E_0$

221

答 **0.10 Ω の抵抗を電流計に並列に接続する。**

検討 抵抗(分流器)を本体に並列に接続し，本体に 50 mA，分流器に，500 − 50 = 450 mA の電流を流す。本体と分流器の電圧降下は等しいから，分流器の抵抗値を R とすれば，$0.90 \times 50 = R \times 450$ より，$R = 0.10\,\Omega$

222

答 **90 kΩ の抵抗を電圧計に直列に接続する。**

検討 抵抗(倍率器)を本体に直列に接続し，本体に 3.0 V，倍率器に，30 − 3.0 = 27 V の電圧がかかるようにすればよい。このとき電圧計を流れる電流は，

$$I = \frac{3.0}{10 \times 10^3} = 3.0 \times 10^{-4}\,\text{A}$$

であるから，倍率器の抵抗 R は，

$$27 = R \times 3.0 \times 10^{-4}$$

よって，$R = 9.0 \times 10^4\,\Omega$

応用問題 ••••••••••••••••• 本冊 p.113

223

答 ① **1.5** ② **1.6** ③ **0.20**

検討 長さ$4l$〔m〕の金属線の抵抗をR〔Ω〕とすると，長さ$15l$〔m〕の金属線の抵抗は，断面積が同じだから，$\frac{15}{4}R$〔Ω〕となる。電池の起電力をE〔V〕，電池の内部抵抗をr〔Ω〕とすると，

$$1.28 = 1.6R \qquad 1.28 = E - 1.6r$$

$$0.50 \times \frac{15}{4}R = E - 0.50r$$

これから，$R = 0.80\,\Omega$，$E = 1.6\,\text{V}$，$r = 0.20\,\Omega$

①は $V = E - rI = 1.6 - 0.20 \times 0.50 = 1.5\,\text{V}$

224

答 **5個直列にしたものを10組並列にする。**
[10個並列にしたものを5組直列にする。]

検討 起電力を5倍の7.5Vにするためには，電池を5個直列にしなければならない。こうすると，内部抵抗が，$0.10 \times 5 = 0.50\,\Omega$になる。内部抵抗を$\frac{1}{10}$倍の$0.050\,\Omega$にするためには，これを10組並列にしなければならない。先に並列にしてから直列につないでもよい。

225

答 (1) $E_1 = R_1I_1 + R_4I_4 - R_5I_5$

(2) $I_4 = I_1 - I_3$，$I_5 = I_2 - I_1$，$I_6 = I_3 - I_2$

(3) $I_1 = I_2 = I_3 = 2.0\,\text{A}$

検討 (2) 点a，b，cに注目して，**キルヒホッフの第1法則**を適用する。

(3) 回路の対称性に着目すると，$I_4 = I_5 = I_6$

これと(2)の答えから，$I_1 = I_2 = I_3$

したがって，$I_4 = I_5 = I_6 = 0$

(1)の結果を用いると，$E_1 = R_1I_1$

よって，$I_1 = \frac{E_1}{R_1} = \frac{10}{5.0} = 2.0\,\text{A}$

226

答 $R_1R_4 = R_2R_3$

検討 開閉にかかわらず電流Iが一定になるためには，スイッチSを閉じても，スイッチSに電流が流れなければよいので，**ホイートストンブリッジの成立条件と同じ**である。

227

答 (1) **20Ω** (2) **30Ω** (3) **30Ω** (4) **0.50A**

検討 (1) Sを1側に入れても電流計に電流が流れないのは，QP′とQSの電位差が等しいときである。このとき，R_VにはQ→P′の向きの電流が流れ，R_Vの両端の電圧が60Vになっている。この電流は，電池E_1から，E_1→P→R_1→Q→R_V→P′→E_1と流れる。よって，R_1の両端の電圧は，$150 - 60 = 90\,\text{V}$

R_1を流れる電流は，**オームの法則**より，

$$I = \frac{V}{R_1} = \frac{90}{30} = 3.0\,\text{A}$$

R_Vにもこれと同じ電流が流れるから，

$$3.0 = \frac{60}{R_V} \quad \text{よって，} \quad R_V = 20\,\Omega$$

(2) R_Vに60Vの電圧が加わっていることは(1)と同じだから，R_1には3.0Aの電流が流れる。この電流はQ点で分かれ，1.0Aが電流計に流れるから，R_Vには2.0Aが流れる。したがって，**オームの法則**より，$2.0 = \frac{60}{R_V}$

よって，$R_V = 30\,\Omega$

(3) QとQ′の電位が等しくなるので，**ホイートストンブリッジが成立する。**

よって，$\frac{R_1}{R_V} = \frac{R_2}{R_3}$

これから，$R_V = \frac{R_1R_3}{R_2} = \frac{30 \times 60}{60} = 30\,\Omega$

(4)

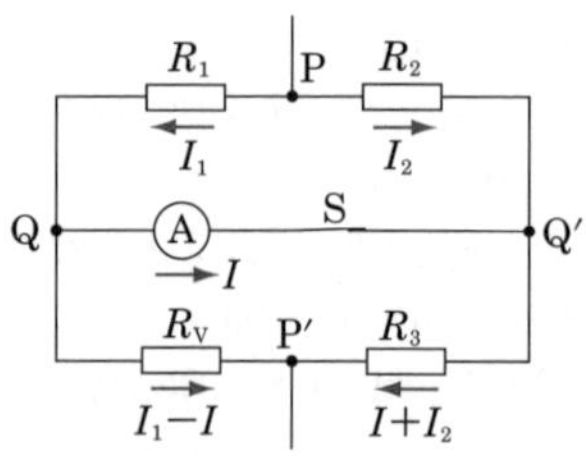

求める電流をI，R_1，R_2を流れる電流をI_1，I_2とし，それぞれの向きを上図のように仮定すると，R_Vを右向きに流れる電流は，$I_1 - I$，R_3を左向きに流れる電流は$I + I_2$となる。P→R_1→Q→R_V→P′→E_1→Pについて，**キルヒホッフの第2法則**を適用すると，

$150 = 30I_1 + 60(I_1 - I)$ ……①

回路 P → R_1 → Q → Q′ → R_2 → P について，**キルヒホッフの第 2 法則**を適用すると，

$0 = 30I_1 - 60I_2$ ……②

回路 Q → Q′ → R_3 → P′ → R_V → Q について，**キルヒホッフの第 2 法則**を適用すると，

$0 = 60(I + I_2) - 60(I_1 - I)$ ……③

①〜③より，$I = 0.50\,A$

228

答 ① **0.30** ② **1.0** ③ **0.50** ④ **2.0×10⁻⁶** ⑤ **5.0×10⁻⁷** ⑥ **1.5** ⑦ **1.5** ⑧ **6.0×10⁻⁶** ⑨ **1.0** ⑩ **4.0×10⁻⁶**

検討 ① S_1 を閉じた直後，コンデンサーにたくわえられた電気量は0なので，コンデンサーの極板間の電位差も0である。抵抗 R_1 に流れる電流を I_0 として，**キルヒホッフの第 2 法則**の式をつくれば，$3.0 = 10 \times I_0 + 0 + 0$

よって，$I_0 = \frac{3.0}{10} = 0.30\,A$

② S_1 を閉じてから，十分時間が経過すると，コンデンサーには電流が流れない。抵抗 R_2 に流れる電流を I とすれば，**キルヒホッフの第 2 法則**より，$3.0 = 10 \times I + 20 \times I + 30 \times I$

よって，$I = \frac{3.0}{60} = \frac{1}{20}$

オームの法則より，抵抗 R_2 にかかる電圧 V は，$V = 20 \times \frac{1}{20} = 1.0\,V$

③, ④ コンデンサー C_1 にかかる電圧を V_1，コンデンサー C_2 にかかる電圧を V_2 とし，コンデンサー C_1 の上側の極板にたくわえられる電気量を $+Q_1$，下側の極板にたくわえられる電気量を $-Q_1$，コンデンサー C_2 の上側の極板にたくわえられる電気量を $+Q_2$，下側の極板にたくわえられる電気量を $-Q_2$ とすれば，

電気量保存より， $0 = -Q_1 + Q_2$ ……(1)

コンデンサーでは $Q = CV$ が成り立つので，

$Q_1 = 1.0 \times 10^{-6} \times V_1$ ……(2)

$Q_2 = 4.0 \times 10^{-6} \times V_2$ ……(3)

キルヒホッフの第 2 法則の式をつくれば，

$0 = 20 \times \frac{1}{20} + 30 \times \frac{1}{20} - V_2 - V_1$ ……(4)

(1)式に(2)，(3)式を代入すれば，

$0 = -1.0 \times 10^{-6} \times V_1 + 4.0 \times 10^{-6} \times V_2$

これから， $V_1 = 4V_2$ ……(5)

(5)式を(4)式に代入して，$0 = 1.0 + 1.5 - V_2 - 4V_2$

よって，$V_2 = \frac{2.5}{5} = 0.50\,V$

この結果を(3)式に代入して，

$Q_2 = 4.0 \times 10^{-6} \times 0.50 = 2.0 \times 10^{-6}\,C$

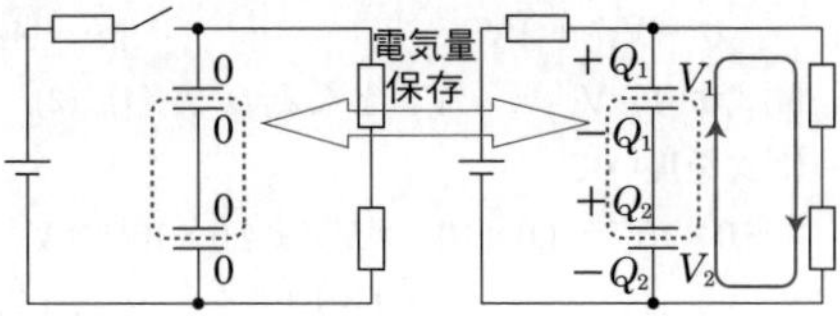

⑤ $U = \frac{1}{2}CV^2$ より，C_2 にたくわえられる静電エネルギー U_2 は，

$U_2 = \frac{1}{2} \times 4.0 \times 10^{-6} \times 0.50^2 = 5.0 \times 10^{-7}\,J$

⑥ S_2 も閉じてから十分時間が経過したとき，コンデンサーには電流が流れないので，抵抗 R_3 に流れる電流は $\frac{1}{20}$A である。よって，抵抗 R_3 の両端の電位差 V_3 は，

$V_3 = 30 \times \frac{1}{20} = 1.5\,V$

⑦ コンデンサー C_2 は，抵抗 R_3 と並列に接続されているので，その電圧は抵抗 R_3 にかかる電圧に等しい。

⑧ コンデンサー C_2 にたくわえられている電気量 Q_2' は，$Q_2' = 4.0 \times 10^{-6} \times 1.5 = 6.0 \times 10^{-6}\,C$

⑨ S_2 を開く前に，コンデンサー C_1 にたくわえられている電気量 Q_1' は，

$Q_1' = 1.0 \times 10^{-6} \times 20 \times \frac{1}{20} = 1.0 \times 10^{-6}\,C$

再び S_2 を開いてから，S_1 を開いた後，十分時間が経過したとき，コンデンサーには電流が流れない。このとき，コンデンサー C_1 にかかる電圧を V_1''，コンデンサー C_2 にかかる電圧を V_2'' とし，コンデンサー C_1 の上側の極

板にたくわえられる電気量を $+Q_1''$，下側の極板にたくわえられる電気量を $-Q_1''$，コンデンサー C_2 の上側の極板にたくわえられる電気量を $+Q_2''$，下側の極板にたくわえられる電気量を $-Q_2''$ とすれば，**電気量保存**より，

$$-1.0\times10^{-6}+6.0\times10^{-6}=-Q_1''+Q_2'' \quad \cdots\cdots(1)$$

$Q=CV$ より，

$$Q_1''=1.0\times10^{-6}\times V_1'' \quad \cdots\cdots(2)$$

$$Q_2''=4.0\times10^{-6}\times V_2'' \quad \cdots\cdots(3)$$

キルヒホッフの第2法則より，

$$0=V_1''+V_2'' \quad \cdots\cdots(4)$$

(4)式より，$V_1''=-V_2''$ となるので，(1)，(2)，(3)式を用いて，

$$5.0\times10^{-6}=1.0\times10^{-6}\times V_2''+4.0\times10^{-6}\times V_2''$$

よって，$V_2''=\dfrac{5.0\times10^{-6}}{1.0\times10^{-6}+4.0\times10^{-6}}=1.0\,\text{V}$

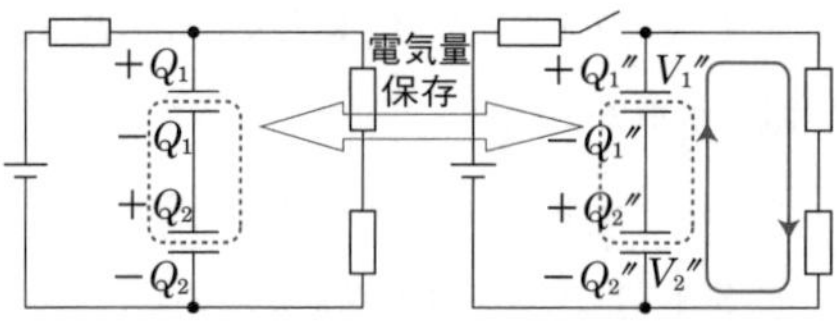

⑩ C_2 の極板Aにたくわえられる電気量は，

$$Q_2''=4.0\times10^{-6}\times1.0=4.0\times10^{-6}\,\text{C}$$

229

答 (1) $V=E-rI$

(2) 起電力：1.6V，内部抵抗：0.50 Ω

検討 (1) 可変抵抗の抵抗値を R とすれば，**キルヒホッフの第2法則**より，$E=RI+rI$

可変抵抗にかかる電圧は電池の端子電圧 V に等しいので，**オームの法則**より，$V=RI$

よって，$E=V+rI$　すなわち，$V=E-rI$

(2) 測定結果の点を通るように直線を引いたとき，**切片が起電力，傾きの絶対値が内部抵抗を表す**ので，

$$E=1.6\text{V} \qquad r=\frac{1.6-0.5}{2.2}=0.50\,\Omega$$

230

答 (1) $\dfrac{E_1}{rl+R_0+R_1}$

(2) $E_S=rL_SI$，$X=rLI$　(3) $\dfrac{L}{L_S}E_S$

検討 (1) Gに電流が流れないことから，抵抗線ABに流れる電流は I である。抵抗線の抵抗値は rl であるから，**キルヒホッフの第2法則**より，$E_1=rlI+R_0I+R_1I$

よって，$I=\dfrac{E_1}{rl+R_0+R_1}$

(2) 起電力が E_S の電池に接続したときの，抵抗線APの抵抗値は rL_S，起電力が X の電池に接続したときの，抵抗線APの抵抗値は rL であるから，それぞれの場合について**キルヒホッフの第2法則**の式をつくれば，

$$E_S=rL_SI \qquad X=rLI$$

(3) (2)の2式より，$\dfrac{E_S}{X}=\dfrac{L_S}{L}$

よって，$X=\dfrac{L}{L_S}E_S$

22 半導体と非直線抵抗

基本問題 ・・・・・・・・・・・・・・・・ 本冊 p.119

231

答 $E_1R_2\geqq E_2R_1$

検討 ダイオードDに電流が流れないのは，Aの電位がBの電位より大きいか等しいときである。Dに電流が流れないとき，回路 $E_1\to R_1\to A\to R_2\to E_2\to B\to E_1$ には等しい電流 I が流れる。その大きさは，**キルヒホッフの第2法則**より，$E_1+E_2=R_1I+R_2I$

よって，$I=\dfrac{E_1+E_2}{R_1+R_2}$

Bを基準として測ったAの電位 V_A は，

$$V_A=E_1-R_1I=E_1-\frac{R_1(E_1+E_2)}{R_1+R_2}=\frac{E_1R_2-E_2R_1}{R_1+R_2}$$

V_A が0または正であればよいから，

$E_1R_2-E_2R_1\geqq0$　　よって，$E_1R_2\geqq E_2R_1$

232

答　① npn　② p　③ n　④ n　⑤ p

233

答　エ

検討　ア　整流作用は，ダイオードでも可能。
イ　トランジスタの発熱は真空管より小さい。
ウ　トランジスタは小さい電流をよく制御する。

234

答　(1) $V = 8.0 - 20I$　(2) 下図　(3) 0.30 A

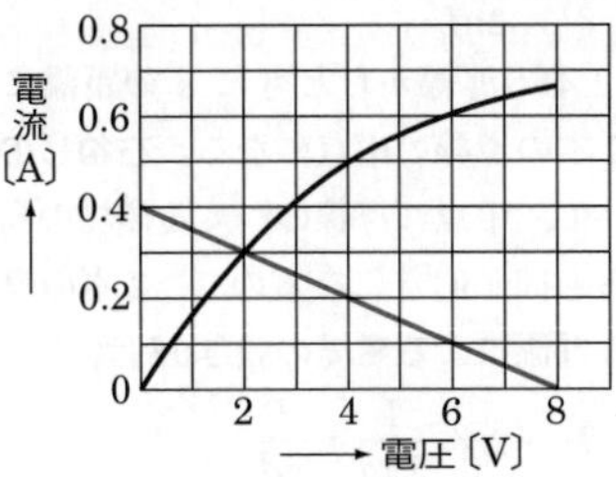

検討　(1) 電球と20Ωの抵抗を直列につないだ回路に電流 I が流れているとすると，20Ωの抵抗による電圧降下は $20I$ となるので，電圧の関係から，$V + 20I = 8.0$

よって，$V = 8.0 - 20I$

応用問題 ……………… 本冊 p.120

235

答　$\dfrac{R_1(R_1 + 2R_2)}{R_1 + R_2}$

検討　ダイオードDは，電圧が順方向のときは電流を流し，逆方向のときは流さない。これはちょうどスイッチと同じはたらきであるから，ダイオードをスイッチにかきかえると，電源の＋，－が変わるごとに，電流の向きが次図のように変わることがわかる。

どちら向きに流れても，R_1 と R_2 を並列にしたものに R_1 が直列になっている。R_1 と R_2 の並列部分の合成抵抗 R は，

$$\frac{1}{R} = \frac{1}{R_1} + \frac{1}{R_2} = \frac{R_1 + R_2}{R_1R_2}$$

これから，$R = \dfrac{R_1R_2}{R_1 + R_2}$

よって，全体の合成抵抗は，

$$R + R_1 = \frac{R_1R_2}{R_1 + R_2} + R_1 = \frac{R_1(R_1 + 2R_2)}{R_1 + R_2}$$

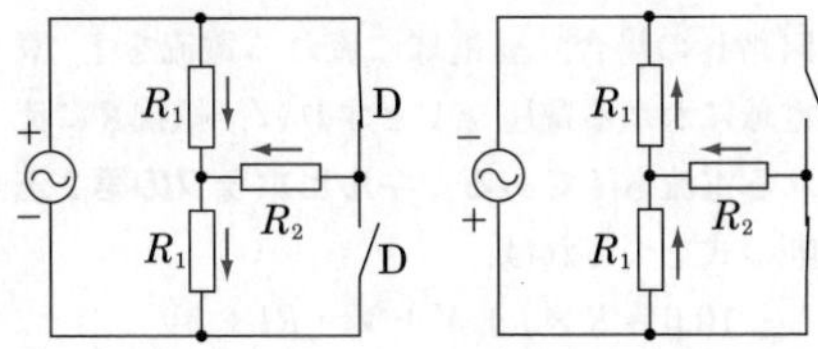

236

答　108V

検討　30Ωの抵抗に1.8Aの電流を流したときの電球の電圧を V〔V〕，電流を I〔A〕とすると，50Ωの抵抗にも V〔V〕の電圧がかかるから，50Ωの抵抗を流れる電流 I' は，$I' = \dfrac{V}{50}$

電流の関係から，$1.8 = I + I' = I + \dfrac{V}{50}$

上の式で表される**直線をグラフにかき，電球の特性曲線との交点を読みとる**と，$V = 54\,\text{V}$

一方，30Ωの抵抗による電圧降下は，

$30 \times 1.8 = 54\,\text{V}$ であるから，求める電圧は，

$$V + 54 = 54 + 54 = 108\,\text{V}$$

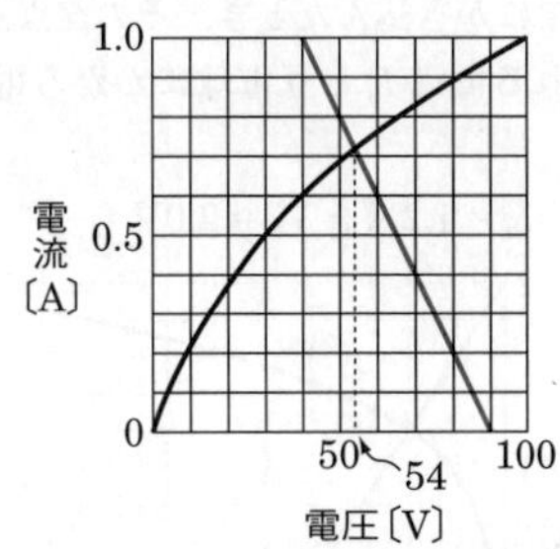

237

答　(1) ① コ　② ク　③ オ　④ キ　⑤ イ

(2) 回路 a：$10.0 = 2RI + V$

回路 b：$10.0 = RI + 2V$

(3) I_a：0.90 A，V_a：1.0 V，

I_b：1.2 A，V_b：2.0 V

検討　(2) 回路aの場合，豆電球に流れる電流をI，豆電球にかかる電圧をVとすれば，**キルヒホッフの第1法則**より，抵抗Rに流れる電流は$2I$となる。**キルヒホッフの第2法則**の式をつくれば，

$$10.0 = R \times 2I + V = 2RI + V$$

回路bの場合，豆電球に流れる電流をI，豆電球にかかる電圧をVとすれば，抵抗Rに流れる電流もIである。**キルヒホッフの第2法則**の式をつくれば，

$$10.0 = R \times I + V + V = RI + 2V$$

(3) 回路aの場合，(2)で求めた式のグラフを図1にかき込んだとき，その交点が豆電球に流れる電流I_aと豆電球にかかる電圧V_aを表す。

よって，$I_a = 0.90$ A，$V_a = 1.0$V

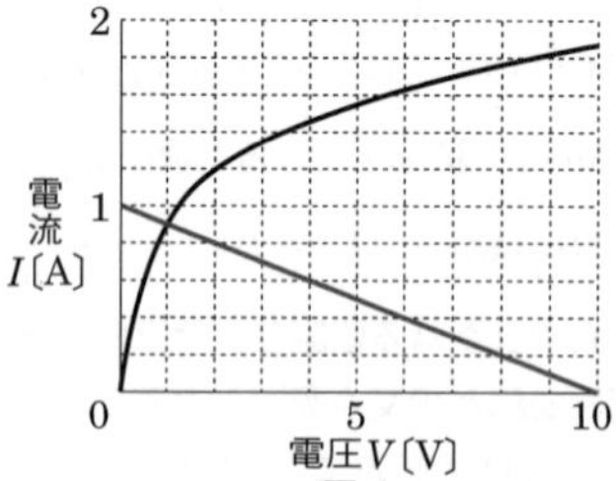

図1

回路bの場合も同様に，(2)で求めた式のグラフを図1にかき込んだとき，その交点が豆電球に流れる電流I_bと豆電球にかかる電圧V_bを表す。

よって，$I_b = 1.2$ A，$V_b = 2.0$V

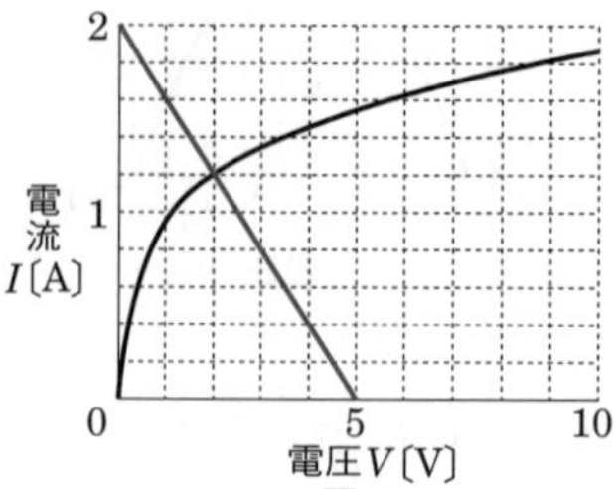

図1

23 電流と磁場

基本問題 ••••••••••••••••••• 本冊 p.122

238

答　(1) ア　(2) $H=\dfrac{I}{2\pi L}$　(3) $\dfrac{I}{\pi d}$

検討　(1) 電流によってできる磁場の向きから，**右ねじの法則**を用いると，導線に流れる電流の向きは**ア**の向きであることがわかる。

(2) 直線電流のつくる磁場 $H=\dfrac{I}{2\pi r}$ より，

$$H=\frac{I}{2\pi L}$$

(3) 2本の導線からともにdの距離にある点は2本の導線の中点になる。**右ねじの法則**を用いて，中点に導線のつくる磁場の向きはどちらも同じ向きになるので，2本の導線に流れる電流による磁場の強さHは，

$$H = 2 \times \frac{I}{2\pi d} = \frac{I}{\pi d}$$

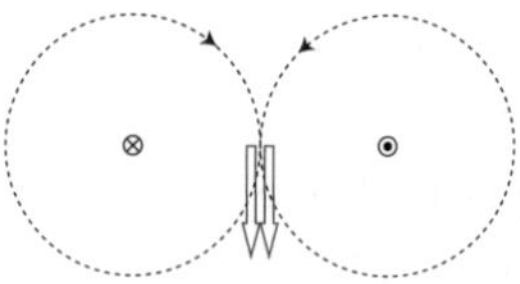

239

答　強さ：**3.8 A/m**，向き：表から裏向き

検討　$H=\dfrac{I}{2r}$ より，

$$H=\frac{1.5}{2\times 0.20}=3.75 \fallingdotseq 3.8\ \text{A/m}$$

240

答　強さ：**800 A/m**，向き：左向き

検討　コイルの単位長さあたりの巻き数nは，

$$n=\frac{500}{0.25}=2000\ 回/\text{m}$$

$H = nI$ より，$H = 2000 \times 0.40 = 800$ A/m

241

答　(1) 強さ：$\dfrac{I}{2\pi a}$，向き：y軸負の向き

(2) 強さ：$\dfrac{I}{\pi a}$, 向き：y 軸負の向き

(3) 強さ：$\dfrac{I}{2\pi a}$, 向き：y 軸負の向き

検討 (1) 導線 A から原点 O までの距離は a であるから，導線 A を流れる電流が原点 O につくる磁場の強さ H_A は，$H_A=\dfrac{I}{2\pi a}$ で，向きは**右ねじの法則**より y 軸負の向きである。
(2) 導線 B から原点 O までの距離は a であるから，導線 B を流れる電流が原点 O につくる磁場の強さ H_B は，$H_B=\dfrac{I}{2\pi a}$ で，向きは**右ねじの法則**より y 軸負の向きである。
原点 O につくる磁場は，導線 A の電流がつくる磁場と導線 B の電流がつくる磁場のベクトル和である。どちらの磁場も y 軸負の向きなので，合成磁場の向きは y 軸負の向きで，その強さ H_O は，$H_O=\dfrac{I}{2\pi a}+\dfrac{I}{2\pi a}=\dfrac{I}{\pi a}$
(3) 導線 A から $(0,\ a)$ までの距離は $\sqrt{2}a$ であるから，導線 A を流れる電流が $(0,\ a)$ につくる磁場の強さ H_A' は，$H_A'=\dfrac{I}{2\pi\times\sqrt{2}a}$
導線 B から $(0,\ a)$ までの距離は $\sqrt{2}a$ であるから，導線 B を流れる電流が $(0,\ a)$ につくる磁場の強さ H_B' は，$H_B'=\dfrac{I}{2\pi\times\sqrt{2}a}$
磁場の向きは下図のようになるので，導線 A の電流がつくる磁場と導線 B の電流がつくる**磁場のベクトル和を考える**と，y 軸負の向きで強さ H は，$H=\sqrt{2}\times\dfrac{I}{2\pi\times\sqrt{2}a}=\dfrac{I}{2\pi a}$

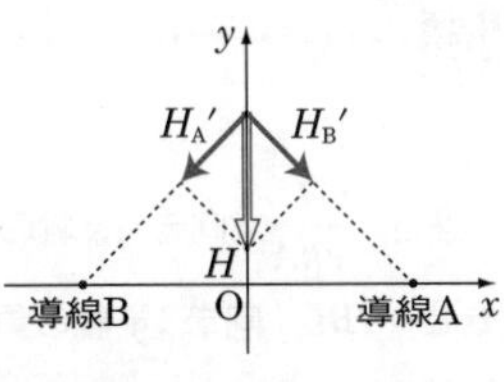

応用問題 ………………… 本冊 p.124

242

答 (1) $\dfrac{I}{2\pi r}$

(2) 右図

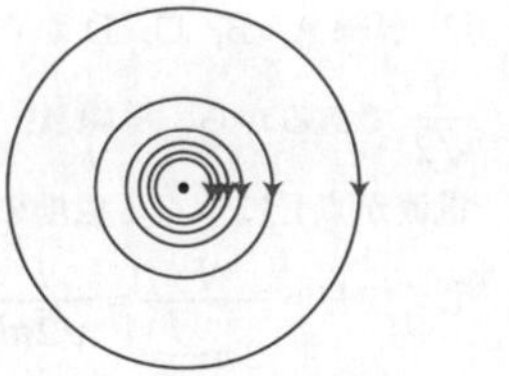

(3) 下図

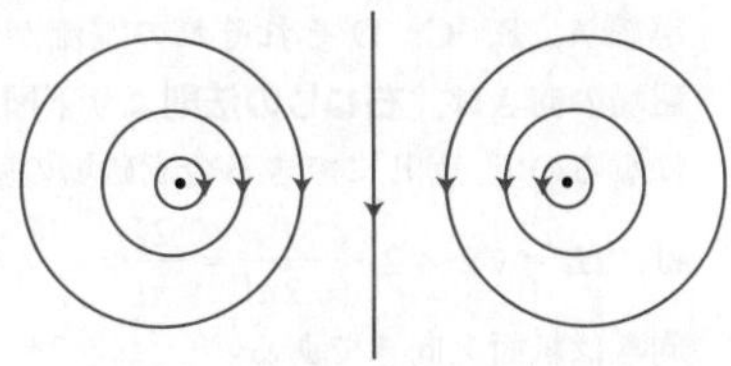

243

答 (1) 導線 B：$\dfrac{I}{2\pi l}$，導線 C：$\dfrac{I}{2\sqrt{2}\pi l}$，
導線 D：$\dfrac{I}{2\pi l}$，合成磁場：$\dfrac{3\sqrt{2}I}{4\pi l}$

(2) 大きさ：$\dfrac{2I}{\pi l}$，向き：紙面上向き

検討 (1) 導線 B から導線 A までの距離は l であるから，導線 B に流れる電流が導線 A の位置につくる磁場の強さ H_B は，$H_B=\dfrac{I}{2\pi l}$
導線 C から導線 A までの距離は $\sqrt{2}l$ であるから，導線 C に流れる電流が導線 A の位置につくる磁場の強さ H_C は，

$$H_C=\frac{I}{2\pi\times\sqrt{2}l}=\frac{I}{2\sqrt{2}\pi l}$$

導線 D から導線 A までの距離は l であるから，導線 D に流れる電流が導線 A の位置につくる磁場の強さ H_D は，$H_D=\dfrac{I}{2\pi l}$
これらの磁場は**右ねじの法則**より，下図のようになるので，合成磁場の強さは，
$H=\sqrt{2}H_B+H_C=\dfrac{\sqrt{2}I}{2\pi l}+\dfrac{I}{2\sqrt{2}\pi l}=\dfrac{3\sqrt{2}I}{4\pi l}$

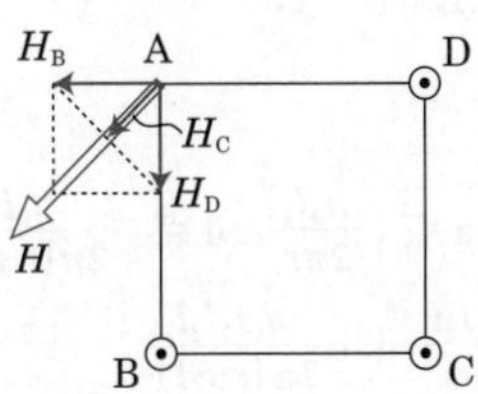

(2) 導線A，B，C，Dから点Eまでの距離は $\frac{l}{\sqrt{2}}$ であるから，導線A，B，C，Dを流れる電流が点Eにつくる磁場の強さ H はすべて等しく，$H = \frac{I}{2\pi\frac{l}{\sqrt{2}}} = \frac{I}{\sqrt{2}\pi l}$

導線A，B，C，Dそれぞれの電流がつくる磁場の向きは，**右ねじの法則**より下図のようになるので，点Eにできる合成磁場の強さ H_E は，$H_E = \sqrt{2} \times 2 \cdot \frac{I}{\sqrt{2}\pi l} = \frac{2I}{\pi l}$

向きは紙面上向きである。

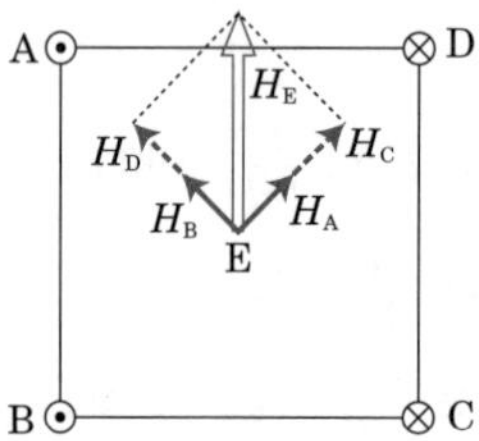

24 磁場が電流におよぼす力

基本問題　本冊 p.125

244

答　20N

検討　$F = 2.0 \times 20 \times 0.50 = 20\,\text{N}$

245

答　大きさ：1.2×10^{-7}N，種類：引力

検討　片方の電流が他方の電流の場所につくる磁場の強さ H は，$H = \frac{1.5}{2 \times 3.14 \times 0.40}$

$$F = 1.5 \times 1.3 \times 10^{-7} \times \frac{1.5}{2 \times 3.14 \times 0.40} \times 1$$
$$\fallingdotseq 1.2 \times 10^{-7}\,\text{N}$$

246

答　(1) a点：$\frac{\mu_0 I_1}{2\pi r}$，d点：$\frac{\mu_0 I_1}{2\pi(r+l)}$

(2) $\frac{\mu_0 I_1 I_2 l}{2\pi r}$　(3) $\frac{\mu_0 I_1 I_2 l}{2\pi(r+l)}$

(4) 大きさ：$\frac{\mu_0 I_1 I_2 l^2}{2\pi r(r+l)}$，向き：b→c

検討　(1) 直線電流がa点につくる磁場の強さ H_a は，$H_a = \frac{I_1}{2\pi r}$

磁束密度は $B = \mu H$ で求められるので，a点における磁束密度 B_a は，

$$B_a = \mu_0 H_a = \mu_0 \times \frac{I_1}{2\pi r} = \frac{\mu_0 I_1}{2\pi r}$$

直線電流がd点につくる磁場の強さ H_d は，

$$H_d = \frac{I_1}{2\pi(r+l)}$$

d点における磁束密度 B_d は，

$$B_d = \mu_0 H_d$$
$$= \mu_0 \times \frac{I_1}{2\pi(r+l)} = \frac{\mu_0 I_1}{2\pi(r+l)}$$

(2) $F = IBl$ より，回路の辺abが受ける力の大きさ F_{ab} は，

$$F_{ab} = I_2 \times \frac{\mu_0 I_1}{2\pi r} \times l = \frac{\mu_0 I_1 I_2 l}{2\pi r}$$

(3) 回路の辺cdが受ける力の大きさ F_{cd} は，

$$F_{cd} = I_2 \times \frac{\mu_0 I_1}{2\pi(r+l)} \times l = \frac{\mu_0 I_1 I_2 l}{2\pi(r+l)}$$

(4) **フレミングの左手の法則**より，辺abにはたらく力の向きはb→c，辺cdにはたらく力の向きはc→bである。力の大きさは $F_{ab} > F_{cd}$ なので，正方形回路全体が受ける力の向きはb→cである。正方形回路全体が，直線電流がつくる磁場から受ける力の大きさ F_1 は，

$$F_1 = \frac{\mu_0 I_1 I_2 l}{2\pi r} - \frac{\mu_0 I_1 I_2 l}{2\pi(r+l)} = \frac{\mu_0 I_1 I_2 l^2}{2\pi r(r+l)}$$

応用問題　本冊 p.127

247

答　(1) 速さ：$\frac{I}{enA}$，向き：x 軸の負の向き

(2) 大きさ：IBL，向き：y 軸の負の向き

検討　(1) 電子の速さを v とすれば，$I = enAv$ となるので，$v = \frac{I}{enA}$ である。

電子の運動の向きは x 軸の負の向きである。

(2) 電子が磁場と垂直に速さ $\frac{I}{enA}$ で運動する

ので，電子にはたらくローレンツ力の大きさ f は，$f = e \times \dfrac{I}{enA} \times B = \dfrac{IB}{nA}$

導線の中に含まれる電子の数は nAL であるから，$F = nAL \times \dfrac{IB}{nA} = IBL$

向きは**フレミングの左手の法則**から，y 軸の負の向きとなる。

テスト対策

ローレンツ力の向きは，運動している荷電粒子のもっている電荷が

正の場合：電流の向き→荷電粒子の運動と同じ向き

負の場合：電流の向き→荷電粒子の運動と逆向き

として，フレミングの左手の法則を使う。

248

答　(1) 時計回り　(2) $iBad\sin\theta$

検討　(1) 図の状態ではOからPの向きに電流が流れるので，**フレミングの左手の法則**より z 軸の負方向に力がはたらく。よって，コイルの回転方向は時計回りである。

(2) 辺OPに流れる電流が磁場から受ける力の大きさは iBa であり，回転軸から辺OPにはたらく力の作用線までの距離は $\dfrac{d}{2}\sin\theta$ であるから，回転軸のまわりの辺OPにはたらく力のモーメントは，

$$iBa \times \frac{d}{2}\sin\theta = \frac{1}{2}iBad\sin\theta$$

である。また，辺QRにはたらく力のモーメントも $\dfrac{1}{2}iBad\sin\theta$ なので，巻線にかかる偶力のモーメントは，

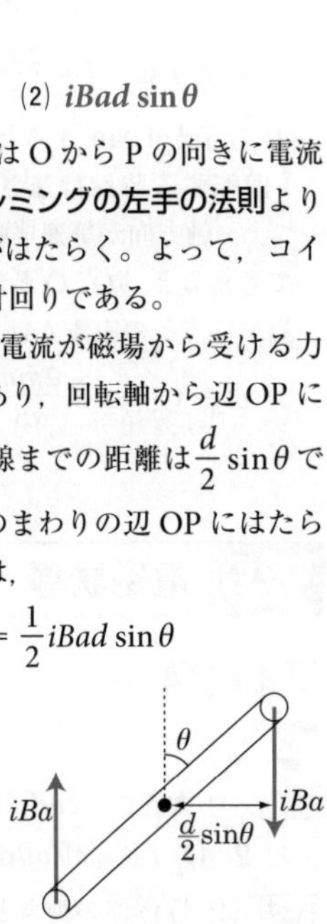

$$\frac{1}{2}iBad\sin\theta + \frac{1}{2}iBad\sin\theta = iBad\sin\theta$$

249

答　(1) $v = \sqrt{\dfrac{2qEd}{m}}$，$t = \sqrt{\dfrac{2md}{qE}}$

(2) $\dfrac{1}{B}\sqrt{\dfrac{2mEd}{q}}$　(3) $\sqrt{2}$ 倍

(4) $\dfrac{2(2-\sqrt{2})}{B}\sqrt{\dfrac{mEd}{q}}$

検討　(1) 極板間の電場から qE の力を受けるので，粒子に生じる加速度の大きさを a とすれば，運動方程式は，$ma = qE$

粒子はPQ間を加速度 $\dfrac{qE}{m}$ で**等加速度直線運動**をする。よって，Q点に達したときの速さ v は，$v^2 - v_0{}^2 = 2ax$ より，

$$v^2 = 2 \times \frac{qE}{m} \times d \qquad よって，v = \sqrt{\frac{2qEd}{m}}$$

また，$x = v_0t + \dfrac{1}{2}at^2$ より，

$$d = \frac{1}{2} \times \frac{qE}{m} \times t^2 \qquad よって，t = \sqrt{\frac{2md}{qE}}$$

（別解）　粒子は**電場からされた仕事だけ運動エネルギーが増加する**ので，

$$\frac{1}{2}mv^2 = qEd \qquad よって，v = \sqrt{\frac{2qEd}{m}}$$

また，粒子は**加えられた力積だけ運動量が増加する**ので，$mv = qEt$

よって，

$$t = \frac{mv}{qE} = \frac{m}{qE} \times \sqrt{\frac{2qEd}{m}} = \sqrt{\frac{2md}{qE}}$$

(2) 粒子は qvB のローレンツ力を受けて半径 r の**等速円運動**を行うので，$m\dfrac{v^2}{r} = qvB$

よって，

$$r = \frac{mv}{qB} = \frac{m}{qB} \times \sqrt{\frac{2qEd}{m}} = \frac{1}{B}\sqrt{\frac{2mEd}{q}}$$

(3) S点に達したときの速さを v' とすれば，

$$\frac{1}{2}mv'^2 - \frac{1}{2}mv^2 = qEd$$

となるので，$\dfrac{1}{2}mv'^2 = 2qEd$

これから，$v' = 2\sqrt{\dfrac{qEd}{m}}$

$$よって，\frac{v'}{v} = \frac{2\sqrt{\dfrac{qEd}{m}}}{\sqrt{\dfrac{2qEd}{m}}} = \sqrt{2}$$

(4) 粒子がS点からT点に達するまで，ローレンツ力による**等速円運動**をするので，その半径を R とすれば，$m\dfrac{(v')^2}{R}=qv'B$
これから，

$$R=\frac{mv'}{qB}=\frac{m}{qB}\times 2\sqrt{\frac{qEd}{m}}=\frac{2}{B}\sqrt{\frac{mEd}{q}}$$

よって，距離PTは，

$$\begin{aligned}PT&=2R-2r\\&=2\left(\frac{2}{B}\sqrt{\frac{mEd}{q}}-\frac{1}{B}\sqrt{\frac{2mEd}{q}}\right)\\&=\frac{2(2-\sqrt{2})}{B}\sqrt{\frac{mEd}{q}}\end{aligned}$$

250

答　① $enacv$　② evB　③ 正
④ ローレンツ力　⑤ 低く　⑥ $\dfrac{V_2}{a}$
⑦ $evB=e\dfrac{V_2}{a}$　⑧ $\dfrac{IB}{enc}$

検討　⑧ ①より，$I=enacv$ であるから，

$$v=\frac{I}{enac}$$

⑦の力のつり合いの式 $evB=e\dfrac{V_2}{a}$ より，
$e\dfrac{I}{enac}B=e\dfrac{V_2}{a}$ となるので，$V_2=\dfrac{IB}{enc}$

251

答　① qE　② $\dfrac{qE}{m}$　③ $\dfrac{mv}{qE}(\sin\theta-\cos\theta)$
④ $\dfrac{mv^2}{2qE}(\sin^2\theta-\cos^2\theta)$
⑤ $\dfrac{mv}{qB}$　⑥ $\dfrac{2\pi m}{qB}$　⑦ $\dfrac{2\pi mv\cos\theta}{qB}$

検討　① $F=qE$ より，粒子にはたらく力の大きさは qE である。
② 加速度の大きさを a とすれば，$ma=qE$
よって，$a=\dfrac{qE}{m}$
③ 初速度の x 軸方向の成分は $v\cos\theta$，x 軸に垂直な方向の成分は $v\sin\theta$ である。力は x 軸方向のみにはたらくので，x 軸に垂直な方向の成分は変わらない。点Pで x 軸に垂直な方向の成分は $v\sin\theta$ であり，点Pで粒子の運動方向が x 軸と45°の角度をなしていることから，点Pでの x 軸方向の成分も $v\sin\theta$ である。x 軸方向は加速度 $\dfrac{qE}{m}$ の等加速度直線運動になるので，原点Oから点Pに到達するまでの時間を t とすれば，

$$v\sin\theta=v\cos\theta+\frac{qE}{m}t$$

よって，$t=\dfrac{mv}{qE}(\sin\theta-\cos\theta)$
④ 点Pの x 座標は，

$$\begin{aligned}x&=v\cos\theta\cdot t+\frac{1}{2}\times\frac{qE}{m}\times t^2\\&=v\cos\theta\times\frac{mv}{qE}(\sin\theta-\cos\theta)\\&\quad+\frac{qE}{2m}\times\frac{m^2v^2}{q^2E^2}(\sin\theta-\cos\theta)^2\\&=\frac{mv^2}{2qE}(\sin^2\theta-\cos^2\theta)\end{aligned}$$

⑤ 円運動の半径を r として円運動の方程式をつくれば，$m\dfrac{v^2}{r}=qvB$　よって，$r=\dfrac{mv}{qB}$
⑥ 周期 T は，$T=\dfrac{2\pi r}{v}=\dfrac{2\pi}{v}\times\dfrac{mv}{qB}=\dfrac{2\pi m}{qB}$
⑦ 粒子が1回転すると再び x 軸を通過する。1回転する時間は速さや半径に関係ないので，x 軸方向が等速運動をすることとあわせて考えると，原点Oと粒子が最初に x 軸を通過する点との距離 L は，

$$L=v\cos\theta\times\frac{2\pi m}{qB}=\frac{2\pi mv\cos\theta}{qB}$$

25 電磁誘導

基本問題 …………………… 本冊 p.130

252

答　(1) 大きさ：evB，向き：P→Q
(2) P　(3) vB　(4) vBd

検討　(1) 導体棒の動きとともに電子も速さ v で運動するので，電子にはたらくローレンツ力 f は，$f=evB$
(2) 電子にはたらくローレンツ力はP→Qの

向きなので，P 側の電位が高い。

(3) 導体棒内の電場の強さを E とすれば，**ローレンツ力と電気力がつり合う**ので，$eE = evB$
よって，$E = vB$

(4) 導体棒の両端 PQ 間の電位差の大きさを V とすれば，導体棒内には一様な電場ができるので，$E = \dfrac{V}{d}$
よって，$V = Ed = vBd$

253

答 (1) $\dfrac{1}{2}Bl^2\omega$　(2) P

検討 (1) 時間 Δt 間に導体棒は $\omega\Delta t$ 回転するので，導体棒を横切った磁束 $\Delta\Phi$ は，

$$\Delta\Phi = B \times \pi l^2 \times \frac{\omega\Delta t}{2\pi} = \frac{1}{2}Bl^2\omega\Delta t$$

である。よって，導体棒の両端間に生じる起電力の大きさ V は，

$$V = \frac{\Delta\Phi}{\Delta t} = \frac{\frac{1}{2}Bl^2\omega\Delta t}{\Delta t} = \frac{1}{2}Bl^2\omega$$

(2) 導体棒には，**運動を妨げる向きに力がはたらくように誘導起電力が生じる**ので，P のほうが電位が高い。

注：誘導起電力を生じる導体棒内には，電位の低いほうから高いほうに電流が流れる。

254

答 (1) a^2b　(2) D → C → B → A

検討 (1) 時刻 t においてコイルを貫く磁束は $a^2B(t)$ であり，時刻 $t + \Delta t$ においてコイルを貫く磁束は $a^2B(t + \Delta t)$ であるから，時間 Δt 間での磁束の増加量 $\Delta\Phi$ は，

$$\Delta\Phi = a^2B(t + \Delta t) - a^2B(t) = a^2b\Delta t$$

よって，コイルに生じる誘導起電力の大きさ V は，$V = \dfrac{\Delta\Phi}{\Delta t} = \dfrac{a^2b\Delta t}{\Delta t} = a^2b$

(2) 時間とともにコイルを貫く上向きの磁束が増加するので，下向きの磁場をつくるように誘導電流が流れる。**右ねじの法則**より，誘導電流の向きは D → C → B → A である。

テスト対策

誘導電流の向きはレンツの法則を用いるとわかりやすい。

①貫く磁束の変化を妨げる向き
磁束が増える→磁束を減らすように誘導電流が流れる。(右ねじの法則)
磁束が減る→磁束を増やすように誘導電流が流れる。(右ねじの法則)

②導体棒の運動を妨げる向き
導体棒（コイル）の運動と逆向きに力がはたらくように誘導電流が流れる。(フレミングの左手の法則)

255

答 ① $-N\dfrac{\Delta\Phi}{\Delta t}$　② $M\dfrac{\Delta\Phi}{\Delta t}$　③ $-\dfrac{N}{M}$

検討 ① **電磁誘導の法則**よりコイル 1 に生じる誘導起電力 V_1 は，$V_1 = -N\dfrac{\Delta\Phi}{\Delta t}$

② コイル 2 に生じる誘導起電力 V_2 は，

$$V_2 = M\frac{\Delta\Phi}{\Delta t}$$

③ ①，②の結果より，$\dfrac{V_1}{V_2} = \dfrac{-N\dfrac{\Delta\Phi}{\Delta t}}{M\dfrac{\Delta\Phi}{\Delta t}} = -\dfrac{N}{M}$

応用問題

本冊 p.132

256

答 (1) $vBL\cos\theta$　(2) $\dfrac{vBL\cos\theta}{R}$

(3) $ma = mg(\sin\theta - \mu'\cos\theta) - \dfrac{vB^2L^2\cos\theta}{R}(\mu'\sin\theta + \cos\theta)$

(4) $\dfrac{mgR(\sin\theta - \mu'\cos\theta)}{B^2L^2\cos\theta(\mu'\sin\theta + \cos\theta)}$

検討 (1) 導体棒が時間 Δt の間に横切る磁束 $\Delta\Phi$ は，$\Delta\Phi = BLv\Delta t\cos\theta$ であるから，導体棒に生じる誘導起電力の大きさ V は，

$$V = \frac{\Delta\Phi}{\Delta t} = vBL\cos\theta$$

(2) 抵抗を含む回路に流れる誘導電流の大きさをIとすれば，**キルヒホッフの第2法則**より，$vBL\cos\theta = RI$となり，$I = \dfrac{vBL\cos\theta}{R}$

(3) 誘導電流が磁場から受ける力の大きさFは，$F = IBL = \dfrac{vBL\cos\theta}{R}BL = \dfrac{vB^2L^2\cos\theta}{R}$ で，磁場と電流に垂直にはたらく。

導体棒にはたらく垂直抗力の大きさNは，

$$N = mg\cos\theta + \frac{vB^2L^2\cos\theta}{R}\sin\theta$$

よって，導体棒のx方向の運動方程式は，

$$ma = mg\sin\theta - \mu' N - F\cos\theta$$

これに上のF，Nを代入して，

$$ma = mg(\sin\theta - \mu'\cos\theta) - \frac{vB^2L^2\cos\theta}{R}(\mu'\sin\theta + \cos\theta)$$

(4) 導体棒のx方向の速度が一定値v_fになると，$a = 0$であるから，(3)の運動方程式より，

$$0 = mg(\sin\theta - \mu'\cos\theta) - \frac{v_fB^2L^2\cos\theta}{R}(\mu'\sin\theta + \cos\theta)$$

よって，$v_f = \dfrac{mgR(\sin\theta - \mu'\cos\theta)}{B^2L^2\cos\theta(\mu'\sin\theta + \cos\theta)}$

257

答 (1) $\dfrac{I}{2\pi r}$ (2) $\dfrac{\mu_0 evI}{2\pi r}$ (3) $\dfrac{\mu_0 evIL}{2\pi r}$

(4) $\dfrac{\mu_0 evILK}{2\pi r(r+K)}$ (5) $\dfrac{\mu_0 vILK}{2\pi r(r+K)}$

検討 (1) 導線を流れる電流Iによって発生する磁場の辺ABの位置における強さHは，

$$H = \frac{I}{2\pi r}$$

(2) 電子はABとともに，磁場中を一定の速度vで運動するので，電子の受けるローレンツ力Fは，$F = ev\mu_0 H = ev\mu_0\dfrac{I}{2\pi r} = \dfrac{\mu_0 evI}{2\pi r}$

(3) 電子が辺ABのAからBまで動くとき，ローレンツ力Fがする仕事W_{AB}は，

$$W_{AB} = FL = \frac{\mu_0 evIL}{2\pi r}$$

(4) 電子が辺BCと辺DAを運動するとき，電子の運動方向とローレンツ力は垂直なので，ローレンツ力は仕事をしない。導線を流れる電流Iによって発生する磁場の辺CDの位置における強さH'は，$H' = \dfrac{I}{2\pi(r+K)}$であるから，電子の受けるローレンツ力$F'$は，

$$F' = ev\mu_0 H' = ev\mu_0\frac{I}{2\pi(r+K)} = \frac{\mu_0 evI}{2\pi(r+K)}$$

よって，辺CDを動くときの仕事W_{CD}は，

$$W_{CD} = F'L = \frac{\mu_0 evI}{2\pi(r+K)}L = \frac{\mu_0 evIL}{2\pi(r+K)}$$

電子がループを1周するときに，ローレンツ力がする仕事Wは，

$$W = W_{AB} - W_{CD} = \frac{\mu_0 evIL}{2\pi r} - \frac{\mu_0 evIL}{2\pi(r+K)} = \frac{\mu_0 evILK}{2\pi r(r+K)}$$

(5) $W = qV$より，ループに生じる起電力Vによってされた仕事はeVであるから，

$eV = \dfrac{\mu_0 evILK}{2\pi r(r+K)}$となり，$V = \dfrac{\mu_0 vILK}{2\pi r(r+K)}$

(補足) 一般的にこのようなコイルに生じる誘導起電力を求める方法は，$V = vBL$を用いて，辺ABに生じる起電力V_1と辺CDに生じる起電力V_2の和として求める。V_1とV_2はコイルのループでは逆向きに起電力を生じるので，実際には差になる。

$$V_1 = v\mu_0 HL = \frac{\mu_0 vIL}{2\pi r}$$

$$V_2 = v\mu_0 H'L = \frac{\mu_0 vIL}{2\pi(r+K)}$$

であるから，

$$V = V_1 - V_2 = \frac{\mu_0 vIL}{2\pi r} - \frac{\mu_0 vIL}{2\pi(r+K)} = \frac{\mu_0 vILK}{2\pi r(r+K)}$$

258

答 (1) 強さ：$\dfrac{(v_1 - v_2)BL}{R}$

向き：y軸の正の向き

(2) 棒1：大きさ…$\dfrac{(v_1 - v_2)B^2L^2}{R}$

向き…x軸の負の向き

棒2：大きさ…$\dfrac{(v_1 - v_2)B^2L^2}{R}$

向き…x軸の正の向き

(3) **棒1：カ，棒2：エ**

検討 (1) 棒1に生じる誘導起電力 V_1 は，

$V_1 = v_1BL$

棒2に生じる誘導起電力 V_2 は，$V_2 = v_2BL$

棒1を流れる電流の強さを I とすれば，**キルヒホッフの第2法則**より，$v_1BL - v_2BL = RI$

これから，$I = \dfrac{(v_1 - v_2)BL}{R}$

この電流の向きは，棒の運動を妨げるように，誘導電流に力がはたらくので，**フレミングの左手の法則**より y 軸の正の向きである。

(2) 棒1にはたらく力の大きさ F_1 は，

$$F_1 = IBL = \frac{(v_1 - v_2)BL}{R}BL = \frac{(v_1 - v_2)B^2L^2}{R}$$

であり，向きは x 軸の負の向きである。

棒2に流れる電流も棒1に流れる電流 I と等しいので，棒2にはたらく力の大きさ F_2 も，

$$F_2 = IBL = \frac{(v_1 - v_2)BL}{R}BL = \frac{(v_1 - v_2)B^2L^2}{R}$$

であり，向きは x 軸の正の向きである。

(3) 最終的には，1回りのコイル部分を貫く磁束が変化しなくなるので，棒1と棒2は同じ速度で同じ方向に運動することになる。棒1の速さは最初 v_0 で，棒2の速さは最初0である。よって，棒1はカ，棒2はエであることがわかる。

259

答 (1) 強さ：$\dfrac{vBa}{R}$，向き：ア→イ

(2) $\dfrac{vB^2a^2}{R}$　(3) Mg　(4) $\dfrac{MgR}{B^2a^2}$

(5) $\dfrac{v^2B^2a^2}{R}$　(6)「検討」参照

検討 (1) 導体棒は，磁束密度 B の一様な磁場内を，一定の速さ v で運動しているので，導体棒に生じる誘導起電力は vBa である。導体棒に流れる電流を I とすれば，**キルヒホッフの第2法則**より，$vBa = RI$

よって，$I = \dfrac{vBa}{R}$

導体棒の運動により，導体棒と抵抗をつなぐ1回りの回路を貫く磁束が増えるので，磁束の増加を妨げるような鉛直下向きの磁場をつくるような誘導電流が流れる。鉛直下向きの磁場をつくるためには，**右ねじの法則**より，導体棒に流れる電流の向きは**ア→イ**である。

(2) $F = IBl$ より，導体棒が磁場から受ける力の大きさ F は，$F = \dfrac{vBa}{R} \times Ba = \dfrac{vB^2a^2}{R}$

(3) 導体棒が等速で運動しているとき，物体Aも等速で運動する。したがって，物体Aにはたらく力の合力は0である。物体Aにはたらく張力の大きさを T とすれば，力のつり合いの式より，$T = Mg$ となる。

(4) 導体棒も等速直線運動を行っているので，導体棒にはたらく力のつり合いを考えると，

$$\frac{vB^2a^2}{R} = Mg \qquad \text{よって，} v = \frac{MgR}{B^2a^2}$$

(5) 抵抗に流れる電流も $\dfrac{vBa}{R}$ であるから，抵抗での消費電力 P は，

$$P = RI^2 = R\left(\frac{vBa}{R}\right)^2 = \frac{v^2B^2a^2}{R}$$

(6) 物体Aと導体棒は等速で運動しているので，運動エネルギーは変化しない。変化するのは物体Aの位置エネルギーである。よって，単位時間あたりの力学的エネルギーの減少量 ΔE は，

$$\Delta E = Mgv = Mg \times \frac{MgR}{B^2a^2} = \frac{M^2g^2R}{B^2a^2}$$

(5)の結果に(4)の結果を代入すると，

$$P = \frac{\left(\dfrac{MgR}{B^2a^2}\right)^2 \times B^2a^2}{R} = \frac{M^2g^2R}{B^2a^2}$$

よって，単位時間あたりに抵抗で発生するジュール熱が，物体Aと導体棒の単位時間あたりの力学的エネルギーの総和の減少量に等しいことがわかるので，h だけ降下した場合にも等しいといえる。

260

答 (1) 上から見て反時計回り

(2) アルミニウム円板の $\mathbf{Q} \to \mathbf{P}$ の向き

(3) $\dfrac{1}{2}a^2$ (4) $\dfrac{V}{bB}$

検討 (1) 電流はアルミニウム円板をP→Qの向きに流れ，磁場は上向きなので，**フレミングの左手の法則**より，アルミニウム円板は上から見て反時計回りに回る。

(2) アルミニウム円板を回転させると，**回転を妨げる向きに誘導電流が流れる**。回転の向きと逆向きに力がはたらくと考えて**フレミングの左手の法則**を用いると，アルミニウム円板をQ→Pの向きに電流が流れることがわかる。

(3) アルミニウム円板が時間Δt間に回転する角度は$\omega\Delta t$であるから，アルミニウム円板のPQ部がΔt間に横切る磁束$\Delta\Phi$は，

$$\Delta\Phi = B\times\pi a^2\times\frac{\omega\Delta t}{2\pi} = \frac{1}{2}a^2B\omega\Delta t$$

ファラデーの電磁誘導の法則より，(2)で生じていた起電力Eの大きさは，

$$E = \frac{\Delta\Phi}{\Delta t} = \frac{\frac{1}{2}a^2B\omega\Delta t}{\Delta t} = \frac{1}{2}a^2B\omega$$

よって，$b = \dfrac{1}{2}a^2$

(4) $E = V$より，$b\omega_1B = V$

よって，$\omega_1 = \dfrac{V}{bB}$

261

答 (1) $\dfrac{N_1I_1}{L}$ (2) $\dfrac{\mu_0N_1I_1}{L}$ (3) $\dfrac{\pi\mu_0R^2N_1I_1}{L}$

(4) $\dfrac{\pi\mu_0R^2N_1\Delta I_1}{L}$ (5) a (6) $\dfrac{\pi\mu_0R^2N_1N_2\Delta I_1}{L\Delta t}$

(7) $\dfrac{\pi\mu_0R^2N_1N_2}{L}$

検討 (1) コイル1の単位長さあたりの巻き数は$\dfrac{N_1}{L}$であるから，$H=nI$より，コイル1の中心部に発生する磁場の強さH_1は

$$H_1 = \frac{N_1}{L}\times I_1 = \frac{N_1I_1}{L}$$

(2) $B = \mu H$より，$B_1 = \mu_0H_1 = \dfrac{\mu_0N_1I_1}{L}$

(3) コイル2の断面積はπR^2であるから，コイル2の1巻きを貫く磁束$\Phi_{2\text{-}1}$は，

$$\Phi_{2\text{-}1} = B_1\times\pi R^2 = \frac{\mu_0N_1I_1}{L}\times\pi R^2 = \frac{\pi\mu_0R^2N_1I_1}{L}$$

(4) I_1が矢印の向きにΔI_1〔A〕だけ増加したとき，コイル2の1巻きを貫く磁束の増加分$\Delta\Phi_{2\text{-}1}$は，

$$\Delta\Phi_{2\text{-}1} = \frac{\pi\mu_0R^2N_1(I_1+\Delta I_1)}{L} - \frac{\pi\mu_0R^2N_1I_1}{L} = \frac{\pi\mu_0R^2N_1\Delta I_1}{L}$$

(5) **右ねじの法則**より，コイル1には図の右向きに磁場ができる。右向きの磁束が増加するので，コイル2にはその磁束の変化を妨げる向きに磁場をつくるような誘導電流が流れる。誘導電流のつくる磁場の向きは図の左向きであるから，**右ねじの法則**よりコイル2に接続された抵抗にはa→bの向きに電流が流れる。よって，電位が高いのはaである。

(6) コイル1に流れる電流の変化は時間Δtの間に行われたのであるから，ファラデーの電磁誘導の法則より，コイル2に発生する誘導起電力の大きさV_2は，

$$V_2 = N_2\frac{\Delta\Phi_{2-1}}{\Delta t} = N_2\frac{\frac{\pi\mu_0R^2N_1\Delta I_1}{L}}{\Delta t} = \frac{\pi\mu_0R^2N_1N_2\Delta I_1}{L\Delta t}$$

(7) (6)の結果と，$V_2 = M\dfrac{\Delta I_1}{\Delta t}$より，

$$M\frac{\Delta I_1}{\Delta t} = \frac{\pi\mu_0R^2N_1N_2\Delta I_1}{L\Delta t}$$

よって，$M = \dfrac{\pi\mu_0R^2N_1N_2}{L}$

262

答 (1) (a) (2) $\dfrac{eBR}{m}$ (3) πBR^2

(4) $\dfrac{\pi R^2\Delta B}{\Delta t}$ (5) $\dfrac{R\Delta B}{2\Delta t}$ (6) $\dfrac{eR\Delta B}{2m}$

検討 (1) ローレンツ力が円の中心に向かうので，**フレミングの左手の法則**より電流が(b)の向きに流れればよいことがわかる。電子の運動の向きと電流の流れる向きは逆向きなので，電子の運動の向きは(a)である。

(2) 電子の速さを v とすれば，運動方程式は，

$$m\frac{v^2}{R} = evB \quad よって，\quad v = \frac{eBR}{m}$$

(3) 半径 R の円軌道面を貫く磁束の大きさ Φ は，円軌道面の面積 S が $S = \pi R^2$ であるから，

$$\Phi = BS = B \times \pi R^2 = \pi BR^2$$

(4) 時間 Δt の間に B を一様に ΔB だけ変化させたとき，円軌道面を貫く磁束の増加量 $\Delta\Phi$ は，

$$\Delta\Phi = \pi(B + \Delta B)R^2 - \pi BR^2 = \pi R^2 \Delta B$$

ファラデーの電磁誘導の法則より，円軌道に沿って1周あたりに生じる誘導起電力の大きさ V は，$V = \dfrac{\Delta\Phi}{\Delta t} = \dfrac{\pi R^2 \Delta B}{\Delta t}$

(5) 1周 $2\pi R$ で円軌道に沿って $\dfrac{\pi R^2 \Delta B}{\Delta t}$ の電位差が生じているのであるから，誘導起電力によって生じる電場の強さ E は，

$$E = \frac{V}{2\pi R} = \frac{\frac{\pi R^2 \Delta B}{\Delta t}}{2\pi R} = \frac{R\Delta B}{2\Delta t}$$

(6) 電子は電場から

$$eE = e \times \frac{R\Delta B}{2\Delta t} = \frac{eR\Delta B}{2\Delta t}$$

の力を受けるので，時間 Δt の間に電子が受けた力積は，$\dfrac{eR\Delta B}{2\Delta t} \times \Delta t = \dfrac{eR\Delta B}{2}$

電子は加えられた力積だけ運動量が増加するので，電子の速さの増加量を Δv とすれば，

$$m\Delta v = \frac{eR\Delta B}{2} \qquad よって，\quad \Delta v = \frac{eR\Delta B}{2m}$$

26 交流と電磁波

基本問題 ・・・・・・・・・・・・・・・・・・ 本冊 p.139

263

答　(1) $\dfrac{1}{2}b\omega$　(2) $-ab\omega B\sin\omega t$

検討　(1) $v = r\omega$ より，$v = \dfrac{b}{2}\omega = \dfrac{1}{2}b\omega$

(2) コイルを貫く磁束 Φ は，$\Phi = abB\cos\omega t$ であるから，時間 Δt 間にコイルを貫く磁束の変化量 $\Delta\Phi$ は，

$$\begin{aligned}\Delta\Phi &= abB\cos\omega(t + \Delta t) - abB\cos\omega t \\ &= abB(\cos\omega t\cos\omega\Delta t - \sin\omega t\sin\omega\Delta t) \\ &\quad - abB\cos\omega t\end{aligned}$$

Δt を微小時間と考えると，

$$\sin\omega\Delta t \fallingdotseq \omega\Delta t \qquad \cos\omega\Delta t \fallingdotseq 1$$

と近似できるので，

$$\begin{aligned}\Delta\Phi &= abB\cos\omega t - abB\omega\Delta t\sin\omega t \\ &\quad - abB\cos\omega t \\ &= -abB\omega\Delta t\sin\omega t\end{aligned}$$

コイルの両端 F，G に発生する誘導起電力 V は，

$$V = \frac{\Delta\Phi}{\Delta t} = \frac{-abB\omega\Delta t\sin\omega t}{\Delta t} = -abB\omega\sin\omega t$$

264

答　(1) $\dfrac{V_0}{R}\sin\omega t$　(2) $\dfrac{{V_0}^2}{2R}$

検討　(1) **オームの法則**より，抵抗に流れる電流 I は，$I = \dfrac{V}{R} = \dfrac{V_0}{R}\sin\omega t$

(2) 交流電圧の実効値 V_e と電流の実効値 I_e は，$V_e = \dfrac{1}{\sqrt{2}}V_0$，$I_e = \dfrac{1}{\sqrt{2}} \cdot \dfrac{V_0}{R}$ であるから，抵抗で消費される電力の平均値 $\overline{P}$ は，

$$\overline{P} = I_e V_e = \frac{1}{\sqrt{2}} \cdot \frac{V_0}{R} \times \frac{1}{\sqrt{2}}V_0 = \frac{{V_0}^2}{2R}$$

265

答　(1) $-\dfrac{V_0}{\omega L}\cos\omega t$　(2) 0

検討　(1) コイルのリアクタンスが ωL であり，**コイルを流れる電流はコイルにかかる電圧より位相が $\dfrac{\pi}{2}$ 遅れる**ので，コイルを流れる電流 I は，

$$I = \frac{V_0}{\omega L}\sin\left(\omega t - \frac{\pi}{2}\right) = -\frac{V_0}{\omega L}\cos\omega t$$

(2) コイルで消費される電力 P は，

$$\begin{aligned}P = IV &= -\frac{V_0}{\omega L}\cos\omega t \times V_0\sin\omega t \\ &= -\frac{{V_0}^2}{2\omega L}\sin 2\omega t\end{aligned}$$

よって，消費電力の平均値 $\overline{P}$ は，$\overline{P} = 0$

266

答　① $-\omega LI_0\cos\omega t$　② $V_0\cos\omega t$

③ $\frac{\pi}{2}$　④ ωL　⑤ リアクタンス

検討　① $V_L = -L\frac{\Delta I}{\Delta t}$

$$= -L\frac{I_0\sin\omega(t+\Delta t) - I_0\sin\omega t}{\Delta t}$$

$$\fallingdotseq -\omega LI_0\cos\omega t$$

③ コイルにかかる電圧とコイルに流れる電流では，**電圧より電流が $\frac{\pi}{2}$ 位相が遅れる。**

④ コイルのリアクタンスはωLなので，

$V_0 = I_0\omega L$

267

答　$\omega CV_0\cos\omega t$

検討　コンデンサーを流れる電流Iは，

$$I = \frac{\Delta Q}{\Delta t} = \frac{C\Delta V}{\Delta t}$$

$$= \frac{CV_0\sin\omega(t+\Delta t) - CV_0\sin\omega t}{\Delta t}$$

$$\fallingdotseq \omega CV_0\cos\omega t$$

268

答　(1) $2\pi\sqrt{LC}$　(2) $\frac{Q}{\sqrt{LC}}$

検討　(1) 電気振動の固有振動数fは，

$f = \frac{1}{2\pi\sqrt{LC}}$　であるから，回路に流れる振動電流の周期Tは，

$$T = \frac{1}{f} = 2\pi\sqrt{LC}$$

(2) コンデンサーにたくわえられていた**静電エネルギーが0になったとき，回路に流れる電流が最大**になるので，回路に流れる電流の最大値I_{max}は，**エネルギー保存の法則**より，

$\frac{Q^2}{2C} = \frac{1}{2}LI_{max}{}^2$となり，$I_{max} = \frac{Q}{\sqrt{LC}}$

応用問題 ••••••••••••••••••• 本冊 *p.140*

269

答　(1) $\frac{b\omega}{2}\sin\omega t$　(2) $\frac{1}{2}abB\omega\sin\omega t$

(3) $abB\omega\sin\omega t$　(4) $\frac{1}{\sqrt{2}}abB\omega$

検討　(1) コイルの辺GHの円運動の速さvは，

$v = r\omega$より，$v = \frac{b}{2}\times\omega = \frac{b\omega}{2}$

時刻tにおいて回転角はωtであるから，辺GHの速度のy成分の大きさv_yは，

$$v_y = \frac{b\omega}{2}\sin\omega t$$

(2) $V = vBl$より，辺GHの両端に生じる誘導起電力V_{GH}は，

$$V_{GH} = \frac{b\omega}{2}\sin\omega t\times Ba = \frac{1}{2}abB\omega\sin\omega t$$

コイルを貫く磁束が減少しているので，コイルには$+z$方向の磁場ができるような誘導電流が発生する。この電流は，**右ねじの法則**より，G→H→I→Jの向きに流れる。

(3) コイルの辺IJにも辺GHと同じ大きさの起電力が発生し，この起電力もG→H→I→Jの向きに電流を流そうとするので，時刻tにおける交流電圧の瞬時値Vは，

$$V = 2\times\frac{1}{2}abB\omega\sin\omega t = abB\omega\sin\omega t$$

(4) (3)より，交流電圧の最大値V_0は，

$V_0 = abB\omega$

電圧の実効値V_eは$V_e = \frac{1}{\sqrt{2}}V_0$であるから，

$$V_e = \frac{1}{\sqrt{2}}abB\omega$$

270

答　① $\frac{V_0}{R}\cos\omega t$　② $-\omega CV_0\sin\omega t$

③ $\frac{V_0}{\omega L}\sin\omega t$　④ $\sqrt{\frac{1}{R^2}+\left(\frac{1}{\omega L}-\omega C\right)^2}$

⑤ $R\left(\frac{1}{\omega L}-\omega C\right)$

検討　① 抵抗に流れる電流は，抵抗にかかる電圧との位相のずれは生じないので，

$$I_R = \frac{V_0}{R}\cos\omega t$$

② コンデンサーのリアクタンスは$\frac{1}{\omega C}$であり，コンデンサーに流れる電流は，コンデンサーにかかる電圧より，位相が$\frac{\pi}{2}$進むので，

$$I_C = \frac{V_0}{\frac{1}{\omega C}}\cos\left(\omega t + \frac{\pi}{2}\right) = -\omega C V_0 \sin\omega t$$

③ コイルのリアクタンスはωLであり，コイルに流れる電流は，コイルにかかる電圧より，位相が$\frac{\pi}{2}$遅れるので，

$$I_L = \frac{V_0}{\omega L}\cos\left(\omega t - \frac{\pi}{2}\right) = \frac{V_0}{\omega L}\sin\omega t$$

④ 点Pを流れる電流Iは

$$I = \frac{V_0}{R}\cos\omega t - \omega C V_0 \sin\omega t + \frac{V_0}{\omega L}\sin\omega t$$
$$= \frac{V_0}{R}\cos\omega t + \left(\frac{1}{\omega L} - \omega C\right)V_0 \sin\omega t$$
$$= V_0\sqrt{\frac{1}{R^2} + \left(\frac{1}{\omega L} - \omega C\right)^2}\cos(\omega t - \theta)$$

⑤ $$\tan\theta = \frac{\frac{1}{\omega L} - \omega C}{\frac{1}{R}} = R\left(\frac{1}{\omega L} - \omega C\right)$$

テスト対策

▶交流回路

角周波数ωの交流回路

●コイル…自己インダクタンスLのコイルは，リアクタンスがωLで，コイルに流れる電流はコイルにかかる電圧より位相が$\frac{\pi}{2}$遅れる。

●コンデンサー…電気容量Cのコンデンサーは，リアクタンスが$\frac{1}{\omega C}$で，コンデンサーに流れる電流はコイルにかかる電圧より位相が$\frac{\pi}{2}$進む。

コイルやコンデンサーは，抵抗値がωLと$\frac{1}{\omega C}$の抵抗と同様に考え，電流と電圧の位相のずれを考えて計算をする。

271

答 (1) $\frac{1}{2}CV^2$ (2) $V\sqrt{\frac{C}{L}}$ (3) $\frac{\pi\sqrt{LC}}{2}$

検討 (1) $U = \frac{1}{2}CV^2$より，コンデンサーにたくわえられたエネルギーは$\frac{1}{2}CV^2$である。

(2) コンデンサーにたくわえられているエネルギーが0になったとき，電流は最大になり，コイルにたくわえられるエネルギーは$\frac{1}{2}LI^2$となる。**エネルギー保存の法則**より，

$$\frac{1}{2}LI^2 = \frac{1}{2}CV^2 \quad よって，I = V\sqrt{\frac{C}{L}}$$

(3) 振動回路の振動数fは，$f = \frac{1}{2\pi\sqrt{LC}}$

よって，振動の周期Tは，$T = \frac{1}{f} = 2\pi\sqrt{LC}$

スイッチをB側に接続してから振動電流の大きさが最初に最大になるまでにかかる時間tは$\frac{1}{4}$周期なので，

$$t = \frac{T}{4} = \frac{2\pi\sqrt{LC}}{4} = \frac{\pi\sqrt{LC}}{2}$$

27 電　子

基本問題　本冊 p.144

272

答 (1) **2.9×10^{-15}J** (2) **8.0×10^{7}m/s**

検討 (1) **電子が電場からされる仕事が電子の運動エネルギーになるから，**

$$\frac{1}{2}mv^2 = eV = 1.60\times10^{-19}\times1.82\times10^4$$
$$\fallingdotseq 2.91\times10^{-15}\text{J}$$

(2) $\frac{1}{2}mv^2 = eV$より，

$$v = \sqrt{\frac{2eV}{m}}$$
$$= \sqrt{\frac{2\times1.60\times10^{-19}\times1.82\times10^4}{9.1\times10^{-31}}}$$
$$= 8.0\times10^7\text{m/s}$$

273

答 (1) **3.0×10^{3}V/m** (2) **4.8×10^{-16}N**

(3) 向き：極板に垂直で，負極板から正極板に向かう向き，大きさ：**5.3×10^{14}m/s^2**

(4) **6.3×10^{-9}秒** (5) **1.0cm**

検討 (1) $V = Ed$ より，

$$E = \frac{V}{d} = \frac{1.2 \times 10^2}{4.0 \times 10^{-2}} = 3.0 \times 10^3 \mathrm{V/m}$$

(2) $F = eE = 1.60 \times 10^{-19} \times 3.0 \times 10^3$
$= 4.8 \times 10^{-16}\mathrm{N}$

(3) 運動方程式 $F = ma$ より，

$$a = \frac{F}{m} = \frac{4.8 \times 10^{-16}}{9.1 \times 10^{-31}} \fallingdotseq 5.27 \times 10^{14} \mathrm{m/s^2}$$

加速度の向きは，電子が電場から受ける力の向きと同じ。

(4) 電子の速度の電場に垂直な方向の成分は初速度のまま変わらないので，求める時間 t は，

$$t = \frac{l}{v} = \frac{5.0 \times 10^{-2}}{8.0 \times 10^6} = 6.25 \times 10^{-9} \mathrm{s}$$

(5) 電子は，**電場と平行な方向には，加速度 a の等加速度運動**をするから，

$$x = \frac{1}{2}at^2 = \frac{1}{2} \times 5.27 \times 10^{14} \times (6.25 \times 10^{-9})^2$$
$$\fallingdotseq 1.03 \times 10^{-2}\mathrm{m} \fallingdotseq 1.0\mathrm{cm}$$

274

答 $\mathbf{9.09 \times 10^{-31}kg}$

検討 $\dfrac{e}{m} = 1.76 \times 10^{11}$ より，

$$m = \frac{1.60 \times 10^{-19}}{1.76 \times 10^{11}} \fallingdotseq 9.09 \times 10^{-31} \mathrm{kg}$$

275

答 エ

検討 ア 電子は，質量がひじょうに小さいので，重力は無視してよい。
イ 比電荷の測定には，電子の流れを用いる。
ウ 電子の性質は極板の金属の種類とは無関係。

276

答 (1) 正 (2) $\mathbf{6.4 \times 10^{-14}C}$

検討 (1) 油滴が静止するのは，油滴にはたらく重力と静電気力がつり合うからである。よって，静電気力は上向きにはたらいている。

(2) $mg = qE$ より，

$$q = \frac{mg}{E} = \frac{3.2 \times 10^{-9} \times 9.8}{4.9 \times 10^5} = 6.4 \times 10^{-14} \mathrm{C}$$

277

答 $\mathbf{1.60 \times 10^{-19}C}$

検討 隣どうしの数値の差を求めてみると（数値がほとんど等しい場合を除く），1.59, 1.61, 1.63, 1.58, 3.24, 1.54 となり，これらの値は 1.6 の 1 倍から 2 倍に近い値であることがわかる。したがって，e の概略値は，$1.6 \times 10^{-19}\mathrm{C}$ と考えられるから，測定値を ne ($n = 1, 2, 3, \cdots$) と仮定すると，

$4.81 = 3e$　$6.40 = 4e$　$6.41 = 4e$
$8.02 = 5e$　$9.65 = 6e$　$11.23 = 7e$
$11.24 = 7e$　$14.48 = 9e$　$16.02 = 10e$

と表される。測定値の和は，

$4.81 + 6.40 + 6.41 + 8.02 + 9.65 + 11.23$
$+ 11.24 + 14.48 + 16.02 = 88.26$

また，ne の総和は，

$3e + 4e + 4e + 5e + 6e + 7e + 7e + 9e + 10e$
$= 55e$

となり，この両者は等しいから，

$$e = \frac{88.26}{55} \fallingdotseq 1.60 \times 10^{-19} \mathrm{C}$$

応用問題 本冊 p.146

278

答 ① $\dfrac{V}{d}$　② $\dfrac{qV}{d}$　③ $\dfrac{qV}{md}$　④ $\dfrac{l}{v}$
⑤ $\dfrac{qVl^2}{2mdv^2}$　⑥ v　⑦ $\dfrac{qVl}{mdv}$　⑧ $\dfrac{qVlL}{mdv^2}$
⑨ $\dfrac{dv^2y_0}{VlL}$

検討 ① 電極間には一様な電場ができるので，極板間の電場の強さ E は，$E = \dfrac{V}{d}$

② $F = qE$ より，荷電粒子が電場から受ける力の大きさ F は，$F = q\dfrac{V}{d} = \dfrac{qV}{d}$

③ 荷電粒子に生じる加速度の大きさを a とすれば，運動方程式は，$ma = \dfrac{qV}{d}$

よって，$a = \dfrac{qV}{md}$

④ x 軸方向は等速運動を行うので，電極間を通過する時間を t_1 とすれば，$l = vt_1$

よって，$t_1 = \dfrac{l}{v}$

⑤ y 軸方向は加速度 $\dfrac{qV}{md}$ の等加速度直線運動を行うので，電極の右端で x 軸から y 軸方向にずれる距離 y_1 は，

$$y_1 = \frac{1}{2} \times \frac{qV}{md} \times \left(\frac{l}{v}\right)^2 = \frac{qVl^2}{2mdv^2}$$

⑥ x 軸方向は速さが変わらないので，電極を通過した後の荷電粒子の x 軸方向の速度成分 v_x は $v_x = v$ である。

⑦ 電極を通過した後の荷電粒子の y 軸方向の速度成分 v_y は，$v_y = \dfrac{qV}{md} \times \dfrac{l}{v} = \dfrac{qVl}{mdv}$

⑧ 電極間を出てから蛍光面までの距離は $L - \dfrac{l}{2}$ であり，x 軸方向は等速運動を行うので，電極間を出てから蛍光面に達するまでの時間 t_2 は，$t_2 = \dfrac{L - \dfrac{l}{2}}{v} = \dfrac{2L - l}{2v}$

その間に y 軸方向に移動する距離 y_2 は，電極間を出た後は等速運動を行うことから，

$$y_2 = \frac{qVl}{mdv} \times \frac{2L - l}{2v} = \frac{qVl(2L - l)}{2mdv^2}$$

$y_0 = y_1 + y_2$ であるから，

$$y_0 = \frac{qVl^2}{2mdv^2} + \frac{qVl(2L - l)}{2mdv^2} = \frac{qVlL}{mdv^2}$$

⑨ ⑧より，$\dfrac{q}{m} = \dfrac{dv^2y_0}{VlL}$

279

答　(1) $\boldsymbol{\dfrac{mg}{k}}$　(2) $\boldsymbol{\dfrac{1}{k}\left(\dfrac{qV}{d} - mg\right)}$

(3) $\boldsymbol{\dfrac{1}{k}\left\{\dfrac{(q+\Delta q)V}{d} - mg\right\}}$

(4) $\boldsymbol{\dfrac{kd}{V}(v_2 - v_1)}$　(5) $\boldsymbol{1.6 \times 10^{-19}}$**C**

検討　(1) 油滴は等速で運動しているので，**油滴にはたらく力はつり合っている**。よって，$kv_0 = mg$ となるので，$v_0 = \dfrac{mg}{k}$

(2) 電場の強さが $\dfrac{V}{d}$ であり，電場から受ける力，重力，空気の抵抗力はつり合うので，

$$q\frac{V}{d} = mg + kv_1$$

よって，$v_1 = \dfrac{1}{k}\left(\dfrac{qV}{d} - mg\right)$

(3) 油滴のもつ電気量が Δq だけ増加したときの力のつり合いの式は，

$$(q + \Delta q)\frac{V}{d} = mg + kv_2$$

よって，$v_2 = \dfrac{1}{k}\left\{\dfrac{(q + \Delta q)V}{d} - mg\right\}$

(4) (2)と(3)の力のつり合いの式から mg を消去すると，$\Delta q\dfrac{V}{d} = kv_2 - kv_1$

よって，$\Delta q = \dfrac{kd}{V}(v_2 - v_1)$

(5) 4つの実験値 6.41×10^{-19}C，9.60×10^{-19}C，7.99×10^{-19}C，3.20×10^{-19}C の差をとると，それらの最小値が 1.58×10^{-19}C になる。6.41×10^{-19}C は最小値の約4倍，9.60×10^{-19}C は約6倍，7.99×10^{-19}C は約5倍，3.20×10^{-19}C は約2倍になっている。最小値を電気素量にほぼ等しいと考えると，

$3.20 \times 10^{-19}\text{C} = 2e$　　$7.99 \times 10^{-19}\text{C} = 5e$

$9.60 \times 10^{-19}\text{C} = 6e$　　$6.41 \times 10^{-19}\text{C} = 4e$

これらの右辺どうし，左辺どうしを加えると，

$$27.20 \times 10^{-19}\text{C} = 17e$$

よって，

$$e = \frac{27.20}{17} \times 10^{-19}\text{C} = 1.6 \times 10^{-19}\text{C}$$

28 粒子性と波動性

基本問題

本冊 p.148

280

答　(1) $\boldsymbol{6.0 \times 10^{14}}$**Hz**　(2) $\boldsymbol{4.0 \times 10^{-19}}$**J**

検討　(1) $c = \nu\lambda$ より，

$$\nu = \frac{c}{\lambda} = \frac{3.0 \times 10^8}{5.0 \times 10^{-7}} = 6.0 \times 10^{14}\text{Hz}$$

(2) $E = h\nu$ より，

$$E = 6.6 \times 10^{-34} \times 6.0 \times 10^{14}$$
$$= 3.96 \times 10^{-19}\,\mathrm{J}$$

281

答　(1) $1.2 \times 10^{-22}\,\mathrm{kg \cdot m/s}$
(2) $5.5 \times 10^{-12}\,\mathrm{m}$

検討　(1) 電子は電位差によってされた仕事だけ運動エネルギーが増加するので，

$$\frac{1}{2}mv^2 = eV$$

この式の両辺に $2m$ をかけると，
$m^2v^2 = 2meV$ となるので，
$$mv = \sqrt{2meV}$$
$$= \sqrt{2 \times 9.1 \times 10^{-31} \times 1.6 \times 10^{-19} \times 5.0 \times 10^4}$$
$$\fallingdotseq 1.20 \times 10^{-22}\,\mathrm{kg \cdot m/s}$$

(2) **ド・ブロイ波長の式**より，

$$\lambda = \frac{h}{mv} = \frac{6.6 \times 10^{-34}}{1.20 \times 10^{-22}} = 5.5 \times 10^{-12}\,\mathrm{m}$$

282

答　(1) $9.6 \times 10^{-15}\,\mathrm{J}$　(2) $2.1 \times 10^{-11}\,\mathrm{m}$

検討　(1) 電子は電圧でされた仕事だけ運動エネルギーが増加するので，

$$\frac{1}{2}mv^2 = eV = 1.6 \times 10^{-19} \times 6.0 \times 10^4$$
$$= 9.6 \times 10^{-15}\,\mathrm{J}$$

(2) 電子のもっていたエネルギーがすべてX線光子に与えられたとき，発生するX線の波長は最も短くなるので，発生したX線の最短波長を λ_m とすれば，$h\dfrac{c}{\lambda_m} = eV$

よって，

$$\lambda_m = \frac{hc}{eV} = \frac{6.6 \times 10^{-34} \times 3.0 \times 10^8}{1.6 \times 10^{-19} \times 6.0 \times 10^4}$$
$$\fallingdotseq 2.1 \times 10^{-11}\,\mathrm{m}$$

283

答　$6.4 \times 10^{-11}\,\mathrm{m}$

検討　**ブラッグの反射条件**より，$2d\sin\theta = n\lambda$
初めて最も強い反射X線を測定したことから，上の式で $n = 1$ の場合であることがわかる。よって，

$$d = \frac{\lambda}{2\sin\theta} = \frac{6.4 \times 10^{-11}}{2 \times \sin 30^\circ} = 6.4 \times 10^{-11}\,\mathrm{m}$$

応用問題　本冊 p.150

284

答　(1) $4.3 \times 10^{14}\,\mathrm{Hz}$，下図
(2) $6.5 \times 10^{-34}\,\mathrm{J \cdot s}$

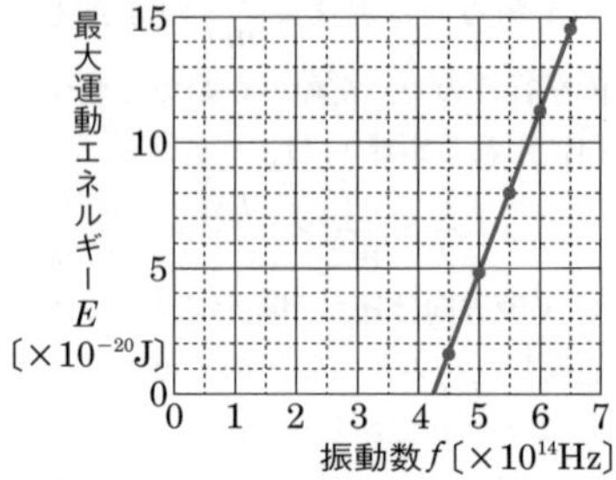

検討　(1) グラフから，横軸との交点を読み取る。$4.3 \times 10^{14}\,\mathrm{Hz}$ と読み取れる。読み取り誤差を考えると，$4.2 \times 10^{14}\,\mathrm{Hz}$ でもよい。
(2) グラフの傾きがプランク定数 h になる。

$$h = \frac{15 \times 10^{-20}}{6.6 \times 10^{14} - 4.3 \times 10^{14}}$$
$$\fallingdotseq 6.5 \times 10^{-34}\,\mathrm{J \cdot s}$$

グラフの読み取りによっては値が変わるので，6.3×10^{-34}～6.7×10^{-34} の値でもよい。

285

答　(1) $5.00 \times 10^{14}\,\mathrm{Hz}$
(2) $h = 6.56 \times 10^{-34}\,\mathrm{J \cdot s}$，$W = 1.39\,\mathrm{eV}$，
$\nu_m = 3.39 \times 10^{14}\,\mathrm{Hz}$
(3) $0.660\,\mathrm{eV}$　(4) 下図

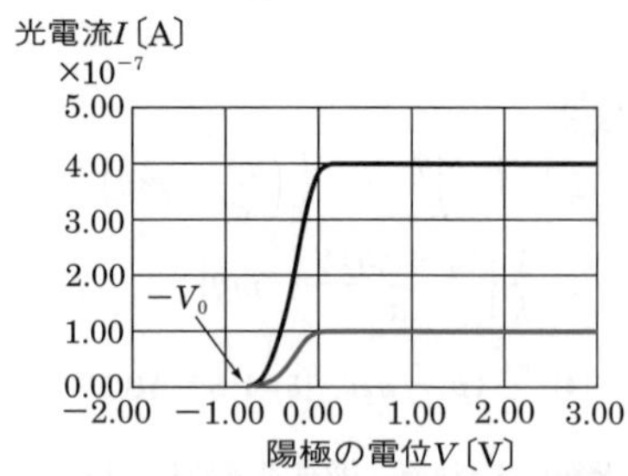

検討
(1) $c = \nu\lambda$ より，

$$\nu = \frac{c}{\lambda} = \frac{3.00 \times 10^8}{6.00 \times 10^{-7}} = 5.00 \times 10^{14}\,\mathrm{Hz}$$

(2) グラフの傾きがプランク定数hになるので，縦軸の単位をJに直して傾きを求めると，

$$h=\frac{(2.71-1.07)\times1.6\times10^{-19}}{(10.00-6.00)\times10^{14}}$$
$$=6.56\times10^{-34}\,\mathrm{J\cdot s}$$

図3のグラフは，$eV_0=\dfrac{h\nu}{1.6\times10^{-19}}-W$と表すことができるので，$h$の値およびグラフの数値を代入して，

$$2.71=\frac{6.56\times10^{-34}\times10.00\times10^{14}}{1.6\times10^{-19}}-W$$

これより，$W=1.39\,\mathrm{eV}$

$1.39\,\mathrm{eV}=1.39\times1.6\times10^{-19}\,\mathrm{J}=2.224\times10^{-19}\,\mathrm{J}$

だから，$W=h\nu_\mathrm{m}$より，

$$\nu_\mathrm{m}=\frac{W}{h}=\frac{2.224\times10^{-19}}{6.56\times10^{-34}}\fallingdotseq3.39\times10^{14}\,\mathrm{Hz}$$

(3) (1)の結果を用いて，光子1個が電極Kの電子1個に与えたエネルギー値E〔eV〕は，

$E\times1.6\times10^{-19}$

$=6.56\times10^{-34}\times5.00\times10^{14}-2.224\times10^{-19}$

となるので，

$$E=\frac{1.056\times10^{-19}}{1.6\times10^{-19}}=0.660\,\mathrm{eV}$$

(4) 光の強さをもとの強さの$\dfrac{1}{4}$倍に変えることは，光子の数が$\dfrac{1}{4}$倍になることなので，電子の数も$\dfrac{1}{4}$倍となり，流れる電流が$\dfrac{1}{4}$倍になることを意味している。よって，答えの図のようになる。

286

答　① $\dfrac{hc}{\lambda'}+\dfrac{1}{2}mv^2$

② $\dfrac{h}{\lambda'}\cos\theta+mv\cos\phi$

③ $\dfrac{h}{\lambda'}\sin\theta-mv\sin\phi$

④ $\dfrac{h^2}{2m}\left(\dfrac{1}{\lambda^2}+\dfrac{1}{\lambda'^2}-\dfrac{2}{\lambda\lambda'}\cos\theta\right)$　⑤ $\dfrac{h}{mc}$

検討　① 散乱後の光子のエネルギーは$\dfrac{hc}{\lambda'}$，衝突後の電子の運動エネルギーは$\dfrac{1}{2}mv^2$であるから，**エネルギー保存の法則**より，

$$\frac{hc}{\lambda}=\frac{hc}{\lambda'}+\frac{1}{2}mv^2$$

② 散乱後の，光子の運動量のx成分は$\dfrac{h}{\lambda'}\cos\theta$，電子の運動量の$x$成分は$mv\cos\phi$であり，$x$軸方向の運動量は保存するので，

$$\frac{h}{\lambda}=\frac{h}{\lambda'}\cos\theta+mv\cos\phi$$

③ 散乱後の，光子の運動量のy成分は$\dfrac{h}{\lambda'}\sin\theta$，電子の運動量の$y$成分は$-mv\sin\phi$であり，$y$軸方向の運動量は保存するので，

$$0=\frac{h}{\lambda'}\sin\theta-mv\sin\phi$$

④ ②のx軸方向の運動量保存の式から，

$$mv\cos\phi=\frac{h}{\lambda}-\frac{h}{\lambda'}\cos\theta$$

③のy軸方向の運動量保存の式から，

$$mv\sin\phi=\frac{h}{\lambda'}\sin\theta$$

この2式の両辺を2乗して辺々を加え，

$\sin^2\phi+\cos^2\phi=1$，$\sin^2\theta+\cos^2\theta=1$

を用いれば，

$$m^2v^2=\frac{h^2}{\lambda^2}+\frac{h^2}{(\lambda')^2}-\frac{2h^2}{\lambda\lambda'}\cos\theta$$

よって，

$$\frac{1}{2}mv^2=\frac{h^2}{2m}\left(\frac{1}{\lambda^2}+\frac{1}{(\lambda')^2}-\frac{2}{\lambda\lambda'}\cos\theta\right)$$

⑤ ①と④より，

$$\frac{hc}{\lambda}-\frac{hc}{\lambda'}=\frac{h^2}{2m}\left(\frac{1}{\lambda^2}+\frac{1}{(\lambda')^2}-\frac{2}{\lambda\lambda'}\cos\theta\right)$$

この両辺に$\dfrac{\lambda\lambda'}{hc}$をかけ，$\lambda'\fallingdotseq\lambda$として$\dfrac{\lambda}{\lambda'}\fallingdotseq1$と近似すると，

$$\lambda'-\lambda=\frac{1}{hc}\times\frac{h^2}{2m}\left(\frac{\lambda'}{\lambda}+\frac{\lambda}{\lambda'}-2\cos\theta\right)$$
$$\fallingdotseq\frac{h}{mc}(1-\cos\theta)$$

287

答　(1) ① ウ　② キ　③ オ　④ ケ　⑤ サ　⑥ セ　⑦ ス

(2) $\dfrac{hc}{eV}$　(3) $\dfrac{h}{\sqrt{2meV}}$

検討　(2) 発生するX線の波長が最短になるの

は，金属ターゲットに衝突する電子のエネルギーをすべてX線光子がもらったときなので，

$$\frac{hc}{\lambda_0} = eV$$

よって，$\lambda_0 = \dfrac{hc}{eV}$

(3) $\dfrac{1}{2}mv^2 = eV$ であるから，加速した電子のもつ運動量 mv は，$mv = \sqrt{2meV}$

よって，加速した電子の物質波の波長 λ は，

$$\lambda = \frac{h}{mv} = \frac{h}{\sqrt{2meV}}$$

288

答　(1) $2d\sin\theta$　(2) $\Delta x = n\lambda$

(3) 1.4×10^{-10} m

検討　(1) OO′を結ぶと合同な直角三角形が2つできる。辺PO′とO′Qの長さを加えたものが経路差になる。PO′ = $d\sin\theta$ であるから，経路差 Δx は，$\Delta x = 2d\sin\theta$

(2) 反射による位相のずれは考えなくてよいので，反射したX線が強め合う条件は，

$$\Delta x = n\lambda$$

(3) 強め合う条件 $2d\sin\theta = n\lambda$ より，

$$d = \frac{n\lambda}{2\sin\theta} = \frac{2\times7.1\times10^{-11}}{2\times\sin30°}$$

$$\fallingdotseq 1.4\times10^{-10}\,\mathrm{m}$$

29 原子の構造

基本問題　本冊 p.154

289

答　① ライマン　② 紫外線　③ バルマー　④ 可視光　⑤ パッシェン　⑥ 赤外線

応用問題　本冊 p.155

290

答　(1) 次図　(2) 1.1×10^7/m

(3) $k=5$，波長：4.3×10^{-7} m

(4) $m\dfrac{v^2}{r} = k_0\dfrac{e^2}{r^2}$

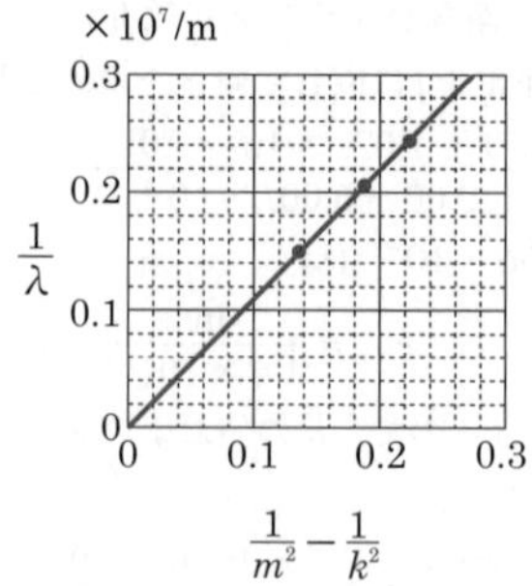

(5) $r_n = \dfrac{n^2h^2}{4\pi^2mk_0e^2}$，$E_n = -\dfrac{2\pi^2mk_0{}^2e^4}{n^2h^2}$

(6) $\dfrac{2\pi^2mk_0{}^2e^4}{ch^3}$

検討　(1) 与えられた $\dfrac{1}{m^2}-\dfrac{1}{k^2}$ の比は，

0.138：0.188：0.210：0.222

≒ 1：1.36：1.52：1.60

$\dfrac{1}{\lambda}$ の比は，0.152：0.206：0.244

≒ 1：1.36：1.61

記録しなかったのは3番目のスペクトルと考えられるので，原点と (0.138，0.152)，(0.188，0.206)，(0.222，0.244) を通る直線が答え。

(2) $\dfrac{1}{\lambda} = 0.244\times10^7$，$\dfrac{1}{m^2}-\dfrac{1}{k^2} = 0.222$ より，

$$R = \frac{0.244\times10^7}{0.222} \fallingdotseq 1.1\times10^7\,/\mathrm{m}$$

(別解①)

$\dfrac{1}{\lambda} = 0.152\times10^7$，$\dfrac{1}{m^2}-\dfrac{1}{k^2} = 0.138$ より，

$$R = \frac{0.152\times10^7}{0.138} \fallingdotseq 1.1\times10^7\,/\mathrm{m}$$

(別解②)

$\dfrac{1}{\lambda} = 0.206\times10^7$，$\dfrac{1}{m^2}-\dfrac{1}{k^2} = 0.188$ より，

$$R = \frac{0.206\times10^7}{0.188}$$

$$= 1.095\cdots\times10^7 \fallingdotseq 1.1\times10^7\,/\mathrm{m}$$

(3) 記録しなかったのは3番目のスペクトルなので，このスペクトルの $k = m+3 = 5$。

また，$\dfrac{1}{\lambda} = R\left(\dfrac{1}{m^2}-\dfrac{1}{k^2}\right)$ より

$\dfrac{1}{\lambda} = 1.1\times10^7\times0.210$ なので，

$$\lambda = \frac{1}{1.1 \times 10^7 \times 0.210} \fallingdotseq 4.3 \times 10^{-7}\,\mathrm{m}$$

(4) 原子核と電子との電気力によって電子が等速円運動すると考えると，運動方程式は，

$$m\frac{v^2}{r} = k_0\frac{e^2}{r^2}$$

(5) 量子条件より，$v_n{}^2 = \dfrac{n^2h^2}{4\pi^2 m^2 r_n{}^2}$

これを(4)より得られる式 $mv_n{}^2 = \dfrac{k_0e^2}{r_n}$ に代入して，$m \times \dfrac{n^2h^2}{4\pi^2 m^2 r_n{}^2} = \dfrac{k_0e^2}{r_n}$

よって，$r_n = \dfrac{n^2h^2}{4\pi^2 mk_0e^2}$

電子の全エネルギー E_n は，

$$E_n = \frac{1}{2}mv_n{}^2 - k_0\frac{e^2}{r_n}$$

これに $mv_n{}^2 = \dfrac{k_0e^2}{r_n}$ を代入すると，

$$E_n = \frac{1}{2} \times \frac{k_0e^2}{r_n} - k_0\frac{e^2}{r_n} = -\frac{k_0e^2}{2r_n}$$

$$= -\frac{k_0e^2}{2 \times \dfrac{n^2h^2}{4\pi^2 mk_0e^2}} = -\frac{2\pi^2 mk_0{}^2e^4}{n^2h^2}$$

(6) 振動数条件 $h\nu = E_n - E_{n'}$ より，

$$h\frac{c}{\lambda} = \frac{2\pi^2 mk_0{}^2e^4}{h^2}\left(\frac{1}{(n')^2} - \frac{1}{n^2}\right)$$

よって，$\dfrac{1}{\lambda} = \dfrac{2\pi^2 mk_0{}^2e^4}{ch^3}\left(\dfrac{1}{(n')^2} - \dfrac{1}{n^2}\right)$

これと $\dfrac{1}{\lambda} = R\left(\dfrac{1}{m^2} - \dfrac{1}{k^2}\right)$ を比較して，

$$R = \frac{2\pi^2 mk_0{}^2e^4}{ch^3}$$

30 原子核の変換

基本問題 …………………… 本冊 p.157

291

答 ① 原子核 ② 中性子 ③ 陽子

292

答 ① Z ② $A-Z$ ③ Z

293

答 ① β ② α ③ α ④ 92 ⑤ 234 ⑥ 92

検討 **α 崩壊が起こると，質量数が4減り，原子番号が2減る。β 崩壊が起こると，質量数は変わらず，原子番号が1増える。γ 崩壊では，質量数，原子番号とも変化しない。**

最初は α 崩壊だから，$^{238}\mathrm{U}$ の原子番号が2減って90になる。よって，④は，$90+2=92$

①は $^{234}_{90}\mathrm{Th} \rightarrow {}^{234}_{91}\mathrm{Pa}$ で，質量数は変わらず，原子番号が1増えているので，β 崩壊である。

次の β 崩壊で，$^{234}_{91}\mathrm{Pa} \rightarrow {}^{234}_{92}\mathrm{U}$ となる。②は $^{234}_{92}\mathrm{U} \rightarrow {}^{230}_{90}\mathrm{Th}$ の変化で，質量数が4減り，原子番号が2減っているので，α 崩壊である。

③も同じ変化をしているので，α 崩壊である。

294

答 0.125 g

検討 $N = 1.00 \times \left(\dfrac{1}{2}\right)^{\frac{4860}{1620}} = 1.00 \times \left(\dfrac{1}{2}\right)^3 = 0.125\,\mathrm{g}$

295

答 $A_1 = 236$，$A_2 = 131$，$Z_1 = 92$，$Z_2 = 42$

検討 **質量数と原子番号は保存する**ので，

$235 + 1 = A_1$　$236 = A_2 + 103 + 2 \times 1$

$92 + 0 = Z_1$　$92 = 50 + Z_2 + 2 \times 0$

よって $A_1 = 236$，$A_2 = 131$，$Z_1 = 92$，$Z_2 = 42$

296

答 ① 0.0304 ② 4.54176×10^{-12} ③ 28.386 ④ 結合

検討 ① $^4\mathrm{He}$ 原子核の質量欠損 Δm は，

$\Delta m = 2 \times 1.00783 + 2 \times 1.00867 - 4.00260$
$= 0.0304\,\mathrm{u}$

② $E = mc^2$ より，

$\Delta mc^2 = 0.0304 \times 1.66 \times 10^{-27} \times (3.0 \times 10^8)^2$
$= 4.54176 \times 10^{-12}\,\mathrm{J}$

③ $1\,\mathrm{eV} = 1.6 \times 10^{-19}\,\mathrm{J}$ であるから，

$1\,\mathrm{MeV} = 1.6 \times 10^{-13}\,\mathrm{J}$

よって，$\dfrac{4.54176 \times 10^{-12}}{1.6 \times 10^{-13}} = 28.386\,\mathrm{MeV}$

297

答 (1) 1倍 (2) 1倍 (3) 2倍 (4) −1倍 (5) 0倍

検討 u, c, tクォークの電気量は $+\frac{2}{3}e$ だから, $\bar{u}$, $\bar{c}$, $\bar{t}$ クォークの電気量は $-\frac{2}{3}e$ である。

d, s, bクォークの電気量は $-\frac{1}{3}e$ だから, $\bar{d}$, $\bar{s}$, $\bar{b}$ クォークの電気量は $+\frac{1}{3}e$ である。

よって,

(1) uud の電気量は, $+\frac{2}{3}e+\frac{2}{3}e-\frac{1}{3}e=e$

(2) $u\bar{s}$ の電気量は, $+\frac{2}{3}e+\frac{1}{3}e=e$

(3) uuc の電気量は, $+\frac{2}{3}e+\frac{2}{3}e+\frac{2}{3}e=2e$

(4) $b\bar{u}$ の電気量は, $-\frac{1}{3}e-\frac{2}{3}e=-e$

(5) $\bar{u}\bar{d}\bar{d}$ の電気量は, $-\frac{2}{3}e+\frac{1}{3}e+\frac{1}{3}e=0$

応用問題

本冊 p.158

298

答 ① ア　② $A-4$　③ $Z-2$
④ 5　⑤ 4　⑥ 5.3×10^3

検討 ① **α線の正体はヘリウム原子核である。** これは正の電荷をもつので, 磁場内を通過するときローレンツ力がはたらく。**フレミングの左手の法則**を用いれば, α線の軌跡は**ア**であることがわかる。

②, ③ α崩壊では, 原子核からヘリウム原子核が出てくる。陽子が2個減少するので, 原子番号は2減少し $Z-2$ となる。また, 核子が4個減少するので, 質量数は $A-4$ となる。

④, ⑤ β崩壊では中性子が陽子に変わるので, 質量数は変わらないが, 原子番号は1増える。質量数が変わるのはα崩壊のみなので, α崩壊の回数は, $\frac{226-206}{4}=5$

α崩壊のみだと, 原子番号は, $2\times5=10$ 減少するが, 原子番号は $88-82=6$ しか減少していない。この差がβ崩壊によると考えられるので, β崩壊の回数は, $10-6=4$

⑥ $\frac{N}{N_0}=\left(\frac{1}{2}\right)^{\frac{t}{T}}$ より, $\frac{1}{10}=\left(\frac{1}{2}\right)^{\frac{t}{1.60\times10^3}}$

両辺の常用対数をとれば,

$$\log_{10}\frac{1}{10}=\log_{10}\left(\frac{1}{2}\right)^{\frac{t}{1.60\times10^3}}$$

これから, $-1=-\frac{t}{1.60\times10^3}\log_{10}2$

よって,

$$t=\frac{1.60\times10^3}{\log_{10}2}=\frac{1.60\times10^3}{0.301}=5.31\times10^3\text{年}$$

299

答 (1) $(m_p+M-2m_\alpha)c^2$

(2) $\frac{1}{2}\{E+(m_p+M-2m_\alpha)c^2\}$

(3) $\sqrt{\frac{m_pE}{2m_\alpha\{E+(m_p+M-2m_\alpha)c^2\}}}$

(4) 2.80×10^{-12} J

検討 (1) この核反応における質量の減少量 Δm は, $\Delta m=m_p+M-2m_\alpha$ であるから, この原子核反応によって解放される核エネルギー ΔE は, $\Delta E=(m_p+M-2m_\alpha)c^2$

(2) **エネルギー保存の法則**より,
$E+\Delta E=2E_\alpha$ であるから,

$$E_\alpha=\frac{1}{2}(E+\Delta E)$$
$$=\frac{1}{2}\{E+(m_p+M-2m_\alpha)c^2\}$$

(3) 衝突前の陽子の速さを v_p とすれば,

$$\frac{1}{2}m_pv_p{}^2=E\quad\text{よって,}\quad m_pv_p=\sqrt{2m_pE}$$

α粒子の速さを v とすれば,

$$m_\alpha v=\sqrt{2m_\alpha E_\alpha}$$
$$=\sqrt{2m_\alpha\frac{E+(m_p+M-2m_\alpha)c^2}{2}}$$

この原子核反応において, **運動量保存の法則**の式をつくると,

$$\sqrt{2m_pE}=2m_\alpha v\cos\theta$$
$$=2\sqrt{2m_\alpha\frac{E+(m_p+M-2m_\alpha)c^2}{2}}\cos\theta$$

となるので,

$$\cos\theta=\sqrt{\frac{m_pE}{2m_\alpha\{E+(m_p+M-2m_\alpha)c^2\}}}$$

(4) $\Delta E=(1.0073+7.0144-2\times4.0015)$

$$\times\frac{1.20\times10^{-2}}{12\times6.02\times10^{23}}\times(3.00\times10^8)^2$$
$$=2.80\times10^{-12}\text{J}$$